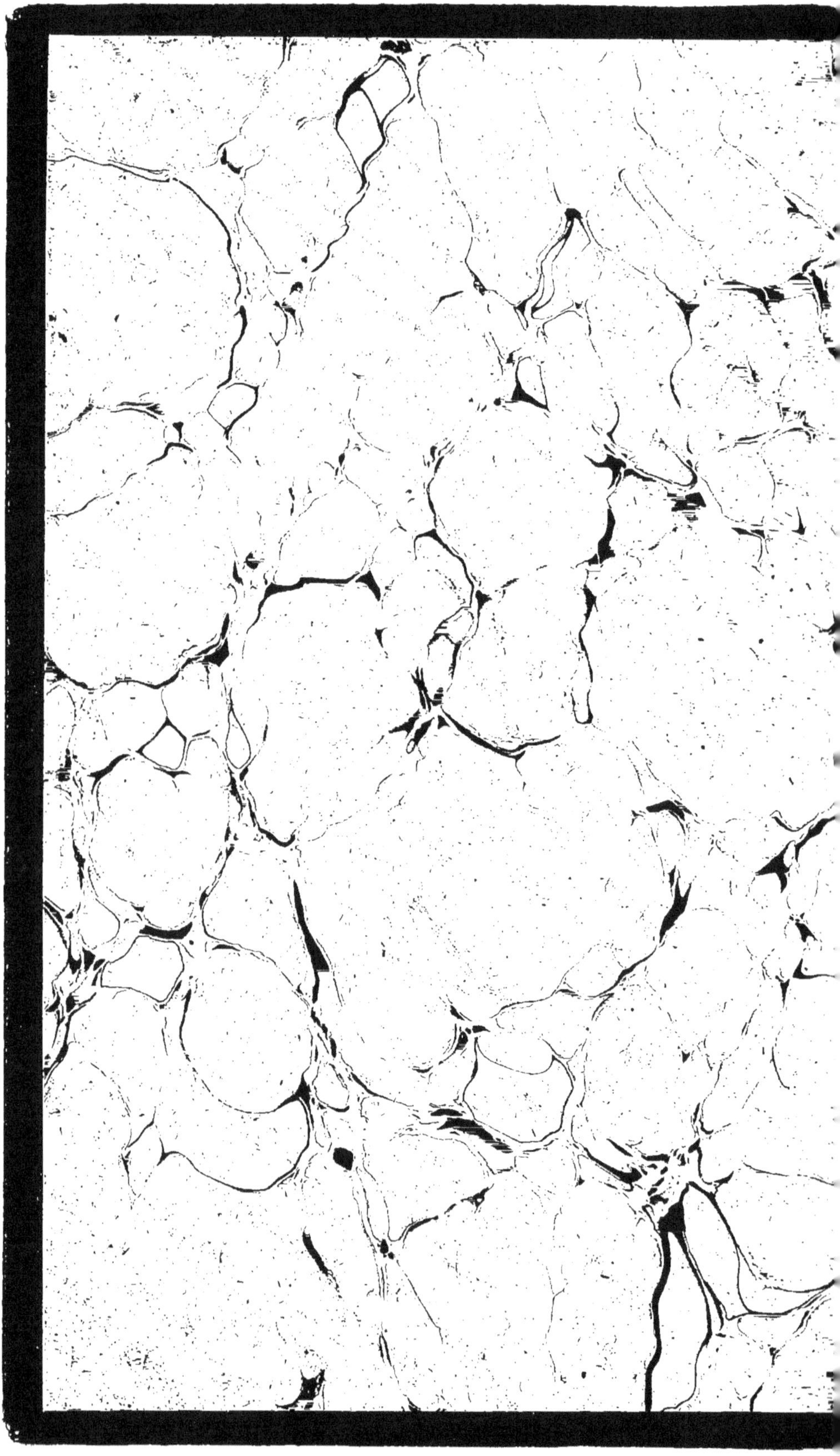

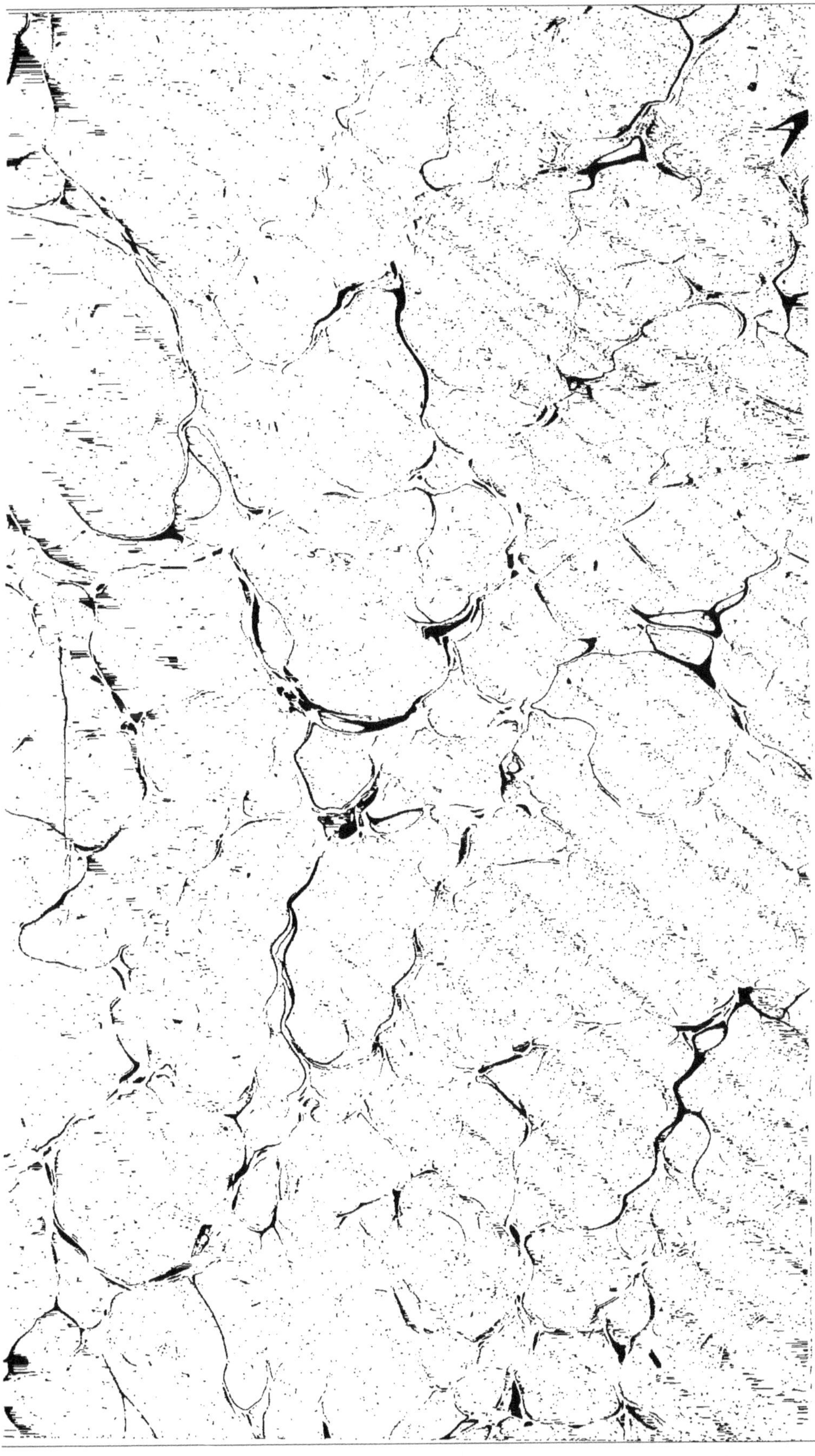

ACCLIMATATION ET DOMESTICATION

DES

ANIMAUX UTILES

PARIS. — IMP. SIMON RAÇON ET COMP., RUE D'ERFURTH, 1.

ACCLIMATATION ET DOMESTICATION

DES

ANIMAUX UTILES

PAR

M. Isidore GEOFFROY SAINT-HILAIRE

Membre de l'Institut (Académie des Sciences)
Conseiller et inspecteur général honoraire de l'Instruction publique,
Professeur administrateur au Muséum d'histoire naturelle,
Professeur de zoologie à la Faculté des sciences,
Président de la Société impériale
d'acclimatation et du conseil d'administration du Jardin zoologique d'acclimatation,
Président honoraire de la Société d'acclimatation des Alpes.

UTILITATI.
(Épigraphe des ouvrages d'Étienne
Geoffroy Saint-Hilaire.)

QUATRIÈME ÉDITION

ENTIÈREMENT REFONDUE ET CONSIDÉRABLEMENT AUGMENTÉE
ET CONTENANT L'HISTORIQUE DES TRAVAUX FAITS ET DES RÉSULTATS OBTENUS
DEPUIS LA CRÉATION DE LA SOCIÉTÉ IMPÉRIALE D'ACCLIMATATION

PARIS
LIBRAIRIE AGRICOLE DE LA MAISON RUSTIQUE
26, RUE JACOB, 26

1861

A LA

SOCIÉTÉ ZOOLOGIQUE D'ACCLIMATATION

A LAQUELLE
SERONT DUS LES BIENFAISANTS PROGRÈS INDIQUÉS
DANS CET OUVRAGE

I. GEOFFROY SAINT-HILAIRE.

— DÉDICACE REPRODUITE DE L'ÉDITION DE 1854. —

PRÉFACE

DE L'ÉDITION PRÉCÉDENTE[1]

Pendant longtemps l'histoire naturelle a été surtout descriptive. On constatait les faits, on les classait, on négligeait ou l'on s'abstenait d'en tirer les conséquences. Et non-seulement on faisait ainsi; mais, érigeant en précepte son propre exemple, on prétendait, au nom de la rigueur et de la certitude, arrêter pour toujours la science où l'on s'arrêtait soi-même.

Nous avons heureusement laissé loin derrière nous cette doctrine, que Cuvier lui-même défendit et fit un instant triompher, qui ne compte plus que de rares défenseurs. Chacun aujourd'hui veut l'étude patiente, exacte, minutieuse même des faits; mais il en veut aussi les conséquences, suivies aussi loin que le permettent nos moyens d'étude, et dans toutes les

[1] Publiée en 1854.

directions où il nous est permis de nous avancer. La vraie science, c'est, en histoire naturelle aussi, la science complète; *positive* ou d'observation, comme l'entendait Cuvier; mais aussi, *spéculative* ou de raisonnement, et *pratique* ou d'application : spéculative, afin de devenir philosophique et de prendre dignement place dans le cercle des plus hautes connaissances de l'homme; pratique, afin de devenir utile et de créer pour la société des ressources, des forces, des richesses nouvelles.

De ces deux progrès, l'un a déjà été réalisé, en grande partie, par les travaux modernes, principalement par la *Philosophie anatomique* et par cette discussion célèbre où mon père eut, en 1830, Cuvier pour adversaire et Gœthe pour allié. L'autre, qui eût dû venir le premier, nous manque encore; mais il a sa place naturellement marquée dans l'époque où nous vivons, et qui est par excellence celle des grandes applications des sciences au bien-être des peuples.

J'ai dû à mon vénéré père, à ses conseils, à ces leçons intimes dont j'avais chaque jour l'heureux privilége, de voir de bonne heure la science sous son double point de vue théorique et pratique; et j'ai cru que je devais essayer de lui payer un double tribut. Chacun puise ses devoirs dans sa situation, et les miens étaient nettement tracés par la mienne. A moi moins qu'à tout autre il eût été permis de délaisser l'histoire naturelle générale; l'exemple de mon père et le culte de ses travaux ne m'appelaient pas moins de ce côté que mes propres prédilections [1]. Mais, en même temps, attaché de bonne heure au Muséum d'histoire naturelle, et très-heureusement placé pour les études expérimentales sur les animaux, j'étais redevable envers l'histoire naturelle appliquée, de toutes les études, de tous les essais qu'il était en mon pouvoir de tenter sur l'acclimatation des animaux utiles. J'en ai du moins jugé ainsi, et mes premières études dans cette direction remontent à 1829, mes premiers essais à 1838; époque où je fus chargé, sous l'autorité de mon père, de la surveillance générale de la Ménagerie, dont j'eus à mon tour la direction à partir de 1840.

C'est le résumé de ces études et de ces essais sur l'acclimatation des animaux utiles, que j'offre aujourd'hui au public ami de la science. Puisse-t-il en accueillir l'ensemble avec la bienveillance qu'il a accordée au travail, déjà publié, qui forme la première partie de ce volume!

Ce travail est le *Rapport général* que j'ai rédigé, en 1849, à la demande de M. le Ministre de l'agriculture, et qui fut alors imprimé [2] et distribué, par

[1] J'ai commencé en 1854 la publication des résultats de mes recherches dans cette direction, et elle est aujourd'hui très-avancée. L'*Histoire naturelle générale des règnes organiques* doit se composer de cinq volumes; la seconde partie du tome III est sous presse et ne tardera pas à paraître.

[2] Sous ce titre : *Rapport général sur les questions relatives à la do-*

ses ordres, aux établissements de son département. Les journaux scientifiques, agricoles et même politiques ont donné à ce Rapport, par de nombreuses reproductions partielles, un retentissement que j'avais été loin de prévoir pour lui, et qui montre combien les questions si longtemps négligées que j'y traite préoccupent aujourd'hui, non-seulement les naturalistes, mais les agriculteurs, les industriels et tout le public éclairé.

On trouvera ici ce Rapport réimprimé en entier. Si nombreux qu'aient été ses lecteurs, il n'avait jamais reçu la seule publicité qui mette un livre à la disposition de tous, celle de la librairie. Comme dans le *Journal d'Agriculture pratique*, où il vient aussi de paraître, je reproduis ici ce travail sans aucun changement. Je devais lui conserver la forme sous laquelle il a été si favorablement accueilli, il y a quatre ans, par le Ministre et par le public; et, heureusement, je n'avais pas à en changer le fond, mais seulement à y ajouter[1].....

Tel est ce livre, destiné à paraître, par un concours heureux de circonstances, au moment même

mestication et à la naturalisation des animaux utiles. In-4°. Imprimerie nationale, novembre 1849.

[1] J'indiquais ici les sujets des principales additions faites en 1854 au *Rapport* de 1849.

C'est de ces additions développées et complétées, et d'un grand nombre d'autres nouvelles, que j'ai fait les deuxième, troisième et quatrième parties de l'ouvrage dans la présente édition. Voyez l'*Avertissement*, page xv.

où vient de s'organiser, sur des bases si solides et si larges, la Société zoologique d'acclimatation; réunion, jusqu'à ce jour sans exemple, de naturalistes, d'agriculteurs, d'hommes éclairés de toutes les professions libérales comme de tous les pays, et se complétant par cette diversité même, pour accomplir tous ensemble une œuvre de bien public. Heureux désormais de confondre mes efforts personnels dans les travaux de la Société, j'ai voulu lui faire hommage des résultats que j'avais déjà obtenus, et c'est dans cette pensée que j'ai cru devoir lui dédier le livre où je vais les résumer.

Paris, le 8 mai 1854.

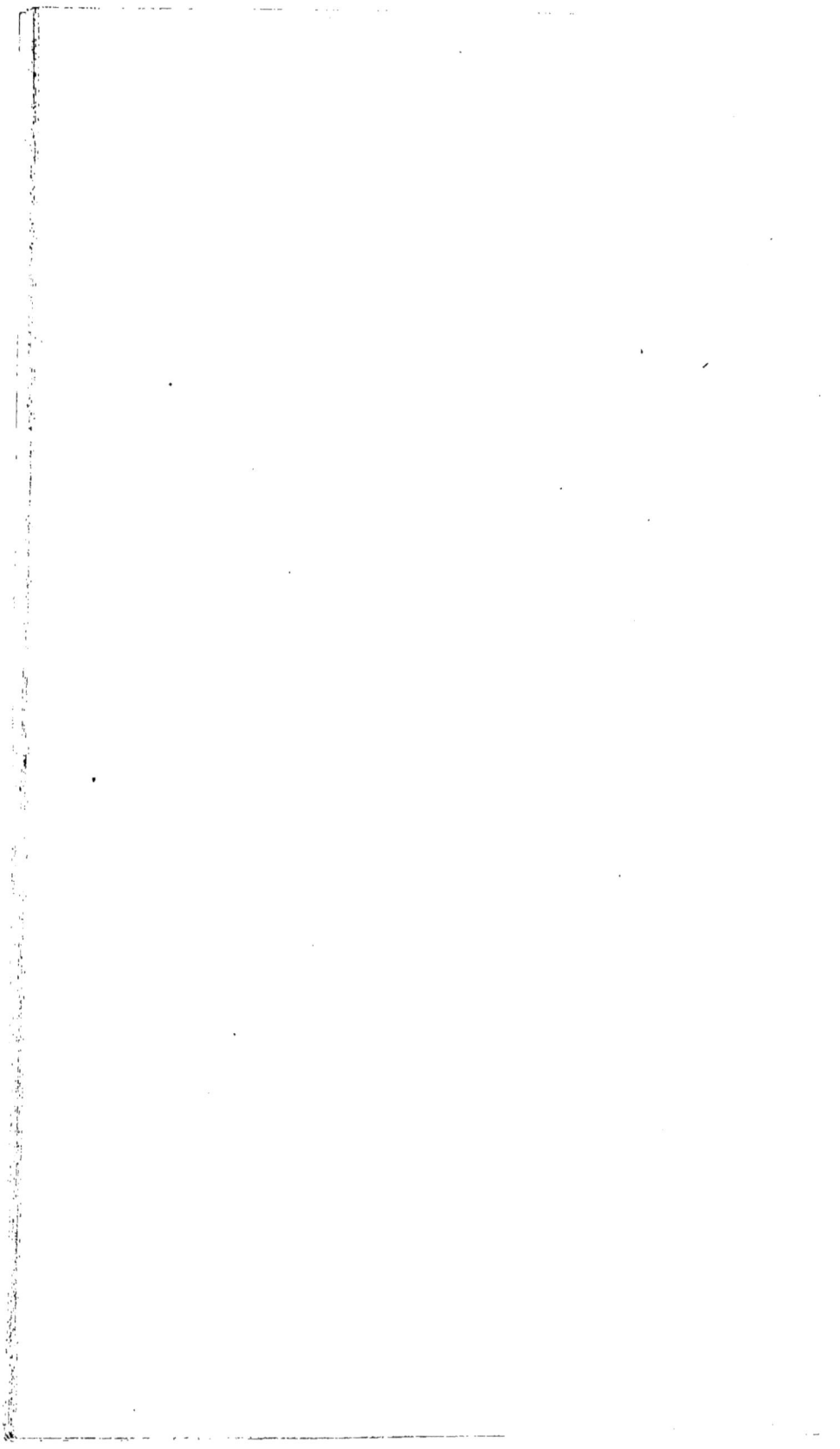

AVERTISSEMENT

SUR CETTE NOUVELLE ÉDITION

L'édition précédente de cet ouvrage a paru en 1854, trois mois après la fondation de la *Société impériale d'acclimatation :* au moment où j'offre celle-ci au public, c'est le *Jardin zoologique d'acclimatation* qui vient à son tour d'être créé. Le rapprochement de ces deux dates et de ces deux faits donne la mesure de la rapidité du mouvement imprimé, depuis six ans, à un ordre de travaux si longtemps négligé, et il explique la nécessité où je me suis trouvé d'étendre considérablement cet ouvrage sur l'acclimatation et la domestication des animaux. En 1849, en 1854 encore, ce n'était guère qu'un opuscule : en 1860, cet opuscule est devenu un livre.

L'extension que j'ai dû lui donner pour le mettre au niveau de l'état actuel de nos connaissances a rendu nécessaire une coordination nouvelle des diverses parties du sujet, maintenant si vaste, que j'avais à traiter. Sous sa forme actuelle, ce livre est presque devenu, si je ne m'abuse, un traité de cette branche si nouvelle, et si riche déjà, qu'on désigne habituellement dans son ensemble sous le nom d'*acclimatation*, mais à laquelle appartiennent aussi la *naturalisation* et la *domestication* des animaux.

On retrouvera en tète de cette édition le *Rapport général* que j'ai rédigé en 1849, à la demande de M. le Ministre de l'agriculture [1]. Plus que jamais, j'avais le devoir de laisser sous sa forme première, et à sa date, un travail auquel on a bien voulu faire le plus grand honneur qu'il pût recevoir : on y a rattaché l'origine de la Société d'acclimatation [2].

Ce *Rapport*, qui forme la *première partie* du présent ouvrage, est, comme l'indique son titre, un exposé général des principales questions relatives à l'acclimatation, à la naturalisation et à la domestication des animaux utiles [3].

[1] Voyez page IX.

[2] *Note historique sur la création de la Société d'acclimatation*, rédigée par le premier secrétaire des séances (M. le docteur Hollard), et insérée en tête du recueil des travaux de la Société.

[3] Tout en laissant ce travail, dans son ensemble, tel qu'il a paru pour la première fois en 1849, je n'ai pas cru devoir m'interdire d'en améliorer, sur quelques points, la rédaction : c'est ainsi que, pour plus de clarté, j'ai établi dans le *Rapport* des divisions par paragraphes qui n'existaient pas dans les trois premières éditions.

Ce léger changement méritait à peine d'être indiqué. Mais je dois faire remarquer que, sur un point (c'est heureusement le seul sur lequel j'aie eu à me rectifier), j'ai fait une correction qui porte, non pas seule-

Les parties qui suivent, et qui sont au nombre de trois, ont pour objet le développement et le complément de la première.

La *seconde* est consacrée à l'examen des principales questions théoriques, relatives à l'acclimatation, à la naturalisation et à la domestication des animaux. J'ai même cru devoir aller, dans un des chapitres, au delà de ces questions, et présenter quelques considérations générales sur l'ensemble des applications utiles des sciences naturelles, et particulièrement de la zoologie.

Dans la *troisième partie*, je traite, avec les détails nécessaires, de l'introduction et de l'acclimatation, récemment faites ou essayées, d'un grand nombre d'animaux, les uns domestiques chez d'autres peuples, les autres encore sauvages. Parmi les premiers sont le Lama, l'Alpaca, l'Yak, la Chèvre d'Angora et quelques Vers à soie de l'Asie orientale; parmi les seconds, l'Hémione, les Tapirs, plusieurs grandes Antilopes, l'Autruche, le Dromée, divers oiseaux de chasse, plusieurs poissons et quelques insectes. De ces animaux, les uns sont appelés à prendre place parmi nos espèces auxiliaires; d'autres sont destinés à créer de nouvelles ressources pour l'alimentation

ment sur la forme, mais sur le fond. La distinction, récemment acquise à la science, de quelques espèces longtemps confondues avec d'autres, augmente de quatre le nombre des animaux réduits en domesticité : de quarante-trois, ce nombre doit être élevé à quarante-sept. Voyez page 14.

publique; d'autres encore pourront donner de nouvelles matières à nos industries textiles.

La *quatrième* et dernière partie est tout historique. J'y suis les progrès de l'acclimatation, de la domestication, et, en général, de la culture des animaux, chez plusieurs peuples de l'antiquité, du moyen âge et des temps modernes; et j'y rappelle les vues, trop longtemps oubliées, de plusieurs amis du bien public qui ont su pressentir, en des temps déjà éloignés de nous, les progrès que notre époque était destinée à accomplir. Un dernier chapitre est particulièrement consacré à la Société impériale d'acclimatation, au Jardin zoologique du Bois de Boulogne et aux autres établissements créés depuis quelques années pour favoriser et accélérer les progrès de la science et de l'art de l'acclimatation.

Je n'ai pas à parler ici de l'exécution matérielle de cet ouvrage; on n'a qu'à ouvrir le livre pour en juger. Aussi me bornerai-je à remarquer, afin d'avoir l'occasion d'en remercier l'auteur, qu'un grand nombre de figures ont été ajoutées à celles qui faisaient déjà partie de la troisième édition. Toutes ces nouvelles figures ont été dessinées d'après nature, et la plupart d'après le vivant, par M. Bocourt, peintre du Muséum d'histoire naturelle, qui a bien voulu suspendre des travaux plus importants pour me prêter le secours de son habile crayon.

Au Jardin des Plantes, le 19 décembre 1860.

PREMIÈRE PARTIE

EXPOSÉ GÉNÉRAL
DES PRINCIPALES QUESTIONS RELATIVES A L'ACCLIMATATION
A LA NATURALISATION
ET A LA DOMESTICATION DES ANIMAUX UTILES

RAPPORT

ADRESSÉ SUR SA DEMANDE, EN SEPTEMBRE 1849[1], A M. LANJUINAIS
MINISTRE DE L'AGRICULTURE ET DU COMMERCE

MONSIEUR LE MINISTRE,

Dans un travail publié en 1838 et 1841[2], j'ai cherché à établir :

1° Qu'il serait utile et qu'il serait possible de domestiquer et de naturaliser en France plusieurs espèces encore sauvages et étrangères, les unes pouvant devenir précieuses par leur chair ou par d'autres produits, les autres appelées à prendre rang avec avantage parmi les animaux auxiliaires de l'homme;

2° Que le progrès qui, à cet égard, doit précéder et amener presque tous les autres progrès serait la création, sur un point bien choisi de notre territoire, d'une *ménagerie* ou *haras de naturalisation*.

[1] Les lettres *N. A.* (*note ajoutée*) désignent les notes qui ne faisaient pas partie de la rédaction primitive du Rapport.

[2] *De la Domestication des animaux*, dans l'*Encyclopédie nouvelle*, t. V, 1838, p. 366 à 380. Reproduit, avec quelques modifications, dans mes *Essais de zoologie générale*, Paris, in-8°, 1841, p. 249 à 318.

Un de vos honorables prédécesseurs, M. Cunin-Gridaine, voulut bien, en mai 1844, donner une sérieuse attention aux vues que j'avais émises ; et, afin de s'éclairer sur la possibilité et sur les avantages de leur réalisation, il exprima le désir que je lui adressasse un résumé de mon travail antérieur et quelques développements à l'appui. Ce fut l'objet d'un premier Rapport, dans lequel la question fut surtout considérée sous un point de vue général et traitée dans son ensemble[1].

Elle fut reprise en mars 1848, par les ordres du successeur de M. Cunin-Gridaine. A peine placé à la tête du ministère de l'agriculture et du commerce, M. Bethmont voulut qu'elle fût de nouveau discutée, et qu'elle le fût d'une manière approfondie et sous toutes les faces. Une Commission fut chargée de l'examen de tout ce qui se rattache à la naturalisation des espèces animales et végétales étrangères à notre sol[2]; il entrait spécialement dans ses devoirs de rechercher et de préparer les moyens d'exécution. Au nom de cette Commission, où j'eus l'honneur d'avoir pour collègues M. Monny de Mornay, directeur de l'agriculture, et MM. de Gasparin, Decaisne, Marie et Lefour, je rédigeai un second Rapport que j'adressai au Ministre dès le 2 avril. Ce rapport était principalement relatif aux *haras d'acclimatation* ou *de naturalisation*, à

[1] Ce Rapport était divisé en cinq parties, dont voici les titres :

I. État présent de la question.
II. Importation de races étrangères, appartenant à des espèces domestiques dont nous avons déjà des représentants.
III. Importation d'espèces domestiques étrangères dont nous n'avons point encore de représentants.
IV. Domestication et importation d'espèces jusqu'à ce jour restées sauvages.
V. Utilité de la création d'une ménagerie de naturalisation.

M. Cunin-Gridaine voulut bien accueillir les vœux que j'émettais dans la dernière partie de ce Rapport, et des mesures destinées à les réaliser allaient être prises par lui, au moment même où le gouvernement dont il était ministre fut renversé par la révolution de 1848. Le 23 février, M. Cunin-Gridaine s'occupait encore de la mise en pratique des vues que je lui avais soumises. (*N. A.*)

[2] M. le Ministre voulut bien faire connaître, en prenant cette mesure, qu'elle lui était suggérée par mes travaux sur l'acclimatation des animaux, et particulièrement par les résultats de mes expériences sur l'Hémione et l'Oie d'Égypte.

leurs conditions d'existence et de succès, et aux différences qui doivent exister entre ces établissements et les *ménageries d'observation zoologique*.

De ces deux Rapports, successivement adressés au ministère de l'agriculture, l'un, le premier, est resté en grande partie inédit [1] ; le second n'est encore connu que des membres de la commission qui avait bien voulu lui donner son adhésion, et de votre administration. Vous avez jugé, Monsieur le Ministre, que leur publication, après qu'ils auraient été refondus en un seul travail, et complétés sur plusieurs points à l'aide de documents nouveaux, pourrait être présentement de quelque utilité; qu'elle serait surtout opportune au moment où, par vos soins, l'Institut national agronomique de Versailles va recevoir le premier noyau d'un haras d'acclimatation [2].

Je me suis empressé, Monsieur le Ministre, de me conformer aux intentions que vous m'avez exprimées, et dans lesquelles j'ai vu avec reconnaissance un témoignage de votre bienveillant intérêt pour mes travaux de zoologie appliquée. En vous adressant ce résumé, je désire vivement qu'il soit jugé digne de l'honneur que vous voulez bien lui faire, et qu'il le justifie en contribuant à avancer la solution pratique de questions qui intéressent à un si haut degré notre agriculture et notre industrie nationales.

Veuillez agréer, Monsieur le Ministre, l'expression de mes sentiments respectueux.

I. GEOFFROY SAINT-HILAIRE.

A Champrosay, le 26 septembre 1849.

[1] On en trouve une partie dans la *Revue indépendante*, numéro d'octobre 1847, à la suite d'un mémoire que je venais de lire à l'Académie des sciences sur les mêmes questions (*N. A.*)

[2] Voyez la fin de cet *Exposé*, et la *Quatrième partie* de cet ouvrage.

INTRODUCTION

ÉTAT PRÉSENT DES QUESTIONS RELATIVES A L'ACCLIMATATION ET A LA DOMESTICATION DES ANIMAUX

§ 1.

L'histoire de l'esprit humain nous montre, en général, les sciences et les arts se perfectionnant de siècle en siècle, et chaque génération humaine s'empressant d'ajouter, par ses propres efforts, aux résultats obtenus par les générations antérieures. Le plus souvent même, le mouvement de progrès non-seulement se continue jusqu'à l'époque actuelle, mais va s'accélérant à mesure que l'on s'en rapproche [1]. Par une anomalie singulière, et dont on ne trouverait peut-être pas à citer un second exemple, les efforts, les travaux faits en vue de l'acclimatation, et surtout de la domestication des animaux, nous offrent dans leur ensemble une marche exactement inverse.

De ces temps primitifs dont la fable nous a seule conservé quelque vague souvenir, jusqu'à l'antiquité historique, et de celle-ci aux temps modernes, on les voit décroître, fort irrégulièrement sans doute, mais d'une manière toujours plus

[1] Il est à peine besoin de faire remarquer qu'il est ici question des arts proprement dits, et non des beaux-arts.

marquée, jusqu'à ce qu'enfin le mouvement, de plus en plus ralenti, s'arrête presque complétement[1].

Depuis l'époque où, de l'Amérique récemment découverte, furent importées en Europe trois espèces fort inégalement utiles, le Dindon, le Canard musqué et le Cobaie, quelle conquête véritablement importante avons-nous faite sur la nature sauvage? Aucune.

Vers le milieu du dix-huitième siècle, nos faisanderies et nos bassins de luxe se sont enrichis de quatre oiseaux, apportés, l'un de l'Amérique septentrionale, les autres de la Chine; mais, aux animaux auxiliaires ou alimentaires, antérieurement nourris dans nos fermes et nos basses-cours, *pas un seul n'est venu s'ajouter depuis trois siècles.*

Dressez la liste des espèces domestiques *utiles* que nous possédons aujourd'hui, et vous reconnaîtrez que Gessner et Belon eussent pu, de leur temps, dresser cette même liste *sans un seul nom de moins.*

L'histoire des travaux faits par les modernes se résume donc ainsi : au quinzième et au seizième siècle, importation de plusieurs espèces d'animaux utiles; au dix-huitième siècle, importation d'espèces d'animaux d'ornement; l'une œuvre des Espagnols[2], l'autre due surtout aux Anglais; puis cessation presque complète, au moment même où, par le perfectionnement de la navigation, par la multiplicité des communications internationales, par l'établissement de colonies européennes dans toutes les parties du globe, les

[1] Sur les domestications faites dans l'antiquité, voyez la *Quatrième partie* de cet ouvrage. J'y montrerai que, sur quelques points, il y a même eu rétrogradation depuis les Romains, en ce qui concerne, sinon la domestication proprement dite, du moins la culture et l'éducation des animaux. (*N. A.*)

[2] De tous les peuples de l'Europe, ce sont les Espagnols qui ont le plus fait pour la domestication des animaux, et particulièrement celle des espèces utiles.

J'aurai occasion de revenir plus loin sur ces faits, et d'en citer quelques autres.

richesses naturelles du monde entier se trouvaient mises à notre libre disposition.

§ 2.

Serait-ce que tout ce qui était réellement utile se fût trouvé tout d'abord réalisé? Les générations qui nous ont précédés auraient-elles fait tout ce qui était possible? Et ne nous resterait-il qu'à jouir des résultats de leurs efforts, sans que nous dussions y ajouter, à notre tour, au profit des générations qui nous suivront? Bien qu'elle aït été acceptée par quelques bons esprits, une telle supposition ne me paraît pas même mériter d'être discutée, et, sans en démontrer la fausseté, comme je l'ai déjà fait ailleurs, et comme l'avaient fait Buffon, Daubenton, Frédéric Cuvier [1], par l'énumération des nombreuses espèces dont la domestication offrirait d'incontestables avantages, je me bornerai à présenter ici une remarque générale. Sur trente-quatre espèces d'animaux que nous possédons en Europe à l'état domestique [2], on trouve, en faisant leur répartition entre les diverses régions du globe, que trente sont originaires des contrées suivantes : Asie, et particulièrement Asie centrale ; Europe ; Afrique septentrionale. Restent donc, en tout, *quatre espèces pour toutes les autres régions*, c'est-à-dire pour les deux

[1] Sur les vues de ces auteurs et de plusieurs autres naturalistes ou agronomes, voyez la *Quatrième partie* de cet ouvrage. (*N. A.*)

[2] Voyez ci-après, p. 14, le tableau des animaux domestiques existant soit en France, soit à l'étranger.

Sur les trente-quatre espèces domestiques que l'on possède en Europe, trente-deux sont plus ou moins répandues en France, et se retrouvent chez presque tous les peuples européens. Une autre, le Buffle, existe en Italie et dans l'Europe orientale. La dernière est le Renne, qui n'habite plus aujourd'hui, comme chacun le sait, que les régions arctiques. Voyez ci-après, p. 18. (*N. A.*)

Amériques, l'Afrique centrale et méridionale, l'Australie et la Polynésie.

Une répartition aussi inégale est sans doute, par elle-même, un fait très-significatif; elle frappera bien plus encore si l'on songe que, dans cette moitié du globe qui n'a pas été encore ou n'a été qu'à peine exploitée sous ce point de vue, se trouvent précisément les contrées les plus remarquables par la spécialité de leurs types zoologiques : l'Amérique méridionale et l'Australie. Assurément, quand ces deux régions sont peuplées en si grand nombre de mammifères, d'oiseaux, d'animaux de toute classe qui n'ont partout ailleurs que des représentants fort éloignés, nul ne voudra supposer que nos ancêtres, qui ont tiré trente-deux espèces de l'hémisphère boréal [1], aient assez obtenu de l'hémisphère austral en naturalisant parmi nous le moindre de nos mammifères domestiques, le Cobaie, et le dernier de nos oiseaux de basse-cour, le Canard musqué. On peut certes affirmer, sans être taxé de trop de témérité, que ce ne sont là que d'humbles commencements, et que les régions habitées par le Lama, l'Alpaca, la Vigogne, les Tapirs, les Nandous et les Hoccos, par les Kangurous, les Phascolomes et les Casoars, nous réservent dans l'avenir de plus riches présents [2].

Je ne dirai donc pas : « On n'a plus rien fait, parce qu'il n'y avait plus rien à faire ; » mais au contraire : « Moins on a fait depuis trois siècles, et plus nous avons à faire. » Un hémisphère entier reste inexploité, et l'ancien continent lui-

[1] Les trente de l'ancien continent, et deux de l'Amérique du Nord. Ces deux dernières sont le Dindon et l'Oie à cravate ou Oie du Canada.

L'Oie à cravate, dont la domestication ne date que du dix-huitième siècle, n'est encore, en Europe, qu'un oiseau d'ornement ; mais, dans quelques parties de l'Amérique du Nord, elle a pris rang parmi les espèces alimentaires.

[2] Je reviendrai plus loin sur l'origine géographique des espèces domestiques, considérées au point de vue du climat.

même est loin d'avoir donné tout ce qu'il peut donner.

§ 3.

Lorsqu'il s'agit d'une vérité purement théorique, il peut être permis de se borner à l'énoncer, et de laisser au temps le soin d'en développer les conséquences. Dans une question, au contraire, qui intéresse, en même temps que la science, le bien-être des générations qui nous suivront, il n'est pas permis de s'arrêter dès les premiers pas : ce que chacun de nous peut faire pour hâter les progrès entrevus dans l'avenir, il a le devoir de le tenter. Telle est la pensée qui m'a conduit à entreprendre et à poursuivre assidûment, à la Ménagerie du Muséum d'histoire naturelle, placée depuis 1841 sous ma direction, et précédemment sous ma surveillance, des essais, quelquefois heureux, toujours instructifs, que j'ai successivement étendus à un assez grand nombre de mammifères et d'oiseaux[1]. Parmi eux, cinq espèces surtout, savoir, deux Cerfs indiens, le Lama, l'Hémione et l'Oie d'Égypte, ont donné des résultats assez décisifs pour que je les aie jugés dignes d'être soumis à l'Académie des sciences, et un peu plus tard au Ministre de l'agriculture. Les deux Cerfs ont fourni des exemples d'acclimatation, dans nos forêts, d'animaux sauvages étrangers; le Lama, de l'acclimatation sur notre sol d'une espèce déjà domestiquée en d'autres contrées ; l'Hémione et l'Oie d'Égypte, tout à la fois, de la domestication et de l'acclimatation d'espèces étrangères, restées sauvages jusqu'à ce jour.

Il suffit de rappeler ici ces expériences, sans insister sur leurs résultats et sur ceux qui ont été obtenus depuis. Le

[1] Il est à peine besoin d'ajouter que ces essais ont été continués depuis 1849 avec le même soin que précédemment. On en trouvera plus bas plusieurs preuves. (*N. A.*)

but vers lequel elles tendaient est aujourd'hui complétement atteint. La possibilité et l'utilité d'enrichir notre pays de nouvelles espèces animales ont été également reconnues, dans ces derniers temps, par nos zoologistes et par nos agriculteurs ; et à peine étaient-elles admises par eux que déjà l'administration et l'Assemblée nationale annonçaient la volonté de s'avancer, du terrain des expériences scientifiques, sur celui des essais pratiques, de passer de la démonstration à la réalisation immédiate. Dans le vaste plan de l'*Institut national agronomique* de Versailles, le plus vaste établissement en ce genre qui ait jamais existé, MM. Flocon et Tourret (de l'Allier) [1], successivement ministres de l'agriculture, ont compris, comme le complément désormais nécessaire les uns des autres, d'une part, les travaux relatifs à l'amélioration et au perfectionnement de toutes nos espèces d'animaux domestiques ; de l'autre, *des essais*, poursuivis *au double point de vue de la science et de l'économie, sur l'introduction et l'acclimatation dans nos contrées de nouvelles espèces végétales et animales étrangères à notre sol ou à notre climat*[2].

[1] Dans la première édition de ce travail, j'avais seulement mentionné ici feu M. Tourret, dont le nom jouit justement d'une si grande autorité en tout ce qui touche aux intérêts de l'agriculture. J'ignorais alors, et beaucoup de personnes ignorent encore, qu'il revient au prédécesseur de M. Tourret, à M. Flocon, une très-grande part dans la conception du plan agronomique de Versailles, et dans les travaux qui avaient préparé la création de ce grand établissement. M. Flocon y avait fait une large place aux essais relatifs à l'introduction et à l'acclimatation de nouvelles espèces ou races domestiques : ses vues à cet égard étaient identiques avec celles qu'a émises M. Tourret devant l'Assemblée nationale, et que celle-ci a adoptées.

J'avais déjà réparé dans l'édition précédente une omission involontairement commise; je la répare de nouveau ici. L'*Institut agronomique* a été bientôt supprimé ; mais sa courte existence n'a été ni sans honneur ni sans utilité pour la science, et les amis de l'agriculture devront toujours savoir gré à MM. Flocon et Tourret d'en avoir tracé le plan, et à leur successeur, M. Lanjuinais, de l'avoir organisé. (*N. A.*)

[2] Voyez l'*Exposé des motifs du projet de décret sur l'organisation de l'en-*

A son tour, le Comité d'agriculture de l'Assemblée nationale constituante, dans son *Rapport sur le projet de décret relatif à l'enseignement agricole*[1], non-seulement s'est associé à cette pensée, mais il l'a fait en des termes et avec une insistance qui témoignent de l'extrême importance qu'il y attachait. Qu'il me soit permis de reproduire ici un passage de ce Rapport, qui, indépendamment de l'autorité qui s'attache à un acte de l'un des Comités d'une grande assemblée, a le mérite d'être un excellent résumé de la question, telle que la voyaient dès lors les hommes les plus compétents et les plus éclairés :

« L'Institut national agronomique doit surtout éclairer l'agriculture française et l'administration sur la question mal comprise de la production animale. Non-seulement il doit étudier à fond et appliquer toutes les ressources que les sciences naturelles offrent au perfectionnement des races que nous possédons déjà ; mais *il doit travailler à résoudre le problème de l'acclimatation et de la domestication d'autres animaux* que nous n'avons pas encore, et qui peuvent cependant offrir des ressources pour nos subsistances. *La science n'a pas dit son dernier mot, tant s'en faut, sur tant d'espèces animales et végétales que le Créateur a mises à la disposition de l'homme ; c'est à lui de les approprier à ses besoins par l'étude et les expériences qu'il peut faire sur leur multiplication.* Nous n'examinerons pas les diverses espèces de mammifères et d'oiseaux qui sont aujourd'hui domestiques dans certaines

seignement agricole, présenté à l'Assemblée constituante. *Moniteur* du 22 juillet 1848, p. 1726.

[1] Séance du 21 août 1848. Ce remarquable Rapport a été rédigé par M. Richard (du Cantal).

Je ne saurais citer ce Rapport sans exprimer ici ma reconnaissance envers l'honorable et savant rapporteur, pour la mention trop bienveillante qu'il y a faite de mes travaux sur l'acclimatation et la domestication.

parties du globe dont les conditions climatériques ont la plus grande analogie avec celles de la France : cependant elles ne nous sont connues que comme objets de curiosité au Muséum d'histoire naturelle. Lorsque nous avons importé le Ver à soie de la Chine, la Pomme de terre de l'Amérique méridionale, pouvions-nous prévoir quelles ressources le luxe et nos subsistances trouveraient dans leur adoption? *Pouvons-nous prévoir encore celles que nous réservent les règnes végétal et animal*, lorsqu'ils seront bien étudiés sous leur rapport économique?... »

Dans les termes où la question est posée aujourd'hui, il s'agit donc, sans s'attacher davantage à la démonstration théorique [1], de faire marcher de front, avec *le perfectionnement des races* que nous possédons déjà, *l'acclimatation et la domestication d'autres animaux* qui peuvent devenir, comme celles-ci, éminemment utiles [2].

Tel est le problème à résoudre aujourd'hui, et je vais le considérer sous ses différentes faces, en cherchant à déterminer, autant qu'on peut le faire, à l'aide de considérations générales :

[1] Sur quelques objections faites ou renouvelées, depuis que ceci est écrit, contre les vues que je viens de présenter, voyez les *Notions théoriques et pratiques sur l'acclimatation*, qui forment la *Seconde partie* de cet ouvrage. (*N. A.*)

[2] La question, ainsi posée et résolue en 1848 et 1849, l'a toujours été de même par les naturalistes et par les agriculteurs qui, depuis, se sont sérieusement occupés de l'acclimatation. Jamais *le perfectionnement des races* que nous possédons déjà n'a été séparé par eux *de l'acclimatation et de la domestication* des espèces qui nous manquent et peuvent devenir utiles. C'est à ce point de vue que s'est placée la Société impériale d'acclimatation, comme chacun peut s'en assurer en parcourant la collection des travaux de cette Société, et comme le dit expressément le programme de ses récompenses annuelles. Dans ce programme, figurent non-seulement « l'introduction, l'acclimatation, la domestication » d'espèces nouvelles pour l'agriculture, mais aussi « la propagation, l'amélioration » de celles qu'elle possède déjà. Voyez le *Bulletin de la Société impériale d'acclimatation*, t. III, p. v. (*N. A.*)

1° Quelles espèces étrangères, existant à l'état domestique chez d'autres peuples, peuvent être associées avec avantage à celles que nous possédons déjà ;

2° Quelles espèces étrangères et sauvages peuvent être, utilement acclimatées dans notre pays, à l'état sauvage ;

3° Quelles espèces étrangères et sauvages peuvent être avec avantage, tout à la fois réduites en domesticité et acclimatées sur notre sol ;

4° Quelles mesures sont les plus propres à réaliser ces progrès.

CHAPITRE PREMIER

DE L'IMPORTATION D'ESPÈCES DOMESTIQUES ÉTRANGÈRES

SECTION I

Considérations préliminaires, et tableau des animaux déjà domestiqués.

§ 1.

Avant de dresser la liste des espèces domestiques encore étrangères à notre sol, il ne sera pas inutile de faire en peu de mots l'inventaire de nos richesses actuelles. Elles peuvent sembler considérables, et l'on conçoit que des doutes aient pu être émis sur l'utilité de nouvelles acquisitions.

Sur quarante-sept espèces que l'homme est parvenu à réduire en domesticité, trente-deux existent en France, et elles y sont même, pour la plupart, représentées par plusieurs races.

Le tableau suivant donne, sous la forme la plus concise, la répartition de nos trente-deux animaux domestiques, à la fois en groupes établis d'après leurs rapports naturels, et en catégories formées d'après leur principal genre d'utilité.

On trouve, en outre, dans le même tableau, pour chaque groupe zoologique, en regard du nombre des espèces que nous possédons, celui des espèces qui nous manquent et dont la répartition est la suivante :

Deux existent dans d'autres parties de l'Europe, le Buffle et le Renne; deux en Amérique, le Lama et l'Alpaca; les autres, en Asie et en Afrique, ou seulement en Asie.

INDICATION DES GROUPES ZOOLOGIQUES AUXQUELS APPARTIENNENT LES ANIMAUX DOMESTIQUES		ANIMAUX DOMESTIQUES FRANÇAIS OU ACCLIMATÉS EN FRANCE — NOMBRE DES ANIMAUX					ANIMAUX DOMESTIQUES ÉTRANGERS. — Nombre total.	TOTAL GÉNÉRAL.
		AUXILIAIRES.	ALIMENTAIRES.	INDUSTRIELS.	ACCESSOIRES.	TOTAL.		
Mammifères.	Carnassiers.	3	»	»	»	3	»	3
	Rongeurs.	»	1	»	1	2	»	2
	Pachydermes.	2	1	»	»	3	»	3
	Ruminants.	1	2	»	»	3	10	13
Oiseaux.	Passereaux.	»	»	»	1	1	»	1
	Pigeons.	»	1	»	1	2	»	2
	Gallinacés.	»	4	»	4	8	»	8
	Palmipèdes.	»	3	»	3	6	»	6
Poissons.	Malacoptérygiens.	»	1	»	1	2	»	2
Insectes.	Divers ordres.	»	»	2	»	2	5	7
Total pour les mammifères.		6	4	»	1	11	10	21
Total pour les oiseaux.		»	8	»	9	17	»	17
Total pour les poissons.		»	1	»	1	2	»	2
Total pour les insectes.		»	»	»	»	2	5	7
Total général.		6	13	2	11	32	15	47

La seule inspection du tableau synoptique qui précède fait ressortir, à l'égard des animaux domestiques[1], deux résultats importants :

Sur vingt-quatre classes qui composent le règne animal, quatre seulement nous ont donné des races utiles.

De plus, entre ces quatre classes, la répartition est singulièrement inégale : sur les 32 animaux domestiques originairement français ou naturalisés en France, 28 appartiennent aux mammifères et aux oiseaux, et, pour préciser davantage encore, 16 aux mammifères herbivores et à leurs représentants ornithologiques, les gallinacés[2].

§ 2.

Il est très-digne de remarque que ces groupes, déjà si riches, se trouvent précisément ceux qui doivent encore le plus s'enrichir, soit à l'aide des conquêtes nouvelles que nous avons à faire sur la nature sauvage, soit par la prise de possession d'espèces déjà au pouvoir d'autres peuples. A l'égard de celles-ci, notre tableau synoptique indique claire-

[1] C'est-à-dire des espèces dont l'homme ne possède pas seulement un plus ou moins grand nombre d'individus, mais qu'il possède elles-mêmes, les multipliant autant qu'il le veut; par suite, les transportant presque partout où il lui plaît, et en obtenant des races nouvelles, modifiées selon ses besoins, parfois selon ses caprices. Sur la définition de la domesticité et de la domestication, voy. la *Seconde partie*.

On trouvera aussi, dans la suite de cet ouvrage, la liste nominative des quarante-sept espèces comprises dans le *Tableau* ci-contre (*N. A.*)

[2] Huit mammifères, et huit oiseaux, savoir :

Pour les premiers : le Cheval, l'Ane, le Cochon, le Bœuf, le Mouton, la Chèvre, le Lapin et le Cobaie ou Cochon d'Inde;

Pour les seconds : la Poule, le Dindon, le Paon, la Pintade, et quatre espèces de Faisans (les Faisans communs, à collier, argenté et doré).

A ces quatre oiseaux pourraient être ajoutés le Pigeon et la Tourterelle à collier, si longtemps classés parmi les gallinacés, et si voisins d'eux à quelques égards. (*N. A.*)

ment ce fait. Parmi les espèces domestiques étrangères qui, comme on vient de le voir, sont au nombre de quinze, dix (les deux tiers) sont des mammifères herbivores, des ruminants; et ces dix espèces, les seules dont je m'occuperai ici [1], sont de beaucoup les plus importantes. Toutes sont de première utilité pour les peuples qui les possèdent ; toutes, comme le bœuf chez nous, sont à la fois auxiliaires et alimentaires, et plusieurs donnent en outre à l'industrie des produits qui s'exportent au loin.

Comment se fait-il que dix espèces de ruminants, domestiquées chez d'autres peuples de temps immémorial, nous soient restées jusqu'à ce jour étrangères, tandis que les carnassiers, les rongeurs, les oiseaux domestiques, même les plus complétement accessoires, se trouvent partout répandus ?

L'explication de cette contradiction apparente est dans la facilité avec laquelle ceux-ci se transportent d'une région à l'autre du globe, dans la rapidité avec laquelle ils se reproduisent, se multiplient, et dédommagent des sacrifices dont ils ont été l'objet. Ici donc l'industrie particulière et le commerce suffisent, abandonnés à eux-mêmes, pour opérer l'importation et l'acclimatation, pour peu qu'elles soient utiles, et parfois même quoiqu'elles ne le soient pas.

Sous tous les points de vue, c'est l'inverse à l'égard des pachydermes et des ruminants : leur transport est difficile et dispendieux ; leurs produits sont en petit nombre; leur gestation est très-prolongée; leur développement dure des années entières, et, pendant un long espace de temps, des dépenses nouvelles doivent s'ajouter sans cesse aux dépenses déjà faites. Comment les attendre de l'industrie particulière?

[1] Pour les autres, qui sont au nombre de cinq, et tous de la classe des insectes, voyez la *Troisième partie*

De telles entreprises sont complétement hors du cercle de son action; et par là même, celle du gouvernement[1] y devient indispensable. A lui seul, à sa haute prévoyance, il appartient de s'élever au-dessus des intérêts du jour et du lendemain, et d'assurer à l'avenir, par des sacrifices actuels, des bienfaits dont ne seront pas témoins peut-être ceux qui les auront préparés.

§ 3.

En appelant l'attention de l'administration et des agriculteurs sur les espèces domestiques étrangères, est-il besoin d'ajouter que je suis loin de les présenter sans réserve, comme autant de conquêtes à faire pour notre pays? Toutes pacifiques qu'elles sont, les conquêtes de ce genre sont encore de celles qu'il ne faut pas entreprendre légèrement; elles ont aussi leurs périls. Un essai malheureux, ce n'est pas seulement un capital perdu; c'est aussi la science compromise, et peut-être l'ajournement indéfini d'un progrès qui, préparé par une étude plus patiente, allait se réaliser quelques années plus tard.

A ce point de vue, la précipitation qui perd tout est plus funeste encore que l'inertie qui ne fait rien.

C'est avec cette pensée, et en croyant agir dans un esprit d'extrême prudence, que je rapporterai les dix ruminants domestiques étrangers à trois catégories :

L'une à l'égard de laquelle il n'y a rien à faire, du moins quant à présent ;

Une autre à l'égard de laquelle des études expérimentales peuvent être utiles ;

[1] Ou, au moins, de vastes associations, comme les sociétés d'acclimatation créées depuis six ans en France, et bientôt après, à l'étranger. (N. A.)

La troisième, et celle-ci est la moins nombreuse, qui doit seule être l'objet d'essais pratiques.

Dans la première de ces catégories, se placent trois espèces : le Renne des contrées glaciales des deux continents, où il est à la fois à l'état domestique et à l'état sauvage ; et deux Bœufs, encore très-peu connus, de la haute Asie, le Gayal et l'Arni.

La seconde comprend cinq espèces ; trois appartenant aussi au groupe des Bœufs, le Buffle, le Zébu et l'Yak ; et les deux Chameaux, originaires de l'Asie occidentale.

Dans la troisième catégorie, celle des espèces dont l'utilité pour l'Europe semble dès à présent établie, sont le Lama et l'Alpaca, qu'on a souvent considéré comme une race plus précieuse de Lamas. Toutes les variétés domestiques de ces deux animaux, aussi bien que leurs types sauvages, sont propres aux Cordillères, ou du moins l'étaient avant quelques introductions, de dates très-récentes, en Europe et en Australie.

SECTION II

Le Renne, les Chameaux et les Bœufs étrangers.

§ 1.

Je ne dirai que quelques mots des trois ruminants qui forment la première catégorie, le Renne, le Gayal et l'Arni.

Renne. — Ce ruminant, le seul du groupe des Cerfs qui ait encore été réduit en domesticité, a été plusieurs fois amené en France. L'observation nous a appris qu'il s'accommode peu de notre climat, et qu'il est difficile à nourrir. D'un autre côté, rien ne peut encore nous éclairer sur les services que nous aurions à en attendre. Ainsi, pour cette espèce, deux indications contraires, et nulle indication favorable.

Il serait donc au moins prématuré d'essayer en France ce que l'on a tenté depuis peu sur un ou deux points des Iles britanniques, et la proposition d'acclimater le Renne sur notre sol, hasardée dès 1809 par Leblond, ne peut, même aujourd'hui, être sérieusement mise en avant. Suivons avec attention l'expérience faite de l'autre côté de la Manche ; constatons-en le succès ou l'insuccès : nous n'avons présentement rien de plus à faire à l'égard du renne.

Gayal et Arni. — En ce qui concerne le Gayal et l'Arni, la question est plus facile encore à résoudre. Les naturalistes européens ne connaissent encore que très-imparfaitement ces deux congénères du Bœuf, et le Muséum d'histoire naturelle en est lui-même encore à désirer leurs dépouilles. Quand nous sommes à ce point dépourvus de renseignements, comment songer à faire venir de l'autre extrémité de notre continent deux espèces d'un genre déjà si bien représenté parmi nos animaux domestiques?

§ 2.

Zébu et Yak[1]. — Parmi les espèces bovines de la seconde catégorie, le Zébu et l'Yak sont asiatiques ; et l'Yak

[1] Pour le Zébu et pour l'Yak, voyez la *Troisième partie* de cet ouvrage.

Quand j'ai écrit, en 1849, ce résumé des questions relatives à l'acclimatation les naturalistes voyaient dans le Zébu ou Bœuf à bosse, une simple modification du Bœuf ordinaire, et ils connaissaient très-imparfaitement l'Yak. Il n'y avait donc pas lieu, à cette époque, d'inscrire séparément le Zébu parmi les espèces domestiques, et quant à l'Yak, je ne pouvais que dire de lui comme du Gayal : « Il n'y a rien à faire » pour son acclimatation, « du moins, » ajoutais-je, « *quant à présent*. »

Mais, depuis, nous avons acquis des notions plus exactes sur le Zébu et sur l'Yak. Le premier a été le sujet d'un travail de mon fils qui a pu étudier comparativement, dans les divers jardins zoologiques de l'Europe, presque toutes les races de cette *espèce*, presque toujours méconnue depuis Linné; et l'Yak, dont nous ne possédions encore que le crâne, est connu en France, grâce à

n'est pas sorti ou s'est peu écarté de sa patrie originelle. Le Zébu existe aussi en Afrique.

Buffle. — Si le Buffle est, comme le Zébu et l'Yak, d'origine asiatique, il y a, à son avantage, cette différence importante qu'il a depuis longtemps cessé d'être propre à l'Asie. On le trouve aujourd'hui répandu sur une grande partie de la surface du globe. Il a suivi, de loin, il est vrai, et à bien des siècles de distance, le Bœuf, issu comme lui de la haute Asie; il s'est acclimaté dans le nord de l'Afrique et le sud-est de l'Europe, et, s'avançant d'une manière continue vers l'occident, il a fini par atteindre les Alpes; il est en Italie depuis l'an 595 ou 596.

Le Buffle est donc devenu *demi-cosmopolite*.

Dans ce résultat est, en quelque sorte, la mesure de l'utilité de ce ruminant. Vaut-il le Bœuf? Non : l'arrêt de l'espèce au pied des Alpes *depuis douze siècles et demi*, s'il n'est pas une preuve suffisante, est, du moins, un indice bien remarquable de son infériorité, attestée d'ailleurs par d'autres faits.

Mais, d'une autre part, le Buffle fût-il venu se placer chez tant de peuples à côté du Bœuf, si, même à côté de lui, il ne pouvait rendre des services? Il n'a pu en être ainsi que parce qu'il est des circonstances et des localités où le Buffle reprend la supériorité. Si de telles localités existent chez nous, si la Camargue, la Bresse, les Landes et quelques autres parties de notre territoire ne pourraient recevoir le Buffle avec avantage[1],

M. de Montigny, par un troupeau tout entier, composé d'individus de trois races ou variétés très-distinctes.

Nous aurons donc à revenir sur le Zébu, et surtout à faire connaître, avec les détails nécessaires, les circonstances dans lesquelles l'Yak a été introduit par notre éminent et dévoué consul en Chine, et multiplié sur divers points de la France par les soins de l'administration du Muséum d'histoire naturelle, de la Société impériale d'acclimatation, et du Comice agricole de Barcelonnette. (*N. A.*)

[1] Comme l'ont pensé quelques auteurs, et particulièrement Rauch. Voyez la partie historique de cet ouvrage (*Quatrième partie*). (*N. A.*)

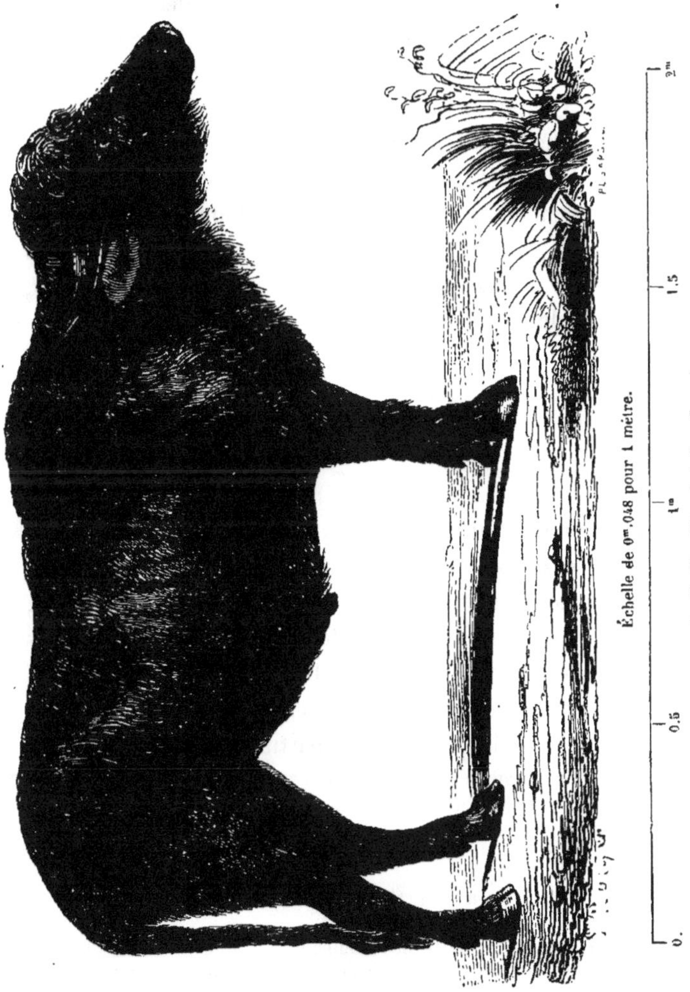

Échelle de 0m,048 pour 1 mètre.

Le Buffle. (*Bos bubalus*. Linn.)

c'est une question qui mérite du moins d'être examinée, surtout quand il s'agit d'une espèce que nous avons pour ainsi dire sous la main. Il est déjà prouvé, par des expériences faites à la Ménagerie du Muséum, que le Buffle se reproduit facilement sous notre climat, et qu'il supporte le froid de nos hivers [1]. Quand on songera à faire un essai sur une plus grande échelle, la température de la localité qui en sera le théâtre paraît devoir être d'une importance secondaire, en comparaison de la disposition topographique et de la nature du sol. Là est le nœud du problème, et sa solution est au prix d'une étude préalable, faite, sur les lieux mêmes, et à ce double point de vue, de toutes les conditions dans lesquelles l'animal vit en Italie et sur les bords du Danube [2].

§ 3.

Chameaux (Chameau à deux bosses et Chameau à une bosse, ou Dromadaire. — Comme le Buffle, mais dans des directions différentes, les Chameaux se sont, de l'Asie, portés peu à peu vers l'Occident. Si le Chameau à deux bosses s'est arrêté vers les confins de l'Europe, le Dromadaire s'est avancé jusque dans l'ouest de l'Afrique [3], et il a franchi ainsi la plus grande partie de l'immense intervalle qui sépare de nous sa patrie originelle. Il est aujour-

[1] Même des hivers les plus rudes, sans qu'il soit besoin d'aucune précaution particulière.

Durant l'hiver, très-doux il est vrai, de 1852 à 1853, j'ai vu les Buffles se baigner, même au mois de janvier. (*N. A.*)

[2] Parmi les travaux publiés sur le Buffle depuis la rédaction de ce travail, voyez surtout deux savantes notices, publiées par M. Davelouis dans le *Bulletin de la Société impériale d'acclimatation*, t. IV, p. 461 et 519, 1857; et t. VI, p. 441, 1859.

[3] Et jusqu'aux Canaries. Il a été introduit dans ces îles par Jean de Bethencourt au commencement du quinzième siècle, et il y a parfaitement réussi.

d'hui répandu sur toute la rive méridionale de la Méditerranée, et depuis longtemps la mer réunit bien plutôt les peuples qu'elle ne les divise. Comment la pensée d'enrichir notre pays de tels animaux ne se fût-elle pas présentée aux naturalistes qui ont eu à en faire l'histoire?

Cette pensée fut celle de Buffon en 1776. Sans se préoccuper de l'insuccès de quelques tentatives faites en Amérique, notre grand naturaliste n'hésita pas à présenter l'acclimatation des Chameaux en France comme possible et utile.

Buffon ne se trompait pas. Elle est incontestablement possible, et non pas seulement pour le Chameau à deux bosses, que nous voyons peupler de ses diverses variétés les régions les plus différentes par leurs conditions climatologiques, depuis le littoral de la mer des Indes jusqu'au lac Baïkal. Le Dromadaire lui-même, s'il ne peut braver, comme son congénère, les glaces de la Sibérie, supporte du moins la température déjà rigoureuse des plateaux élevés de l'Atlas, et il vit bien sous le ciel de Paris. Il s'est reproduit plusieurs fois à la Ménagerie du Muséum, et même plus au nord, par exemple, à Dresde et à Berlin. Quant aux services que peuvent rendre ces animaux, qui pourrait les révoquer en doute? Pour la taille, la force et la sobriété, ils l'emportent sur toutes les autres espèces domestiques; pour la docilité, ils ne le cèdent à aucune, et c'est à bon droit que Buffon les proclame, *les plus utiles*, *les plus précieux de tous les animaux* [1].

Distinguons toutefois, car il importe de se tenir en garde contre toute illusion. Leur supériorité *absolue* sur toutes les autres espèces domestiques est loin de pouvoir servir de

[1] « En réunissant sous un seul point de vue, dit Buffon (*Histoire naturelle*, t. XI, p. 239), toutes les qualités de cet animal et tous les avantages que l'on en tire, on ne pourra s'empêcher de le reconnaître pour la plus utile et la plus précieuse de toutes les créatures subordonnées à l'homme; l'or et la soie ne sont pas les vraies richesses de l'Orient; *c'est le Chameau qui est le trésor de l'Asie.* » (*N. A.*)

mesure à leur *utilité relative*, et c'est celle-ci qu'il faut surtout considérer. Les services que nous avons à attendre des Chameaux ne seront jamais qu'une bien faible partie de ceux qu'on obtient d'eux dans le nord de l'Afrique, abstraction faite même de ces localités exceptionnelles, qui resteraient presque inaccessibles à l'homme sans le secours du *vaisseau du désert*. Dans une contrée où, faute de chemins et de voies faciles, des transports considérables doivent se faire à dos de bêtes de somme, le Dromadaire, par cela même qu'il est le premier pour la force, tiendra nécessairement le premier rang parmi les animaux auxiliaires[1]. En France, avec notre système si avancé de viabilité, son emploi réellement utile ne peut s'étendre au delà d'une portion comparativement très-petite de notre territoire. Jamais le Chameau porteur ne viendra faire concurrence, sur nos routes, au Cheval attelé ou au Bœuf sous le joug[2].

On sait qu'un grand nombre de Dromadaires sont depuis longtemps utilisés dans les maremmes de Toscane pour les

[1] Ce même animal, qui résiste si bien aux fatigues d'une marche prolongée à travers les sables brûlants de l Afrique, le dispute au Mulet, dans les montagnes, pour la sûreté du pied. « Je l'ai vu aux îles Canaries, dit M. Berthelot (*Considér. sur l'acclimatement*, Paris, in-8, 1844, p. 38), gravir, avec une charge de 400 kil., des hauteurs de plus de 800 mètres, et descendre par les chemins les plus scabreux. »

[2] C'est comme porteurs qu'on emploie ordinairement les Chameaux. Cependant on s'en est servi aussi comme bêtes de trait. En Tartarie, on attelle le Chameau aux voitures des rois et des princes ; c'est ce qui vient encore d'être attesté par le P. Huc, dans l'ouvrage où il a rassemblé les précieux souvenirs de ses voyages en Tartarie, en Thibet et en Chine.

On n'attelle ordinairement qu'un seul chameau, quelquefois deux ; le second est alors placé en avant du premier. Les rois et les princes tartares voyagent souvent très-rapidement dans des voitures ainsi traînées par un ou deux Chameaux.

Le Dr[illegible]daire a aussi été quelquefois attelé. En Algérie, le général Jusuf a [illegible]n attelage de Dromadaires, et s'en est servi avec avantage. [illegible]laires de la Ménagerie du Muséum ont longtemps été employés [illegible]e trait, au service de la pompe. (*N. A.*)

Le Dromadaire ou Chameau à une bosse. (*Camelus dromaderius*. Linn.)

Échelle de $0^m.03$ pour 1 mètre.

0, 0.5 1 2 3 m

travaux de l'agriculture. Un essai analogue, mais fait avec peu de suite et sur une très-petite échelle, a eu lieu dans les landes de Gascogne. Tout récemment encore, d'autres tentatives, mieux dirigées et plus heureuses, ont été faites dans le midi de la France : quelques propriétaires de salines, ont remplacé avec avantage par des Dromadaires les Mulets autrefois chargés du transport du sel et des fardeaux de tout genre. On doit vivement désirer que cette tentative réussisse complétement, que son succès engage les directeurs de nos établissements agricoles et industriels à l'imiter sur d'autres points, et que le Dromadaire prenne définitivement rang parmi nos espèces domestiques. Même avec l'utilité limitée que je lui attribue, ce serait un beau présent fait par l'Algérie à la mère-patrie [1].

SECTION III

Le Lama et l'Alpaca.

§ 1.

Lors de la découverte de l'Amérique, les Européens y trouvèrent, avec le Chien, qui s'est rencontré presque partout, trois espèces seulement de quadrupèdes domestiques, le Cochon d'Inde, le Lama et l'Alpaca [2]. Soixante ans s'étaient

[1] Sur les Chameaux, et particulièrement sur leur transport et leur emploi dans diverses parties du globe, voyez la *Troisième partie* de cet ouvrage (*N. A.*)

[2] La grande majorité des naturalistes considère l'Alpaca comme une simple variété du Lama, distincte par sa taille plus petite, sa tête plus courte, sa laine plus longue et plus fine, et par quelques autres caractères.

Dans l'édition précédente de cet ouvrage, je m'étais borné, selon les expressions dont je me servais alors, à « énoncer mes doutes, pour ne pas dire « plus, au sujet de cette identité spécifique si longtemps admise ». Aujourd'hui, je crois devoir aller plus loin, et, quoique plus d'une difficulté subsiste encore, je sépare spécifiquement l'Alpaca du Lama.

On verra plus loin sur quels motifs je fonde cette opinion qui, du reste, est loin d'être nouvelle dans la science. (*N. A.*)

à peine écoulés que l'inutile Cobaie était naturalisé en Europe; après quatre siècles presque accomplis, nous attendons encore la domestication du Lama et de l'Alpaca, à la fois bêtes de somme, bêtes laitières, excellents animaux de boucherie, et surtout chargés d'une laine que son extrême abondance, sa finesse dans quelques races, rendent également précieuse.

C'est qu'avant la question de l'utilité absolue et relative, moins difficile peut-être à résoudre dans ce cas que dans beaucoup d'autres, celle de la possibilité de l'acclimatation se posait ici en des termes qui semblaient peu laisser l'espoir d'une solution favorable.

La nature a placé, et l'homme a laissé jusqu'à nos jours le Lama et l'Alpaca sur les plateaux élevés de la Cordillère, sur ceux surtout qui sont compris entre 3 000 et 3 500 mètres. Ils vivent donc dans une zone très-froide ; ils respirent un air très-raréfié; ils se nourrissent de végétaux que l'on ne retrouve sur aucun autre point du globe. Il semble donc que notre climat, notre atmosphère, notre sol doivent être également en désaccord avec les données de leur organisation.

Ce sont là de graves difficultés sans doute, mais elles ne sont pas insurmontables. Dans nos Alpes, dans nos Pyrénées, sur le Cantal même, il est des localités où se trouvent reproduites d'une manière assez approchée les conditions de la zone d'habitation du Lama et de l'Alpaca ; là seraient donc pour eux des stations toutes préparées par la nature. Mais la science a le droit d'aller plus loin. De ces premières stations, l'homme saurait, au besoin, les faire descendre dans les régions basses, et, avec le temps, jusque dans la plaine; c'est ce qui a eu lieu autrefois pour nos Moutons et nos Chèvres dont les ancêtres aussi habitaient les hautes montagnes. Comme celle de ces ruminants, l'expansion du Lama et de l'Alpaca à la surface du globe peut n'avoir, avec le temps, d'autres limites que celles de nos besoins.

Et ce n'est pas la théorie seule qui nous fait ces promesses; l'expérience les a, depuis dix ans, confirmées, dépassées même. Il pouvait sembler qu'une longue culture, modifiant graduellement et lentement l'organisation du Lama et de l'Alpaca, était nécessaire pour les amener peu à peu d'étage en étage, jusqu'à la plaine. Nous savons aujourd'hui que toutes ces transitions, pour être éminemment utiles, ne sont pas indispensables. Chacun peut observer à la ménagerie du Muséum une famille de Lamas, vivant et se multipliant aussi facilement que nos ruminants indigènes : d'un seul couple, nous avons obtenu quatre jeunes; tous quatre se sont élevés sans exiger aucun soin particulier; ils n'ont jamais été malades; ils sont maintenant aussi beaux que leurs parents, et les deux aînés vont contribuer à leur tour à l'accroissement du petit troupeau [1].

Même résultat dans la Grande-Bretagne. Quelques années avant nous, lord Derby avait fait reproduire l'Alpaca dans la magnifique ménagerie créée dans son parc de Knowsley, près de Liverpool, et plusieurs de ses compatriotes, ayant fait la même tentative, ont obtenu le même succès. Il y avait, en 1841, en Angleterre et en Écosse, soixante-dix-neuf Alpacas et Lamas.

Et après tous ces résultats, en voici un plus remarquable encore. En Hollande, le roi Guillaume II, s'étant procuré, il y a quelques années, plusieurs Lamas et Alpacas, et leur ayant fait donner dans l'un de ses parcs des soins bien dirigés, a vu pleinement réussir cet essai d'acclimatation, d'autant plus concluant qu'il était tenté dans des circon-

[1] Depuis que ce passage a été écrit (1849), notre petit troupeau a continué à prospérer. Déjà plusieurs individus de diverses générations sont pu être cédés par le Muséum à d'autres établissements. (*N. A.*)

stances plus défavorables. Le troupeau de La Haye se composait, en 1847, de trente individus environ.

Ces faits sont décisifs. Prétendre encore que les végétaux des Cordillères, que cette herbe *Ycho*, si souvent citée, sont nécessaires à l'alimentation du Lama et de l'Alpaca quand des expériences multipliées et prolongées nous les ont montrés et nous les montrent se pliant avec une extrême facilité aux régimes les plus divers ; soutenir que les conditions climatologiques de nos montagnes alpines ou pyrénéennes leur interdisent de se faire de celles-ci une autre patrie quand nous les voyons vivre à Liverpool, à Paris, et *au-dessous même du niveau de la mer, au pied des digues de la Hollande*, ce serait aujourd'hui aller contre l'évidence; et si de telles objections venaient à être produites de nouveau, elles ne mériteraient pas même qu'on s'arrêtât à les réfuter.

§ 2.

Comme pour le Chameau, la vraie, la seule question pour le Lama et l'Alpaca est donc maintenant celle de leur utilité relative. Or, cette question est elle-même, en très-grande partie, résolue. Si le Lama et l'Alpaca n'existent encore, en France et en Europe, que dans quelques ménageries publiques et dans quelques parcs privés, et s'ils n'y sont guère que des sujets d'études et d'expériences, leurs produits sont, depuis un quart de siècle, utilisés par le commerce et l'industrie, qui, de jour en jour, les recherchent davantage.

D'après un document publié par M. Walton, le premier et un des plus zélés promoteurs de l'acclimatation de l'Alpaca en Angleterre, le chiffre des laines importées à Liverpool, de 1835 à 1840, s'est élevé à 134 832 balles de 85 à 90 livres anglaises, environ 4,425 700 kilogrammes. Une seule maison de commerce avait fait venir 25 000 balles.

Voici la répartition, par années, des laines reçues à Liverpool de 1835 à 1839 :

En 1835. . . .	8 000 balles,	ou environ	262 000 kil.
En 1836. . .	12 800	—	420 150
En 1837. . . .	17 500	—	574 400
En 1838. . . .	25 765	—	845 700
En 1839. . . .	34 543	—	1 133 850

C'est, en quatre ans, un accroissement de plus de 300 p. 100[1].

Et pourtant la laine d'Alpaca, de même que celle du

[1] Un des compagnons de M. de Castelnau dans son grand voyage à travers l'Amérique, M. Émile Deville, si malheureusement enlevé par la fièvre jaune au moment où il commençait une seconde exploration du continent américain, a publié, en 1850, sur les avantages de l'acclimatation en France de l'Alpaca, un intéressant mémoire, inséré dans les *Annales des sciences naturelles*, t. XIII. On trouve dans ce mémoire, pour l'Angleterre (et non plus seulement pour Liverpool), le mouvement du commerce d'importation des laines d'alpaca, de 1834 à 1844. Voici les nombres que donne M. Deville :

AVANT L'ÉTABLISSEMENT D'UN DROIT D'ENTRÉE.

Années.	Nombre de quintaux.	Prix du quintal.
1834.	57	16
1835.	1 844	18
1836.	1 990	23
1837.	4 857	20
1838.	4 595	25
1839.	13 255	30
1840.	16 600	25
1841.	15 000	25
1842.	12 000	25

(Ces derniers nombres sont seulement approximatifs.)

APRÈS L'ÉTABLISSEMENT D'UN DROIT D'ENTRÉE.

Du 9 juillet 1842 au 5 janvier 1843	2 432 quintaux.
Du 5 janvier 1843 au 1er janvier 1844	15 580

M. Deville n'indique pas à quelle source il a puisé ses documents.

Outre ces renseignements déjà insérés dans notre précédente édition, d'autres plus récemment obtenus se trouveront dans la *Troisième partie* de cet ouvrage (*N. A.*)

Lama, n'avait alors d'emploi que dans les fabriques anglaises. On n'a commencé à filer ces laines en France, dans les départements du Nord et de la Somme, qu'à partir de 1840[1], et je ne connais même aujourd'hui aucun point de l'Allemagne où on les ait encore associées aux riches produits du pays.

La valeur vénale de la laine de Lama et d'Alpaca a suivi de même une marche ascensionnelle. Depuis 1840, elle a triplé en Angleterre, où nos industriels sont contraints d'aller la chercher, et ils sont menacés de la payer plus cher encore. En effet, le Pérou a pris récemment des mesures pour exploiter avec plus d'avantages un commerce chaque jour plus lucratif. Craignant de le perdre dans l'avenir, il vient même de prohiber l'exportation des Lamas et surtout des Alpacas. Heureusement pour nous, ils sont aussi communs chez ses voisins que chez lui[2].

§ 3.

Devrons-nous continuer à aller chercher à l'étranger, à racheter de seconde main, à des conditions chaque jour plus onéreuses, une laine que nous pouvons faire naître en abondance sur notre sol? Une seule cause pourrait nous y contraindre : un prix de revient trop élevé. Or, ici encore toutes les présomptions sont favorables. Nous ignorons, il est vrai (et un essai sur une grande échelle peut seul nous fournir les éléments de ces calculs), par quels chiffres s'exprimeront la valeur des produits d'un troupeau de Lamas et d'Alpacas et celle de leurs dépenses, et quel rapport numé-

[1] Voyez le mémoire déjà cité de M. Émile Deville. (*N. A.*)

[2] Et heureusement aussi, le gouvernement péruvien a bien voulu la lever, par une mesure récente, en faveur de la société impériale d'acclimatation. Cette mesure a été prise à la demande de M. Drouyn de Lhuys, et grâce aussi à notre honorable consul général et chargé d'affaires, M. Huet. (*N. A.*)

rique existera entre l'une et l'autre. Mais le sens du résultat est du moins hors de doute. Comment les services que peuvent rendre le Lama et l'Alpaca, leur chair, leur lait, leur laine, longue souvent de 20, 25, 30 centimètres[1], ne compenseraient-ils pas avec avantage les soins et la nourriture nécessaires à des animaux aussi durs et aussi sobres, bravant également, disent les voyageurs, le froid et l'humidité, sachant trouver encore des aliments suffisants là où le mouton ne peut subsister, et vivant, en un mot, *dans des lieux où l'on ne sait comment ils peuvent vivre*[2] !

Et c'est pourquoi, dès le début de mes recherches sur l'acclimatation des animaux utiles, j'ai placé en première ligne celle du Lama et de l'Alpaca. Dans quelle proportion elle pourra accroître un jour notre production agricole, je ne le sais; mais ce que je n'ai pas craint d'affirmer, à une époque où les laines de animaux de la Cordillère n'avaient point encore accès dans notre industrie, c'est que *leur culture est destinée à créer des sources de richesses dans les localités qui en sont aujourd'hui le plus complétement dépourvues*[3].

Plusieurs des ministres placés à la tête du département de l'agriculture, attachant une juste importance aux témoignages de tous ceux qui ont observé les Lamas en Amérique, de MM. Gay, d'Orbigny, Roehne, de Castelnau, Weddell,

[1] J'ai présenté à l'Académie des sciences, en 1848, deux échantillons de la laine des Lamas du Muséum, qui atteignaient l'un 26, l'autre 30 centimètres.

Dans une autre séance, j'ai mis sous les yeux de l'Académie une laine d'une beauté remarquable, rapportée par M. Weddell, et qui provient de l'Alpa-vigogne, ou métis de l'Alpaca et de la Vigogne. (Voyez ci-après.)

[2] Expressions de M. d'Orbigny, note inédite.

[3] Dans un Mémoire intéressant lu à la Société d'agriculture de Marseille, M. Amphoux de Belleval a présenté le Lama comme pouvant très-utilement être associé aux moutons dans les troupeaux transhumants. Les éléments me manquent pour apprécier la valeur de cette application nouvelle; je ne puis qu'appeler sur elle l'attention des agriculteurs du Midi.

Deville, prenant aussi en considération les résultats des expériences poursuivies sur divers points de l'Europe, ont fait, depuis deux ans, de l'importation de l'Alpaca en France, un des objets de leur constante sollicitude. L'un d'eux s'était même empressé d'accorder ses encouragements et son appui à une association organisée à Marseille, en vue de l'accomplissement de ce progrès. L'administration actuelle[1] a jugé que le moment était venu d'aller au delà, et elle a voulu que notre agriculture et notre industrie dussent au gouvernement lui-même les précieux quadrupèdes de la Cordillère.

J'appelais trop ardemment de mes vœux cette détermination pour avoir le droit d'en féliciter l'auteur : j'en laisse le soin au premier de nos naturalistes, répétant et consacrant en 1782 ces paroles de Béliardy :

« Le ministre qui aurait contribué à enrichir le royaume d'un animal aussi utile pourrait s'en applaudir comme de la conquête la plus importante. »

§ 4.

Le sentiment qui me porte à faire intervenir ici le nom illustre de Buffon, sera, je n'en doute pas, partagé par tous ceux qui me liront. Quand un progrès aussi important paraît sur le point de s'accomplir, n'est-il pas juste de rappeler les efforts par lesquels il a été préparé dans le passé? Or c'est la gloire de Buffon d'avoir su pressentir, en même temps que presque tous les développements récents de l'histoire naturelle générale, les services que devait rendre un jour l'histoire naturelle appliquée. Dès 1765, il songeait à enrichir nos Alpes et nos Pyrénées du Lama et de ses congénères. « J'imagine, disait-il, que ces animaux seraient

[1] Celle de M. Lanjuinais (*N. A.*)

une excellente acquisition pour l'Europe, spécialement pour les Alpes et pour les Pyrénées, et produiraient *plus de biens réels que tout le métal du nouveau monde.* » Remarquons qu'à l'époque où Buffon s'exprimait ainsi, il savait qu'au dix-septième siècle quelques Vigognes, et peut-être aussi quelques Lamas, avaient été transportés en Espagne et n'y avaient pas réussi. Buffon ne se laissait pas décourager par cet insuccès ; il l'expliquait avec raison par la mauvaise direction donnée à ces premiers essais.

Après Buffon vient l'abbé Béliardy qu'un long séjour en Espagne avait mis à même de recueillir de nombreux documents sur le Lama, l'Alpaca et la Vigogne. Béliardy insiste sur l'utilité de l'importation de ces animaux, et aussitôt, Buffon reprend l'idée dont il avait eu l'initiative : il s'unit à Béliardy ; il adopte et reproduit son travail. Plus que septuagénaire, notre grand naturaliste retrouve, pour rendre encore un service à son pays, l'ardeur de la jeunesse ; il intervient à plusieurs reprises auprès du gouvernement, et il est sur le point d'obtenir qu'un essai soit tenté. Mais on consulte un haut fonctionnaire administratif : il est impossible, dit celui-ci, que le Lama vive sans l'*Ycho* et les autres herbes des Cordillères; et, d'ailleurs, ajoute-t-il, des expériences faites en Espagne ont échoué. En vain l'abbé Bexon réfute-t-il victorieusement ces deux objections[1]; tout est arrêté[2], et Buffon se retire attristé, mais toujours aussi

[1] L'objection relative à l'*Ycho* était alors regardée comme si grave, que l'abbé Bexon se croit obligé de faire ici une concession. Il commence par montrer combien « il est difficile de croire que l'*Ycho* ne puisse être remplacée par quelques-uns de nos gramens. » Puis il ajoute : « *S'il le fallait absolument*, je proposerais de transporter l'*Ycho* elle-même. Il ne serait probablement pas plus difficile d'en faire le semis que tout autre semis d'herbage, et il serait heureux d'acquérir une nouvelle espèce de prairie artificielle, avec une nouvelle espèce de troupeau. » (*N. A.*)

[2] Il s'en était fallu de peu qu'un particulier, au défaut du gouvernement, ne fit un essai sur une grande échelle. M. de Nesle voulait faire venir à ses

convaincu. « Je persiste, dit-il, à croire qu'il serait aussi possible qu'utile de naturaliser chez nous ces trois espèces d'animaux si utiles au Pérou[1]. »

Au commencement de notre siècle, nous voyons le vœu de Buffon et de Béliardy reproduit, et, cette fois, avec plus d'efficacité, par l'impératrice Joséphine, ou plutôt par celle qui devait, quelques années plus tard, porter ce titre. Joséphine eut la généreuse ambition (et il y a tout lieu de croire qu'elle l'avait puisée dans la lecture de l'œuvre immortelle de Buffon) de doter notre pays, non-seulement du Lama, mais de ses deux congénères, plus précieux encore que lui-même. Elle obtint que le roi d'Espagne, Charles IV, fît venir, pour la France, un troupeau assez considérable pour qu'on n'eût pas à redouter les chances ordinaires d'accident et de mortalité. Mais on n'avait pas prévu celles de la guerre : le troupeau resta six années entières à Buenos-Ayres, sans qu'il fût possible de l'embarquer; et lorsque, en 1808, neuf individus, reste de trente-six, arrivèrent à Cadix, l'Espagne était en feu; et non-seulement les Lamas ne purent recevoir les soins convenables, mais il s'en fallut de peu qu'ils ne fussent jetés à la mer, en haine du prince de la Paix, qui avait contribué à les faire venir pour la France. Ainsi échoua cette tentative, faite sur une grande échelle, et qui, sans un déplorable concours d'événements, eût réalisé dès lors le progrès que nous attendons encore aujourd'hui. Elle n'échoua, du moins, qu'après nous avoir donné plusieurs renseignements utiles, notamment après avoir prouvé avec quelle facilité les Lamas s'habituent à une nourriture fort différente

frais un troupeau de Lamas et d'Alpacas. Mais, lui aussi, se laissa décourager par les objections des hommes prétendus compétents.

[1] L'acclimatation, dans nos montagnes, du Lama, de cet animal *que la nature a revêtu de la plus belle des laines*, a été aussi, dans le dix-huitième siècle, un des vœux émis par Bernardin de Saint-Pierre (*Études de la nature*). *N. A.*)

de celle qui leur est naturelle, et après avoir appelé l'attention sur les précieux croisements que l'on peut faire entre les diverses espèces et variétés du genre Lama[1].

Enfin un quatrième nom a droit à notre souvenir, celui de M. le duc d'Orléans. Ce prince éclairé avait songé, lui aussi, à enrichir nos montagnes de la culture du Lama et de l'Alpaca. Il voulait aussi introduire ces animaux dans l'Atlas. A son départ pour l'Amérique, M. de Castelnau avait reçu les instructions du prince, et un de ses premiers soins, quand il eut atteint les Cordillères, fut de former un troupeau et de le faire diriger sur Lima. Mais, par un déplorable malentendu, aucun ordre n'avait été transmis aux bâtiments de l'État, et les commandants durent, à regret, refuser leurs services; il fallut renvoyer les animaux dans leurs montagnes.

Ainsi, au dix-huitième siècle, Buffon et Béliardy demandant l'introduction du Lama et de l'Alpaca; au dix-neuvième siècle, l'impératrice Joséphine et le duc d'Orléans essayant de la réaliser, résument toute l'histoire de cette question[2].

Quand le Lama et l'Alpaca auront pris dans nos fermes le rang qui leur appartient, que nos agriculteurs sachent associer dans leur reconnaissance ceux qui ont préparé ce bienfait et ceux qui l'auront accompli[3] !

[1] En 1815, M. Bory de Saint-Vincent, qui avait observé les Lamas en Espagne, insista auprès du gouvernement sur l'utilité de l'introduction de ces animaux, et demanda à être chargé d'en importer un troupeau. Aucune suite ne fut donnée à cette proposition, qui n'en a pas moins droit à une mention dans ce résumé.

[2] Au moins pour les faits les plus importants, et jusqu'à l'année 1849, époque où une nouvelle tentative fut faite par mes soins, sous le ministère de M. Lanjuinais.

Sur cette tentative et sur quelques autres introductions récemment faites ou en cours d'exécution, voyez la *Troisième partie* de cet ouvrage (*N. A.*)

[3] Il y a des Lamas plus petits, d'autres, au contraire, plus grands que celui qui est figuré ci-contre. Un de ceux de la Ménagerie a 1 mèt. 30 cent. du poitrail à la croupe, et près de 1 mètre au garrot.

On trouvera plus loin la figure de l'Alpaca (*N. A.*)

Échelle de $0^m,077$ pour 1 mètre.

0. 0.1 0.2 0.3 0.4 0.5 1m

Le Lama (*Auchenia llacma*, Illig).

CHAPITRE II

DE L'IMPORTATION D'ESPÈCES SAUVAGES ÉTRANGÈRES.

§ 1.

Parmi les animaux qui peuplent nos champs, nos forêts, nos rivières, nos côtes, les uns, utiles à divers titres, sont une partie de la richesse nationale; d'autres, ennemis de ceux-ci, ou ravageant nos cultures, nous causent des dommages considérables, et quelquefois nous menacent nous-mêmes. De là, pour l'autorité publique, deux devoirs qu'elle remplit également : les espèces utiles sont protégées [1]; les espèces nuisibles sont détruites par l'application vigilante des lois sur la chasse et la pêche, et à l'aide de la louveterie, de l'échenillage et d'autres mesures analogues. C'est beaucoup sans doute, mais est-ce assez? On conserve ; ne pourrait-on s'enrichir? A côté de ces espèces utiles que l'on protége, au lieu de ces espèces nuisibles que l'on détruit, ne pourrait-on acquérir d'autres espèces dont la chair serait une ressource de plus pour l'alimentation du peuple, dont les produits divers prendraient place dans notre industrie?

Poser cette question, c'est presque l'avoir résolue. La ré-

[1] Mais très-imparfaitement, comme on le verra plus loin (*Seconde partie*). (N. A.)

ponse ne peut faire doute pour personne, et, d'ailleurs, elle est tout écrite dans le passé. Plusieurs espèces, fort communes aujourd'hui sur notre sol, si communes qu'il faut parfois en modérer la multiplication, comme le Lapin, le Daim, le Faisan, ne sont pas indigènes; ces deux derniers nous viennent même de contrées lointaines. Ici encore nous n'avons donc qu'à imiter nos pères ; seulement nous devons les imiter comme il convient à une époque telle que la nôtre. Les conquêtes, très-anciennement faites, l'ont été en raison bien moins de leur utilité que de leur facilité; on n'a pas choisi, on a accepté des espèces qui, par le hasard des circonstances, venaient en quelque sorte s'offrir d'elles-mêmes. Nous avons, nous, à faire précisément l'inverse : c'est d'après l'utilité, et non d'après la facilité d'une conquête, que nous devons surtout nous décider à l'entreprendre. Presque toute la surface habitable du globe est aujourd'hui connue, et n'est-on pas en droit de dire que tout ce qui en est connu, est, grâce à notre navigation si active et si perfectionnée, le domaine commun des peuples civilisés? Que notre libre choix porte donc sur le monde entier ; et s'il est scientifiquement établi qu'une espèce peut nous être utile, en quelque lieu qu'il ait plu au Créateur de la placer, disons hardiment qu'elle nous appartient, et faisons en sorte qu'elle soit bientôt en notre pouvoir.

§ 2.

La science a ici, on le voit, un rôle important à remplir : à elle de désigner les conquêtes à faire. Je dis à regret qu'elle s'y est peu préparée. Le courant des esprits, jusqu'à ce jour, n'a pas été de ce côté. Quand tant de voyageurs nous rapportent, des contrées qu'ils explorent, de riches collections et de bons travaux descriptifs, combien peu pensent à se rendre un compte exact du parti que tirent les naturels de leurs animaux, des services que nous-mêmes pourrions en obtenir? On a toujours songé à enrichir nos musées, bien rarement à enrichir le pays lui-même. Nous devrions, dès longtemps, posséder, pour chaque région, la liste des espèces que nous avons à lui demander, avec tous les documents qui peuvent servir de points de départ à des essais rationnels : une telle liste, très-incomplète encore, n'existe guère que pour l'Australie et la Tasmanie. C'est à M. Jules Verreaux qu'on est redevable de cet intéressant et utile document [1].

Quand nous sommes aussi dépourvus de renseignements, comment nous faire une idée du nombre des animaux qui pourront venir, avec le temps, s'ajouter aux espèces indigènes? Les vagues conjectures que l'on pourrait hasarder à cet égard ne méritent pas de trouver place ici.

Mais il est d'autres points sur lesquels il est permis d'être moins réservé. Quels genres de services avons-nous à espérer des espèces naturalisées chez nous à l'état sauvage?

Il en est deux, du moins, dont la science nous fait dès à présent la promesse.

En premier lieu, nous devrons à nos importations un accroissement notable dans la quantité, toujours insuffisante, de la viande produite sur notre sol. Le Phascolome et les Kangurous seront un jour, Cuvier l'a dit depuis longtemps [2],

[1] *Lettre à M. Isidore Geoffroy Saint-Hilaire sur quelques animaux de la Tasmanie et de l'Australie*, dans les *Comptes rendus de l'Académie des sciences*, t. XXVI, p. 222, 1846. — M. Ramon de la Sagra vient, tout récemment, de publier une semblable liste pour l'île de Cuba. Voy. le tome VI du *Bulletin de la Société impériale d'acclimatation* (*N. A.*)

[2] *Éloge de Banks*. (*Recueil des Éloges de* Cuvier, t. I, p. 182).

Cuvier a dit aussi dans son célèbre *Rapport sur les sciences naturelles*, 1810, p. 294 : « Cette période a fait connaître de nouvelles espèces de gibier que l'on pourrait répandre dans nos bois, comme le Phascolome de la Nouvelle-Hollande, etc. » (*N. A.*)

« des gibiers aussi utiles que le Lapin[1]; » affirmation que l'on peut étendre aux Damans, à quelques rongeurs américains, et à plusieurs ruminants[2].

Ces animaux sont tous faciles à nourrir, et leur chair, plus ou moins agréable au goût, est parfaitement saine. De plus, les derniers exceptés, ils sont tous remarquables par la rapidité de leur développement, et par leur fécondité[3].

En second lieu, plusieurs espèces, qui pourront être en même temps comestibles, seront spécialement utiles par

[1] Il est à peine besoin de faire remarquer que plusieurs espèces pourront être à la fois utiles, à l'état sauvage, comme gibiers, et, dans nos demeures, comme animaux domestiques. Il en sera assurément un jour de quelques-unes des espèces que j'indique, comme il en est aujourd'hui du Lapin, parmi les mammifères, et du Canard, parmi les oiseaux.

[2] Et à un grand nombre d'oiseaux, principalement dans l'ordre des Gallinacés.

Au nombre de ceux dont on s'est le plus occupé jusqu'à ce jour, sont les Colins, et surtout le Colin de Virginie, vulgairement le Houi, et l'espèce si élégante de la Californie. Je consacrerai un article spécial à ces oiseaux dans la *Troisième partie* de cet Ouvrage (*N. A.*)

[3] A cet égard, les poissons l'emportent de beaucoup, comme chacun le sait, sur tous les autres vertébrés. Un grand nombre d'entre eux se recommandent encore à nos soins sous d'autres points de vue. On ne saurait ni assez s'étonner de l'incurie où l'on est resté si longtemps à l'égard de cette classe, ni assez se féliciter de l'activité avec laquelle la science et l'administration cherchent à l'envi à réparer le temps perdu. — Voyez la suite de cet ouvrage.

Je ne m'arrêterai pas ici sur les reptiles, les amphibiens et les diverses classes d'invertébrés. Quelques reptiles, et surtout quelques chéloniens, ont été proposés comme animaux alimentaires; la *Rana esculenta* a été transportée, (d'après M. Webb), à Madère et à Ténériffe; l'introduction de divers mollusques a été recommandée; celle de plusieurs autres pourrait l'être, et sans doute le sera. Mais il s'agit ici de vues et de faits, les uns d'un intérêt très-secondaire, les autres très-douteux encore (sans parler de quelques indications qu'il n'y a pas même lieu de relever); et je ne saurais les discuter dans ce travail qui, malgré son étendue, n'est encore qu'un rapide résumé d'un sujet aussi complexe qu'important.

Pour les chéloniens, et particulièrement pour la Chélonée franche et quelques autres, voyez le savant travail récemment publié par M. le docteur Rufz de Lavison dans le *Bulletin de la Société impériale d'acclimatation*, t. VI, p. 364, et suites, p. 414 et 559; 1859. (*N. A.*)

leurs pelleteries. La France manque presque complétement d'animaux à fourrures; les contrées étrangères peuvent lui en fournir. Ne serait-ce pas une belle acquisition pour nos montagnes que celle du Chinchilla? Nos forêts ne recevraient-elles pas avec avantage le Phalanger fuligineux et le Kangurou Walleby [1], dont la peau, susceptible d'emplois très-variés, se vend en nombre immense sur les marchés d'Hobart-Town [2], et s'exporte jusqu'en Europe [3]?

Une partie de ces animaux et de ceux qu'on pourrait dès à présent citer avec eux sont originaires de pays tempérés :

[1] « Les Phalangers, dit M. J. Verreaux dans sa *Lettre sur les animaux de la Tasmanie et de l'Australie*, offriraient également de grands avantages sous divers rapports : non-seulement leur chair fournirait un aliment délicat, mais leur fourrure offrirait encore au commerce et à l'industrie de grands avantages. Les colons en fabriquent des manteaux qui se vendent fort cher. Il faudrait surtout s'attacher à acclimater les espèces connues sous les noms de *Phalangista vulpina* et de *Phalangista fuliginosa*. »

« Je dois citer, dit aussi M. Verreaux, diverses espèces de Kangurous : les *Kangurus major*, *Bennettii* et *Billardieri* (le Walleby), qui sont les plus abondantes et par conséquent les plus faciles à se procurer. La première espèce pèse de cent à cent cinquante kilogrammes, la seconde de vingt-cinq à trente, et enfin la troisième de douze à quinze. Elles n'offriraient pas seulement une matière alimentaire, mais elles deviendraient d'une utilité remarquable pour l'industrie. Leur poil pourrait servir à la fabrication d'étoffes et de feutres. Leurs peaux sont employées à la confection des chaussures, non-seulement dans les colonies de l'Australie et de la Tasmanie, mais encore dans les fabriques de la métropole. »

M. Verreaux insiste ensuite sur l'acclimatation du Phascolome, déjà mentionné plus haut (p. 40), espèce dont la chair est également très-estimée, et particulièrement bonne pour les salaisons. « Ces animaux, dit M. Verreaux, pourraient vivre avec facilité dans les Alpes. J'en ai trouvé sur des monts élevés et même couverts de neige pendant une partie de l'année. » (*N. A.*)

[2] Plus de cent mille peaux (produit d'une année) ont passé sur les marchés d'Hobart-Town pendant le séjour de M. Verreaux en Tasmanie.

[3] Un troisième genre de services peut nous être rendu par la naturalisation d'animaux sauvages. Il est des espèces carnassières qui, inutiles par elles-mêmes, peuvent devenir indirectement très-utiles comme destructrices des espèces nuisibles. M. Guérin-Méneville a émis, il y a plusieurs années, l'idée d'opposer, à la multiplication désastreuse de certains insectes, d'autres insectes ennemis de ceux-ci.

C'est dans des vues analogues que Poivre, vers le milieu du dix-huitième

pour eux l'acclimatation est toute faite. Pour la plupart des autres, elle offrira peu de difficultés, à en juger par les résultats déjà obtenus à la Ménagerie du Muséum pour deux espèces indiennes du genre Cerf [1]. Malgré leur origine tropicale, toutes deux, au moyen de quelques précautions prises pendant les premiers hivers, sont devenues sous notre ciel aussi robustes et aussi fécondes que les espèces indigènes; d'où la possibilité de les rendre avec celles-ci à la vie sauvage. Afin de démontrer cette possibilité, plusieurs individus du Cerf d'Aristote, l'une des plus grandes et des plus belles espèces du genre, et plusieurs aussi du Cerf Cochon, ont été lâchés, les premiers, il y a quatre ans,

siècle, avait importé dans l'île de la Réunion un oiseau insectivore, le Martin, pour détruire les sauterelles qui dévastaient les plantations.

De même, quelques essais ont été faits, mais sur une trop petite échelle, pour naturaliser à la Martinique le Serpentaire ou Messager du Cap de Bonne-Espérance, et débarrasser, avec son secours, l'île de ses redoutables Trigonocéphales.

[5] *bis*. Je compléterai la note précédente par la mention de quelques faits qui sont venus à ma connaissance depuis que j'ai rédigé (en 1849) la note précédente.

D'une part, en ce qui concerne les insectes, M. de Boisgiraud, professeur à la Faculté des sciences de Toulouse, est parvenu à débarrasser plusieurs arbres des chenilles qui les infestaient en y multipliant le *Calosoma sycophanta*.

En ce qui concerne le Martin, M. l'amiral de Mackau a communiqué à la Société impériale d'acclimatation (voy. son *Bulletin*, t. I, 1854, p. 89) les résultats de quelques essais qu'il avait faits à l'exemple de Poivre, pour importer et naturaliser cet oiseau dans nos colonies américaines. Ces essais n'ont pas réussi aux Antilles; mais ils ont obtenu un plein succès à la Guyane.

Enfin plusieurs communications très-intéressantes ont été faites à la même Société sur le Serpentaire, et sur l'emploi d'autres animaux jugés propres à détruire le *Bothrops* de la Martinique. (Voy., dans le *Bulletin* de cette Société, J. Verreaux, t. III, 1856, p. 298; A. de Chasteigner, t. V, 1858, p. 185; Chavannes, t. VI, 1859, p. 55; J. Cloquet, *ibid.*, p. 200; Moreau de Jonnès, *ibid.*, p. 468; et surtout Rufz de Lavison, t. V, 1858, p. 1. (*N. A.*)

[1] *Cervus Aristotelis* et *C. porcinus*. — Et de même, par les résultats que l'on a obtenus en Angleterre et en France, à l'égard d'une troisième espèce du même genre et de la même région, l'Axis, qui vit depuis longtemps dans plusieurs parcs en état de liberté.

dans le parc de Saint-Cloud; ceux-ci, il y a deux ans, dans une portion enclose de la forêt de Rougeau, où ils vivent parfaitement et se reproduisent. Ils continueront à jouir ainsi, si l'on nous permet cette expression, d'une liberté protégée, jusqu'au jour où leurs produits seront devenus assez nombreux pour être livrés à tous les hasards de la vie complétement sauvage, et à la poursuite des chasseurs [1].

[1] Malheureusement depuis que ceci est écrit (1849), l'impatience des chasseurs, la cupidité des braconniers ont fait de trop nombreuses victimes parmi nos Cerfs et Biches, déjà parfaitement acclimatés, et parmi les jeunes qui en étaient nés : une partie a péri; les autres, et malheureusement c'est le moindre nombre, ont été amenés au Muséum, jusqu'à ce que l'essai pût être repris ailleurs avec toute sûreté. Il l'a été en effet, et cette fois, nous le croyons du moins, avec de meilleures chances de succès.

Des deux espèces que je viens de mentionner, le Cerf Cochon, quoique bien moindre et moins beau, me paraît surtout d'un véritable intérêt au point de vue de l'acclimatation, Par sa rusticité, par son extrême fécondité, par la facilité avec laquelle il s'engraisse, ce Cerf, fort différent des espèces européennes, pourra bien devenir un jour doublement utile : d'une part, comme excellent gibier; de l'autre, comme animal domestique. Déjà même, selon Cuvier (*Recherches sur les ossements fossiles*, t. IV, p. 505), et selon M. Pucheran, dans son savant Mémoire sur les Cerfs (*Archives du Muséum d'histoire naturelle*, t. VI, p. 424), la domesticité du Cerf Cochon serait un fait presque réalisé dans l'Inde, et particulièrement au Bengale, où, dit Cuvier, l'on engraisse cet animal pour le manger.

Il en serait de même, selon quelques auteurs, de l'Axis.

Daubenton avait anciennement indiqué le Cerf, le Daim, le Chevreuil de nos forêts, et le Cariacou d'Amérique, comme autant d'animaux dont la domestication pourrait être utile. Je n'ai pas cru devoir me ranger à son opinion. Mais le Cerf Cochon semble offrir des avantages particuliers comme animal alimentaire, à l'état domestique aussi bien qu'à l'état sauvage; et nous devons savoir gré à M. Dussumier de nous avoir mis à même, par l'importation de trois de ces animaux en Europe, de multiplier un animal qui peut être appelé à contribuer doublement à l'alimentation publique.

Le Cerf Cochon commence à ne plus être rare en Europe. Il existe dans tous les jardins zoologiques et s'y multiplie. A la Ménagerie du Muséum, il se reproduit chaque année, depuis près d'un quart de siècle, sans que l'espèce ait notablement dégénéré. (*N. A.*)

CHAPITRE III

DE L'IMPORTATION ET DE LA DOMESTICATION D'ESPÈCES SAUVAGES ÉTRANGÈRES

SECTION I

Considérations générales.

§ 1.

Importer en France une espèce déjà domestiquée ailleurs, c'est entrer en partage d'une conquête déjà faite. Importer et domestiquer une espèce sauvage, l'arracher à la fois à ses habitudes et à son climat originel, c'est vaincre deux fois la nature.

Si l'homme ne l'eût jamais fait, on se demanderait si son pouvoir peut aller jusque-là. Mais ce qu'il a pu, ce qu'il a fait, nous le voyons partout autour de nous. Le Bœuf et le Cheval, sortis des forêts et des steppes de l'Asie, le Bouquetin et le Mouflon, descendus de leurs montagnes, tant d'autres encore, modifiés par l'homme au gré de ses besoins ou même de ses caprices, ont peuplé ses demeures de ces innombrables races domestiques qui sont comme autant d'espèces ajoutées à la création par la double puissance du temps et de la culture.

La science démontre ce grand fait en donnant la filiation

des races, et de précieuses confirmations sont fournies par l'histoire, parfois par la mythologie, qui n'est que l'histoire poétisée ou la légende des premiers âges.

Dans ce travail, fait tout entier au point de vue de l'application, je ne saurais revenir sur le passé qu'autant qu'il peut éclairer l'avenir. Ici, le souvenir de ce qu'ont fait nos pères est un encouragement à les imiter, et ce peut être aussi une leçon sur la manière de le faire utilement. On a déjà vu que, sur les trente-quatre animaux domestiques que l'Europe possède aujourd'hui, l'Amérique en a fourni quatre, l'ancien monde trente. Mais ce n'est là qu'une première indication générale à laquelle nous ne pouvons nous tenir présentement.

Voici ce que nous apprennent la science et l'histoire, ici encore compléments nécessaires l'une de l'autre.

Pour nos animaux américains d'abord, l'un vient du nord de l'Amérique; un autre de l'Amérique septentrionale aussi, mais des parties chaudes et tempérées de cette région; les deux autres, des parties chaudes de l'Amérique méridionale.

Parmi les trente espèces de l'ancien continent, un très-petit nombre sont indigènes : deux sont africaines; trois, asiatiques ou africaines [1], doute partiel qui, comme on va le voir, n'ôte rien à la certitude du résultat général; toutes les autres, et parmi elles sont à la fois les plus précieux auxiliaires de l'homme et les plus importantes espèces alimentaires, nous viennent de l'Asie, particulièrement de ses régions centrale, méridionale et occidentale.

Il est facile de voir que tous ces résultats partiels se résument en deux faits généraux : l'un, historiquement, d'une extrême importance, la prédominance numérique des espèces

[1] Ou plutôt l'un et l'autre à la fois, comme on le verra dans la *Seconde partie*. (*N. A.*)

asiatiques, l'autre, bien plus intimement lié à notre sujet, et que j'énoncerai ainsi :

La grande majorité de nos animaux domestiques n'est originaire ni de notre climat, ni de climats analogues aux nôtres, et surtout plus froids ; presque tous, au contraire, habitaient primitivement des *contrées plus chaudes, souvent même beaucoup plus chaudes que la France* [1].

[1] Cette inégalité de répartition se rattache à deux ordres de causes fort différentes.

Une première explication se présente naturellement à l'esprit : l'hypothèse de l'acclimatation plus facile des espèces originaires des contrées chaudes. Cette hypothèse mérite assurément d'être prise en considération. L'observation journalière prouve que, dans nos ménageries, les animaux des contrées chaudes résistent mieux à l'action de notre climat que ceux des contrées très-froides, la comparaison étant établie, bien entendu, entre espèces analogues : c'est ainsi que nous conservons plus difficilement à Paris l'Ours blanc polaire que les petits Ours de l'Inde l'Isatis que le Renard d'Alger et le Chacal, le Renne que les Cerfs de l'Amérique méridionale et surtout de l'Inde. Toutes choses égales d'ailleurs, et ce qui est vrai de chaque individu l'étant nécessairement de la collection et de la succession des individus, c'est à-dire de la race, il serait donc déjà naturel que les régions plus chaudes que la nôtre nous eussent beaucoup plus enrichis de races domestiques que les régions comparativement froides.

J'admets cette explication, mais d'une manière toute secondaire. Dans le cas particulier qui nous occupe en ce moment, c'est dans un autre ordre de faits, c'est dans les faits historiques qu'il faut chercher les causes principales. Pour l'Amérique, ce n'est pas avec le nord ou le sud, mais avec les régions tropicales que les Européens se sont d'abord trouvés en rapport. Pour l'ancien monde, sans remonter (comme on peut le faire par l'étude même des animaux domestiques) aux temps anté-historiques, ce n'est pas non plus avec le nord de l'ancien continent, mais avec l'ouest et le sud de l'Asie et avec le nord de l'Afrique que l'Europe s'est trouvée d'abord reliée, soit par le commerce, soit par la guerre ; par exemple, par l'expédition des Argonautes, par celle d'Alexandre, par l'établissement des Romains dans le nord de l'Afrique : événements historiques que je rappelle de préférence, parce qu'à chacun d'eux se trouve rattachée une de ces pacifiques conquêtes que nos efforts doivent tendre à multiplier de jour en jour. Nous devons au premier le Faisan, au second le Paon, au troisième la Pintade.

Plus heureux que nous ne le sommes d'ordinaire dans la recherche des causes, nous pouvons donc ici placer à côté des faits leur explication.

§ 2.

Quelque explication que puisse recevoir cette inégalité de répartition entre les divers climats, il suffit qu'elle existe pour que l'on soit conduit à se poser cette question : Y a-t-il lieu de penser que quelque chose d'analogue doive exister à l'égard des espèces à domestiquer dans l'avenir ? Question importante ; car il est manifeste que, selon la solution qu'elle recevra, la difficulté de la domestication pourra être fort différente, et aussi la nature des mesures auxquelles nous aurons à recourir.

Mais d'abord la question est-elle soluble ? On pourrait croire que non ; car il semble que, pour la résoudre, il faille avant tout déterminer exactement quelles sont les espèces à domestiquer. Or chacun en fait le choix, chacun en étend ou restreint le nombre selon la hardiesse plus ou moins grande de ses conjectures ; et suivant que l'on comprendra ou non telles ou telles espèces, le résultat variera nécessairement. Il est clair que, si la liste est arbitrairement dressée, on pourra en faire sortir telle conséquence que l'on voudra. Or une question que l'on peut résoudre arbitrairement dans des sens contraires, c'est une question qui, de fait, est scientifiquement insoluble.

Comment donc échapper ici à l'arbitraire ? Il en est un moyen, et bien simple : c'est de renoncer à dresser la liste, impossible aujourd'hui, de toutes les espèces qui pourront être un jour utilisées, mais de dresser celle des espèces dont la domestication, déjà préparée par quelques études préliminaires, par des observations faites dans le pays, ou même déjà par des expériences sous notre climat, est assez manifestement utile et possible pour que tous les auteurs s'accordent à cet égard.

A ce point de vue toute difficulté disparaît.

S'agit-il, par exemple, du Phoque, qu'on a signalé, en raison de ses habitudes sociales, de son intelligence, de la facilité avec laquelle il se laisse apprivoiser et dresser, comme étant peut-être, de tous les carnassiers, celui qui se ploierait avec le plus de facilité à ce que nous lui demanderions [1] ; si bien qu'on pourrait se représenter le Phoque comme pouvant être un jour à l'homme pour la pêche ce que le Chien lui est pour la chasse? S'agit-il du Rhinocéros, qu'un voyageur célèbre nous présente comme ayant subi déjà dans l'Inde un commencement de domestication [2], et qu'on pourrait croire appelé, à venir un jour rejoindre dans nos fermes le Cheval et le Bœuf, peut-être même les remplacer en partie dans les travaux de l'agriculture, comme eux-mêmes ont autrefois, en Égypte, remplacé le Bélier? Dans de telles prévisions, si quelques naturalistes croyaient devoir s'y arrêter, je ne saurais voir que des conjectures qu'il serait singulièrement téméraire de traduire en promesses, même en faveur des générations les plus éloignées.

Nous ne placerons donc sur notre liste ni l'un ni l'autre de ces prétendus animaux auxiliaires, à l'égard desquels le champ est ouvert à l'imagination, mais non au raisonnement et à l'expérience.

Nous inscrirons au contraire, sans hésiter, non-seulement

[1] Frédéric Cuvier, *Essai sur la domesticité des mammifères*, dans les *Mémoires du Muséum d'Histoire naturelle*, t. XIII, p. 55; 1826.

[2] Jacquemont, *Voyage dans l'Inde, Journal*, t, I, p. 169. — Dans ce passage, le célèbre voyageur mentionne un Rhinocéros unicorne qu'il avait vu à Calcutta, en 1829, dans la ménagerie du Gouverneur général de l'Inde, et dont l'espèce, assurait-on à Calcutta, est employée aux travaux de l'agriculture, dans les montagnes au delà du Gange, comme le Buffle en beaucoup de cotnrées.

Jacquemont ne donne d'ailleurs ce très-douteux renseignement qu'avec beaucoup de réserve (*N. A.*)

des animaux tels que l'Hémione, à l'égard desquels l'utilité et la possibilité de la domestication sont devenues également incontestables, mais aussi des espèces telles que les Tapirs américains, dont l'acclimatation n'est pas encore démontrée possible, mais à l'égard desquelles il y a présomption suffisante de possibilité, en même temps que certitude d'utilité.

Nous ajouterons aussi à la liste divers oiseaux d'ornement, dont plusieurs deviendront alimentaires par la suite. Ces espèces compensant leur moindre utilité par la facilité plus grande de leur multiplication, viendront sans doute se placer dans nos volières à côté des Faisans de la Chine, bien avant que les précédentes peuplent nos étables et nos basses-cours.

Par les exemples que je viens de donner, il est facile de comprendre que notre liste peut, qu'elle doit être très-incomplète, si l'on se reporte à un avenir non-seulement indéfini, mais même un peu éloigné de nous ; car le pouvoir que l'homme a de modifier les espèces et de les plier à ses besoins, est presque illimité. Mais, quoique incomplète, elle est suffisante, relativement à l'avenir prochain sur lequel il nous est donné d'agir; suffisante, par conséquent, eu égard à la partie pratique de la question[1].

Au surplus, le résultat auquel nous allons arriver est tellement tranché, que, voulût-on ajouter ou retrancher quelques espèces, il ne resterait pas moins incontestable.

[1] Ceux de mes lecteurs qui voudraient une liste beaucoup plus étendue, la trouveraient, du moins pour les deux classes supérieures du règne animal, dans le *Bulletin de la Société impériale d'acclimatation* où M. Florent Prévost a donné en 1855, par parties du monde, la liste de toutes les espèces dont, suivant lui, « l'acclimatation peut-être tentée avec le plus de chances de succès en France et en Algérie. » Voy. t. II, p. 204 et suiv.

Le même savant a donné, *Ibid.*, t, VI p. 252, la liste des espèces qui se sont reproduites, en grande partie par les soins de l'auteur, à la Ménagerie du Muséum d'Histoire naturelle (*N. A.*)

§ 3.

Afin de rendre ce résultat plus manifeste, je recourrai à la forme à la fois si claire et si concise de tableaux synoptiques, donnant, avec quelques autres renseignements, la distribution géographique, par régions et par climats, des mammifères et des oiseaux, sur lesquels des essais de naturalisation paraissent devoir être prochainement ou ont déjà été tentés avec succès.

Comme climat, je les rapporterai à quatre catégories :

1° Ceux qui habitent des régions dont le climat est le même que le nôtre, ou en diffère peu ;

2° Ceux des régions intertropicales et voisines des tropiques ;

3° Ceux qui habitent les régions tropicales, mais à une grande hauteur, et qui par conséquent, tout rapprochés qu'ils sont de l'équateur, ne vivent pas sous un climat chaud ;

4° Ceux qui habitent des régions tempérées, mais appartenant à l'hémisphère austral, et où, par conséquent, l'ordre des saisons est inverse.

Il y aurait eu à établir, pour les animaux des pays froids, une cinquième catégorie ; mais il ne s'est pas même trouvé une seule espèce à y inscrire [1].

[1] Parmi les animaux dont la domestication serait utile, quelques auteurs ont mentionné une espèce propre aux régions arctiques, l'Ovibos musqué (*Ovibos moschatus*, Blainv.), ou l'*Oomingmak* des Eskimaux, longtemps désigné par les naturalistes sous le nom de Bœuf ou Bison musqué. Mais ce ruminant est encore trop peu connu pour qu'on puisse se prononcer sur les services qu'il pourrait nous rendre. Les grands musées en sont encore à désirer sa dépouille, et l'individu donné en 1857 au Muséum d'histoire naturelle par M. de Bray est regardé comme un des objets les plus rares et les plus précieux des galeries de cet établissement (*N. A.*)

MAMMIFÈRES

QU'IL Y AURAIT LIEU DE DOMESTIQUER

NOMS DES ANIMAUX.		GENRE D'UTILITÉ.
RONGEURS.	Agouti.	Animal alimentaire.
	Cabiai.	*Idem.*
	Paca.	*Idem.*
PACHYDERMES.	Tapir [2].	*Idem.*
	Hémione.	Animal auxiliaire.
	Dauw.	*Idem.*
RUMINANTS.	Vigogne.	Animal industriel et alimentaire.
	Antilopes.	Animaux alimentaires, auxiliaires.
	Gazelle.	Animal alimentaire et d'ornement.
MARSUPIAUX.	Grands Kangurous.	Animaux alimentaires et industriels.
	Petits Kangurous.	Animaux alimentaires et industriels.
	Phascolome.	Animal alimentaire.

[1] J'ai laissé ce tableau tel qu'il a été dressé dès 1849.

Aux espèces qu'il comprend, doit être ajouté un ruminant que sa beauté fait rechercher, depuis quelques années, dans les ménageries ou jardins zoologiques, le Mouflon à manchettes, du nord de l'Afrique. La multiplication de ce Mouflon a eu lieu d'abord dans le beau jardin zoologique que M. le prince A. de Demidoff a créé à San-Donato, près Florence. (*N. A.*)

[2] Et surtout, depuis, chez M. Chenu et au Jardin zoologique d'Anvers, par les soins de l'habile directeur, M. Vekemans, (*N. A.*)

SAUVAGES

ET D'ACCLIMATER EN FRANCE [1].

CLIMAT ET RÉGION HABITÉE.				OBSERVATIONS.
1re CATÉGORIE.	2e CATÉGORIE.	3e CATÉGORIE.	4e CATÉGORIE.	
. . . . . .	Amér. mérid.	. . . . . .	. . . . . .	S'est reproduit à la Ménagerie du Muséum [2].
. . . . . .	Amér. mérid.			
. . . . . .	Amér. mérid.			
. . . . . .	Amér. mérid.	. . . . . .	. . . . . .	Le grand Tapir (asiatique) pourra devenir aussi, par la suite, une acquisition utile.
. . . . . .	Inde.	. . . . . .	. . . . . .	Quelquefois utilisé dans son pays natal. Des expériences ont été faites et se poursuivent avec succès à la Ménagerie de Paris.
. . . . . .	. . . . . .	. . . . . .	Afrique australe. . .	Quelquefois utilisé dans son pays natal. Des expériences ont été faites à Paris; on y a obtenu des produits de Dauws français.—Le Zèbre et le Couagga pourraient rendre les mêmes services, mais l'acclimatation offrirait quelques difficultés de plus.
. . . . . .	. . . . . .	Cordillères.	. . . . . .	Ce tableau ne comprend que les mammifères sauvages à domestiquer et acclimater, et non les mammifères ailleurs domestiqués qu'il y a lieu d'importer; c'est pourquoi le Lama et l'Alpaca ne figurent point ici (Voy. p. 29).
. . . . . .	Afrique. . .	. . . . . .	. . . . . .	La reproduction de plusieurs espèces a été obtenue, notamment dans la ménagerie de lord Derby, la plus riche de toutes en Antilopes [4].
. . . . . .	Afrique. . .	. . . . . .	. . . . . .	Essais faits en France (sur divers points), en Angleterre, etc. Ils ont surtout réussi dans le midi et le centre de la France.
. . . . . .	. . . . . .	. . . . . .	Australie. .	Essais faits sur un très-grand nombre de points en Europe, et qui ont parfaitement réussi.
. . . . . .	. . . . . .	. . . . . .	Australie. .	Reproduction plusieurs fois obtenue sur divers points de l'Europe.
. . . . . .	. . . . . .	. . . . . .	Australie.	

[3] Soit le Tapir ordinaire (*Tapirus americanus* des auteurs, Gm.) du Brésil et de la Guyane, soit le Tapir Pinchaque (*T. Pinchaque*, Roul.) des Cordillères, espèce d'un climat tempéré, par conséquent plus facile à acclimater, mais aussi beaucoup plus difficile à obtenir. (*N. A.*)

[4] Depuis que ce tableau a été dressé, les principales reproductions obtenues sont celles du Canna, ou Élan du Cap, en Angleterre; du Nilgau, à la Ménagerie de Paris, dans plusieurs jardins zoologiques publics, et chez MM. le prince A. de Demidoff et Le Prestre; et du Bubale à la Ménagerie de Paris chez M. le prince A. de Demidoff, et au Jardin zoologique de Marseille. (*N. A.*)

OISEAUX

QU'IL Y AURAIT LIEU DE DOMESTIQUER

NOMS DES ANIMAUX.		GENRE D'UTILITÉ.
PASSEREAUX.	Diverses Fringilles.	Oiseaux d'ornement.
PIGEONS.	Diverses Colombes.	*Idem.*
	Goura.	Oiseau d'ornement et alimentaire.
GALLINACÉS.	Hoccos.	Oiseaux alimentaires.
	Marail.	*Idem.*
	Lophophore.	Oiseau d'ornement.
	Napaul.	*Idem.*
ÉCHASSIERS.	Agami.	Oiseau auxiliaire.
PALMIPÈDES.	Bernache.	Oiseau d'ornement et alimentaire.
	Oie d'Égypte.	*Idem.*
	Oie des Sandwich.	*Idem.*
	Canard à éventail.	Oiseau d'ornement.
	Canard de la Caroline.	*Idem.*
	Céréopse.	Oiseau d'ornement et alimentaire.
INAILÉS.	Dromée (ou Casoar de la Nouvelle-Hollande).	Oiseau alimentaire.
	Nandou.	*Idem.*

[1] J'ai cru devoir aussi reproduire ce tableau tel qu'il a paru en 1849; mais tandis qu'en ce qui concerne les mammifères, je n'ai eu qu'une seule addition à faire, ce second tableau est devenu très-incomplet, en raison du grand nombre d'efforts, très-habilement dirigés, dont les oiseaux sont l'objet de la part de plusieurs établissements publics et d'un grand nombre de naturalistes et d'amateurs. Grâce aux succès de ces efforts, il y a lieu d'ajouter :

1° La Perruche Edwards, le Callopsitte, et surtout la Perruche ondulée, aujourd'hui presque complétement domestiquée;

2° Les Colins et la Perdrix Gambra, si répandus aujourd'hui, soit dans les oiselleries, soit même dans les établissements consacrés à l'élève du gibier;

3° Plusieurs Faisans et Houppifères de l'Inde et de l'extrême Orient;

4° Plusieurs palmipèdes, et particulièrement le Cygne noir et le Cygne à col noir.

SAUVAGES

ET D'ACCLIMATER EN FRANCE[1].

CLIMAT ET RÉGION HABITÉE.				OBSERVATIONS.
1re CATÉGORIE.	2e CATÉGORIE.	3e CATÉGORIE.	4e CATÉGORIE.	
. . . . . .	Afrique, Inde.	. . . . . .	Australie. .	Reproduction obtenue en plusieurs lieux, et à l'égard de diverses espèces.
. . . . . .	Afrique, Inde.	. . . . . .	Australie. .	*Idem.*
. . . . . .	Océanie. . .	. . . . . .	. . . . . .	[2].
. . . . . .	Amér. mérid. et Amérique centrale. . .	. . . . . .	. . . . . .	Essais tentés avec succès, notamment en Hollande et en France. (A Marseille, par M. Barthélemy Lapommeraye; aux environs de Paris, avec un succès incomplet, par M. Pomme.)
. . . . . .	Amér. mérid.	. . . . . .	. . . . . .	Essais faits avec succès, aux environs de Paris, par M. Pomme.
. . . . . .	Inde.	. . . . . .	. . . . . .	[3].
. . . . . .	Inde.			
. . . . . .	Amér. mérid.			
Europe. . .	. . . .	. . . . . .	. . . . . .	Essais faits avec succès, aux environs de Paris, par M. le prince de Wagram.
. . . . . .	Afrique. . . .	. . . . . .	. . . . . .	Essais très-avancés déjà à la Ménagerie de Paris.
. . . . . .	Océanie. . .	. . . . . .	. . . . . .	Reproduction obtenue, en Angleterre, au Jardin zoologique de Londres et chez lord Derby.
. . . . . .	Chine. . . .			
Amér. sept.	. . . .	. . . . . .	. . . . . .	Essais faits avec succès à Paris, notamment chez M. Coiflier et à la Ménagerie du Muséum.
. . . . . .	. . . .	. . . . . .	Australie. .	Reproduction obtenue à Londres.
. . . . . .	. . . .	. . . . . .	Australie. .	*Idem* [4]. — Le Casoar à casque offrirait les mêmes avantages, mais il serait plus difficile à acclimater.
. . . . . .	Amér. mérid.	. . . . . .	. . . . . .	Reproduction obtenue dans la ménagerie de lord Derby. — L'autruche serait plus utile encore, mais la difficulté de l'acclimatation serait beaucoup plus grande [5].

Je reviendrai plus loin sur ces oiseaux, et j'en mentionnerai quelques autres encore. (*N. A.*)

[2] On a obtenu, au Jardin zoologique de Londres, non-seulement la reproduction du Goura proprement dit (*Lophyrus coronatus*), mais son croisement avec l'espèce nouvellement connue et dédiée à la Reine d'Angleterre, *Lophyrus Victoriæ*. (*N. A.*)

[3] La reproduction de ce magnifique oiseau a été tout récemment obtenue dans le même établissement. (*N. A.*)

[4] Et à la Ménagerie de Paris. (*N. A.*)

[5] La reproduction de l'Autruche a été obtenue à plusieurs reprises, depuis 1858, à Alger, par les soins de M. Hardy, et pour la première fois en Europe, en 1859, dans le jardin zoologique de M. le prince A. de Demidoff, par les soins de M. Desmeure. (*N. A.*)

L'inspection seule de ces Tableaux donne la réponse à la question posée plus haut, et même quelque chose de plus que cette réponse.

Avant de chercher à mettre dans tout leur jour et ces résultats eux-mêmes et leurs conséquences au point de vue de l'application, reprenons, pour les préciser et les compléter, les indications diverses que résument nos tableaux. Les conséquences seront d'autant plus certaines que les faits seront mieux connus.

Les animaux à domestiquer se rapportent à ces quatre mêmes groupes, entre lesquels se répartissent les animaux présentement domestiqués. Les uns sont *auxiliaires*, plusieurs *alimentaires*, d'autres *industriels*[1]; un grand nombre sont de *simple ornement* ou *accessoires*[2]. Je ferai, en sui-

[1] La classification zootechnique que j'ai proposée en 1838 est aujourd'hui généralement adoptée. Tout le monde distingue les animaux domestiques en *auxiliaires, alimentaires, industriels* et *accessoires* (sans parler ici des *médicinaux;* voyez la note 2). Cette adoption unanime de ma classification est un motif de plus pour que je la réduise à sa simple valeur. Elle ne donne qu'une expression plus ou moins approchée (et non rigoureuse) des faits si complexes qu'elle est appelée à résumer. C'est ce que je faisais déjà remarquer dans mon premier travail général sur la *Domestication des animaux*. (*N. A.*)

[2] On pourrait ajouter un cinquième groupe d'animaux à domestiquer, les *animaux médicinaux;* mais ce groupe ne renfermerait que la Sangsue officinale et quelques autres hirudinés, déjà employés ou pouvant l'être comme succédanés de cette précieuse annelide. La Sangsue officinale est presque entièrement détruite dans plusieurs pays ; il importe à un haut degré que cette utile espèce et ses succédanés deviennent enfin l'objet de soins intelligents et assidus, et prenne place, comme le Ver à soie et l'Abeille, parmi les animaux véritablement domestiques.

[2] *bis*. Je regrette de ne pouvoir placer, à la suite de la note précédente, reproduite ici telle qu'elle a été rédigée en 1849), un exposé de tous les essais tentés depuis cinq ans pour donner satisfaction au vœu que j'exprimais, et que tant de médecins et de naturalistes avaient exprimé avant moi. Après le succès si complet de plusieurs de ces essais, après les résultats décisifs obtenus en divers lieux, et parfois sur une grande échelle, on peut dire complétement assuré un progrès depuis si longtemps désiré et si nécessaire au bien de l'humanité. Je ne saurais manquer, en en félicitant ici les auteurs, de rappeler combien la science, grâce aux remarquables travaux de M. Moquin-

vant cet ordre, une rapide revue de toutes les espèces dont les noms figurent dans les tableaux.

SECTION II

Animaux auxiliaires.

§ 1.

L'Hémione et les Zèbres, particulièrement le Dauw, parmi les mammifères, l'Agami parmi les oiseaux, sont les seuls nouveaux auxiliaires dont la place semble, dès à présent, marquée dans nos demeures ou nos fermes[1].

L'Agami. — Les services que peut nous rendre l'Agami ont été depuis longtemps signalés. C'est un oiseau, disent Daubenton et Bernardin de Saint-Pierre, « qui a l'instinct et la fidélité du chien : il conduit un troupeau de volailles, et même un troupeau de moutons, dont il se fait obéir, quoiqu'il ne

TANDON sur les hirudinés, a heureusement guidé les efforts de ces habiles praticiens. Eux-mêmes l'ont, au reste, reconnu en des termes auxquels il ne reste rien à ajouter. Voyez, entre autres ouvrages, le *Guide pratique des éleveurs de sangsues*, par M. VAYSON, 1852. (*N. A.*)

[1] *Dès à présent*, dis-je. Dans un avenir plus ou moins éloigné, plusieurs autres animaux viendront peut-être s'ajouter à ceux que j'indique ici, par exemple, quelques-uns de ceux que, pour le moment, nous devons surtout considérer comme alimentaires. (Voyez plus bas.)

Le Bison d'Amérique est-il une des espèces qui pourront, comme auxiliaires, devenir utiles à notre agriculture? MILBERT, voyageur du Muséum d'histoire naturelle, l'avait pensé, et c'est en grande partie dans cet espoir qu'il avait envoyé en France, il y a vingt-cinq ans, une paire de Bisons. Plusieurs naturalistes, entre autres M. BERTHELOT, dans ses *Considérations sur l'acclimatement et la domestication*, ont partagé les vues de Milbert ; et il en est de même de M. ROCCA DE ROCHELLE dans un intéressant rapport, fait, en 1841, à la Société de géographie, sur le prix fondé par M. le duc d'Orléans.

Je ne partage pas entièrement les vues de ces auteurs sur la domestication du Bison. Je fonde peu d'espoir sur ses services comme auxiliaire, à moins toutefois qu'il ne doive présenter en même temps, comme animal alimentaire, des avantages particuliers ; ce que pense M. Lamare-Picquot, mais ce qui n'est nullement démontré. (*N. A.*)

soit pas plus gros qu'une poule. » Je ne l'ai pas vu, dans la basse-cour, moins utile qu'on ne nous le dépeint dans les champs : il y maintient l'ordre, protége les faibles contre les forts, se fait volontiers, vis-à-vis des poussins et des jeunes Canards, le dispensateur d'une nourriture qu'il sait défendre

L'Agami trompette (*Psophia crepitans*, Lin.)

contre tous, et à laquelle lui-même se garde bien de toucher [1]. Nul animal, peut-être, n'est plus facile à apprivoiser,

[1] Non-seulement j'ai souvent constaté ces faits par moi-même soit pour l'Agami ordinaire, soit pour l'Agami aux ailes blanches; mais j'en ai plusieurs fois rendu témoins tous les auditeurs de mes cours dans les visites

plus naturellement affectueux pour l'homme. Mais on n'a jamais obtenu, sous notre climat trop froid, la reproduction de cette précieuse espèce.

Des essais dans le midi de la France seront sans doute plus heureux.

§ 2.

Les Zèbres, et particulièrement le Dauw. — Nous sommes plus avancés à l'égard des solipèdes, particulièrement d'une espèce africaine et d'une espèce asiatique.

Si, parmi les solipèdes africains, le Zèbre proprement dit, dont Buffon et Daubenton[1] appelaient de leurs vœux la domestication, a été laissé de côté, le Dauw, fort semblable à lui, mais d'un climat moins chaud, a été l'objet de divers essais. On l'a parfois dompté au Cap de Bonne-Espérance; en Europe même, assure-t-on, on aurait possédé des individus assez bien dressés pour que de riches particuliers pussent étonner le regard du public par le luxe de leurs montures ou de leurs attelages zébrés. En France, nous avons fait la contre-partie de ces essais. Nous n'avons que rarement attelé le Dauw[2], mais nous l'avons fait reproduire jus-

de la Ménagerie, par lesquelles se termine chaque année mon enseignement au Muséum. (*N. A.*)

[1] « On n'a pas encore parfaitement apprivoisé le Zèbre, dit DAUBENTON; mais nous pourrions le dompter comme l'Onagre et le Cheval sauvage, et nous aurions une nouvelle bête de somme et de trait plus forte que l'Ane, et plus belle, toute nue, que le Cheval le plus magnifiquement harnaché. » *Séances des écoles normales*, édit. de 1800, t. I, p. 108.

Voyez aussi LEVAILLANT, *Second voyage en Afrique*, t. II, p. 122 et 123.

Parmi les zoologistes modernes, M. FRÉDÉRIC CUVIER a reproduit le vœu de Daubenton, en l'étendant à tous les solipèdes. Voyez la *Quatrième partie* de cet ouvrage. (*N. A.*)

[2] Au Muséum où la disposition des allées rend les dressages très-difficiles, un seul individu a été attelé; on l'employait pour le service intérieur de la Ménagerie.

Le Dauw,
(*Equus Burchellii*, Gr.)

Échelle de $0^m,50$ pour 1 mètre.

0. 0.1 0.2 0.3 0.4 0.5 0.6 0.7 0.8 0.9 1^m

qu'à la troisième génération. Dès la seconde, l'acclimatation était complète. Durant l'hiver, si exceptionnellement rigoureux, de 1829 à 1830, j'ai vu un de nos Dauws français tranquillement couché sur la neige, par 16 degrés centigrades au-dessous de zéro.

L'Hémione ou Dziggetai. — Cette espèce vient d'une contrée plus chaude que le Dauw, et de bien plus loin, de l'Indoustan, où elle est quelquefois utilisée pour les travaux agricoles. On ne la connaissait encore, il y a peu d'années, que par des descriptions et de mauvaises figures, et c'était assurément, entre tous les solipèdes sauvages, une de celles dont la domestication semblait la moins vraisemblable ou la plus éloignée; c'est celle, maintenant, que nous sommes le plus près de posséder. Depuis que la Ménagerie du Muséum a, pour la première fois, réuni, grâce aux envois de M. Dussumier, des individus des deux sexes propres à la reproduction [1], dix ans seulement se sont écoulés (1840 à 1849), et c'est un bien court espace de temps, lorsqu'il s'agit d'une espèce qui, congénère du Cheval et de l'Ane, porte, comme eux, un an environ, et dont le développement ne s'achève que dans la troisième année. De 1842 à 1849, nous avons néanmoins obtenu neuf produits, et si, des neuf poulains, trois n'ont pu être élevés, les six autres sont parfaitement bien portants, et ne le cèdent en rien aux individus nés dans l'état de nature. En ce moment même, on peut voir, dans les parcs du Muséum, trois Hémiones femelles allaitant leurs petits; deux de ces femelles sont françaises [2]. Un autre individu, jusqu'à ce

[1] Trois en tout; un mâle et deux femelles.

[2] Quelques années après que ceci a été écrit, une de ces femelles, nées à la Ménagerie, allaitait, à son tour, dans un de ces mêmes parcs, son petit qui, dès l'âge de sept mois, était déjà d'une aussi haute stature qu'elle-même. Ce jeune Hémione avait pour père un autre individu né, comme sa mère, à la Ménagerie. Il était donc *complétement français*. Il était aussi *complétement acclimaté;* jamais son écurie n'avait été le moins du monde chauffée, et ce-

L'Hémione ou Dziggetai,
(*Equus hemionus*, Pall.)

Même échelle que pour le Dauw.

jour unique en Europe, est un mulet issu d'un Hémione et d'une Anesse[1], et sa beauté, sa vigueur justifient cette assertion émise dès le début de mes expériences, que la naturalisation de l'Hémione est destinée à devenir un jour doublement utile, et par les races domestiques que la culture pourra nous donner, et par les croisements nouveaux dont la possibilité nous sera offerte.

SECTION III

Animaux alimentaires.

1° MAMMIFÈRES

Espèces ayant des analogues parmi les animaux déjà domestiqués.

§ 1.

Notre liste est beaucoup plus riche en animaux alimen-

pendant l'hiver qu'il venait de traverser, tout jeune encore, avait été un des plus rigoureux qu'on eût vus depuis longtemps. De semblables faits ont eu lieu plusieurs fois depuis.

J'appellerai aussi l'attention des personnes qui visitent la Ménagerie sur nos individus adultes. Non-seulement la race n'a pas dégénéré en domesticité, mais elle s'est fortifiée et développée. Le mâle indien que nous avons possédé et dont descendent tous nos Hémiones français, était loin d'avoir la taille et la beauté de ses fils et petits-fils.

Enfin j'ajouterai que depuis la publication de mon Rapport de 1849, et grâce à des mesures prises par un des ministres les plus éclairés qui aient dirigé l'administration de l'agriculture, M. Lanjuinais, j'ai pu faire, en 1849, dans les circonstances les plus favorables, des essais que, depuis plusieurs années, j'avais à cœur d'entreprendre. « L'Hémione est indomptable, » avaient dit quelques personnes, et parfois encore j'entends reproduire cette assertion. Il importe donc d'ajouter ici qu'il a suffi de quelques mois, non pas seulement pour *dompter* l'hémione, mais pour le *dresser*. Un de nos Hémiones surtout a été rendu docile au point de pouvoir être rapidement conduit, à grandes guides, de Versailles à Paris.

Un fait aussi décisif n'a pas besoin d'être commenté. (*N. A.*)

[1] Le Mulet dont je parlais en 1849 existe toujours (1860), et il a conservé presque toute sa beauté.

Sur ce Mulet, et sur quelques autres que nous avons obtenus depuis, ou qui l'ont été ailleurs, voyez la *Troisième partie* de cet ouvrage. (*N. A.*)

taires qu'en animaux auxiliaires; elle répond d'autant mieux à nos besoins.

D'après la nature des ressources qu'ils peuvent nous offrir, ces animaux sont de deux sortes. Quelques-uns se distinguent d'une manière plus ou moins tranchée, au point de vue des usages que nous pouvons prévoir, de tous ceux que nous possédons jusqu'à présent. D'autres, au contraire, et ceux-ci en plus grand nombre, viendront se placer à côté de nos espèces actuelles; par exemple, du Lapin, du Cochon, de la Chèvre, du Mouton, dont ils seront en quelque sorte les succédanés.

Nous commencerons par ces succédanés, et d'abord par ceux du Lapin.

Le Paca et l'Agouti. — Les succédanés du Lapin seront, d'abord, des espèces appartenant, comme lui, à l'ordre des rongeurs. Tels seront les Pacas et les Agoutis, dont la domestication a été déjà recommandée par Daubenton. Ces rongeurs appartiennent, comme on sait, à une seule et même famille, celle dont le Cochon d'Inde est le représentant le plus connu, et ils sont aussi de la même région, de l'Amérique méridionale.

Plusieurs autres rongeurs, de familles et de pays divers, viendront sans nul doute se placer à côté d'eux. Je n'ai voulu, en mentionnant les Pacas et les Agoutis, que citer des exemples, et non donner la liste des rongeurs dont l'acquisition pourrait nous être utile [1]. Il est à peine dans cet ordre quel-

[1] A la tête des espèces que pourrait comprendre cette liste, je n'hésite pas à placer le Mara (*Dolichotis patachonicus*, Desmar.), autrefois rangé dans le genre Agouti sous le nom d'*Agouti des Patagons*. On le connaît à Buénos-Ayres sous le nom de *Lièvre pampa*.

Ce rongeur, l'un des plus grands et des plus beaux qui soient connus, et d'une chair excellente, habite les pampas de Patagonie, où il est extrêmement commun sur plusieurs points. Il ne redouterait nullement le froid de nos hivers. Je l'ai plusieurs fois signalé, dans mes cours au Muséum, comme un rongeur dont l'acclimatation serait à la fois exempte de graves difficultés, et avantageuse sous plusieurs points de vue. — Voyez la *Troisième par-*

Echelle de $0^m,45$ pour 1 mètre.

0. 0.1 0.2 0.3 0.4 0.5 0.6 0.7 0.8 0.9 1 M.

Le Paca brun. (*Cœlogenys subniger*, Fr. Cuv.)

Échelle de $0^m,50$ pour 1 mètre.

0. 0.1 0.2 0.3 0.4 0.5 0.6 0.7 0.8 0.9 1 M.

Le Phascolome Wombat, (*Phascolomys Wombat*, Pér. et Les.

ques espèces dont la chair ne soit saine et de bon goût, quand l'animal a reçu des aliments convenables. La plupart sont en même temps remarquables par leur fécondité et par la rapidité de leur développement. Aussi nul doute que plusieurs des succédanés du Lapin ne passent un jour, comme lui-même autrefois, de nos basses-cours dans les bois, et ne deviennent autant de gibiers nouveaux [1].

Les petits Kangurous et le Phascolome. — D'autres succédanés du Lapin seront sans nul doute fournis par le groupe des marsupiaux, appartenant surtout, comme chacun sait, à l'Australie. Tels seront les Phascolomes et les petits Kangurous, les premiers assimilables aux rongeurs, qu'ils représentent parmi les marsupiaux ; les seconds, peu éloignés encore de ce même ordre, dans lequel même plusieurs auteurs les ont autrefois compris. Aussi, au point de vue de l'acclimatation, presque tout ce qui est vrai des rongeurs l'est-il aussi des marsupiaux frugivores : ils sont, eux aussi, appelés à la fois à donner de nouveaux hôtes à nos basses-cours, et, comme Cuvier l'a depuis longtemps indiqué [2], de nouveaux gibiers à nos bois et à nos plaines.

§ 2.

Les Tapirs. — C'est près du Cochon que se placent les Tapirs par leurs rapports naturels ; c'est près de lui aussi

tie où, en revenant sur le Mara, je donnerai la figure de cette belle espèce.

Au nombre des rongeurs qui semblent devoir venir après le Mara, j'ai aussi indiqué, mais avec plus de réserve, une autre espèce de la même famille : la Viscache. Elle est sociable, féconde et ne paraît pas craindre le froid ; sa chair est très-bonne. (*N. A.*)

[1] Comme gibier, c'est encore le Mara qui, parmi les rongeurs, tiendrait le premier rang, non-seulement par les qualités de sa chair, mais aussi par ses allures rapides et singulières lorsqu'on le poursuit. Les chasseurs prendraient assurément un grand plaisir à cette chasse nouvelle. (*N. A.*)

[2] Voyez plus haut, p. 40.

qu'ils se placeraient par leurs usages. Ce pachyderme, ou du moins l'espèce du Brésil et de la Guyane, la seule que j'aie observée vivante, est tout aussi aisée à nourrir que le Co-

Le Tapir américain. (*Tapirus americanus*, AUCT.)

chon, et elle peut de même donner une chair abondante et de bonne qualité, et d'autres produits alimentaires [1].

[1] Et aussi divers produits industriels, notamment un cuir excellent. C'est DAUBENTON qui a, le premier, appelé l'attention sur ce point. « Si, dit-il, on naturalisait cet animal (le Tapir) en France, nous aurions, non-seulement une

Malheureusement, beaucoup plus utile que celle des animaux précédents, la domestication du Tapir américain est aussi beaucoup plus difficile. Si, d'une part, ce quadrupède est éminemment sociable, à ce point qu'au défaut de ses semblables on le voit rechercher les animaux placés près de lui, avec un empressement sans exemple chez les autres mammifères ; si, en très-peu de temps, il connaît son maître et se plie aux habitudes qu'on veut lui imposer, ces conditions très-favorables sont contre-balancées par le besoin qu'il paraît avoir d'une température assez élevée [1]. On n'en a jamais obtenu la reproduction sous le ciel de Paris, et je ne sache pas qu'on ait été plus heureux en Angleterre, en Allemagne ou en Italie [2].

§ 3.

Les Antilopes et les Gazelles. — Sensibles au froid comme le Tapir, les Antilopes et Gazelles se reproduisent

nouvelle viande de boucherie, mais encore un nouvel objet de commerce, parce que le cuir du Tapir est meilleur que celui du Bœuf. » Voyez la première leçon de Daubenton à l'École normale, *Séances des Écoles normales*. Paris, in-8, 1800-1801, t. I, p. 109. (*N. A.*)

[1] On verra, plus loin, dans un article spécial sur les Tapirs, que, même pour le Tapir ordinaire (*Tapirus*, Briss.; *Tapir americanus*, Gm.), le besoin de cette température élevée n'est cependant pas aussi absolu qu'on pourrait le penser au premier abord. Quant au Tapir Pinchaque, que nous a si bien fait connaître M. Roulin, il habite des régions tempérées et même froides. (*N. A.*)

[2] Dans mon premier travail général sur la domestication des animaux, inséré en 1838 dans l'*Encyclopédie nouvelle*, t. IV, et reproduit en 1841 dans mes *Essais de zoologie générale*, je disais du Tapir :

« Sa chair, surtout améliorée par un régime convenable, fournirait un aliment à la fois sain et agréable. En même temps, d'une taille bien supérieure à celle du cochon, le Tapir pourrait rendre d'importants services *comme bête de somme*, d'abord aux habitants de l'Europe méridionale, puis, avec le temps, dans tous les pays tempérés. »

Je n'avais pas cru devoir reproduire, en 1849, cette dernière prévision dans mon Rapport à M. le Ministre de l'agriculture, n'ayant alors aucun fait dont je pusse l'appuyer, et craignant qu'elle ne fût jugée par trop conjecturale.

pourtant sous notre climat ; mais leurs petits sont souvent débiles, et la plupart succombent avant l'âge adulte.

Il y a cependant d'heureuses exceptions, et elles ne sont même pas très-rares. Plusieurs ont été observées, soit dans les ménageries publiques de Paris et de quelques autres villes, soit surtout dans le jardin zoologique de lord Derby, le plus riche de tous en ruminants exotiques.

Ce serait assez pour que l'on pût regarder quelques-uns de ces animaux comme destinés à nous appartenir un jour ; mais nous avons, de plus, des expériences faites sous un climat plus favorable, et ici avec un plein succès. Sur quelques points de la France méridionale ou même centrale, on a obtenu de la Gazelle, du nord de l'Afrique, de si nombreux produits, que l'on a pu faire abattre pour la table de jeunes mâles, dont la chair valait au moins celle des agneaux et des chevreaux. Si ces expériences n'eussent été interrompues ou négligées au bout de peu d'années, comme il arrive trop souvent de celles qui sont l'œuvre de particuliers, il y a tout lieu de croire que, de ces premières stations, la Gazelle se fût bientôt avancée vers le Nord, et eût pris pied par toute la France[1].

La reproduction des grandes espèces du genre Antilope a été plus rarement observée[2] ; on n'a aucune raison de croire

Je puis aujourd'hui la rétablir ici avec confiance, grâce à une intéressante communication faite par M. Linden à la Société impériale d'acclimatation. Voyez la *Troisième partie*, où l'on trouvera aussi quelques autres indications relatives aux Tapirs. (*N. A.*)

[1] M. Delaporte, consul de France au Caire, a enrichi, en 1853, la Ménagerie du Muséum, en même temps que des Lions que chacun y admire, de plusieurs Gazelles. Nous avons mis à profit cette circonstance pour faire un essai que la rigueur exceptionnelle de l'hiver de 1853 à 1854 a rendu encore plus digne d'intérêt. Une des Gazelles a été laissée dans son parc d'été, les autres ont été rentrées dans un local chauffé. Ces dernières ont été malades ; la première, au contraire, n'a nullement souffert. La seule précaution prise

Échelle de $0^m.06$ pour 1 mètre.

Antilope Nilgau (*Antilope picta*, PALL.)

leur domestication plus difficile, et elle offrirait de bien plus grands avantages que celle de l'élégant quadrupède de l'Algérie. Il est à peine besoin de faire remarquer que le cap de Bonne-Espérance, plus riche encore en Antilopes que le centre et le nord de l'Afrique, diffère en même temps beaucoup moins de notre pays par sa température[1].

à son égard avait été de la renfermer, durant les jours froids, dans sa loge, garnie d'une abondante litière.

Dans une expérience toute récente et très-décisive, car elle vient d'avoir lieu durant l'hiver si rigoureux et si long de 1859 à 1860, nous avons obtenu un plein succès, grâce à une précaution qui avait déjà parfaitement réussi à M. Béjot, membre de la Société d'acclimatation : nous avions fait bituminer le sol du parc de nos Gazelles. Toutes ont très-heureusement traversé l'hiver, et parmi elles, un individu qui était arrivé en Europe malade ou du moins très-délicat, est maintenant (mai 1860) en parfait état. (*N. A.*)

[2] Lord Derby avait bien voulu, dans une intéressante lettre écrite peu d'années avant sa mort (en 1846), m'envoyer la liste de tous les mammifères et oiseaux qui s'étaient jusqu'alors reproduits dans le parc de Knowsley. Je transcris ici la partie de cette liste qui est relative au groupe des Antilopes, en ajoutant aux noms employés par lord Derby les noms vulgaires des espèces citées :

Oryx addax (l'Addax);
Boselaphus oreas (le Canna ou Élan du Cap);
Antilope scripta (le Guib);
Antilope cervicapra (l'Antilope des Indes);
Gazella dorcas (la gazelle);
Gazella euchore (l'Euchore);
Gazella, espèce encore indéterminée;
Antilope pygmæa (le Guévei);
Damalis risia (*Antilope picta*, Pall.; le Nilgau, Nil-gaut ou Nil-ghau).

On remarque, en ce moment, à la Ménagerie du Muséum d'histoire naturelle, une belle famille de Bubales et une de Nilgaus. La première de ces espèces s'est aussi reproduite chez M. le prince A. de Demidoff, et la seconde (figurée ci-contre) multiplie dans presque tous les jardins zoologiques. Le Nil gau est bien près de pouvoir être compté au nombre de nos animaux domestiques.

On voit aussi dans nos parcs une famille, devenue aujourd'hui très-nombreuse, de Mouflons à manchettes, issue d'une femelle envoyée d'Algérie par le général Jusuf, et d'un couple né dans le beau jardin zoologique du prince A. de Demidoff. (*N. A.*)

[1] La conjecture que j'émettais ici en 1849, a été justifiée, depuis quelques années, par l'acclimatation et la domestication, déjà très-avancée en Angleterre, d'une des plus grandes et des plus belles antilopes du cap de Bonne-Espérance, le Canna (*Antilope oreas*, Pall.), vulgairement appelée l'Élan du

2° MAMMIFÈRES.

Espèces sans analogues parmi les animaux déjà domestiqués.

§ 1.

A côté des Agouti, des Pacas, du Phascolome et des petits Kangurous, des Tapirs et des Antilopes, figure, dans notre tableau, un autre grand rongeur, le Cabiai, et d'autres marsupiaux, les grands Kangurous. Mais ceux-ci, malgré les analogies d'organisation qui les unissent à quelques-uns des précédents, forment, au point de vue de l'acclimatation, une catégorie très-distincte. Les Agoutis et les Pacas, le Phascolome et les petits Kangurous pourront devenir, comme l'est aujourd'hui le Lapin, des animaux de basse-cour; nous obtiendrons des Tapirs des services comparables à ceux que nous rend aujourd'hui le Cochon; et les Antilopes, qui pourraient être domestiquées, sont destinées à se placer, comme animaux de boucherie, les grandes, près du Bœuf et, d'autres, près du Mouton. Au contraire, pour le Cabiai et pour les

Cap, en raison de sa taille, au moins égale à celle de l'Élan du Nord, le *Cervus Alces* de Linné. Introduit par lord Derby, chez lequel il a commencé à reproduire, le Canna s'est depuis multiplié au Jardin zoologique de Londres et chez lord Hill qui a déjà pu faire abattre un individu pour sa table. La chair en a été trouvée excellente. Voyez la notice de M. MITCHELL *Sur l'acclimatation du Canna en Angleterre*, dans le *Bulletin de la Société impériale d'acclimatation*, t. VI, p. 16; 1819. — Je donnerai plus loin (*Troisième partie*) un extrait de cette notice et une figure du Canna, *N. A.*)

Beaucoup d'autres ruminants pourraient être ajoutés. Il n'est peut-être pas une seule espèce de cet ordre dont on ne pût avantageusement tirer parti pour notre alimentation. Mais n'oublions pas qu'il s'agit ici de dresser la liste, non de tous les animaux qui pourraient nous rendre des services, mais de ceux qui se recommandent, ou par l'utilité mieux établie, ou par la facilité plus grande ou mieux constatée de leur domestication. C'est pourquoi je passe sous silence plusieurs Cerfs indiqués par Daubenton; rien ne prouve jusqu'à présent qu'il y ait lieu de les faire sortir de leurs forêts.

(Voyez ci-dessus, p. 44 et 57, les notes relatives au Cerf Cochon et au Bison.)

grands Kangurous, les termes de comparaison manquent parmi nos animaux domestiques actuels. De quelle espèce, en effet, pourrait-on rapprocher le Cabiai, quant aux services qu'il peut nous rendre? Et quel est le quadrupède auquel on croirait devoir assimiler les grands Kangurous?

Le Cabiai. — Très-voisin, par son organisation, du Cochon d'Inde, mais nageur comme le Castor, le Cabiai réunit, comme animal domestique, deux conditions qui d'ordinaire

Échelle de $0^m.047$ pour 1 mètre.

0. 0.5 1. 2. M

Le Cabiai Capybare (*Cavia Capybara*, Pall.)

s'excluent : la précocité et la rapidité du développement, caractère commun de tous les rongeurs, et une taille considérable, caractère ordinaire des mammifères nageurs ; d'où, en un temps très-court, la production d'une très-grande quantité de viande. De plus, comme il vit de plantes aquatiques, ce sont des substances en grande partie négligées et sans usage que le Cabiai convertira en produits alimentaires. Ce rongeur géant est donc, à plus d'un titre, de ceux dont la domestication doit être tentée.

Jusqu'à ce jour sa reproduction n'a pas été observée en Europe[1].

Les grands Kangurous — Ces marsupiaux sont encore

Le Grand Kangurou

(*Macropus major*, Sh.)

Hauteur variant selon les individus de $1^m.40$ à $1^m.80$.

de ces espèces exceptionnelles qui se développent rapide-

[1] On n'y a même vu jusqu'à ce jour qu'un très-petit nombre de Cabiais. Je

ment, atteignent une très-grande taille [1], et produisent en abondance d'excellente viande. Très-utiles comme alimentaires, ils donneront en même temps un poil laineux, susceptible d'usages variés.

Cette acquisition, doublement avantageuse, est de celles qu'il suffira de vouloir pour les obtenir presque aussitôt. Les Kangurous vivent très-bien dans l'Europe méridionale, et assez bien dans l'Europe tempérée. Il se sont reproduits souvent, et sans exiger aucun soin particulier, à Paris [2], à Londres, à Berlin, à Schœnbrünn, et surtout à Naples, où l'on avait obtenu, en quelques années, un troupeau considérable [3].

ne sais si un mâle et une femelle se sont jamais trouvés à la fois dans le même ménagerie. Le Cabiai n'est cependant pas rare sur plusieurs points de l'Amérique.

Je serais heureux, en appelant l'attention sur un animal aussi précieux, de déterminer quelques personnes, placées dans des circonstances favorables, à faire l'envoi en Europe de deux ou trois paires de Cabiais, ou, ce qui vaudrait peut-être mieux encore, à tenter sur place la multiplication et la domestication de l'espèce.

Je crois pouvoir faire ici appel en particulier au zèle éclairé du *Comité d'acclimatation* de Cayenne, et nommément d'un de ses membres les plus distingués, M. Bataille, auquel l'histoire naturelle est déjà redevable de plusieurs envois d'animaux, et aussi de documents d'un véritable intérêt pour la science (*N. A.*).

[1] Pour les petits Kangurous, voyez plus haut, p. 42.

[2] Et de plus, pour la France, à Rosny, dans le parc de madame la duchesse de Berry. C'est du petit troupeau, formé à Rosny par les soins de M. Florent Prévost, que provenaient (du moins nous l'assure-t-on) quelques individus envoyés en Espagne, et qui y ont eu une nombreuse postérité. Voyez la note ci-après. (*N. A.*)

[3] Il en a été de même à Madrid et à Turin.

Dans la première de ces villes dont, comme chacun sait, le climat est peu en rapport avec sa latitude très-méridionale, un très-petit nombre d'individus, importés en 1827, ont produit tout un troupeau, ainsi que je viens de l'apprendre par une intéressante lettre du savant directeur du Musée, M. Graells.

Pour Turin, on trouve quelques renseignements intéressants dans le Mémoire de M. Berthelot *Sur l'acclimatement et la domestication*, Paris, 1844, p. 37 : « Les Kangurous, dit M. Berthelot, sont naturellement sociables et faciles à apprivoiser. L'expérience a déjà démontré qu'ils peuvent vivre et se

3° OISEAUX.

Espèces ayant déjà des analogues parmi, les animaux déjà domestiqués.

§ 1.

Les oiseaux peuvent nous donner autant d'espèces alimentaires que les mammifères. Comme parmi ceux-ci, les unes seront des succédanées d'animaux déjà domestiques, les autres seront sans analogues parmi ceux que nous possédons.

Les premiers sont, pour la plupart des gallinacés, groupe que l'excellence de sa chair place ici en première ligne ; et en second lieu, des palmipèdes lamellirostres. Les uns seront des succédanés de la Poule, du Dindon et de la Pintade ; les autres, des Canards et de l'Oie. Parmi les gallinacés, je citerai les Hoccos, le Marail, dont Daubenton signalait déjà l'utilité[1] ; et parmi les palmipèdes, l'Oie d'Égypte, l'Oie des Sandwich, la Bernache, le Céréopse, tous destinés à prendre place bientôt parmi nos oiseaux d'ornement, un peu plus tard parmi nos oiseaux de basse-cour.

Il est prouvé dès à présent que tous ces animaux peuvent non-seulement vivre, mais se reproduire sous notre climat.

Les Hoccos et le Marail. — Entre les oiseaux que je viens de nommer, les espèces du groupe des gallinacés sont

reproduire dans nos climats; leur multiplication est rapide et nombreuse : le couple que j'ai vu en 1832, dans la ménagerie du château royal de Stuppinigi, près Turin, a suffi pour peupler toutes les ménageries de l'Europe. » (*N. A.*)

[1] Près de ces oiseaux américains viendront se placer un jour des espèces d'autres contrées : par exemple, quelques espèces indiennes que nous mentionnerons plus loin parmi les oiseaux d'ornement; car c'est à ce point de vue seul qu'on peut les considérer aujourd'hui.

Je citerai aussi, mais avec plus de doute, le Talégalle, espèce océanienne, très-remarquable par ses mœurs, et particulièrement par son mode de reproduction. Un couple a déjà vécu et pondu au Jardin zoologique de Londres. Je ne connais pas encore les qualités de la chair de ce curieux oiseau. (*N. A.*)

les plus délicates : leur éducation est loin d'être sans difficulté. Néanmoins on l'a plusieurs fois menée à bien dans des régions très-diverses de l'Europe. On a élevé des Hoccos en Hollande, en Angleterre et en France : M. Barthélemy-Lapommeraye, à Marseille, l'a fait même, selon son expression, *sur une grande échelle*[1]. M. Pomme[2], aux environs de Paris, a eu aussi des Hoccos, mais n'a pu les élever. Il a, au contraire, parfaitement réussi à l'égard du Marail[3].

Ces deux gallinacés, comme le Dindon et la Poule, auxquels ils sont si bien comparables, pourront être utiles par leurs œufs en même temps que par leur chair. M. Pomme a vu ses femelles de Marails pondre, tous les quinze jours, trois ou quatre œufs, et il n'est point douteux que la culture ne puisse ajouter beaucoup à cette fécondité.

[1] Ses observations, qui étaient restées inédites, ont été récemment communiquées à la Société impériale d'acclimatation (séance du 10 mars 1854). On les trouvera dans un des premiers numéros du *Bulletin* de cette Société, où sont mentionnées aussi celles de M. Pomme. (*N. A.*)

[2] Et depuis M. Bissen. (*N. A.*)

[3] Le Marail s'est aussi, plus récemment, reproduit au Muséum.

Le Marail, comme le Hocco, et de plus le Pauxi à pierre, avaient été élevés avec succès en Hollande vers la fin du dix-huitième siècle, notamment chez M. Ameshoff, riche amateur, qui possédait une véritable ménagerie ornithologique. « Le Hocco Coxillitli (*Crax rubra*), le Pauxi à pierre et d'autres, dit M. Temminck, dans son *Histoire naturelle des pigeons et des gallinacés*, t. II, p. 458), produisaient chez lui en aussi grande abondance que nos volailles de basse-cour : *sa table en était abondamment pourvue*. La chair des jeunes est blanche et du goût le plus exquis. »

« Je me souviens, ajoute le célèbre zoologiste, d'avoir assisté dans mon enfance à un dîner chez M. Ameshoff... Non-seulement des Pauxis, des Hoccos et différentes espèces de Faisans exotiques, mais aussi des Sarcelles à éventail de la Chine et les Canards de la Louisiane se trouvaient sur sa table, lors de ce festin digne des temps d'Héliogabale. » (*N. A.*)

Échelle de $0^m.05$ pour 1/2 mètre.

0. 0.1 0.2 0.3 0.4 0.5

Le Hocco Mitouporanga (*Crax alector*, Lin.).

Échelle de $0^m.062$ pour 1/2 mètre.

0. 0.1 0.2 0.3 0.4 0.5

La Pénélope Marail (*Penelope Marail*, Gm.)

§ 2.

Les essais faits sur les oiseaux d'eau ont été tout aussi heureux.

Le Cércopse, l'Oie des Sandwich et la Bernache[1]. — De ces trois espèces, les deux premières ne sont déjà plus très-rares en Angleterre et aux environs de Paris, et le prince de Wagram possède un petit troupeau de Bernaches dont quelques colonies sont déjà sorties pour répandre en divers lieux à l'état domestique cette belle espèce indigène.

L'Oie d'Égypte ou Bernache armée. Ce beau palmipède a pondu et couvé sur plusieurs points de la France et de l'Angleterre[2].

A la Ménagerie du Muséum, où des essais ont été faits avec beaucoup de suite depuis 1839, nous avons obtenu non-seulement un assez grand nombre d'individus, mais, ce qui est le caractère de la domestication accomplie, une race vraiment distincte, une race française. Jusqu'à ce jour, du moins, cette race a conservé, toutefois avec des nuances un peu éclaircies, les riches couleurs qui font de l'Oie d'Égypte un des plus beaux palmipèdes connus; mais elle est devenue notablement plus grande et plus forte.

Un effet beaucoup plus remarquable de l'influence du climat et de la culture est le suivant. Sous le ciel de son pays natal, l'Oie d'Égypte, en raison de la douceur extrême de la température en hiver, pond vers le renouvellement de l'année. Les individus sur lesquels nous avons d'abord expérimenté ont pondu, jusqu'en 1843, selon les habitudes de leur espèce, vers le commencement de janvier ou même à la

[1] Cette dernière espèce n'est pas étrangère à la France, comme tous les autres animaux dont il est ici question. Il ne s'agit donc pour elle que de domestication, et non d'importation.

[2] Et presque partout, depuis que ceci a été écrit en 1849 (*N. A.*)

fin de décembre, et l'éducation des jeunes devait se faire ainsi dans la saison la plus rigoureuse. Mais, soit pour ces mêmes individus, soit pour leurs descendants, les pontes se sont reportées, en 1844, au mois de février ; en 1846, au mois de mars, et, depuis lors, elles ont lieu en avril, en sorte que l'éclosion se fait maintenant dans la saison la plus favorable.

Échelle de $0^m.144$ pour 1 mètre.

0. 1. 2. 3. 4. 5. D

La Bernache armée ou Oie d'Égypte (*Bernicla ægyptiaca; Anas ægyptiaca*, LINN.)

Ainsi a été levée la plus grave des difficultés qui semblaient devoir s'opposer à la propagation de cette belle espèce[1].

[1] Mon père avait déjà remarqué, il y a plus d'un demi-siècle, que « l'Oie

4° OISEAUX

Espèces sans analogues parmi les animaux déjà domestiqués.

§ 1.

Nos tableaux des animaux à introduire et à domestiquer comprennent encore deux oiseaux, le Nandou et le Dromée (vulgairement Casoar) de la Nouvelle-Hollande. Pour ceux-ci, comme pour les mammifères que nous avons mentionnés en dernier lieu, les termes de comparaison manquent parmi nos animaux domestiques actuels, et surtout parmi ceux de la classe des oiseaux ; car le Dromée et les autres grands oiseaux inailés nous offriront des avantages que nous n'obtenons aujourd'hui que de quelques espèces de la classe des mammifères : la production rapide d'une viande aussi abondante que saine. Ce seraient, en un mot, de véritables *oiseaux de boucherie*, terme nouveau auquel il faut bien recourir pour désigner des usages nouveaux.

d'Égypte, quoique originaire de pays chauds, s'habitue aisément à la température de nos climats.» ; et il ajoutait : Elle y réussit au point de faire espérer qu'elle y sera un jour naturalisée. » (Voyez la *Ménagerie du Muséum national d'histoire naturelle*, t. I.)

On avait, dès cette époque, élevé en France et en Angleterre un assez grand nombre d'Oies d'Égypte, et, fait très-remarquable, on en avait obtenu parfois deux pontes par an : l'une en mars, l'autre en septembre. (*N. A.*)

([1] *bis*.) Parmi les autres oiseaux d'eau que j'ai tout à l'heure cités, j'insisterai particulièrement sur l'Oie des Sandwich, espèce singulièrement facile à apprivoiser. Elle devient, en peu de temps, d'une familiarité comparable à celle du chien. Personne n'a observé l'Oie des Sandwich sans être frappé de ce fait.

Le premier qui, en France, ait eu la pensée de domestiquer cet oiseau est le savant collaborateur de M. Duméril, M. Bibron, si prématurément enlevé à la science en 1848. M. Bibron n'avait pu voir à Londres l'Oie des Sandwich, sans désirer en enrichir nos volières et plus tard nos basses-cours. C'est à ses soins que le Muséum a dû les premiers individus qu'il a possédés.

Je ne saurais non plus omettre ici le nom d'un de nos plus savants ornithologistes, M. de la Fresnaye, qui s'occupe depuis plusieurs années, en Normandie, de la domestication de l'Oie des Sandwich. (*N. A.*)

Ces espèces nous donneraient, en outre, des plumes plus ou moins recherchées par le commerce pour divers usages, et un grand nombre de ces œufs dont un seul suffit pour le repas d'une famille.

L'Autruche. — A tous ces points de vue, l'Autruche tiendrait le premier rang; sa grande taille en ferait le second de nos animaux de boucherie; ses plumes, celles des ailes surtout, sont d'une beauté sans égale parmi celles des oiseaux; et un de ses œufs, de grosseur moyenne, est équivalent environ à deux œufs de Nandou, deux et deux tiers de Casoar et de Dromée, et vingt-deux de Poule.

L'Autruche, comme tous les oiseaux du même groupe, est, en outre, très-facile à nourrir.

Mais, habitant de régions très chaudes, et dénudée sur une grande partie de son corps, elle craint le froid; elle souffre plus encore peut-être de l'humidité; et la difficulté de l'acclimater serait extrême [1].

Parmi les autres oiseaux inailés, le Nandou, et bien mieux encore le Dromée, vulgairement Casoar de la Nouvelle-Hol-

[1] Aucun fait ne m'autorise encore à abandonner l'opinion que j'exprimais en ces termes en 1849. Mais la possibilité de la domestication de l'Autruche dans des pays plus chauds que le nôtre n'est plus douteuse. M. Hardy a obtenu la reproduction de l'Autruche en Algérie, pour la première fois en 1857, pour la seconde en 1858; et bientôt après, un semblable succès a été obtenu, grâce aux soins habiles de M. Desmeure, dans le jardin zoologique créé à San Donato par M. le prince de Demidoff. Il est donc démontré que l'Autruche peut se reproduire en captivité, et non-seulement dans sa région natale, mais aussi dans le midi de l'Europe.

Pour les faits très-remarquables que je viens de rappeler, voyez les intéressantes notices insérées dans le *Bulletin de la Société impériale d'acclimatation*, par M. Hardy (t. V, p. 506, 1858) et par le prince A. de Demidoff, (t. VII, p. I, 1860).

On verra dans le même recueil (t. V, p. XXVII et 45, et t. VII, p. IV) qu'un membre de la Société d'acclimatation, M. Chagot aîné, négociant en plumes, voulant encourager les efforts pour la domestication de l'Autruche, a généreusement fondé un prix de deux mille francs qui sera décerné par cette Société. Il faut, pour le gagner, avoir obtenu deux générations en captivité. (*N. A.*)

lande, sont des conquêtes bien mieux à notre portée[1].

Le Dromée ou Casoar australien. — Je place ici en première ligne le Dromée, celui peut-être de tous les oiseaux qui semble le mieux désigné pour une prochaine domestication. Le Dromée est un des animaux les plus robustes que l'on connaisse, et surtout un des plus insensibles au froid. Nous avons vu, à la Ménagerie du Muséum, un de ces oiseaux se tenir constamment dans son parc, nuit et jour, et par tous les temps : les froids les plus rigoureux, les pluies les plus abondantes, pas plus que le soleil le plus ardent, ne pouvaient le décider à chercher un abri dans sa loge[2].

Le Dromée n'est donc pas, à vrai dire, une espèce à acclimater; c'est un oiseau qui vient, tout acclimaté, de l'Australie en Europe.

Le Nandou. — Cette espèce, très-différente de l'Autruche, quoiqu'on la connaisse généralement sous le nom d'*Autruche d'Amérique*, habite, au lieu des plaines brûlantes de l'Afrique, une très-grande partie de l'Amérique du Sud, et aussi bien ses régions tempérées que ses régions chaudes, Aussi vit-elle bien, moyennant quelques précautions très-simples, sous notre climat septentrional, et elle peut s'y re-

[1] Quant au Casoar proprement dit ou Casoar à casque, il est à peu près dans les mêmes conditions que l'Autruche. Aussi ai-je cru devoir ne pas insister ici sur cet oiseau, quoique Cuvier, dans l'article qu'il a écrit sur lui (*Ménagerie du Muséum d'histoire naturelle*, t. I), le dise domestiqué à Amboine. Cuvier n'indique pas les sources où il a puisé ce fait, qui paraît erroné. (*N. A.*)

[2] Aussi n'était-il pas douteux qu'il pût se reproduire sous notre climat. Je n'avais toutefois aucun fait à citer à l'époque où j'écrivais ce résumé. Mais, depuis, en 1851, la reproduction du Dromée a été obtenue à la Ménagerie du Muséum. Cette belle reproduction est particulièrement due à M. Florent Prévost.

Le Dromée s'est aussi reproduit une fois chez lord Derby, mais avec des circonstances moins intéressantes et moins propres à promettre une prochaine domestication. Voyez la *Troisième partie* (chap. III) de cet ouvrage, où l'on trouvera en outre la figure du Dromée. (*N. A.*)

produire. Lord Derby a, le premier, possédé de jeunes Nandous européens, nés dans le beau parc zoologique de Knowsley [1].

On voit combien de ressources nouvelles la nature nous offre pour l'alimentation de l'homme ; et encore, après tous ces nouveaux habitants dont notre civilisation doit tendre à peupler notre sol, viendraient ceux, moins connus, dont il faudrait enrichir nos eaux, selon un vœu émis dès 1792 par Daubenton et Bernardin de Saint-Pierre, et dont la réalisation a été malheureusement négligée durant plus d'un demi-siècle [2].

[1] On trouve plusieurs documents nouveaux et intéressants sur le Nandou dans le *Bulletin de la Société impériale d'acclimatation*. Ils sont dus principalement à M. le docteur Vavasseur et à M. Martin de Moussy. Voyez les tom. V, p. 388, 1858, et tom. VII, p. 182. (*N. A.*)

[2] Nos étangs, nos rivières pourraient recevoir quelques-uns de ces beaux poissons exotiques si célèbres par la délicatesse de leur chair. Malheureusement les études nécessaires pour en préparer la réalisation manquent encore presque entièrement.

Comment n'a-t-on pas fait pour la France ce qu'on a fait pour ses colonies? Des essais ont eu lieu pour naturaliser, dans l'île Maurice, dans celle de la Réunion, à la Martinique et à Cayenne, plusieurs poissons alimentaires, notamment la Carpe et le Gourami.

On doit ces essais au général Donzelot, à M. Moreau de Jonnès, à M. l'amiral de Mackau et à M. le capitaine Philibert.

([2] *bis*.) Le regret que j'émettais ici en 1849, avait déjà été exprimé à plusieurs reprises, et par moi-même, dans quelques publications antérieures, et par plusieurs autres naturalistes, par exemple, dès le dix-huitième siècle, par Daubenton, Bernardin de Saint-Pierre et Lacépède. Il l'avait été aussi par divers agronomes, entre autres, dans les termes les plus énergiques, par François de Neufchateau. Voyez les notes ajoutées par cet illustre ministre et poëte au *Théâtre d'agriculture* d'Olivier de Serres, édit. in-4° de 1804, t. I, p. 659. On trouvera dans la *Quatrième partie*, les vues de ces auteurs rappelées et reproduites dans les termes mêmes où elles ont été émises.

Sur les progrès récents de la pisciculture, voyez la *Troisième partie*, chap. IV. (*N. A.*)

Échelle de $0^m.08$ pour 1 mètre.

0. 0.1 0.2 0.3 0.4 0.5 0.6 0.7 0.8 0.9 1 M.

Le Nandou (*Rhea americana*; *Struthio Rhea*, Lin.)

SECTION IV

Animaux industriels [1].

§ 1.

Plusieurs animaux, essentiellement alimentaires, se recommandent secondairement, comme on l'a vu, par divers produits utiles qu'ils donnent à l'industrie. Il est une espèce que l'on doit regarder, à l'inverse, comme essentiellement industrielle, et secondairement alimentaire : c'est la Vigogne [2].

La Vigogne. — La laine de ce ruminant, cette laine *inestimable*, comme l'appelle Buffon, est depuis longtemps l'objet d'un commerce assez important dont l'Espagne a eu pendant deux siècles le monopole [3]. On sait qu'on ne se procure cette précieuse matière première que par les procédés les plus

[1] Sur les insectes industriels, voyez la note de la page 17 et surtout la *Troisième partie de cet ouvrage*. Chap. V. (*N. A.*)

[2] A la Vigogne peut s'ajouter, comme espèce à la fois alimentaire et industrielle, mais plus spécialement utile sous ce dernier rapport, le Kangurou laineux (*Kangurus laniger*, Quoy et Gaim), ou mieux, car j'ai fait voir qu'il doit constituer un genre distinct, Gerboïde laineux (*Gerboïdes laniger*), le plus remarquable de tous les grands mammifères de l'Australie par la beauté de sa toison. J'ai déjà insisté à plusieurs reprises sur ce précieux mammifère dont l'acclimatation serait sans doute beaucoup plus facile que celle de la Vigogne. Malheureusement il est aussi beaucoup plus difficile de se procurer cet animal ; ses peaux mêmes sont encore extrêmement rares dans les collections d'histoire naturelle. (*N. A.*)

[3] La laine de la Vigogne n'est pas seulement très-précieuse par son extrême finesse ; elle l'est aussi en ce qu'elle diffère par des qualités propres de celle du Mouton. Il en est de même de celle de l'Alpaca, et aussi de l'Alpavigogne, dont il va être tout à l'heure question.

M. Frédéric Cuvier, dans son *Essai sur la domesticité des mammifères* (*Mémoires du Muséum d'histoire naturelle*, t. XIII, p. 455, 1826), a le premier fait cette remarque, au sujet de l'Alpaca et de la Vigogne : « Les qualités de leur pelage, dit-il, sont très-différentes de celles de la laine proprement dite, et l'on pourrait en faire des étoffes qui partageraient ces qualités, et *donneraient incontestablement naissance à une nouvelle branche d'industrie.* » (*N. A.*)

barbares : le plus souvent, après avoir atteint et cerné un troupeau de Vigognes, on ne se donne pas la peine de tondre; on massacre. C'est par milliers que l'on compte les individus abattus chaque année. Laisserons-nous détruire une espèce aussi précieuse?

Dès le dix-septième siècle, sa domestication en Espagne a été dans les vues du gouvernement de ce pays : une tentative a même été faite à cette époque, mais sur une très-petite échelle, et sans aucune des précautions qui pouvaient lui créer des chances de succès [1]. Un siècle plus tard, Buffon et Béliardy associaient dans leurs vœux l'acclimatation de la Vigogne à celle du Lama et de l'Alpaca. Plus près de nous, en 1809, Leblond a cherché à faire ressortir, dans un Mémoire étendu [2], les services que pourrait nous rendre la Vigogne, acclimatée, en état de demi-liberté, dans les Pyrénées; car, selon l'auteur, la domesticité priverait la laine de cet animal d'une partie des qualités qui donnent à ce produit une si haute valeur commerciale. Je ne saurais taire le regret que des savants dont l'opinion fit loi, en signalant avec juste raison tout ce qu'il y a d'erroné dans cette supposition, n'aient pas, à d'autres égards, plus complétement apprécié le travail de Leblond, digne, à mon sens, d'encouragements qu'il n'a point obtenus [3].

[1] « Les Espagnols, dit NÉLIS (voyez ci-après), avaient transporté les Vigognes dans les plaines brûlantes de l'Andalousie, sans faire réflexion que ces animaux au Pérou même cherchent le froid. » (*N. A.*)

[2] Paris, in-8°, 1809, sous ce singulier titre : ***Traité de paix entre le Mérinos et la Vigogne.***

[3] Les principales indications relatives à la Vigogne sont, avec celles qui précèdent, les suivantes :

Il est un auteur qui, dans le dix-huitième siècle, a plus insisté encore que Buffon et Béliardy sur l'acclimatation de la Vigogne : c'est NÉLIS, qui a consacré à cette question un Mémoire *ex-professo*, dans le recueil de l'*Académie impériale et royale de Bruxelles*. (Voy. t. I, 1re édit., 1777; 2e édit., 1780).

« J'entreprends, dit l'auteur (p. 49), de montrer que cet animal vivrait,

Nous en sommes là : pas un essai n'a été fait pour acclimater la Vigogne dans nos montagnes. Hâtons-nous d'ajouter que l'abstention a été ici de la prudence. Il se peut qu'un essai eût réussi; il est plus vraisemblable qu'il n'eût fait que compromettre et ajourner indéfiniment un succès qui viendra en son temps. Même aujourd'hui, il peut être sage de différer encore ; la véritable manière de hâter l'acclimatation de la Vigogne, c'est d'accomplir celle du Lama et de l'Alpaca [1]. Quand nous aurons un troupeau de ceux-ci sur un plateau élevé des Alpes ou des Pyrénées, on peut affirmer que la Vigogne ne tardera pas à venir y rejoindre ses congénères.

produirait et réussirait à merveille dans les parties les plus élevées du duché de Luxembourg. Je le prouverai autant qu'une chose peut être prouvée, ce me semble, par induction.... »

« On aura fait, dit plus loin le même auteur, un plus beau présent à notre province (en y naturalisant la Vigogne), que si celle de Lyon lui communiquait ses soies, ou le Pérou même ses mines. »

Je citerai encore ici, parmi les auteurs qui ont pensé depuis longtemps à acclimater la Vigogne en Europe :

François de Neufchateau, dans ses remarquables additions au *Théâtre d'agriculture* d'Olivier de Serres (p. 657).

Et Rauch, *Harmonie hydro-végétale et météorologique*, 1802, t. II, p. 163.

J'ai repris en 1838, dès mon premier travail général sur la domestication des animaux (et je pourrais dire dès 1829, dans un article général sur les *Ménageries*), la question de l'acclimatation de la Vigogne, que j'ai cru pouvoir présenter comme devant former une des richesses principales de nos Alpes et de nos Pyrénées.

Parmi les auteurs qui, dans ces derniers temps, ont insisté aussi sur l'acclimatation de la Vigogne, je mentionnerai :

M. Frédéric Cuvier, *loc. cit.;*

M. Gay, dont les vues se trouvent résumées dans un excellent Rapport fait en 1846 par M. Jomard à la Société de géographie;

Et surtout M. le professeur Sacc, qui insiste à la fois sur l'utilité du Lama, et sur celle de la Vigogne. Voyez son remarquable traité de *Chimie agricole*, p. 387 et 388.

La Société impériale d'acclimatation a récemment pris des mesures et voté les fonds nécessaires pour faire venir en France plusieurs Vigognes. (*N. A.*)

[1] Sur l'acclimatation de ces animaux, voyez, p. 29 et suivantes, la partie de cet *Exposé* où je traite des espèces déjà domestiquées dans d'autres pays, et la *Troisième partie*, Chap. I.

Échelle de $0^m.08$ pour 1 mètre.

0.1 0.5 1 M

La Vigogne (*Auchenia Vicunna*, Ill. *Camelus Vicugna*, Lin.)

§ 2.

L'Alpavigogne. — A son tour, après la Vigogne, viendra bientôt l'Alpavigogne, fruit du croisement de l'Alpaca avec la Vigogne.

Don Francisco de Theran avait déjà fait connaître, il y a quarante ans, l'existence de ce métis, et il en avait mentionné la fécondité. M. de Castelnau, dans sa grande expédition à travers le continent américain, a revu l'Alpavigogne, en a constaté aussi la fécondité, et, en outre, nous a appris que ce métis porte une laine presque aussi longue que celle de l'Alpaca, presque aussi fine que celle de la Vigogne. Cette belle laine peut être également employée pour faire du *drap de Vigogne*, et utilisée dans la chapellerie, comme le feutre du Castor[1].

Plus récemment, un des compagnons de M. de Castelnau, M. Weddell, a mis l'Académie des sciences à même de voir et d'admirer l'incomparable toison de l'Alpavigogne, dont il avait le premier rapporté en Europe de beaux échantillons. En même temps, ce savant voyageur a confirmé, par son témoignage, un fait qui n'avait encore été que vaguement indiqué, et dont les naturalistes doutaient encore : l'existence, au Pérou, de tout un troupeau d'Alpavigognes, créé par les soins de M. l'abbé Cabrera, curé de la petite ville de Macusani. Ce troupeau, lors du passage de M. Weddell à Macusani, se composait de trente-quatre individus.

L'Alpavigogne est donc, pour ainsi dire, une nouvelle espèce créée par l'homme; et, si paradoxal qu'ait pu sembler

[1] La laine de l'Alpavigogne, d'après des mesures prises avec beaucoup de soin par M. Doyère en 1849, n'a pas plus de 14 à 19 millièmes de millimètre de diamètre. D'après le même zoologiste, celle de l'Alpaca est de 21 à 38 millièmes, et celle du Mérinos de 27 à 29. (*N. A.*)

ce résultat[1], il est, fort heureusement pour l'industrie, définitivement acquis à la science.

SECTION V

Animaux accessoires.

§ 1.

Quand la domestication d'un animal est récente, il est rare, et on le recherche comme objet de luxe et d'ornement; plus tard, il devient commun, et si sa chair est bonne et abondante, il passe du parc à la basse-cour. Il en a été ainsi du Canard musqué, si recherché au commencement du seizième siècle, si dédaigné aujourd'hui : de la Pintade, et d'autres encore. Il en sera très-vraisemblablement de même des Hoccos, du Marail, des Oies d'Égypte et des Sandwich, de la Bernache, du Céréopse; et c'est pourquoi j'ai classé ces oiseaux parmi les espèces alimentaires, bien qu'ils soient et doivent rester quelque temps encore au nombre des espèces d'ornement ou accessoires.

Le Napaul, le Lophophore, le Goura ne le céderaient pas aux précédents pour les qualités de leur chair. Mais d'aussi magnifiques oiseaux seront toujours, comme le Paon, re-

[1] Paradoxal, en raison du prétendu principe de l'infécondité des hybrides. Je crois avoir récemment démontré, dans mon *Histoire naturelle générale* (t. III, part. II, p. 207 et suiv., 1859), que l'infécondité des hybrides a été tout à fait à tort érigée en un *principe* général et constant : ce n'est qu'un *fait* fréquent. Il y a des hybrides inféconds, et d'autres peu féconds, mais il y en a aussi de complétement féconds.

Quelques zoologistes ont cru pouvoir concilier leur prétendu principe avec la fécondité démontrée de l'Alpavigogne, en considérant l'Alpaca comme une race domestique et très-modifiée de la Vigogne. Mais l'objection contre le prétendu principe de l'infécondité des mulets ne serait levée ainsi que pour faire place à une autre tout aussi grave : c'est l'*Alpalama*, ou le métis de l'Alpaca et du Lama, qui serait alors un hybride, et l'Alpalama est fécond aussi bien que l'Alpavigogne. (*N. A.*)

cherchés surtout pour l'ornement de nos demeures, et de là la place que nous leur donnons ici.

Le Napaul et le Lophophore. — Ces magnifiques oiseaux ne sont pas encore venus en France. Mais on sait qu'ils vivent bien en captivité. Les Indiens se plaisent à les élever dans leurs maisons. Les *queues usées* de la plupart des individus qu'on voit dans les musées suffiraient pour mettre hors de doute ce fait, attesté d'ailleurs par de nombreux voyageurs [1].

Le Goura. — Ce pigeon, la plus grande de toutes les espèces du groupe auquel il appartient, et en même temps

Échelle de 0m.1 pour 1|2 mètre.

0. 0.1 0.2 0.3 0.4 0.5

Le Goura couronné (*Lophyrus coronatus*, Vieill.; *Columba coronata*, Lath.)

une des plus curieuses et des plus élégantes, a été de loin en loin amené en Europe. On l'a vu à plusieurs reprises en

[1] Mes prévisions relatives à l'acclimatation possible de ces beaux oiseaux indiens sont dès aujourd'hui justifiées. Le Lophophore se reproduit dans le Jardin zoologique de Londres. (*N. A.*)

France, et notamment à la Ménagerie du Muséum, où on l'a facilement conservé en prenant toutefois quelques précautions contre le froid, et où il s'est même reproduit en 1845[1].

Colombes et Fringilles. — A ces espèces magnifiques ou charmantes, oiseaux d'ornement par excellence, on peut ajouter plusieurs Colombes et une multitude de passereaux granivores, fort recherchés des amateurs. Un bon nombre, quoique venant de contrées très chaudes, pondent et couvent plus ou moins facilement dans les volières. Nous avons, par exemple, fait reproduire dans celles du Muséum quatre Colombes, la Tourtelette, les Colombes maillées, à nuque perlée et à large queue, et quelques Fringilles. Ces mêmes Colombes et Fringilles et beaucoup d'autres ont niché chez divers particuliers[2]; il en est qui commencent à n'être plus

[1] Il s'est aussi reproduit en Angleterre où l'on a même obtenu, comme je l'ai dit plus haut, des hybrides du Goura ordinaire et du Goura Victoria. (*N. A.*)

[2] Notamment à Paris même ou dans ses environs, chez MM. Saulnier, Chenu, Coeffier, Fournier, le prince de Wagram, l'abbé Alary, et chez M. Grandjean, qui a obtenu la reproduction des espèces suivantes : Bruant commandeur, Cardinal, Paroare, Padda, Gros-bec fascié ou Cou-coupé, Foudi, Ignicolore, Bengalis ordinaire et piqueté, Mariposa, Domino, Maïan, Capucin, Comba-sou et Bec-d'argent.

On a fait nicher aussi plusieurs espèces d'Aras, de Perruches, etc., et quelques autres oiseaux.

Je dois une partie de ces renseignements à l'obligeance de M. Florent Prévost, mon premier aide-naturaliste au Muséum, et mon très-zélé et très-utile coopérateur dans toutes mes expériences sur l'acclimatation et la domestication des animaux.

Depuis que ceci est écrit, presque toutes les espèces que je viens de citer se sont de nouveau reproduites, et il en a été de même de bien d'autres. Partout, aujourd'hui, on construit des volières, et partout on y obtient des résultats pleins d'intérêt en eux-mêmes, et qui finiront par élever la culture des oiseaux au rang d'une industrie et d'un commerce important. En un mot, ce qui a eu lieu, à une époque encore fort rapprochée de nous, pour l'horticulture, se produit aujourd'hui pour l'aviculture.

Parmi les nombreux essais qui ont été tentés avec succès, il en est de trop intéressants par leurs résultats pour que je ne le mentionne pas spécialement Tels sont ceux dont diverses Perruches ont été les objets. Parmi elles je

rares. Pour plusieurs de ces élégants oiseaux des tropiques, on peut prévoir le moment où, quittant les volières de luxe, ils viendront rejoindre le Serin des Canaries et la Tourterelle jusque dans les plus humbles demeures [1].

§ 2.

Les oiseaux d'eau, et particulièrement les palmipèdes lamellirostres, très-rapprochés des gallinacés par leur mode de reproduction, peuvent, comme eux, nous enrichir de belles espèces d'ornement [2]. Tels sont entre autres divers Canards.

Le Canard de la Caroline et le Canard à éventail. — J'associe ici deux espèces que l'on peut dire rivales ; celle-ci parée de couleurs plus vives, mais un peu heurtées, en même temps que du singulier ornement de plumage qui lui a valu son nom ; l'autre plus simple, et cependant plus jolie peut-être, par la distribution harmonique des teintes de son plumage et par l'élégance de ses formes.

Le Canard de la Caroline n'est déjà plus très-rare en France : il s'est plusieurs fois reproduit en France, d'abord

citerai la Perruche ondulée et la Perruche Edwards, si élégantes, si richement colorées, et, la première surtout, si intéressantes par leurs mœurs et par les circonstances de leur reproduction. Grâce à MM. Saulnier et Delon, la Perruche ondulée peut être dite, dès à présent, un oiseau français. Voyez dans le *Bulletin de la Société d'acclimatation*, t. I, p. 58 (1854) une intéressante notice due à M. *Delon* dont on a malheureusement à déplorer la mort récente. (*N. A.*)

[1] Le Serin, si vulgaire aujourd'hui, a été pendant assez longtemps d'une très-grande rareté : il était, lui aussi, un oiseau de luxe : « *In magnatum ædibus alitur,* » dit GESSNER. Et c'est aussi ce que redit ALDROVANDE : « *Care admodum venditur... A nobilibus tantum ali consuevit.* » (*N. A.*)

[2] En dehors de l'ordre des palmipèdes, de belles espèces d'ornement paraissent devoir être fournies par diverses familles d'échassiers. Les Grues surtout ont fixé l'attention des amateurs. Nous citerons parmi elles la Grue couronnée ou *Oiseau royal*, la Demoiselle de Numidie, et la belle Grue blanche et noire de Mantchourie, ramenée de Chine par M. de Montigny dont elle porte le nom. La Grue de Montigny s'est trois fois reproduite à la Ménagerie du Muséum. (*N. A.*)

dans la volière si bien dirigée de M. Coeffier, de Versailles, puis à la Ménagerie du Muséum d'histoire naturelle [1]. On peut dire dès aujourd'hui cette domestication très-avancée.

Le Canard de la Caroline (*Anas sponsa*, Lin.).

Le Canard de la Chine (*Anas galericulata*, Lin.).

Échelle de $0^m.176$ pour 1 mètre, pour le Canard de la Caroline et celui de la Chine.

La seconde espèce, le Canard à éventail ou, comme on le nomme souvent aussi, la Sarcelle de la Chine, amenée à

[1] Et depuis, en plusieurs autres lieux, en France et à l'étranger. (*N. A.*)

diverses époques en Hollande et en Angleterre, n'a jamais été vue vivante en France[1]; mais, les événements ayant ouvert la Chine aux Européens, l'introduction d'une espèce aussi curieuse et aussi élégante ne saurait se faire longtemps attendre[2], et je ne doute pas qu'elle ne vienne bientôt disputer au Canard de la Caroline la première place sur les bassins de nos volières[3].

[1] Il est nécessaire de rappeler ici que cet exposé a été écrit en 1849, et que, par des motifs plus haut indiqués, j'ai dû m'abstenir de toute modification qui eût altéré le fond de mon travail. Ce Rapport devait conserver sa date, sous peine de perdre en grande partie l'intérêt qu'on a bien voulu lui attribuer. (*N. A.*)

[2] Cette prévision est dès aujourd'hui, et déjà même depuis plusieurs années, pleinement réalisée. Il semble même que le Canard de la Chine soit destiné à prendre les devants sur l'espèce américaine. En Angleterre, en France, en Italie (chez le prince A. de Demidoff), en Belgique, en Hollande, on a eu des exemples multipliés de sa reproduction. Il ne faut rien moins que l'extrême beauté de cet oiseau pour lui conserver aujourd'hui un haut prix commercial. Une paire de Canards de la Chine se vend encore deux cents francs.

On a vu plus haut (p. 77) que dès la fin du dix-huitième siècle, un rich Hollandais, amateur d'oiseaux rares, était parvenu à se procurer et à domestiquer le Canard de la Chine.

Parmi nos Canards indigènes, M. Duvarnet, avocat à Évreux, a fait reproduire récemment le Pilet et le Siffleur. (*N. A.*)

[3] Bientôt aussi, sur les grands bassins et les rivières des parcs et des jardins, le Cygne noir, de la Nouvelle-Hollande, et le Cygne blanc à col noir, de l'Amérique du Sud, viendront se placer à côté de notre Cygne blanc. De ces deux belles espèces, la première s'est reproduite presque simultanément, dans ces dernières années, aux environs de Caen, dans le beau jardin zoologique de M. le docteur Le Prestre; au château de Ferrières, près de Lagny, chez M. le baron de Rothschild; à Châlons-sur-Marne, dans la riche oisellerie de M. Jacquesson, et près de Rambouillet, dans le parc de M. Ruffier, si remarquable par l'abondance et la beauté de ses eaux. Les exemples de reproduction sont nombreux aussi à l'étranger, et surtout en Angleterre.

Dans ce même pays, le Cygne à col noir, tout récemment introduit, s'est déjà reproduit au Jardin zoologique de Londres, et dans des circonstances qui donnent lieu de penser que cette belle acclimatation sera peu difficile à obtenir.

Elle est aussi essayée en ce moment même sur deux points de la France, grâce à M. Le docteur Le Prestre et à l'administration du Jardin zoologique d'acclimatation du Bois de Boulogne qui ont acquis une partie des jeunes obtenus à Londres. (*N. A.*)

CHAPITRE V

MESURES PROPRES A RÉALISER L'ACCLIMATATION ET LA DOMESTICATION DES ESPÈCES UTILES

Les mesures les plus propres à réaliser l'acclimatation et la domestication des espèces utiles sont incontestablement la création de deux ménageries ou haras d'acclimatation : l'un dans le Midi, près de la Méditerranée, l'autre dans le Nord, aux environs de Paris. Cette double création faite sur des bases durables, le reste n'est plus qu'une question de temps.

SECTION I

Projet d'établissement d'un haras d'acclimatation dans le Midi.

§ 1.

Un fait général ressort des indications que je viens de donner sur toutes ces espèces, les unes en voie de domestication, les autres désignées seulement pour de prochaines expériences. La difficulté principale n'est pas dans la domestication elle-même ; elle est dans l'acclimatation. C'est parce que notre climat est trop froid, que tant d'espèces, même recevant les soins les mieux dirigés, sont restées complétement stériles, ou n'ont donné naissance qu'à des petits débiles, et qui n'ont pu s'élever. Et quand, plus rarement, nous avons réussi, quelle cause a le plus contribué à la difficulté du succès, l'a retardé, parfois l'a rendu incomplet? Toujours la même : le climat. Toujours la longueur de nos hivers, durant lesquels l'animal n'a que cette alternative :

Braver le froid et l'humide ;

Ou s'étioler dans une écurie, une cage, une volière chauffée.

Allons au delà, car ce fait est capital, comme indicateur de la mesure la plus décisive qui puisse être prise; et si disposé que chacun soit à admettre dans toute son extension un résultat qui, entre certaines limites, est évident par lui-même, son importance exige qu'on ne se borne pas à l'établir par quelques remarques plus ou moins vagues; il faut le démontrer.

Or c'est ce qu'il est facile de faire. Les tableaux que j'ai précédemment donnés [1] renferment tous les éléments de cette démonstration, ou plutôt ne sont que cette démonstration elle-même, abrégée et pour ainsi dire rendue visuelle à l'aide de la forme synoptique.

§ 2.

Dans ces tableaux, les mammifères et oiseaux à domestiquer se trouvent répartis en quatre colonnes, représentant autant de catégories faites d'après les conditions climatologiques. Que l'on jette les yeux sur ces colonnes, et l'on sera frappé des résultats suivants :

[1] Pages 52 à 55.

Deux de nos colonnes, la première et la troisième, restent presque en blanc : parmi les mammifères, pas un nom dans la première, un seul dans la troisième ; parmi les oiseaux, deux dans la première, aucun dans la troisième.

C'est tout le contraire à l'égard de la seconde colonne : celle-ci est aussi remplie que les précédentes sont vides.

Vient enfin la quatrième : elle tient le milieu entre les autres pour le nombre des espèces qu'elle renferme.

A quelles catégories correspondent les colonnes presque vides? A celles des espèces de notre climat, et des habitants des hautes montagnes tropicales. Ainsi les deux catégories à l'égard desquelles le froid de nos hivers est sans inconvénients graves sont presque nulles.

C'est dans la seconde colonne ou catégorie que viennent se presser la plupart des noms inscrits dans nos tableaux. Or cette catégorie est celle des espèces de la zone torride ou des régions voisines des tropiques.

Donc, parmi les animaux à domestiquer, ceux qui supportent le plus difficilement le froid de nos hivers *forment la très-grande majorité*, ou, pour préciser davantage, les *trois quarts* environ.

La colonne moyennement riche correspond à la quatrième catégorie, celle des espèces de l'hémisphère austral. Celles-ci viennent, en général, de contrées tempérées, mais où l'ordre des saisons est renversé. Pour elles, par conséquent, l'époque de la reproduction correspond à nos mois humides et froids ; et la température de nos hivers est encore un grave obstacle à l'acclimatation. Si elle fait peu souffrir les individus, elle tend du moins à empêcher la multiplication de l'espèce.

Ainsi, trois quarts d'un côté, et de l'autre presque le quatrième quart : *c'est presque pour la totalité des espèces* inscrites dans nos tableaux *que la difficulté de l'acclimata-*

tion réside surtout dans la longueur et la rigueur des hivers de la France septentrionale et centrale.

§ 3.

La conséquence pratique de ces faits se présente d'elle-même. Pour faire les essais d'acclimatation avec le plus de chances de succès, c'est dans le Midi qu'on doit les tenter, à l'égard de la plupart des espèces; c'est particulièrement dans l'un de ces beaux départements méditerranéens, où l'hiver est plus court et plus doux que partout ailleurs en France, et dont la situation maritime facilite d'ailleurs si bien l'arrivage des animaux destinés aux essais. Voilà le lieu d'élection; le lieu où la multiplication des espèces sera plus assurée et plus rapide, et d'où leur expansion à la surface du pays se fera avec les moindres sacrifices de temps et d'argent.

Cette conséquence est heureusement aujourd'hui aussi incontestée qu'importante. L'institution d'un centre d'expériences et d'essais pratiques dans le Midi, la création d'une *ménagerie* ou *haras de naturalisation* sur les bords de la Méditerranée, tel est le progrès que j'appelais de tous mes vœux il y a plusieurs années déjà ; tel est aussi celui qu'ont demandé, en 1848, la Commission nommé par M. Bethmont[1], et bientôt après, avec plus d'autorité encore, le Comité d'agriculture de l'Assemblée nationale constituante, dans son mémorable Rapport sur l'Institut national agronomique de Versailles[2].

[1] Voyez p. 2 et 3.

[2] Cette haute sanction, accordée à une vue dont je crois toujours, et de plus en plus, la réalisation utile, a trop d'importance pour que je ne me fasse pas un devoir de citer les termes mêmes du Rapport : « Versailles, dit le savant rapporteur, M. Richard (du Cantal), offre, comme le dit le ministre, et sans frais de construction d'établissements qui existent déjà, toutes les res-

En insistant aujourd'hui sur l'importance décisive de la mesure qui créerait dans le Midi un haras de naturalisation, je crois devoir, comme en 1838 et 1840, comme en 1844, m'abstenir d'indications plus spéciales. Le Var, les Bouches-du-Rhône (départements dont les autorités ou les Conseils généraux se sont déjà occupés de cette question, et où quelques localités favorables ont été désignées), les Pyrénées-Orientales, l'Hérault, d'autres encore, pourraient sans nul doute recevoir le haras; mais lequel avec le plus d'avantages? Bien des éléments me manquent pour la solution de cette question, et, d'ailleurs, elle est de celles qui doivent se résoudre en grande partie par des considérations dont l'administration est seule juge.

§ 4.

La science doit se suffire à elle-même; elle n'a pas besoin, dans une question pratique surtout, que l'histoire vienne confirmer ses résultats. Comment cependant ne pas signaler ici une bien frappante concordance entre l'une et l'autre? C'est presque toujours sur les bords de la Méditerranée que les espèces domestiques nouvelles pour l'Europe sont venues prendre pied; c'est de là qu'elles se sont répandues, de proche en proche, dans le centre, puis dans le nord de cette partie du monde. C'est par la Grèce que le Faisan de la Colchide et le Paon de l'Inde se sont répandus dans toute l'Eu-

sources désirables pour ces diverses études; mais nous devons ajouter que, *pour l'acclimatation des végétaux comme des animaux des pays chauds* (*et ce sont ceux qui nous en fourniront le plus*), il serait utile, plus tard, d'avoir une succursale *que l'on pourrait annexer, sans beaucoup de frais, à une des écoles régionales des côtes de la Méditerranée.* Un changement trop brusque de la température de l'Asie ou de l'Afrique, par exemple, pourrait compromettre la réussite assurée de certaines espèces végétales ou animales, très-aptes à se multiplier plus tard, même dans nos contrées du Nord. Il faudra donc opérer graduellement sur elles,... »

rope, où tous deux sont devenus si peu rares, où le premier est même redevenu sauvage. La Pintade et le Furet, tous deux africains, ont été naturalisés d'abord, l'une en Italie, l'autre en Espagne, en Languedoc, en Provence, où il fut amené pour réprimer la trop grande multiplication du Lapin; et ce dernier animal lui-même a dû passer successivement de l'Espagne, sa patrie, dans le midi de la France, avant de prendre rang parmi les rongeurs les plus communs dans presque toute l'Europe. Enfin c'est encore par le Midi que nous sont venus, d'Amérique, le Cobaie, le Canard musqué, et, après la Poule, le plus précieux de nos gallinacés de basse-cour, le Dindon : tous trois ont été acclimatés d'abord dans la péninsule espagnole.

Ainsi l'expérience du passé confirme mes inductions pour l'avenir ; et il se trouve que ce que je demandais, c'est tout simplement que l'on fasse dorénavant, mais d'une manière rationnelle, et en appliquant tous les préceptes de la science, précisément ce que l'on a fait depuis vingt siècles sans s'en rendre compte, et par le seul concours des circonstances.

SECTION II

Établissement d'un haras d'acclimatation aux environs de Paris.

§ 1.

Une ménagerie ou haras d'acclimatation établi dans le Nord, aux environs de Paris, ne sera pas seulement le lieu où l'on amènera, pour les domestiquer, les espèces sauvages des contrées froides ou tempérées ; le lieu où celles des contrées chaudes, une fois faites au climat de nos départements méridionaux, viendront subir pour la première fois, sous la protection de soins intelligents, l'action de notre température septentrionale. Aux portes de Paris, mieux que partout ailleurs en France, seront traitées et se résoudront toutes les questions économiques que soulève, dès qu'elle s'accomplit ou va s'accomplir, l'acclimatation d'une nouvelle espèce. Quel en sera le meilleur emploi? Quelle direction faut-il donner à sa culture? Quelles modifications doit-on tendre à lui imprimer? Quel moyen de les obtenir?

Problèmes éminemment complexes et difficiles, qu'éclaireront seuls des essais dirigés à la fois par la science la plus solide et l'expérience la plus consommée des faits pratiques.

Où faire ces essais, et comment, si un établissement spécial ne leur est affecté? et si, fondé en vue d'un but nouveau, il ne l'est sur des bases nouvelles aussi?

§ 2.

Nous avons, il est vrai, à Paris même un magnifique établissement où sont nourris un grand nombre d'animaux; la science y préside aux soins qu'ils reçoivent, et l'application n'y a jamais été séparée de la théorie. La Ménagerie du Muséum d'histoire naturelle ne pourrait-elle tenir lieu du haras du Nord? et la Convention nationale, qui l'a créée, aurait-elle à l'avance, et depuis un demi-siècle déjà, réalisé ce même progrès dont de récents travaux ont fait ressortir la nécessité?

On pourrait d'autant plus s'y tromper que la Ménagerie du Muséum a été, dans ces derniers temps surtout, le théâtre de nombreuses expériences sur l'acclimatation; que plusieurs d'entre elles ont été heureuses, et que l'attention bienveillante des agriculteurs et même du public n'a pas fait plus défaut que celle des savants, à des résultats dans lesquels on a pu voir au moins des promesses pour un avenir prochain.

Pour être ici très-naturelle, l'erreur n'en serait que plus grave et plus dangereuse; et l'on ne saurait trop tôt aller au-devant des conséquences, regrettables dans la pratique, que quelques esprits pourraient être portés à en déduire. Non, la Ménagerie du Muséum ne peut tenir lieu d'un haras d'acclimatation, pas plus que le haras, quelque développement qu'on voulût lui donner, ne saurait diminuer l'utilité de la Ménagerie de Paris. Non, ils ne feront pas double emploi; tout au contraire ils se compléteront, et par un heureux échange de ressources, par une habile réciprocité de services, il arrivera que chacun d'eux, près de l'autre, fera, pour la science et pour le pays, ce qu'il n'eût pu faire dans son existence isolée.

§ 3.

La Ménagerie du Muséum est essentiellement une *ménagerie d'observation zoologique.* Tout ce qui intéresse la science est de son domaine; tous les services qu'elle peut lui rendre, perfectionnement de la théorie ou applications nouvelles, sont dans ses devoirs. Par cela même, la science pure l'emporte ici. Le grand établissement à la création duquel mon père[2] eut le bonheur d'attacher son nom en 1793, a pour titre principal cette suite déjà immense de travaux zoologiques, anatomiques, physiologiques, par les-

[1] Une détermination hardie de mon père a créé en 1793 la Ménagerie; et il lui a fallu, à l'origine, une rare et énergique persévérance pour vaincre des obstacles de tout genre. Mais bientôt la Convention reconnut l'utilité de ce complément du grand établissement qu'elle venait de réorganiser, et, malgré les difficultés de la situation financière, elle dota la Ménagerie de ressources suffisantes. (Voy. l'ouvrage que j'ai publié, Paris, in-8° et in-12, 1847, sous ce titre : *Vie, Travaux et Doctrine scientifique d'Étienne Geoffroy Saint-Hilaire*, p. 48 et suivantes.)

quels la science a été agrandie et en partie renouvelée depuis un demi-siècle. Si la Ménagerie n'eût existé, Cuvier eût-il composé l'*Anatomie comparée?* Et sans cet immortel ouvrage, la zoologie eût-elle été établie sur ses bases actuelles? L'anatomie philosophique eût-elle pu être créée?

Le *haras d'acclimatation*, son nom le dit assez, a une destination toute spéciale et essentiellement pratique; dès lors, conditions d'existence, moyens d'action, situation même, tout va différer.

Une ménagerie d'observation zoologique est la réunion d'*un grand nombre d'espèces* représentées chacune par *un petit nombre d'individus;* sa place est dans la ville ou à ses portes, et elle est librement accessible à tous les observateurs, et même aux simples visiteurs : c'est en quelque sorte un musée vivant.

Le haras d'acclimatation ne possédera qu'*un petit nombre d'espèces* choisies parmi celles à l'égard desquelles il y a preuve ou présomption suffisante d'utilité; mais ces espèces seront représentées, autant que possible, par *un nombre d'individus assez grand*, d'une part, pour que la multiplication soit plus sûrement et plus promptement obtenue; de l'autre, pour que la question économique puisse être scientifiquement et pratiquement résolue.

Où chercher les espaces nécessaires à des essais qui devront s'étendre à un grand nombre d'individus, parfois à des troupeaux? L'expérience prouve que trop resserrés ou troublés par de trop fréquentes visites, un grand nombre d'animaux deviennent moins féconds ou même tout à fait improductifs. Comment les mettre, au sein d'une ville, à l'abri de ce double inconvénient? Où trouver aussi pour la question économique les éléments d'une solution satisfaisante? Là seulement où les espèces seront placées dans des conditions analogues à celles où elles doivent être utilisées par la suite.

Autant donc la ménagerie d'observation est à sa place dans une grande cité, autant il est nécessaire que le haras d'acclimatation soit créé à la campagne, à portée ou comme annexe d'une ferme.

Si, à un point de vue général, les deux établissements sont si profondément différents, il est clair que la question de l'acclimatation doit leur appartenir à des titres différents aussi :

La ménagerie sera le lieu de l'observation et de l'*expérience scientifique* ;

Au haras se fera l'*essai pratique.*

Dans la première se résoudront des questions qui sont encore entièrement du domaine du zoologiste ; celles qu'on essayera d'éclaircir dans le second appartiennent surtout à l'agriculteur.

Le zoologiste doit, en effet, à la ménagerie, étudier sous tous les rapports les espèces qu'il a sous les yeux : comment négligerait-il de les étudier au point de vue de l'utilité publique? A lui donc de déterminer, entre toutes, celles dont il peut y avoir lieu de tenter la naturalisation; d'apprécier les services que l'on est fondé à en attendre, de rechercher les moyens de succès ; à lui, quand il a recueilli tous les faits déjà acquis à la science, d'en créer de nouveaux à l'aide de l'expérimentation. C'est lui qui place ainsi le premier, sur le sol français, une race nouvelle ; et quand il l'a fait, son œuvre est accomplie : car il ne saurait, à la ménagerie, ni déterminer exactement la valeur économique de la nouvelle race, ni même en prévenir le rapide abâtardissement, conséquence presque inévitable d'unions entre individus trop rapprochés par le sang [1]. C'est au haras qu'est

[1] L'abâtardissement graduel de l'espèce suffirait pour amener son extinction dans un temps donné ; mais celle-ci est le plus souvent, dans les ménageries, l'effet d'une autre cause dont l'action est plus rapide : la prédomi-

réservée cette double tâche; à lui la partie pratique, la réalisation définitive du progrès ailleurs préparé et commencé.

Ainsi, des deux établissements, chacun fait précisément ce que l'autre ne saurait faire; et, sans confondre leurs services, ils les associent.

§ 4.

La pensée de consacrer à l'acclimatation des animaux un établissement situé près de Paris n'est pas émise pour la première fois dans ce travail [1]. Dès février 1848, et même plusieurs années auparavant, il avait été question de le créer comme succursale de la ménagerie du Muséum [2]. En mars 1848, une commission nommée par M. le ministre de l'agriculture [3], et dont j'avais l'honneur de faire partie, a exprimé la même idée, mais en la modifiant. Sans rien préjuger sur l'utilité d'une annexe spéciale du Muséum, elle a

nance des naissances masculines sur les féminines. J'ai depuis longtemps constaté et signalé ce fait, et les observations recueillies dans divers jardins zoologiques étrangers n'ont que trop confirmé les miennes.

[1] Composé, il est nécessaire de le rappeler ici, en 1849, et qui n'a subi depuis (sauf un seul point plus haut indiqué) que des modifications de pure rédaction, et toutes sans importance. (*N. A.*)

[2] La création d'une succursale de la Ménagerie, placée hors de Paris, et qui eût été un véritable haras d'acclimatation, était depuis longtemps dans les vues de mon père. Il lui appartenait, après avoir créé la Ménagerie, de la compléter ainsi. Ses vues, communiquées au duc d'Orléans, en avaient été très-goûtées, et sans la mort si malheureuse et si soudaine de ce prince, toujours désireux de favoriser l'introduction et la multiplication des animaux utiles (voyez p. 36), la succursale eût été très-vraisemblablement établie dans une des dépendances de la liste civile.

En février 1848, ce projet fut repris par M. Carnot, placé alors à la tête du ministère de l'instruction publique, et par M. Jean Reynaud, sous-secrétaire d'État au même ministère. Ce projet, très-avancé, qu'avaient préparé ces deux administrateurs éminemment amis du progrès, et dont l'exécution eût été d'une si grande importance pour le Muséum d'histoire naturelle, fut communiqué, très-peu de jours après la révolution de Février, à l'administration de cet établissement. (*N. A.*)

[3] Voyez p. 2.

pensé que le haras d'acclimatation tel qu'il vient d'être défini, établissement tout pratique et essentiellement agricole par son but, se rattachait plus intimement au ministère de l'agriculture. Aussi a-t-il été compris bientôt après dans le plan de l'Institut agronomique de Versailles, où une réunion, jusque-là sans exemple, de savants praticiens et de praticiens instruits, étaient appelés à constituer notre enseignement supérieur agricole. Il a paru également au ministre qui proposait cette grande création, et à l'Assemblée nationale qui la sanctionnait, que les essais d'acclimatation et de domestication y auraient leur place mieux que partout ailleurs; le ministre et l'Assemblée les y ont placés [1].

La France, en créant, en 1793, la première ménagerie d'observation zoologique avait donné aux nations civilisées l'exemple d'un genre d'établissement que plusieurs ont bientôt imité, et que les autres nous envient. Il lui appartenait d'être, en 1848 et 1849, la première encore à créer un *haras d'acclimatation*, et à faire pour les applications de la science ce qu'elle avait fait pour la science elle-même.

[1] Placé à Versailles, parce qu'on voulait le rattacher comme annexe à l'Institut agronomique, alors en voie d'organisation, le *haras d'acclimatation* n'a eu, comme ce grand établissement, qu'une existence éphémère. L'arrêté qui l'avait institué n'en est pas moins un acte mémorable et qui honore l'administration de M. Lanjuinais. Il restera à ce ministre le mérite d'une généreuse initiative à laquelle nous aimons doublement à rendre hommage, au moment où la Société impériale d'acclimatation vient de créer le Jardin zoologique du Bois de Boulogne. Que ce vaste jardin d'acclimatation, qui s'ouvre aux portes de Paris, ne fasse pas oublier le petit établissement, un instant ouvert à celle de Versailles par les soins d'un ministre éclairé!

Sur ces deux établissements, et sur d'autres déjà créés aussi ou projetés, soit par la Société impériale d'acclimatation elle-même, soit par ses comités et sociétés affiliées, voyez la *Quatrième partie* de cet ouvrage. (*N. A.*)

FIN DE LA PREMIÈRE PARTIE.

DEUXIÈME PARTIE

NOTIONS COMPLÉMENTAIRES
THÉORIQUES ET PRATIQUES, SUR L'ACCLIMATATION
LA NATURALISATION
ET LA DOMESTICATION DES ANIMAUX UTILES OU D'AGRÉMENT

CHAPITRE PREMIER

CONSIDÉRATIONS GÉNÉRALES
SUR LES APPLICATIONS DES SCIENCES NATURELLES
ET PARTICULIÈREMENT DE LA ZOOLOGIE

SECTION I

De l'importance des applications de la zoologie, et de leur insuffisance actuelle.

§ 1.

Les sciences, selon Descartes, peuvent être comparées, toutes ensemble, à un arbre immense portant ses *fruits à l'extrémité de ses branches*. De même, en effet, que toutes dans l'ordre philosophique aboutissent par la connaissance de la création à celle du Créateur, elles tendent toutes, dans l'ordre pratique, au bien-être de l'homme considéré soit comme individu, soit socialement.

Dans l'ordre philosophique, et par leurs plus hautes sommités, toutes les sciences se confondent, pour ainsi dire, en une seule, la *science première*, comme l'appelait Bacon[1]. Dans l'ordre pratique, au contraire, elles restent distinctes, et chacune, a en propre, ses applications, et, par là même, sa mission, et pour ainsi dire sa fonction sociale. C'est à la mécanique, à la physique, à la chimie appliquées, c'est aux arts mécaniques, physiques, chimiques, qu'appartiennent la construction et l'arrangement de nos demeures, les voies et moyens de transport, l'échange de la pensée à travers l'espace. Au contraire, dans le domaine des applications de l'histoire naturelle, des arts agricoles, se place tout ce qui se rapporte au vêtement et à l'alimentation. C'est l'histoire naturelle, en effet, qui, faisant l'inventaire des innombrables espèces qui peuplent le globe, découvre parmi elles et désigne celles qui peuvent nous être utiles; et c'est l'agriculture qui, les multipliant sur notre sol, crée, par là même, ces substances alimentaires et ces matières textiles qu'il appartient ensuite à l'industrie de mettre en œuvre, et au commerce de distribuer parmi les nations.

Considérés à ce point de vue, les arts qui se rattachent à l'agriculture, et plus généralement aux sciences naturelles ou biologiques, tiennent manifestement, entre tous, une place très-élevée en raison de la nature et de l'universalité des bienfaits que nous avons à en attendre. Les progrès des autres arts entretiennent le mouvement social, et pour ainsi dire, la vie commune des peuples; mais, avant tout, de ceux de l'agriculture et des applications des sciences biologiques, de la production et du bon emploi des substances qu'elles créent, dépendent la santé et la vie des hommes. Et c'est pourquoi il n'y a pas de petit progrès en agriculture. « A côté d'un pain naît un homme, » a dit Buffon. Et, selon

[1] Ou plutôt la *science dernière*. Voyez les Prolégomènes de mon *Histoire naturelle générale des règnes organiques*, t. I (1854).

Voltaire : « Celui qui fait croître deux brins d'herbe où il n'en croissait qu'un rend service à l'État. »

L'agriculture qui est, à ce point de vue, le premier des arts, en est aussi le plus ancien. Nous voyons dans la *Genèse*, Abel et Caïn, pères de l'agriculture [1], antérieurs de six générations à Tubalcaïn, père des arts mécaniques [2]. Dans l'Olympe mythologique, nous voyons de même Cérès, déesse des moissons, précéder Vulcain et Mercure, dieux des arts et du commerce. Tous les témoignages s'accordent avec toutes les traditions pour nous montrer l'agriculture devançant, et vraisemblablement à grande distance, tous les autres arts. Combien de temps a-t-il fallu pour que, de chasseurs et pêcheurs, les hommes devinssent agriculteurs? Un grand nombre de siècles, sans doute. Il ne s'en est peut-être pas écoulé moins avant que d'agriculteurs ils se fissent industriels.

Mais l'agriculture a depuis longtemps perdu le bénéfice de son droit d'aînesse, et les autres arts ont, tour à tour, pris les devants sur elle. Si elle n'est jamais restée, comme on l'en a accusée à diverses époques, stationnaire au milieu du mouvement général, au moins est-il trop vrai qu'elle n'a presque toujours fait, en face des rapides perfectionnements des autres arts, que des progrès comparativement très-lents.

Que l'on mette en parallèle l'état actuel des arts mécaniques, physiques, chimiques, avec ce qu'ils étaient il y a cinquante ans, et même plus près de nous encore, et l'on reconnaîtra aussitôt que leurs progrès ont, en peu d'années, transformé l'industrie et profondément modifié la société. Watt et Stephenson, Volta et Davy, Œrsted et Ampère, sont à

[1] *Abel pastor ovium, et Caïn agricola*, cap. IV, 2.

[2] *Tubalcaïn, qui fuit malleator et faber in cuncta opera æris et ferri.* Ibid., 22.

peine descendus dans la tombe et il semble que des siècles nous en séparent. En agriculture, au contraire, et dans toutes les applications des sciences naturelles, les maîtres de nos pères seraient encore, sur bien des points, les nôtres; et sur plus d'un, nous pourrions prendre encore des leçons de Varron et de Columelle.

Aussi, que voyons-nous? Et que répondre à ces questions : Le peuple est-il bien vêtu? Le peuple est-il bien nourri?

Tristes réponses que celles que nous avons à faire! Et nous nous déciderions à peine à les placer ici, si elles ne portaient avec elles leur enseignement. Devant les souffrances qui pèsent sur les classes populaires, beaucoup semblent croire qu'il suffit de détourner la tête; sachons, au contraire, les regarder en face, et, comme le médecin devant le malade, ne craignons pas de mettre à nu le mal : il faut bien se résigner à en connaître la gravité, si l'on veut se donner quelques chances de le guérir.

§ 2.

Il est des pays où les classes populaires sont vêtues de bonnes étoffes, bien assorties au climat, et assez solides pour se maintenir en bon état pendant des années. Tels sont entre autres ces tissus de la soie du Ver du chêne dont s'habillent plusieurs *centaines de millions* de Chinois. Nos populations sont-elles aussi bien vêtues que ce peuple traité par nous de barbares, et qui du reste nous rend ce titre avec usure? Portent-elles des vêtements chauds et en rapport avec notre climat, avec nos hivers tour à tour si humides et si froids? Leurs vêtements sont-ils composés d'étoffes solides et de nature à résister aux inévitables effets de leurs durs travaux?

Voilà ce qu'il faudrait aux classes laborieuses. Est-ce ce qu'elles ont?

Faites quelques pas dans les faubourgs de nos grandes villes, et vous répondrez. Triste et déplorable spectacle que celui que vous y apercevrez!

La majeure partie des habitants de nos plus grandes et de nos plus riches cités, des capitales des nations les plus civilisées, les plus avancées de l'Europe, portent, hiver comme été, de minces étoffes de coton; étoffes si impuissantes à les protéger contre les intempéries des saisons, qu'il est vrai de dire qu'elles en sont plutôt couvertes que vêtues! Ajoutez que ces étoffes se déchirent au moindre effort, déteignent au bout de peu de jours, et ne seraient bientôt plus que des lambeaux sans couleur et sans nom, si la ménagère n'y ajoutait sans cesse des morceaux de toute forme et de toute nuance.

La blouse, le *bourgeron* rapiécés, voilà le costume habituel d'une partie de la population de la première ville du monde!

§ 3.

Ce peuple, si mal vêtu, est-il du moins bien nourri? Dans le repas du milieu du jour et le soir, après ses rudes labeurs, peut-il réparer ses forces par une alimentation conforme aux règles de l'hygiène?

La réponse n'est encore ici que trop facile. Demandez les prix des aliments de première nécessité; souvenez-vous des mesures récentes par lesquelles le gouvernement et les administrations municipales ont dû venir, *trois années sur dix*, au secours des classes laborieuses pour leur procurer du pain; et quant à la viande, interrogez la statistique!

« Le commun peuple, » disait le grand Vauban à la fin du

dix-septième siècle, « ne mange pas de la viande *trois fois* « *en un an.* » — « Il ne mange presque jamais de viande, répétait Voltaire en 1769, *son carême est de toute l'année.* » Ces tristes peintures de la situation de « la portion la plus utile du genre humain, » il y a un siècle et demi, et il y a un siècle, ne sont encore que trop vraies de nos jours; car voici des faits irrécusables :

L'*immense majorité* des travailleurs, et notamment des cultivateurs, environ vingt-cinq millions sur trente-six, se répartit en trois catégories :

Ceux qui mangent de la viande environ *six fois* l'an ;

Ceux qui en mangent *deux fois;*

Ceux qui en mangent *une seule fois;*

En sorte que « dans la plus grande catégorie des ouvriers « français, les journaliers agriculteurs, la quantité *de la* « *viande consommée est* A PEU PRÈS NULLE. »

Ce résumé n'est pas de moi : il est de l'auteur de l'ouvrage le plus complet et le plus exact qui ait été récemment publié sur la situation des classes ouvrières, et nommer son auteur, M. Le Play, c'est assez dire combien les résultats en sont incontestables [1].

[1] Le grand ouvrage intitulé *Les Ouvriers européens*, par M. LE PLAY, conseiller d'État et ingénieur en chef des mines (Paris, in-fol., 1855), est le fruit de recherches poursuivies pendant un grand nombre d'années, et pour lesquelles l'auteur a puisé à toutes les sources officielles, et recueilli par lui-même en des lieux très-divers, une multitude de faits. L'Académie des sciences s'est empressée de décerner à cet important ouvrage le prix de statistique, en donnant les plus grands éloges à la rigueur de la méthode suivie, et à « l'esprit mathématique, » et à « l'esprit de modération » qui président partout à la constatation et à l'interprétation des faits. (Voyez les *Comptes rendus de l'Académie des sciences*, t. XLII, p. 125 et suiv.; 1856.)

Le résultat que j'ai reproduit est donc hors de toute contestation : c'est le résumé général des faits tels qu'ils étaient *il y a cinq ans seulement*, et malheureusement tels qu'ils sont encore, sans nul doute, pour l'ensemble de la France. Je suis cependant heureux d'avoir à dire qu'un progrès très-marqué s'est produit, depuis quelques années, dans quelques départements

Voilà les faits, voilà la vérité, et l'art fameux de *grouper les chiffres* chercherait en vain à la dissimuler : le peuple manque de viande.

Ajoutons que si les classes aisées n'en manquent pas, c'est du moins à la condition d'acheter à un prix très-élevé l'aliment nécessaire, et ajoutons aussi qu'elles ne peuvent obtenir qu'en variant les modes de préparation cette variété de mets que l'hygiène veut aussi bien que le goût. Le bœuf, le mouton, le porc, trois animaux de boucherie en tout, tel est le fond de l'alimentation animale du plus riche ! tel est le cercle dans lequel nous restons encore absolument enfermés ! si bien que, sur ce point, et c'est le seul, nous sommes encore, dans la seconde moitié du dix-neuvième siècle, où l'on en était au moyen âge et dans l'antiquité !

§ 4.

Sera-t-il jamais donné aux applications des sciences naturelles, et aux arts qui en dérivent, de réaliser des progrès comparables à ceux des arts mécaniques, physiques et chimiques ? Viendra-t-il un moment où l'état actuel des populations sera aussi heureusement modifié, au point de vue du vêtement et de l'alimentation, qu'il l'est, en grande partie du moins, pour la construction de nos demeures, pour le chauffage, l'éclairage et les moyens de transport et de communication ?

Il serait très-téméraire de l'affirmer, et de convertir des désirs, et ce qu'il est tout au plus permis d'appeler des espérances, en promesses dont rien encore ne nous assure la réalisation, même dans l'avenir le plus éloigné. Mais en nous

riches, voisins de Paris : espérons qu'il s'étendra de proche en proche à tous les autres.

défendant d'un excès de confiance, prenons garde aussi de nous laisser aller à une défiance exagérée, bien plus funeste encore ; car elle tendrait à nous arrêter dès le premier pas. Si la sympathie pour le malaise trop général des populations et pour les souffrances des classes pauvres est respectable sous toutes les formes sous lesquelles elle se produit, rappelons-nous qu'elle n'est, en réalité, utile que si elle est secourable ; et la seule qui puisse être secourable est celle qui espère et fait espérer, et lutte afin de vaincre, *cherche afin de trouver*, et *frappe afin qu'il soit ouvert*.

C'est dans cette pensée que j'ai cru devoir demander aux applications de la zoologie et de la physiologie divers progrès utiles au bien-être public ; et c'est soutenu par cette conviction qu'une fois entré dans cette voie, je n'ai plus cessé d'y marcher ; assuré à l'avance que je n'accomplirais pas tout entière une tâche trop manifestement au-dessus de mes forces, mais voulant du moins commencer, en attendant que d'autres continuent, et, s'il se peut, achèvent.

Les progrès que j'ai eus en vue sont ceux qu'on avait le plus méconnus ou négligés. Qu'est-ce que la zootechnie ? Dans le sens le plus général de ce mot, et le plus vrai précisément, parce qu'il est le plus général, c'est l'ensemble de nos connaissances pratiques sur les animaux et des procédés par lesquels nous les utilisons pour nos besoins soit individuels, soit sociaux. Qu'est-ce, au contraire, que la zootechnie, selon les agriculteurs ? L'art d'élever le bétail, de multiplier les individus, et, au besoin, d'en améliorer les races. Définition que nous empruntons aux ouvrages les plus récents et le plus justement estimés. Assurément c'est là une des applications, et, je le reconnais, la principale des applications de la zoologie et de la physiologie ; mais est-ce la seule ? Et après la multiplication et le perfectionnement du bétail et des autres animaux domestiques, ne devons-nous donc pas donner une place, inférieure sans doute, mais très-importante encore, à trois autres ordres d'études et travaux ayant pour but :

Premièrement, la conservation des animaux sauvages utiles, biens que nous tenons en pur don de la nature, et que laissent trop souvent perdre notre ignorance et surtout notre incurie;

Secondement, l'emploi, selon leur plus grande utilité, de nos animaux domestiques, afin qu'eux-mêmes et les produits qu'ils nous donnent ne soient jamais, non-seulement perdus, mais mal employés; ce qui constituerait encore une perte relative;

Troisièmement, l'adjonction à nos espèces utiles soit sauvages, soit domestiques, en d'autres termes, soit données par la nature, soit déjà conquis sur elle, d'autres animaux sauvages et surtout domestiques, propres à de semblables usages, ou encore mieux, à des usages nouveaux.

Ce qui peut se ramener à ces trois termes, qui se complètent réciproquement :

Conserver ce que nous possédons ;

L'*utiliser* selon le mode le plus profitable,

Et y *ajouter*, s'il est possible.

Y ajouter, tel est l'objet de ce livre, et d'une grande partie de mes travaux de zoologie appliquée, depuis 1835.

Les deux autres ordres de questions que je viens d'indiquer ne m'avaient, au contraire, occupé pendant longtemps que dans mon enseignement. J'ai cru, depuis quelques années, le moment venu de les aborder aussi dans mes publications.

C'est particulièrement au second, c'est-à-dire à la recherche des moyens d'utiliser le mieux possible les animaux et leurs produits, que se rapportent mes études sur la viande de cheval, et particulièrement l'ouvrage *Sur les substances alimentaires*, qui sera cité plus bas, ouvrage auquel j'ai emprunté quelques-unes des considérations générales qui précèdent.

SECTION II

De la conservation des espèces utiles, et particulièrement de la nécessité de mesures protectrices des animaux insectivores.

§ 1.

Conserver ce qu'on possède est d'une sagesse si vulgaire, qu'aucun vœu ne semble ici pouvoir être émis, aucun progrès indiqué, qui ne se trouve déjà, et depuis longtemps, réalisé par le bon sens public.

Mais ce qui devrait être est malheureusement ce qui n'est pas ; et il est vrai de dire que sur ce point la barbarie des temps passés est encore debout au milieu de la civilisation du dix-neuvième siècle. L'homme se fait plus que jamais un jeu de détruire autour de lui des biens que lui offrait libéralement la nature, et en présence desquels il lui suffisait de s'abstenir pour les conserver. La guerre que fait l'homme, sous les noms de chasse et de pêche, à tous les animaux qu'il peut atteindre, est aussi acharnée de nos jours qu'au moyen âge; et la seule différence étant qu'il la fait aujourd'hui avec des engins plus perfectionnés et des armes plus redoutables, la civilisation est venue la rendre plus meurtrière, et par conséquent plus pernicieuse que jamais.

La loi, il est vrai, est intervenue pour conserver les animaux utiles de nos champs, de nos forêts, de nos eaux ; mais comment et dans quelles limites?

La législation sur la pêche a du moins ce mérite, qu'elle étend, en principe, sa protection sur tous les produits utiles des eaux douces et de la mer. Mais le principe est-il toujours bien appliqué? Trop rigoureuses peut-être sur quelques points, les lois sur la pêche sont, sur d'autres, assez peu sévères, ou assez peu sévèrement observées, pour n'avoir pu toujours préserver de graves atteintes, ou même, sur quelques-unes de nos côtes maritimes, d'une destruction presque complète, des richesses naturelles qu'elles devaient conserver en les aménageant.

La législation est bien plus insuffisante encore en ce qui concerne les animaux terrestres. Si elle assure, autant en vue du plaisir et de l'amusement du chasseur que comme réserve alimentaire, la conservation de toutes ces espèces qu'on désigne collectivement sous le nom de gibier, la loi sur la chasse laisse sans protection efficace une foule d'autres espèces éminemment utiles, et notamment celles qu'on devrait tenir pour les plus utiles de toutes : les espèces destructrices des animaux nuisibles à l'agriculture, nos alliées nécessaires pour la conservation des biens les plus précieux de la terre.

§ 2.

Au premier rang [1] de ces espèces, ennemis de nos ennemis, « honnêtes travailleurs [2] » à notre profit, sont les oiseaux insectivores. Rares en hiver, car peu d'entre eux

[1] Au second rang je placerais les espèces destructrices des Campagnols, des Mulots et des autres petits rongeurs. Pour se faire une idée des ravages que font ces animaux, voyez BUFFON, *Histoire naturelle*, t. VII, p 328 et suiv. « J'ai souvent éprouvé, dit l'auteur, le dommage très-considérable que ces animaux causent aux plantations... Eux seuls font plus de tort à un semis de bois que tous les oiseaux et les autres animaux ensemble. » Buffon donne ensuite une idée du nombre prodigieux de ces rongeurs, dont il a pu faire prendre « en trois semaines, et cela dans une pièce de terre d'environ quarante arpents, *plus de deux milliers*. »

[2] Expressions de M. MICHELET, dans son livre sur l'*Oiseau*. Paris, in-12, 1856, p. 166 et suiv.

vivent sédentaires dans notre pays, la nature nous les envoie en abondance au retour de la belle saison; au moment même où les insectes pullulent de toute part autour de nous, ils arrivent pour en réprimer les dommages; et sans eux, comment y parvenir ? Leur arrivée est donc, chaque année, un bienfait pour l'agriculture : on les traite comme s'ils en étaient le fléau. Les uns sont détruits par préjugés : qu'un Engoulevent, qu'un Scops soit aperçu; chacun, dans nos campagnes, s'empressera de le poursuivre comme un animal malfaisant; et l'agriculteur, dont le fusil l'a atteint, est fier de placer sur sa porte les trophées d'une victoire dont ses moissons payeront bientôt le prix [1]. D'autres que le préjugé laisserait vivre, les Traquets, le Rouge-gorge, la Bergeronnette, et jusqu'aux chantres de nos bosquets, les Fauvettes et le Rossignol lui-même, tombent en foule comme de menus gibiers, pour la table, où ils figurent plutôt qu'ils ne sont utiles. D'autres enfin, comme les Hirondelles, sont abattus, sans même que leur mort offre cette minime utilité : l'oiseau atteint, on ne daigne pas même emporter le corps, ou si on le prend, c'est pour le jeter presque aussitôt. On a tué pour le stupide plaisir de le tuer, rien de plus [2].

[1] Parmi nos espèces sédentaires, les Chouettes et surtout l'Effraie, regardées comme des oiseaux de mauvais augure, ne sont pas moins ardemment poursuivies et détruites.

[2] Ajoutez à toutes ces causes de dévastation la destruction des nids ou l'enlèvement des œufs et des jeunes oiseaux, plaisirs habituels des enfants des campagnes. Ce qui se perd ainsi dépasse tout ce qu'on peut imaginer. Il n'est pas rare que le même enfant rapporte ou brise en quelques heures jusqu'à soixante et quatre-vingts œufs, comme l'a fait remarquer M. Jonquières-Antonelle, dans une *Note sur la destruction par l'homme de quelques espèces animales utiles*, insérée en 1857 dans le *Bulletin de la Société impériale d'acclimatation*, t. IV, p. 79, et par extrait dans le *Bulletin de la Société protectrice des animaux* (recueils où se trouvent plusieurs autres documents intéressants que je regrette de ne pouvoir reproduire ici).

Au nombre des naturalistes qui ont le plus insisté sur cette cause de des-

La science a manifestement, ici, un grand devoir à remplir : celui de démontrer l'utilité de ces oiseaux et de tant

truction, est un des plus célèbres ornithologistes de l'Allemagne, M. GLOGER. C'est à son instigation qu'a été récemment prise en Prusse une mesure qui est du moins un premier pas dans une bonne voie. Dans un grand nombre d'écoles, les enfants faisaient des collections d'œufs d'oiseaux, qui devenaient une cause nouvelle de dévastations, faites encore sur une plus grande échelle que par le passé. M. le Ministre de l'instruction publique a prescrit à tous les chefs d'établissement d'empêcher de faire de telles collections. (Voy. la note déjà citée de M. de JONQUIÈRES, p. 88).

Un autre défenseur, aussi persévérant qu'éclairé, des oiseaux insectivores, est un savant chimiste et agriculteur, M. SACC, qui a fait ressortir les déplorables conséquences de leur destruction, dans des notes adressées à plusieurs Sociétés savantes et philanthropiques. En ce moment même, je reçois de M. Sacc, pour la communiquer à la Société d'acclimatation, une lettre particulièrement relative à la destruction des oiseaux insectivores du Midi. Elle complète si utilement ce qui précède, que je crois devoir la reproduire en partie :

« Avec le printemps, nous arrivent, cette année, des nuées d'insectes ; les Hannetons commencent à se montrer en troupes nombreuses ; mais leurs ennemis naturels, les Fauvettes et les Hirondelles, n'ont encore paru que par paires isolées et beaucoup trop peu nombreuses pour défendre nos récoltes contre les myriades d'insectes qui les menacent. Il ne faut pas se faire illusion : les petits oiseaux deviennent, chaque année, de plus en plus rares, et cependant presque tous les départements du Centre et du Nord les protégent avec le plus grand soin ; donc il faut chercher ailleurs la cause de leur disparition. Nous n'hésitons pas à la trouver dans la chasse acharnée que leur font les habitants des départements méridionaux. A Marseille, à Toulon, toutes les hauteurs sont garnies d'engins de chasse, et des personnes fort dignes de foi m'ont assuré que, pendant les quelques mois que dure la chasse, chaque chasseur détruit chaque jour de cent à deux cents Fauvettes, Rouges-gorges et autres Becs-fins. Étrange anomalie ! tandis que le préfet du Var *autorise* la chasse aux oiseaux insectivores, le préfet du Haut-Rhin, dans sa prévoyante sagesse, *punit* d'une amende de trois cents francs toute personne coupable d'avoir détruit un de leurs nids.

« Il y a, dans ce manque de réflexion des autorités administratives de tous les départements méridionaux, une menace permanente contre l'agriculture de tout le reste de la France, à laquelle leur incurie peut faire un tort inappréciable. »

Toutes les personnes qui ont été dans le Midi, et qui ont été témoins de la guerre acharnée qu'on y fait sans distinction à tous les oiseaux, s'associeront sans nul doute aux justes plaintes de M. Sacc et à ses vœux pour que la législation mette promptement un terme à des abus aussi menaçants pour l'agriculture.

d'autres espèces de diverses classes qu'on massacre tout aussi aveuglément. C'est une voie dans laquelle est entré surtout, d'un pas très-ferme, mon savant aide et confrère M. Florent-Prévost, qui n'a pas voulu se contenter des notions très-certaines, mais un peu vagues, que la science possède depuis longtemps sur les services rendus par les oiseaux insectivores. A l'observation des animaux vivants, à l'étude de leurs mœurs, et particulièrement de leur régime, il a ajouté l'examen de l'estomac et de son contenu, chez un nombre considérable d'individus, pris en divers lieux et à toutes les saisons de l'année. M. Prévost a fait voir que cet examen, assidûment poursuivi par un naturaliste instruit, peut conduire à déterminer, pour chaque espèce, non-seulement dans quelle proportion elle se nourrit d'insectes, mais quelles espèces, en particulier, elle recherche et détruit : d'où, indirectement, mais avec certitude, quels végétaux elle défend contre leurs ennemis.

« Pour établir les bases des mesures administratives qui « pourront conserver les oiseaux, » disait, il y a quelques années, l'auteur d'un travail très-intéressant sur la législation relative à la chasse [1], « nous émettrons le vœu que, « dans les diverses régions de la France, on s'occupe à re- « connaître et à constater *quelles sont les manières de vivre « des différentes espèces selon les lieux, les cultures et les « saisons.* » C'est ce vœu que M. Prévost a, comme on vient de le voir, entrepris de réaliser, et qu'il a déjà réalisé en partie, et avec une précision qu'on ne saurait attendre d'au-

[1] Ce travail, fort étendu, est intitulé : *De l'Application de la nouvelle loi sur la police de la chasse en ce qui regarde l'agriculture*, par M. Gadebled, chef de bureau au ministère de l'intérieur.

Ce travail fait partie du *Recueil des travaux de la Société d'agriculture et des sciences du département de l'Eure pour* 1844. Il a paru aussi à part en 1 vol. in-8, Paris, 1845.

cune autre méthode. Déjà même il a dressé de nombreux tableaux du régime diététique des oiseaux [1], et, conservant avec soin les matériaux de ses observations, afin que cha-

[1] Voici, comme exemple, un de ces tableaux. Je choisis un des oiseaux qui résident toute l'année en France, afin d'avoir un tableau plus complet.

LA FAUVETTE D'HIVER OU TRAINE-BUISSON (BUFFON) — ACCENTEUR MOUCHET. ACCENTOR MODULARIS (CUV.)

DATES des OBSERVATIONS.	ANIMAUX VERTÉBRÉS.	ANIMAUX ARTICULÉS.	ANNELIDES OU VERS.	MOLLUSQUES.	GRAINES ET FRUITS.	PARTIES VERTES DES VÉGÉTAUX.
JANVIER. . .	»	Larves, Chrysalides, Cloportes, Araignées.	»	»	Petites graines, baies.	»
FÉVRIER. . .	»	Diptères, Mouches, Chrysalides, petites larves de diptères.	»	»	»	»
MARS. . . .	»	Cloportes, coléoptères, larves de diptères, larves de coléoptères.	Vers, Lombrics, vers.	»	»	»
AVRIL. . . .	»	Coléoptères, Charançons.	»	Limaces.	»	»
MAI.	»	Chenilles de lépidoptères, Hannetons (débris), *Calandra granaria*.	Vers.	Œufs de limaces.	»	»
JUIN.	»	Noctuelles, Sauterelles, Mouches, Tipules, larves de papillons.	Vers.	»	»	»
JUILLET. . .	»	Sauterelles. Bruches, Charançons, Calandres, Armadilles.	»	»	Fruits, Cerises, Merises.	»
AOUT. . . .	»	Phalènes, papillons, coléoptères, Bruches, larves de noctuelles.	»	Limaces, hélices.	Groseilles.	»
SEPTEMBRE.	»	Pyrale de la vigne, diptères, larves de Teignes.	Vers.	»	Fraises, baies.	»
OCTOBRE. .	»	Coléoptères, Taupins, Bruches, chrysalides, Araignées, Jules.	Lombrics.	»	»	»
NOVEMBRE. .	»	Pucerons, chrysalides, larves de Fourmis, Cloportes, Jules.	Vers.	»	Baies de Rosiers.	»
DÉCEMBRE. .	»	Araignées, œufs d'insectes, Cloportes, larves, chrysalides.	»	»	Baies.	»

On remarquera que la seconde colonne, *animaux vertébrés*, et la septième, *parties vertes des végétaux*, sont entièrement vides. Cette espèce, essentiellement insectivore et vermivore, ajoute seulement des baies à sa nourriture habituelle.

cun puisse en vérifier les résultats, il a commencé, au Muséum d'histoire naturelle, une collection d'un genre nouveau, qui pourra prendre rang, un jour, parmi les plus précieuses de ce grand établissement; car elle est appelée à devenir une des plus instructives et des plus utiles.

Au vœu que nous venons de rappeler, l'administrateur éclairé qui l'émettait, il y a quinze ans, ajoutait celui que la détermination exacte du régime diététique de chaque espèce d'oiseaux fût « recommandée aux Sociétés d'agriculture, dont la plupart des membres sont bien placés pour « observer. » Les Sociétés d'histoire naturelle et les Sociétés d'acclimatation ne le sont pas moins bien, et il est vivement à désirer que les mêmes recherches y soient assidûment poursuivies[1], et qu'elles le soient par la méthode de M. Prévost, en même temps que par l'observation des mœurs, plus attrayante sans doute, mais dont les résultats ne sauraient être aussi exempts d'incertitude et surtout aussi précis.

Il est à peine nécessaire d'ajouter que la méthode mise en usage par M. Prévost, pour les oiseaux, n'est pas seulement applicable à la détermination du régime diététique de ces animaux : elle peut être étendue à tous les animaux dans lesquels les aliments s'arrêtent d'abord dans un jabot, panse ou première poche, de quelque nom qu'on l'appelle, et même encore, dans beaucoup de cas, lors même qu'il n'existe qu'une seule cavité stomacale. L'emploi de cette méthode peut donc donner à l'histoire naturelle appliquée un moyen, très-généralement praticable, de dresser les listes exactes, d'une part, de ces espèces, ennemies de l'agriculture, que nous avons le droit et le devoir de détruire, et, de l'autre, de celles qui, les défendant contre celles-ci,

[1] Et non en France seulement, mais, pour chaque espèce, dans les pays où elle vit sédentairement, ou qu'elle traverse durant ses migrations.

doivent vivre en paix sous notre protection, comme autant d'auxiliaires donnés par la nature[1].

Telle est l'opinion que j'exprimais, en présentant à l'Académie des sciences, il y a quelques années, les premiers résultats obtenus par M. Florent-Prévost, et cette opinion a été bientôt partagée par la plupart des naturalistes et des agriculteurs. J'ai été heureux de voir le travail de ce savant et persévérant observateur récompensé par l'Académie et par la Société impériale d'agriculture, qui, l'une et l'autre, ont voulu, tout à la fois, faire acte de justice envers l'auteur, et lui susciter partout des collaborateurs et des imitateurs[2].

[1] Une troisième liste à dresser serait celle des espèces qui, utiles à certains égards, sont nuisibles à d'autres, et pour lesquelles l'agriculteur a, par conséquent, à établir la balance entre les services qu'elles rendent et le mal qu'elles font. Telles sont, parmi les mammifères, la Taupe et le Hérisson, et parmi les oiseaux, le Moineau et plusieurs corvidés.

L'agriculteur n'a eu longtemps qu'une manière de procéder à l'égard de ces animaux : il les détruisait tous indistinctement. Aujourd'hui, on a commencé à passer à d'autres idées, et ces espèces ont trouvé des défenseurs, même la Taupe, même le Moineau; voyez, entre autres, une intéressante note, intitulée : *Utilité et Réhabilitation du Moineau*, par M. CHATEL (Angers, in-8, 1858). — Tandis que M. Chatel demande, dans ce travail, que l'on conserve chez nous le Moineau, d'autres auteurs proposent de l'introduire dans l'île Maurice et en Australie. Pour Maurice, voyez un article de M. DUPONT dans les *Transactions of royal Society of Mauritius*, nouv. série, t. I, p. 327, 1860; et pour l'Australie, une note insérée dans le *Bulletin de la Société d'acclimatation* de Nancy, ann. 1859, p. 356, par un des plus éclairés et des plus persévérants défenseurs des oiseaux insectivores, M. le baron DE DUMAST.

Ce n'est pas ici le lieu de discuter des questions, qui sont beaucoup plus complexes qu'on n'a paru le croire. En le faisant dans mes cours, je crois avoir montré que la solution ne doit être ni entièrement favorable, ni complétement défavorable à la conservation de ces animaux : la même espèce peut être plus utile que nuisible, ou plus nuisible qu'utile, selon le pays, et particulièrement selon le genre de culture qui y est en usage.

[2] Voyez les *Comptes rendus de l'Académie des sciences*, t. XLVI, p. 136 et 322, 1858. — Voyez aussi le *Bulletin de la Société impériale d'acclimatation*, t. V, p. 262, et celui de la *Société protectrice des animaux*, qui a voulu aussi récompenser les recherches de M. Florent-Prévost, et en a fait connaître les résultats principaux, t. III, p. 141, 1857.

SECTION III

De l'emploi utile des animaux et de leurs produits, et particulièrement de l'usage alimentaire de la viande de cheval.

§ 1.

L'agriculteur ne parvient à élever qu'au prix de beaucoup de soins, et souvent de sacrifices d'argent, les jeunes animaux qui naissent dans ses écuries et ses étables. Lorsqu'enfin il a réussi, et que le moment est venu de recueillir les fruits de son travail, sait-il toujours les mettre complétement à profit, et faire de chaque animal lui-même, pendant sa vie, et de ses produits, après sa mort, l'emploi le meilleur? Sait-il faire ce que lui prescrivent ses intérêts propres, et par conséquent aussi ceux de la société? car que sont les intérêts sociaux, sinon la somme, la résultante de tous les intérêts individuels?

Poser cette double question, c'est demander d'abord si l'homme tire toujours le meilleur parti de la force de ses animaux auxiliaires? s'il parvient toujours à utiliser cette force, de manière qu'il en soit perdu le moins possible au moment où elle se déploie, et que l'animal soit ensuite fatigué le moins possible de l'effort qu'il a fait pour la produire?

Il suffit presque, pour répondre, de citer les Bœufs, accouplés sous le joug, qu'on voit et qu'on verra sans doute longtemps encore dans la plupart de nos départements, et ces Chevaux attelés *en arbalète* qui parcourent encore, en si grand nombre, non-seulement nos routes, mais aussi les rues de nos villes : les premiers, étroitement liés deux à deux, et se privant réciproquement, durant le travail, de la liberté de leurs mouvements, et après, du repos et de l'aise durant leur repas; les seconds, disposés de telle sorte, qu'un effort qui, également réparti entre tous, n'en fatiguerait aucun, est principalement supporté par un seul, qu'il épuise et qu'il accable !

De tels modes d'attelage seraient depuis longtemps abandonnés, ou du moins modifiés, sans la puissance de l'habitude prise et des vieux préjugés qu'entretient l'ignorance trop générale des conditions physiologiques de la traction, et même des règles les plus élémentaires de la mécanique.

Utilise-t-on mieux les produits de l'animal que l'animal lui-même? Plus mal encore. L'agriculteur fait venir à grands frais, et souvent de très-loin, des engrais, trop souvent falsifiés : ne devrait-il pas, avant tout, économiser ceux que lui donnent ses animaux? Est-ce ce qu'il fait? Voyez les cours de ferme, et, dans plusieurs de nos départements, les rues des villages, celles même de plus d'une ville, occupées en grande partie par des lits de fumier, lavés à grande eau chaque fois qu'il pleut!

En sorte que de précieuses substances, qui devraient fertiliser notre sol et préparer à l'année suivante de riches moissons, sont entraînées en grande partie, et vont, après avoir souillé nos ruisseaux, se perdre dans les fleuves et dans la mer.

Il est d'autres produits encore plus immédiatement utiles, des produits directement applicables à l'alimentation de l'homme, et dont nous le voyons aussi peu économe. Avec des céréales, on faisait, il y a peu d'années, de l'alcool; avec de la viande, avec une très-grande quantité de viande comestible, on fait encore aujourd'hui de l'engrais et du noir animal. Tel est en effet l'emploi principal actuel de la viande du Cheval : le reste sert, en grande partie, à nourrir les Chiens ou à engraisser les Porcs et les volailles, ou est jeté à la voirie[1]. L'autorité, qui a pris de sages mesures contre les abus de la distillerie des céréales, ne devrait-elle pas aussi intervenir pour empêcher ce détournement, vers des usages secondaires, ou même cette perte complète, de substances alimentaires aussi nécessaires au peuple que le blé lui-même ?

La restitution à la consommation publique de la viande comestible, aujourd'hui perdue pour elle, m'a paru, de tous les progrès que je viens de signaler, le plus promptement réalisable, comme le plus généralement utile aux classes laborieuses. Que l'autorité se prononce, et ce n'est pas, comme ailleurs, dans dix ans, dans cinq ans, et pour des milliers d'hommes, c'est *immédiatement, et pour des millions*, qu'un grand bienfait se trouvera réalisé !

Et c'est pourquoi, entre toutes les réformes et tous les progrès dont je viens d'essayer de faire sentir la nécessité, ai-je cru devoir insister surtout, depuis quelques années, sur le dernier. C'est dans mes cours seulement, et dans de courtes communications faites à des sociétés scientifiques, que j'ai abordé jusqu'à ce jour les autres questions, si importantes que je les eusse jugées : j'ai, au contraire, consacré de longs efforts, souvent renouvelés, à la question de l'usage alimentaire de la viande des solipèdes, et particulièrement du Cheval. Il le fallait bien : ailleurs, je n'avais guère qu'à seconder, pour ma part, un mouvement de progrès qui se produisait de lui-même : ici, je trouvais encore les préjugés debout dans toute leur force ; il fallait donc, ou ployer aussi devant eux, ou les attaquer de front. Et de là la nécessité où je me suis vu de consacrer un ouvrage spécial à la question de la viande de Cheval, et où je crois

[1] La fraction relativement très-faible qui entre dans l'alimentation d l'homme est vendue sous le nom de viande de *Bœuf* ou de *Chevreuil*, et payée comme telle.

être encore, d'en reproduire ici sommairement la discussion et la solution.

§ 2.

Cette question m'a paru pouvoir se poser ainsi :

L'aliment qui fait le plus souvent défaut aux populations actuelles, c'est la viande : en présence de cette disette permanente, dont il est impossible de méconnaître la réalité [1], est-il sage de continuer à affecter à des usages secondaires, et de laisser même perdre en partie la viande des solipèdes domestiques, et particulièrement celle du Cheval ?

Oui, si les faits conduisaient à reconnaître :

Ou que cette viande est malsaine ; dans ce cas, l'hygiène, la réprouvant, il faudrait continuer à l'envoyer aux fabriques d'engrais et de produits chimiques, et à jeter ce qu'elles n'emploient pas ;

Ou que cette viande, n'étant pas malsaine, est désagréable au goût et nous inspire une insurmontable répugnance ; second cas dans lequel la conclusion serait la même ;

Ou qu'enfin, n'étant ni malsaine, ni répugnante, la viande de Cheval ne saurait entrer qu'en très-petite quantité dans la consommation ; d'où l'inutilité d'entrer en lutte avec les deux adversaires les plus tenaces et les plus difficiles à vaincre que puisse rencontrer devant lui un homme de science : le parti pris des autres hommes de science, et le préjugé populaire.

Mais est-il un de ces trois points qui soit prouvé ? C'est aux faits à prononcer, et ils disent tout le contraire :

La viande de Cheval est saine ;

Elle est bonne ;

[1] Voyez p. 113 et 114.

Elle est assez abondante pour prendre place très-utilement dans l'alimentation publique.

D'où cette conclusion : elle est à tort affectée à des usages secondaires, étant propre à l'usage le plus important de tous, à l'alimentation des hommes. Et c'est le préjugé seul qui a privé jusqu'à ce jour les classes laborieuses des ressources considérables qu'elle peut fournir pour leur nourriture [1].

[1] Rien n'est plus singulier et, en même temps, rien n'est plus triste que la diversité des préjugés qui privent l'homme, selon les pays, d'une nourriture qu'il a, toute préparée, sous la main. Chaque peuple trouve absurdes les préjugés des autres, et il s'obstine dans les siens, qu'il croit fondés par cela seu-qu'ils sont vieux. « Singulière contradiction ! disaient, dès 1830, deux agriculteurs distingués, MM. Villeroy (dans les *Mémoires de l'Académie de Metz*) : le Catholique voit en pitié le Juif qui a horreur de la chair de Porc, et il repousse l'idée de faire usage de la viande de Cheval. »

Ce ne sont pas seulement les Juifs, mais, comme chacun le sait, tous les Musulmans, qui ont horreur de la chair de Porc.

Les Hindous n'ont pas moins horreur de la chair de Bœuf.

La chair de Mouton n'est pas non plus d'un usage général ; et il n'y a pas longtemps qu'en France même on en rejetait la plus grande partie. « *J'ai veu de mon temps*, dit Bernard de Palissy (dans son *Traité des pierres*), qu'on n'eust voulu manger les pieds, la teste ny le ventre d'un Mouton, et à présent c'est ce qu'ils estiment le meilleur. »

On jetait aussi autrefois, comme impropres à la nourriture de l'homme, les pieds de Veau, les foies de Chapon et les abatis d'Oie.

Le Pigeon, encore aujourd'hui, n'est pas mangé par les Russes (par préjugé religieux, à cause de la forme sous laquelle on représente le Saint-Esprit. Voyez Boucher de Perthes, *Voyage en Russie*. Paris, in-12, 1859, p. 182). Le Lapin, à son tour, est rejeté par les Italiens.

Espérons que tous ces préjugés disparaîtront devant le progrès des lumières comme a disparu le préjugé contre la Pomme de terre, si longtemps dédaignée comme fade, de saveur désagréable, *bonne tout au plus pour les Porcs*, et dont « l'usage peut donner la lèpre, » est-il dit dans les considérants d'un arrêt du parlement de Franche-Comté qui défendait (comme on l'a fait aussi en Bourgogne), la culture de cette « substance pernicieuse. »

§ 5.

La démonstration que je crois pouvoir donner de cette proposition, et qui se compose nécessairement de trois parties, peut se résumer ainsi [1] :

Le premier point à établir est la salubrité de la viande de cheval. Ici aucun doute sérieux ne s'élève et ne saurait s'élever. A part l'opinion absurde de quelques médecins chinois, qui repoussent de la consommation la chair des chevaux *de deux couleurs*, et un passage de Galien, souvent cité, mais d'une manière inexacte, il n'y a, parmi les médecins, les vétérinaires, les naturalistes, qu'une opinion sur les qualités hygiéniques de la viande de cheval. Les faits lui sont d'ailleurs entièrement favorables. On s'en est nourri, durant plusieurs semaines, à Copenhague, à Phalsbourg et dans plusieurs autres villes assiégées ; à Paris même, durant plusieurs mois, en 1793 et 1794 ; et ce régime inusité n'a jamais produit la moindre maladie. Bien plus : la viande et le bouillon de cheval, administrés à plusieurs reprises aux malades et aux blessés par les médecins militaires, et principalement par Larrey, a toujours parfaitement réussi ; en Égypte, pendant le siége d'Alexandrie, ces aliments ont même, selon cet illustre chirurgien, « contribué à faire disparaître une épidémie scorbutique qui s'était emparée de toute l'armée [2]. » Plusieurs faits analogues ont été constatés depuis.

[1] Pour les développements, voyez la *deuxième partie* de l'ouvrage que j'ai publié sous ce titre : *Lettres sur les substances alimentaires, et particulièrement sur la viande de Cheval*. Paris, in-12, 1856.

La troisième partie de cet ouvrage est consacrée à l'examen et à la solution des objections.

[2] Larrey dit aussi dans ses *Mémoires et campagnes* : « Ce fut le principal moyen à l'aide duquel nous arrivâmes à arrêter les effets de la maladie. »

Ainsi, innocuité parfaite à l'égard de l'homme sain, et, dans un grand nombre de cas, emploi avantageux à l'égard de l'homme malade.

§ 4.

On est loin d'être aussi bien d'accord sur le second point, c'est-à-dire sur les qualités gustatives de la viande de Cheval; c'est ici, à vrai dire, que commence le débat. La chair de cheval a longtemps passé pour douceâtre, désagréable au goût, très-dure surtout, et, en somme, difficilement mangeable. Aujourd'hui même, le plus grand nombre la croit, la dit encore telle. Mais ceux qui repoussent à ce titre l'usage de la viande de Cheval, ont-ils le droit d'avoir ici une opinion? Parmi eux, je trouve, il est vrai, quelques personnes qui ont mangé de la viande de Cheval, mais durant des siéges ou des retraites, où les animaux, comme les hommes, avaient été affamés, accablés de fatigue ou même blessés; la viande, en outre, était mal cuite et aussitôt consommée. Après ces premiers adversaires, vient la foule de ceux qui n'ont jamais goûté ni la viande ni le bouillon de Cheval; qui, par conséquent, ne *savent* pas, mais qui *croient*; qui ne prononcent pas un *jugement*; mais obéissent à un *préjugé*. Et à ce préjugé, je trouve à opposer tant de faits, et d'ordres si divers, qu'il est impossible de ne pas en reconnaître le peu de fondement. Voici, en effet, ce qui résulte des nombreux et authentiques documents que j'ai rassemblés :

Le Cheval sauvage ou libre est chassé comme gibier dans toutes les parties du monde où il existe, en Asie, en Afrique, en Amérique, autrefois (et peut-être encore aujourd'hui)

et il conclut en ces termes : « L'expérience démontre que l'usage de la viande de Cheval est très-convenable pour la nourriture de l'homme. »

en Europe. Il en est de même de tous les congénères du Cheval : les Zèbres, l'Hémione, l'Ane, l'Hamar passent, dans les pays qu'ils habitent, pour d'excellents gibiers, souvent pour les meilleurs de tous.

Le Cheval domestique lui-même est utilisé comme animal alimentaire en même temps qu'auxiliaire (parfois même seulement comme alimentaire), en Afrique, en Amérique, en Océanie, presque dans toute l'Asie, et sur divers points de l'Europe.

Sa chair est reconnue bonne par les peuples les plus différents par leur genre de vie, et des races les plus diverses : nègre, mongole, malaise, américaine, caucasique. Elle a été très-estimée jusque dans le huitième siècle chez les ancêtres de plusieurs des grandes nations de l'Europe occidentale [1], chez lesquels elle était d'usage général, et qui n'y ont renoncé qu'à regret, par obéissance à des prohibitions alors religieusement ou plutôt politiquement nécessaires, aujourd'hui complétement sans objet. Elle a été très-souvent utilisée, même de nos jours, en Europe, mais dans des circonstances particulières ; servant de nourriture à un grand nombre de voyageurs, et surtout de militaires, durant leurs voyages ou leurs campagnes. Elle a été souvent prise par les troupes auxquelles on la distribuait, parfois, dans les villes, par le peuple qui l'achetait, pour de la viande de *Bœuf*.

Elle a été, elle est plus souvent encore, et même très-habituellement, débitée sous ce même nom, ou comme viande de *Chevreuil*, dans les restaurants (même de l'ordre le plus élevé), sans que les consommateurs soupçonnent la fraude ou s'en plaignent.

Enfin, si elle a été souvent acceptée comme bonne sous

[1] *Imprimis in deliciis habebatur*, dit KEYSLER en parlant des Germains : Voy. *Antiquitates selectæ*, in-12, *Hannoveræ*, 1720.

de faux noms, elle a été déclarée telle aussi par tous ceux qui l'ont soumise, pour se rendre compte de ses qualités, à des expériences bien faites; par tous ceux qui l'ont goûtée dans les conditions voulues, c'est-à-dire *suffisamment rassise et provenant de Chevaux sains et reposés*. Elle est alors excellente comme rôti, et si elle laisse à désirer comme bouilli, c'est précisément parce qu'elle fournit un des meilleurs bouillons, *le meilleur peut-être*, que l'on connaisse Et elle s'est même trouvée bonne lorsqu'elle provenait, comme dans les expériences de MM. Renault, Lavocat et Joly, à Alfort et à Toulouse, et comme dans mes propres essais, d'individus non engraissés et âgés de seize, dix-neuf, vingt et même vingt-trois ans; d'animaux estimés à peine à quelques francs au delà de la valeur de leur peau. Fait capital, puisqu'il démontre la possibilité d'utiliser une seconde fois, pour leur chair, des Chevaux déjà utilisés, jusque dans leur vieillesse, pour leur force; par conséquent, de trouver dans leur viande, au terme de leur vie, et quand leur travail a largement couvert les frais de leur élevage et de leur entretien, une plus-value, un gain presque gratuitement obtenu.

§ 5.

La viande de Cheval, parfaitement *saine*, incontestablement *bonne* (sans valoir cependant celle du Bœuf ou du Mouton engraissé), est, en outre, *abondante*, et peut fournir des ressources importantes pour l'alimentation des classes laborieuses des villes et des campagnes. Cette troisième partie de la démonstration exigerait des calculs dans lesquels je ne puis entrer ici, mais dont je donnerai du moins les résultats. En combinant les éléments fournis par nos statistiques officielles et par d'autres documents sur le nombre des Chevaux en France, la durée de leur vie et le rendement en viande d'un grand nombre de Chevaux [1], on trouve que la viande des Chevaux morts naturellement ou abattus chaque année en France est équivalente à environ :

$\frac{1}{6}$ de la viande de Bœuf ou de Cochon ;

$\frac{2}{3}$ des viandes réunies de Mouton et de Chèvre ;

$\frac{1}{14}$ de toutes les viandes réunies de boucherie et de charcuterie :

Ou, ce qui revient au même, à plus de deux millions et demi de nos rations moyennes actuelles en viande (si inférieures, il est vrai, au besoin des populations !).

En présence de tels chiffres, et quelques réductions que l'on doive faire subir à ces nombres pour tenir compte des Chevaux impropres à la consommation, comment méconnaître ce résultat, d'une si grande valeur pratique?

Il y a dans l'emploi de la viande de Cheval une ressource importante, la plus importante même (quoiqu'elle soit loin

[1] Dans le cours de l'année 1854, 1180 Chevaux ont été abattus à Vienne, pour la boucherie, et ont fourni 264 385 kilogrammes de bonne viande, ce qui donne, en moyenne, par tête de Cheval, 224 kil.,005. Tous les calculs que renferme mon livre sont basés sur ce chiffre.

J'ai reçu depuis un autre document que sa brièveté me permet de reproduire ici :

« Depuis trois ans qu'on a commencé à vendre, à Vienne, de la viande de Cheval, douze bouchers ont abattu 4725 Chevaux, qui ont fourni 1 902 000 livres de viande (1 065 145 kil.), distribuées à des nécessiteux en 3 804 000 portions. » Le rendement moyen des Chevaux est ici de 225 kil., 427. Différence en plus, 1 kil., 424.

Toutes les autres grandes villes d'Allemagne et un grand nombre de petites ont aujourd'hui, comme Vienne (et comme Copenhague depuis un demi-siècle), leurs boucheries de Cheval. On a aussi commencé à en établir en Belgique et en Suisse.

Le progrès que j'appelle de mes vœux et de mes efforts pour la France est donc déjà, chez presque tous nos voisins, réalisé ou en voie de réalisation

Doit-il longtemps s'arrêter à notre frontière?

Et un vieux préjugé, qui tombe partout, se réfugiera-t-il, comme en un dernier asile, dans la France du dix-neuvième siècle !

de suffire encore) à laquelle nous puissions recourir pour donner aux populations laborieuses l'aliment qui leur manque le plus, la viande.

Singulière anomalie sociale, et qu'on s'étonnera un jour d'avoir subie si longtemps! Des millions de Français sont privés de viande; ils en mangent, comme on l'a vu, six fois, deux fois, *une fois* par an! Et, en présence de cette misère, des millions de kilogrammes de bonne viande sont, chaque mois, abandonnés à l'industrie pour des usages secondaires, livrés aux Cochons et aux Chiens, ou même *jetés à la voirie!*

Voilà ce que la science elle-même a autorisé jusqu'à ce jour, du moins par son silence, comme si elle avait craint, elle aussi, de se heurter contre un préjugé populaire, et, quand elle avait dans la main des vérités utiles, de l'ouvrir et de les répandre.

Et voilà ce qu'on laisse subsister dans un temps où l'amélioration du sort des classes laborieuses est devenue pour ainsi dire le mot d'ordre de tous les économistes et du gouvernement lui-même!

§ 6.

A la suite de la publication du livre où j'ai développé, en 1856, les faits qui précèdent, un résultat important a cependant été obtenu; un grand pas a été fait en avant. Le Conseil d'hygiène publique et de salubrité, qui, peu de temps avant cette publication, s'était prononcé contre l'emploi alimentaire de la viande de Cheval, est passé, en février 1857, à une opinion contraire; et il a pris cette décision : Il y a lieu d'autoriser, comme en Allemagne, l'ouverture de boucheries spéciales pour la vente publique et surveillée de la viande de Cheval.

Mais cette décision après laquelle on peut dire qu'il n'y a plus rien à faire pour la démonstration scientifique, est, pratiquement, restée comme non avenue. Aucune boucherie n'a été ouverte.

Pourquoi en a-t-il été ainsi?

On a dit que personne ne s'était présenté pour ouvrir les boucheries que l'autorité avait l'intention de mettre à la disposition du public; et je trouve même cette assertion reproduite dans un livre auquel le mérite et la qualité de son auteur donnent une double autorité : le *Traité d'hygiène publique*, récemment publié par mon savant confrère M. le docteur Vernois, vice-président du Conseil d'hygiène.

Ce résultat négatif a été invoqué comme un argument contre l'emploi alimentaire de la viande de Cheval. L'industrie et le commerce, a-t-on dit, se sont rendu compte des répugnances de la population pour le nouvel aliment, et elles ont jugé impossible de faire à Paris ce qu'on fait en tant de villes, de l'autre côté du Rhin, au grand avantage d'un public chaque jour plus nombreux. Et comme l'industrie et le commerce, a-t-on ajouté, sont en général très-bons juges de leurs intérêts, cette condamnation est décisive et sans appel.

On peut toujours en appeler d'un préjugé à la raison. Mais il n'y a pas même lieu à faire ici cet appel. Plusieurs industriels, très-désireux d'ouvrir des boucheries de viande de Cheval, se sont pourvus en autorisation : plusieurs ont insisté à plusieurs reprises et avec une grande persévérance. Pourquoi cette persévérance n'a-t-elle pas abouti? On le saura peut-être un jour. En attendant, je redirai comme autrefois, dans des circonstances analogues : « Réalisant le peu que je pouvais faire par moi-même, j'ai en même temps réclamé l'intervention de ceux qui ont seuls le pouvoir de faire beaucoup. Si cette intervention a eu lieu, je l'ignore complétement; mais, du moins, j'aurai accompli mon devoir jusqu'au bout, tel que je l'avais compris et le comprends. »

C'est en 1847 que j'écrivais ces paroles, et il s'agissait alors de l'acclimatation des animaux : quelques mois à peine écoulés, deux ministres s'empressaient concurremment de prendre les mêmes mesures que j'avais appelées de mes vœux, longtemps inutiles. La question de la viande de Cheval aura, sans nul doute, son tour ; et, encore une fois, « ceux qui ont seuls le pouvoir de faire beaucoup » réaliseront le progrès que je n'ai pu que préparer[1].

[1] La communication de quelques parties de ce travail faite à la Société impériale d'acclimatation, dans sa séance du 18 mai 1860, a donné lieu à une longue et intéressante discussion, où un grand nombre de faits, tous favorables à l'usage alimentaire de la viande de Cheval, ont été cités par plusieurs membres, et notamment par MM. le baron de Dumast, Fr. Jacquemart, Leblanc, et Martin de Moussy. (*Voy.* le *Bulletin de la Société d'acclimatation*, t. VII, p. 289, où le secrétaire des séances, M. Auguste Duméril, a résumé la discussion avec l'exactitude et le soin qui lui sont habituels.

Dans cette discussion, M. Leblanc a particulièrement insisté sur l'excellente qualité de la viande de l'âne, qualité qu'il m'a mis depuis à même de constater.

A l'occasion d'un des faits rapportés par M. Leblanc, à l'appui de la salubrité de la viande de Cheval, j'ai cru devoir en rappeler un autre très-analogue qui est, à plusieurs égards, d'un grand intérêt. J'en ai dû la communication, en 1856, à M. le docteur Baudens, inspecteur du service de santé de l'armée d'Orient, qui, depuis, a consigné ce même fait dans son Rapport officiel à M. le ministre de la guerre, et dans ses *Souvenirs d'une mission médicale à l'armée d'Orient* (*Revue des Deux-Mondes*, février, avril et juin 1857, et à part, Paris, in-8, 1857).

« Suivant l'exemple de M. Isidore Geoffroy-Saint-Hilaire, dit le savant chirurgien, je prêchais pour qu'on mangeât du Cheval... En Allemagne, le Cheval dépecé est vendu publiquement à l'étal du boucher. Les deux batteries d'artillerie de la division d'Autemarre, campée à Baïdar, se nourrirent de Chevaux réformés, et n'eurent pas à le regretter : *elles furent épargnées par la mortalité et les maladies qui sévissaient si cruellement dans le reste de l'armée.* »

Quand ma lutte contre un vieux préjugé n'eût produit et ne dût jamais produire que ce seul résultat, je devrais encore m'estimer heureux de l'avoir entreprise !

SECTION III

De l'acquisition de nouvelles espèces utiles.

Quel que soit l'intérêt des questions que je viens d'aborder, je ne m'étendrai pas davantage sur les solutions qu'elles me paraissent appelées à recevoir prochainement des progrès de la science. Mon but, en leur consacrant ici quelques pages, ne pouvait être de les traiter, mais de marquer leur place dans le vaste ensemble des applications de la zoologie et de la physiologie. Si l'acquisition de richesses nouvelles par l'art, si longtemps négligé et aujourd'hui si bien compris, de l'acclimatation et de la domestication, n'est qu'un des buts de ces applications, d'autres, vers lesquels on ne saurait non plus trop appeler l'attention et les efforts, sont la conservation et le bon emploi des richesses déjà possédées; et ceux-ci doivent même être dits les premiers, au moins selon l'ordre logique; car conserver vient naturellement avant acquérir; et, le plus souvent même, acquérir est impossible à qui n'a pas su conserver.

Mais je n'écris pas un traité des applications de l'histoire naturelle : je doute même qu'il soit possible d'en écrire un dans l'état présent de nos connaissances; et, pour ma part, je me garderais bien de l'entreprendre. A chaque époque, et à chacun sa tâche. Pour moi, du moins, c'est assez, après avoir marqué les divers buts de la science, d'en poursuivre dans ce livre un seul, mieux à ma portée que les autres, grâce à la situation, si favorable aux études pratiques sur les animaux, dont je jouis depuis vingt-cinq ans au Muséum, et à celle que m'a faite, depuis six, la bienveillance de mes nombreux confrères de la Société d'acclimatation.

CHAPITRE II

DE L'ACCLIMATATION, DE LA NATURALISATION ET DE LA DOMESTICATION DES ANIMAUX

La détermination et la recherche des espèces étrangères qui peuvent être utilement introduites en Europe, et surtout des espèces sauvages qu'il y aurait avantage à domestiquer, sont des œuvres d'un ordre si nouveau, ou mieux, ce qui revient au même, renouvelées de temps si anciens et si oubliés, qu'à peine y avait-il pour elles des noms dans la plupart des langues européennes, et particulièrement dans la nôtre. Consultez les livres qui en représentent le mieux l'état, et par lesquels elle est pour ainsi dire officiellement régie ; consultez l'ouvrage qu'on peut encore appeler aujourd'hui, comme ses premiers auteurs l'appelaient déjà, en 1637 : « le magasin des phrases reçues » ; ouvrez la dernière édition du *Dictionnaire de l'Académie française*[1], et même la plupart des vocabulaires publiés depuis[2] ; et vous y chercherez en vain ces mots *acclimatation* et *domestication*, dont j'ai cru devoir me servir depuis plus de vingt ans[3], et qui sont devenus bientôt aussi usuels qu'ils

[1] Publiée en 1835.

[2] Notamment le *Dictionnaire des sciences, des lettres et des arts*, récemment publié par M. Bouillet, 2e édit., 1855.

[3] Non cependant que j'aie employé le premier, comme on l'a dit, le mot *domestication*. J'ai commencé à m'en servir à partir de 1835 ; mais, dès 1832

étaient nécessaires. Le premier surtout est dans toutes les bouches depuis qu'il est devenu le nom d'une grande association, bientôt répandue par toute l'Europe et hors de l'Europe[1].

On ne s'étonnera pas que des mots si récemment introduits dans la science, n'y soient pas encore, par tous, bien bien compris et compris de même. Parmi les divergences d'opinions qui se sont récemment produites entre les naturalistes, plus d'une a pour origine, un malentendu, qu'une définition, posée à l'avance, eût facilement prévenu.

C'est pour mettre un terme à ces divergences, pour l'essayer du moins, que je crois devoir consacrer quelques pages à la terminologie.

Qu'est-ce que l'acclimatation, la naturalisation, la domestication? Disons-le aussi succinctement, mais aussi clairement que possible; car où la confusion s'est introduite

M. Dureau de la Malle avait donné pour titre à un de ses mémoires : *Considérations générales sur la* domestication *des animaux* (*Annales des sciences naturelles*, t. XVII, p. 5). — Je trouve d'ailleurs, dès 1825, et surtout 1830, le mot *Domestication* dans les recueils scientifiques anglais.

Je tiens de M. Dureau de la Malle qu'il avait emprunté le mot *domestication* à la langue italienne, dans laquelle on trouve, en effet, au moins depuis le dix-huitième siècle, le mot *domesticazione* ou *dimesticazione*, et avec lui, le verbe et même l'adverbe correspondants, *dimesticare* et *dimesticamente*.

Les Espagnols disaient aussi, au moins dès le dix-huitième siècle, sinon *domesticacion*, du moins *domesticar* et *domesticamente*.

On ne doit pas s'étonner de voir ces mots depuis longtemps en usage dans les langues néo-latines les plus rapprochées de la souche commune; car s'ils paraissent n'avoir pas été usités dans l'antiquité, du moins est-il certain qu'ils ont eu cours dans le latin du moyen âge. Je trouve en effet dans Albert le Grand, non-seulement le verbe *domesticare*, mais le substantif *domesticatio;* Albert s'en sert même, entre autres exemples, en les appliquant aux plantes : *Plantæ quæ domesticantur; domesticatio plantarum*, dit-il *De vegetabilibus*, lib. VII, tract. I; édit. in-fol. de Lyon, t. V, p. 488 et suiv.

[1] Seulement les Allemands, et parfois aussi les Anglais, disent *Acclimatisation*, au lieu d'*acclimatation*. *Acclimatisations-Verein* est le nom de la Société d'acclimatation de Berlin, la première qui se soit formée au dehors de la France.

dans les mots, elle s'introduit bientôt dans les idées; et, comme l'a dit ou plutôt répété Linné :

Nomina si nescis, perit et cognitio rerum.

SECTION I

De l'acclimatation des animaux et des plantes.

§ 1.

Chaque individu présente un ensemble de conditions biologiques en harmonie avec les conditions physiques du pays qu'il habite, et c'est en raison de cette harmonie qu'il peut se développer, atteindre heureusement l'état adulte, et, lorsqu'il y est parvenu, donner naissance à de nouveaux individus semblables à lui.

Ce qui est vrai de chaque individu l'étant nécessairement de la collection ou de la succession des individus, chaque race ou espèce est de même en rapport avec les conditions de la région dans laquelle elle est répandue, et c'est pourquoi, au lieu de dégénérer, ce qui en amènerait tôt ou tard l'extinction, elle se perpétue avec les mêmes caractères, et par conséquent dans les mêmes harmonies avec ce qui l'entoure.

Par cela même qu'un individu, une race, une espèce est en harmonie avec un ensemble donné de circonstances physiques, elle ne l'est pas avec tout autre ensemble notablement différent ; et la déplacer, c'est par-là même presque nécessairement la soumettre à l'action de circonstances plus ou moins défavorables.

Le transport en d'autres lieux tend donc à amener, et il n'amène en effet que trop fréquemment le dépérissement plus ou moins rapide et la mort de l'individu, la dégénérescence et l'extinction de la race.

Cependant le déplacement des êtres organisés peut ne pas avoir pour eux d'aussi funestes conséquences. Il peut arriver qu'ils se modifient, qu'ils s'accommodent aux circonstances nouvelles au milieu desquelles ils ont été transportés; que l'harmonie se rétablisse ainsi peu à peu, ou plutôt, soit remplacée par une *autre harmonie;* qu'aux anciennes conditions, favorables au bon entretien de l'être organisé, il s'en substitue d'autres équivalentes et, par conséquent tout aussi propres à favoriser la conservation de l'individu et à assurer la perpétuité de la race.

Les modifications organiques et biologiques dont ces nouvelles harmonies sont le résultat peuvent être très-légères et échapper même à notre observation. Dans d'autres cas, au contraire, et d'autant plus que la nouvelle patrie de l'être organisé diffère plus de celle qu'il a quittée, les changements subis par l'individu sont très-sensibles, et ceux qu'a éprouvés le type de la race, très-marqués; consistant, par exemple, dans le passage d'un tempérament à un autre, ou même dans une altération très-marquée des caractères spécifiques. C'est ainsi que d'espèces, d'abord propres aux contrées chaudes, sont sorties des races appropriées aux conditions des régions froides par le développement de leur pelage, devenu fin, abondant, laineux. C'est encore ainsi que d'hommes à proportions ordinaires sont issus ces Quichoas des hauts plateaux des Cordillères[1], à thorax très-amplifié; si bien que la faible densité de l'air reçu dans les cavités pulmonaires est compensée par la quantité de ce fluide raréfié introduite à chaque inspiration.

Cette appropriation d'un individu ou d'une race à un ensemble nouveau de circonstances est ce qu'on a appelé l'acclimatation. Acclimater un individu, une race, une es-

[1] 2500 à 3000 mètres d'altitude. Voyez d'Orbigny, *Voyage dans l'Amérique méridionale, l'Homme américain*, p. 124.

pèce, c'est, après l'avoir transporté dans un autre pays, et par conséquent en dehors de ses harmonies naturelles, l'habituer à de nouvelles conditions d'existence, et l'amener à se mettre en harmonie avec elle.

§ 2.

Le mot *acclimater* n'est pas, il est vrai, pris par tous les auteurs, dans une acception aussi large. Dérivé de *climat*, il a nécessairement un sens plus ou moins étendu ou plus ou moins restreint, selon la définition qu'on croit devoir donner du climat; et ici les divergences sont extrêmes.

Selon l'Académie française, « climat se prend d'ordinaire « pour région, pays, principalement eu égard *à la tempé-* « *rature de l'air ;* » principalement, dit l'Académie, et non exclusivement. Aussi, très-conséquente avec elle-même, voit-elle surtout, mais non uniquement, dans l'acclimatation d'un être, son appropriation à de nouvelles conditions thermométriques. Acclimater, dit-elle, c'est « accoutumer *à la température et à l'influence* d'un nouveau climat. »

Acclimater un homme, un animal, une plante, ne serait, au contraire, que l'accoutumer à un climat *plus chaud* ou *plus froid* que celui de son pays natal, si l'on donnait au climat le sens, très-spécial, qu'il a dans la langue vulgaire ; sens qu'on lui a souvent aussi, mais abusivement donné, dans la langue scientifique, et que nous retrouvons jusque dans des livres très-récents. C'est ainsi qu'on lit dans un des plus justement estimés, l'excellent *Dictionnaire* de M. Bouillet :

« On n'applique guère le nom de climat qu'à une division fondée sur l'*état thermométrique* des diverses contrées. » Ce qui conduirait naturellement à abréger la définition, tout à l'heure citée, de l'Académie française, et à dire seulement : acclimater, c'est accoutumer *à la température* d'un nouveau climat [1].

Mais les mots *climat* et *acclimater* sont aujourd'hui entendus, en un sens beaucoup plus général, d'une part, par les météorologistes les plus récents et les plus éminents, de l'autre, par les naturalistes et les agriculteurs les plus autorisés. De toutes les différences qui existent entre les diverses régions du globe, les inégalités de température sont sans nul doute celles qui nous frappent surtout et auxquelles nous sommes le plus sensibles au passage d'un pays à l'autre; mais elles sont loin d'être les seules dont on ait à tenir compte dans la définition scientifique du climat, et par conséquent dans celle de l'acclimatation. Supposez deux pays dont les températures, soit moyennes, soit extrêmes, ne diffèrent pas sensiblement; qui soient à la fois, comme on dit en climatologie depuis Humboldt, *isothermes*, *isothères* et *isochimènes :* direz-vous que le climat y est le même, s'il pleut souvent dans le premier et rarement dans le second, ou si le règne des vents y est autre, ou s'il existe entre eux de grandes différences d'altitude, de disposition topographique, de sol ; ou même encore, selon les judicieuses remarques de mon savant confrère et collègue M. Becquerel [2], si « l'action de la lumière solaire » y est très-inégalement intense ?

« La latitude seule ne peut donc être invoquée, » ajoute ce célèbre physicien et météorologiste ; « tant sont nombreuses les causes qui exercent une influence sur les *éléments climatériques !* »

D'où cette conclusion, formulée par M. Becquerel en

[1] *Dictionnaire universel des sciences, des lettres et des arts*, 2e édition, 1855.

[2] *Bulletin de la Société impériale d'acclimatation*, t. V, p. 354, 1858.

tête d'un de ses ouvrages[1] : « Le climat d'un pays est la réunion des phénomènes calorifiques, aqueux, lumineux, aériens et électriques, qui impriment à ce pays un caractère météorologique propre. »

Et d'où aussi cette autre définition, encore plus générale en même temps que plus abrégée, reproduite par plusieurs météorologistes et agriculteurs récents : Un climat est une réunion de « conditions atmosphériques et météorologiques qui ont une action générale et constante sur les êtres organisés[2]. »

Définition qui, aussi bien que la précédente, dérive de celle qu'a donnée le Créateur lui-même de la climatologie comparée, l'auteur du *Cosmos*[3] :

« L'expression de *climat*, dit M. de Humboldt, prise dans son acception la plus générale, sert à désigner l'ensemble des variations atmosphériques qui affectent nos organes d'une manière sensible : la température, l'humidité, les changements de la pression barométrique, le calme de l'atmosphère, les vents, la tension plus ou moins forte de l'électricité atmosphérique, la pureté de l'air, ou la présence de miasmes plus ou moins délétères, enfin le degré ordinaire de transparence et de serénité du ciel. »

Si telle est la définition scientifique actuelle du climat, on voit ce que doit être celle de l'acclimatation et de l'acclimatement ; l'une ne saurait être moins générale que l'autre. Pour reprendre les termes même de l'Académie

[1] *Des Climats, et de l'influence qu'exercent les sols boisés*, Paris, in-8, 1853.

[2] Voyez particulièrement RICHARD (du Cantal), *Dictionnaire raisonné d'agriculture*, Paris, in-8, 1854. T. I, p. 334.

[3] Traduction française de la première partie par M. FAYE, Paris, in-8, 1846, p. 377.

HUMBOLDT avait déjà donné, à plusieurs reprises, cette définition en termes un peu différents. Voyez, par exemple, ses *Fragments de géologie et de climatologie asiatiques*, Paris, in-8, 1831, t. II, p. 404.

française, l'acclimatation est l'accoutumance, non pas en particulier « *à la température,* » mais en un sens très-général, « *à l'influence* d'un nouveau climat ; » ou plutôt, à ses influences très-multiples et très-complexes. Elle est la mise en harmonie d'un individu, d'une race, avec toutes les conditions physiques de la nouvelle patrie où elle est appelée à vivre. Et l'*acclimatement* est l'état de l'être pour lequel a été réalisée cette harmonie.

Ou encore, comme le dit M. Richard du Cantal [1], la considérant ici plutôt dans ses procédés que dans ses résultats : l'acclimatation est « l'art de disposer » des êtres organisés « de manière à les rendre aptes à vivre et à se reproduire « dans les lieux où ils n'existaient pas, où ils ont été im- « portés. »

Telle est l'acclimatation, définie selon les données de la science actuelle, et en ce sens, manifestement possible, non-seulement chez l'homme et chez les animaux, mais dans les trois règnes organiques. Il est, sans nul doute, des êtres, dont l'organisation, moins flexible, s'accommode plus difficilement à de nouvelles circonstances extérieures ; il peut en exister à l'égard desquels la possibilité de l'acclimatation se trouve restreinte entre des limites très-étroites. Mais on n'en connaît pas dont les harmonies soient tellement fixes et si invariablement arrêtées par la nature, qu'elles ne puissent s'accoutumer à aucune influence nouvelle, et par conséquent s'acclimater, dans le vrai sens de ce mot [2].

[1] *Loc. cit.*, p. 24.

[2] C'est parce qu'on avait vu dans l'acclimatation l'*accoutumance à la température,* à l'exclusion de toutes les autres *influences*, qu'on s'était cru fondé à dire, et que quelques auteurs croient même pouvoir répéter encore : les plantes ne peuvent être acclimatées. Fût-il démontré qu'on ne peut modifier les conditions thermologiques de l'existence des végétaux, en serait-il moins vrai qu'une multitude d'espèces ont subi des déplacements qui les ont

SECTION II

De la naturalisation des animaux et des plantes.

§ 1.

Acclimater et *naturaliser*, *acclimatation* et *naturalisation* sont, pour un grand nombre d'auteurs, des synonymes qu'on peut prendre indifféremment l'un pour l'autre. Si cela était, et si *naturalisation* était exactement synonyme d'*acclimatation*, un de ces termes serait de trop ; et les auteurs récents, qui ont mis le dernier en usage, eussent

soumises à des influences nouvelles, et qu'elles se sont accoutumées à ces influences, et, par conséquent, se sont acclimatées, si le climat n'est pas seulement déterminé par la température?

S'il était vrai qu'il y eût pour chaque espèce végétale des extrêmes très-fixes de température, en deçà et au delà desquels elle ne saurait vivre, et qu'il lui fallût, pour arriver à maturité, un nombre invariablement déterminé de degrés de chaleur, il y aurait donc à conclure, non, en général, que l'acclimatation des plantes est impossible, mais seulement qu'elle ne l'est pas *au point de vue*, très-important il est vrai, *des éléments thermologiques* de leur climat originel.

Mais cette conséquence elle-même n'est rien moins que justifiée; et si des auteurs très-compétents croient pouvoir affirmer l'invariabilité des limites thermologiques des aires des espèces végétales, d'autres, non moins compétents, croient pouvoir, non-seulement la révoquer en doute, mais la nier. Au nombre de ces derniers (et où trouverions-nous un expérimentateur d'une plus grande autorité?) était M. Louis Vilmorin, qui, peu de temps avant sa mort si regrettable, résumait ainsi son opinion, ou plutôt les résultats très-positifs de ses longues recherches :

« Une plante n'acquerra jamais (même en cherchant à l'y habituer peu à peu) la faculté de ne pas être tuée par un certain degré de froid. Mais, parmi les enfants de cette plante, il y aura, on pourrait l'affirmer *a priori*, quand même l'expérience ne l'aurait pas montré vingt fois; il y aura, dis-je, *des différences notables dans la limite du froid* que chaque individu pourra supporter... En continuant dans les générations successives à choisir dans cet ordre d'idées, on arrivera à modifier la température de la race, ou plutôt *à façonner une race modifiée* qui aura acquis une propriété qui n'appartient pas à la race primitive, et qui, dans ce sens-là, sera bien positivement *acclimatée*. » (*Lettre à M.* Jomard dans le *Bulletin de la Société impériale d'acclimatation*, t. VI, p. 382, août 1859.)

dû continuer à se servir exclusivement du premier, emprunté depuis longtemps par la langue scientifique à celle du droit civil et de la législation internationale.

Mais la *naturalisation* n'est-elle que l'*acclimatation?* et exprime-t-on exactement la même idée, en disant d'une espèce qu'elle est *acclimatée* dans un pays nouveau, ou qu'elle y est *naturalisée?*

Pour résoudre cette question de synonymie, il suffit de tenir compte des données étymologiques des mots *naturalisation* et *acclimatation*.

Naturaliser est et ne peut être que *rendre naturel*. C'est ainsi qu'on l'entend dans la langue du droit, à laquelle ce mot a d'abord appartenu, et par suite dans la langue générale. Naturaliser, dit l'Académie française[1], c'est « accorder à un étranger les droits et les priviléges dont jouissent les *naturels* du pays; » par conséquent, faire, après coup, un *naturel*, d'un individu qui était né étranger. Par analogie, naturaliser, ajoute l'Académie, se dit aussi des animaux et des plantes.

L'étymologie et l'analogie veulent donc également que naturaliser une race, une espèce, ne soit pas seulement l'amener et la faire vivre dans un nouveau pays, mais l'y faire vivre dans les mêmes conditions que les espèces *naturelles* à ce pays. La naturalisation, dans le sens zoologique et botanique de ce mot, doit se dire, non en général, selon les expressions de l'Académie française, « des animaux et des plantes que l'on apporte d'un pays, et qui y réussissent, » mais, en particulier, de ceux qui y réussissent *dans les conditions naturelles*, *dans l'état de nature*, en d'autres termes, *à l'état sauvage*.

[1] *Dictionnaire*, sixième édition, 1835.

§ 2.

Il se peut donc que des animaux soient acclimatés, et cependant ne soient pas naturalisés. Et non-seulement cela peut être, mais cela est. Sans parler des races domestiques, je citerai, comme exemples, les Daims et les Faisans, qu'on nourrit dans les parcs : fort anciennement introduits en France, en Angleterre, en Allemagne, ces animaux y sont depuis longtemps acclimatés ; ils n'y sont pas naturalisés.

Le Lapin, autre espèce originairement propre à des pays plus chauds que le nôtre, s'est, au contraire, non-seulement acclimaté chez nous, mais aussi naturalisé ; car il vit à la fois acclimaté, mais non naturalisé, dans les basses-cours, acclimaté et à demi naturalisé dans les parcs et garennes, acclimaté et complétement naturalisé dans les forêts, où il est, en effet, absolument comme une espèce indigène. Le Lapin est donc, pour ainsi dire, *devenu naturel* à notre pays.

Si l'acclimatation peut exister sans la naturalisation, la naturalisation, à son tour, est possible sans l'acclimatation. Si des animaux, des végétaux sont transportés de leur pays dans un autre où se retrouvent toutes les conditions climatologiques du premier, dans un pays non-seulement *isotherme*, mais *isoclime*, dira-t-on de ces animaux, de ces végétaux, s'ils y ont réussi, qu'ils s'y sont acclimatés? Pour s'acclimater, il faut avoir changé de climat. Donc, dans ce cas que je viens de supposer, l'introduction peut facilement être suivie de la naturalisation ; mais elle ne saurait amener l'acclimatation. C'est ce qui paraît avoir eu lieu pour quelques arbres, d'origine asiatique ou américaine, devenus aujourd'hui européens.

Ici, toutefois, il reste quelques doutes ; car les éléments du climat d'une contrée sont si nombreux, quelques-uns si difficiles à apprécier, que là même où nous ne voyons pas de différence appréciable, on ne saurait affirmer qu'il n'en existe point ; et tandis qu'il existe un grand nombre de contrées *isothermes*, peut-être n'est-il pas, sur le globe tout entier, deux pays véritablement *isoclimes*.

Mais, en fût-il ainsi, et la naturalisation ne fût-elle nulle part possible sans acclimatation, il n'en serait pas moins vrai que l'idée exprimée par le premier de ces mots est très-distincte de celle que rend le second ; et que la naturalisation est, au moins théoriquement, possible sans acclimatation, comme l'acclimatation existe souvent, en fait, sans naturalisation.

Et, par conséquent, il en est des mots *naturalisation* et *acclimatation*, comme de tous les termes dits synonymes : dans un grand nombre de cas, ils peuvent être indifféremment employés; dans d'autres, chacun reprend son acception propre, et l'autre ne saurait lui être substitué dans un langage exact et précis, comme doit toujours l'être celui de la science.

SECTION III

De la domestication des animaux.

§ 1.

Tandis que j'essaye ici, pour la première fois, de fixer, par des définitions précises et conformes à l'état de la science, le sens des mots *acclimatation* et *naturalisation*, je n'ai qu'à reproduire pour le mot *domestication* des distinctions établies depuis vingt ans déjà [1], et que je crois pouvoir dire aujourd'hui sanctionnées par l'adhésion presque unanime des auteurs les plus compétents. Cette adhésion m'était ici d'autant plus nécessaire que ces distinctions, si elles étaient faciles à justifier scientifiquement, avaient à la fois contre elles les indications étymologiques et l'usage général.

Que serait, en effet, étymologiquement, la *domestication?* Terme tout nouveau dans notre langue, *domestication* vient de *domestique*, et *domestique* vient du mot latin *domus*. Domestiquer des animaux, comme nous disons aujourd'hui, domestiquer des plantes, comme on disait autrefois [2], ce ce serait donc en faire *les animaux*, *les plantes de la maison*, c'est-à-dire, les amener, les faire venir dans nos demeures, ou près d'elles. Les animaux qui viennent spontanément s'établir dans leur intérieur ou dans leur voisinage, qui se font nos commensaux sans notre participation ou même contre notre volonté et nos intérêts, seraient eux-mêmes, en ce sens très-large, des animaux *domestiques*. C'est ainsi qu'on a longtemps entendu ce mot, et nous en avons pour preuve la nomenclature zoologique où *domesticus* est resté l'épithète spécifique de plusieurs animaux de diverses classes. Si la Fouine n'est plus appelée, depuis Buffon et Linné, la Marte domestique, *Martes domestica*, les ornithologistes donnent encore au Moineau commun le nom de *Fringilla domestica*, et les entomologistes disent encore, non-seulement, dans la nomenclature latine, *Musca domestica*, mais même dans la nomenclature française, la *Mouche domestique*.

Mais ces noms, on peut le dire, ne se conservent que

[1] Article DOMESTICATION, dans l'*Encyclopédie nouvelle*, t. IV, p. 367, 1838, et *Essais de zoologie générale*, Paris, in-8, 1841, p. 356 et suiv.

[2] *Plantæ domesticæ, Plantæ quæ domesticantur*, ALBERT LE GRAND. *Voy.* p. 141, note.

Le mot *Domestication*, dans son application aux plantes, est tombé en désuétude. Le mot *culture* en tient lieu sans en être exactement l'équivalent.

parce qu'ils ont la sanction du temps : on ne les proposerait pas aujourd'hui ; ou, s'ils étaient proposés, on ne les accepterait pas ; car, après l'avoir longtemps autorisée, l'usage a définitivement condamné une terminologie qui confondait sous un même nom les animaux que nous amenons volontairement et qui sont nourris pour notre usage dans nos demeures ou autour d'elles, et ceux qui y viennent malgré nous ; c'est-à-dire, d'une part, nos serviteurs, de l'autre, nos parasites.

Et ce n'est pas seulement dans la langue scientifique que ce changement s'est produit, c'est aussi dans la langue générale. Selon les dernières éditions du *Dictionnaire de l'Académie française*, les *animaux domestiques* ne sont plus tous les *animaux de la maison*, mais seulement ceux « qui vivent dans la demeure de l'homme, *qui y sont élevés et nourris*, par opposition avec ceux qui vivent dans l'état sauvage. »

Cette définition, qui restreint déjà considérablement le sens du mot *domestique*, et par conséquent aussi celui du mot *domestication*, est cependant encore beaucoup trop large ou trop vague. L'Académie a sans doute sous-entendu ici, pour rendre sa définition très-concise, une distinction qui n'a pu lui échapper. Un oiseau qu'on vient d'enlever à la vie sauvage, et de mettre en cage ; un Loup qu'on vient d'enchaîner, sont-ils, par cela seul qu'on les nourrit à la maison, des *animaux domestiques* ? Non ; ils sont seulement *captifs* ; et pût-on un peu plus tard, sans qu'ils prissent aussitôt la fuite, ouvrir à l'un la porte de sa cage et décharger l'autre de sa chaîne, ils ne seraient encore qu'*apprivoisés*, *privés*, et non *domestiques*.

La domesticité est manifestement plus que l'état d'apprivoisement, comme l'apprivoisement est plus que la simple captivité.

§ 2.

Essayons de préciser les différences qui distinguent ces trois modes de possession des animaux par l'homme.

La *captivité* et l'*apprivoisement* ont cela de commun qu'ils n'ont lieu que par rapport à des individus isolés. Si l'asservissement de ces individus est très-incomplet et se réduit presque à la privation de leur liberté, ils sont dits simplement *captifs*. Si leur asservissement est complet, si le joug de l'homme a été accepté par eux, si, de nouvelles habitudes ont été contractées selon le vouloir de leur maître, ils ne sont plus simplement captifs, mais *apprivoisés*, ou, comme on le dit aussi, *privés*. L'apprivoisement d'un animal commence le jour où son maître peut cesser d'enchaîner son corps, parce qu'il a su enchaîner sa volonté. Un animal captif est comparable à un prisonnier arraché violemment à ses habitudes, et prêt à reprendre sa liberté à la première occasion favorable. Un animal apprivoisé, au contraire, peut être assimilé à un esclave qui, réduit en servitude dès son enfance ou depuis de longues années, vit paisiblement, sans espoir, souvent même sans désir de liberté, sous un joug que l'habitude lui a rendu léger.

La captivité n'étant, en définitive, autre chose qu'un état purement passif, résultant de la privation de la liberté, tous les animaux, ceux exceptés que leur excessive petitesse ou quelques conditions spéciales d'existence dérobent à l'action de l'homme, peuvent évidemment être captifs.

L'apprivoisement est, au contraire, un état actif qui suppose la possibilité de se plier à de nouvelles habitudes, la connaissance du maître, et par conséquent un certain degré d'intelligence ou d'instinct, et de volonté. Aussi un grand nombre d'animaux, et notamment tous ceux des classes inférieures, ne sauraient être véritablement apprivoisés, mais seulement pliés par une longue habitude aux conditions de la vie captive.

La captivité peut donc être considérée comme un premier pas fait vers l'apprivoisement, mais comme un premier pas que beaucoup d'espèces ne sauraient franchir.

L'apprivoisement, à son tour, est un pas vers la domesticité, qui est la conquête plus complète encore de l'animal; la possession, non plus seulement de quelques *individus* enlevés à la vie sauvage, mais d'une *suite d'individus* issus les uns des autres, d'une *race*. Tant que l'homme n'en est pas venu là, tant qu'il ne possède que des animaux captifs ou apprivoisés, si nombreux et si bien dressés qu'ils puissent être, qu'a-t-il obtenu? Des résultats seulement individuels, locaux et passagers; et, pour en rester maître, il lui faut recourir sans cesse aux mêmes moyens par lesquels il les avait obtenus. La mort diminuant de jour en jour le nombre des individus soumis, chaque génération humaine doit recommencer sur de nouvelles générations animales l'œuvre de ses aînées, et se refaire des esclaves, au moyen de nouvelles captures et de nouveaux apprivoisements.

La domesticité, au contraire, une fois obtenue, l'est pour toujours. Elle n'est rien moins qu'un des faits permanents et généraux de la domination de l'homme sur le reste de la création; résultant, en effet, de l'action d'une suite indéfinie de générations humaines sur une suite indéfinie de générations animales; et n'ayant guère plus de limites dans l'espace que dans le temps; car la multiplication indéfinie des individus entraîne comme conséquence l'expansion indéfinie de la race ou de l'espèce.

C'est ainsi qu'aujourd'hui, nous, hommes du dix-neuvième siècle, nous jouissons du fruit de travaux accomplis loin de notre pays, dans les temps anciens, le plus souvent même dans les âges antéhistoriques, et dont les auteurs inconnus, après avoir été les bienfaiteurs de nos pères, doivent l'être de nos descendants jusque dans l'avenir le plus reculé, sans que cette transmission, continuée de siècle en siècle et de pays en pays, doive jamais avoir d'autre terme que celui de l'existence elle-même du genre humain.

§ 3.

En résumé l'homme capture des individus; il les dompte, les apprivoise, les dresse; il les amène ainsi à l'état de *captivité*, d'*apprivoisement*, qui n'est pas encore, mais d'où peut dériver la *domestication* de l'espèce. Il arrive, en effet, souvent, qu'une fois habitués à la captivité, à l'état privé, ces individus se reproduisent, se multiplient, qu'ils fassent *race*. La prise de possession de la race par l'homme, par conséquent, la soumission permanente de l'animal, c'est la domestication.

En d'autres termes, et pour nous rapprocher autant que possible de la définition donnée par l'Académie française, et si souvent reproduite :

Les animaux domestiques sont ceux qui sont nourris dans la demeure de l'homme ou autour d'elle s'y reproduisent, et y sont habituellement élevés [1].

La *domesticité* est l'état de l'animal domestique, et la *domestication* est la réduction à l'état domestique.

Telle est l'acception dans laquelle sont aujourd'hui usités, dans la nomenclature scientifique, les mots *domestication* et *animaux domestiques*. Tel est le sens qu'on leur donne aujourd'hui, notamment dans les associations créées

[1] Je me suis attaché à conserver dans cette définition les termes mêmes de la définition plus haut citée de l'Académie française.

en vue d'étendre et de multiplier les applications de la zoologie. « La domestication suppose nécessairement la re- « production » sous la main de l'homme, a dit, à plusieurs reprises [1], la Société impériale d'acclimatation, dont l'autorité est la plus grande qu'on puisse invoquer dans cet ordre de questions; car elle réunit dans son sein tous ceux qui, non-seulement en France, mais par tout le globe, s'occupent théoriquement et pratiquement de l'acclimatation et de la domestication des animaux.

SECTION IV

Résumé.

Le législateur principal de la nomenclature de l'histoire naturelle, Linné, a reproduit, à plusieurs reprises, cette règle essentielle de la terminologie générique:

Il faut que chaque genre ait un nom qui lui soit propre, et n'en ait qu'un seul. « *Quemadmodum unumcumque nomen* « *suum genus,* » dit-il dans la *Critica botanica* [2], « *ita et* « *unum cumque genus proprium, et unicum habere debet* « *nomen : non duo, multo minus tria.* » Et plus succinctement, mais non moins nettement, dans la *Philosophia botanica* [3] : « *Unicum ubi genus, unicum erit nomen.* »

Cette règle, posée par le législateur de la terminologie scientifique, n'est pas seulement applicable à la nomenclature générique : elle l'est à toute bonne nomenclature.

[1] Dans les *Programmes des récompenses* annuellement distribuées par cette société, 1857, 1858, 1859 et 1860. Voyez les *Bulletins* de ces diverses années.

[2] Prop. 215.

[3] *Nomina*, Prop. 210. Voyez aussi Prop. 215.

Si un seul mot pour deux idées ou deux faits distincts est cause de confusion ou d'erreur, deux noms pour le même groupe, de quelque degré qu'il soit, ou plus généralement, deux mots pour le même fait, pour la même idée, ne sont pas, dans une langue, une richesse, pas même un luxe inutile, mais un inconvénient, ne fût-ce que comme surcharge pour la mémoire.

Les remarques qui précèdent ont eu pour objet de faire à une branche nouvelle de la science, et par conséquent à une nomenclature encore mal fixée, l'application de la double règle posée par Linné. Je crois pouvoir dire qu'on y satisfera complétement par les distinctions qui viennent d'être faites, et qui sont les suivantes :

Acclimater un animal, un végétal, c'est imprimer à son organisation des modifications qui le rendent propre à vivre et à perpétuer son espèce dans des conditions nouvelles d'existence.

Le *naturaliser*, c'est l'amener à vivre dans d'autres lieux, comme vivent les espèces qui sont naturelles à ces lieux.

Apprivoiser un animal, c'est rendre cet animal, cet *individu* familier avec l'homme.

Domestiquer un animal, c'est l'habituer à vivre et à se reproduire dans les demeures de l'homme ou auprès d'elles.

L'accoutumance à chacun des quatre états que désignent ces mots, l'*acclimatement*, l'*état de nature* (dans des lieux différents de ceux où l'être avait d'abord été placé), l'*état privé*, la *domesticité*, est l'*acclimatation*, la *naturalisation*, l'*apprivoisement* (la *cicuration*, comme on eût dit autrefois), et la *domestication*.

Des êtres organisés peuvent être acclimatés sans être naturalisés. On n'a pas d'exemples bien authentiques de naturalisation sans acclimatation[1]; mais les exemples d'acclimatation sans naturalisation sont en très-grand nombre. Le Cheval, le Chien, le Mouton domestique, le Daim tel qu'on le voit dans nos parcs, sont des animaux acclimatés, mais non naturalisés.

Des êtres organisés peuvent aussi être à la fois acclimatés et naturalisés. Transporté du Midi dans une multitude de pays plus ou moins septentrionaux, le Lapin s'est complétement plié aux conditions climatologiques de ces nouvelles patries; il s'est donc acclimaté. En outre, il y vit comme les espèces indigènes, et absolument dans l'état de nature : il s'est donc naturalisé.

Des animaux peuvent être privés sans être domestiqués, et réciproquement, être domestiqués sans être privés. On voit fréquemment des Antilopes, des Biches, et mêmes des Panthères, des Lions, des Tigres, amenés *individuellement* à l'état privé. Le Furet, au contraire, est une espèce domestiquée dont les individus restent pour la plupart non privés.

Non-seulement l'acclimatation peut exister et existe fréquemment sans la domestication; mais la domestication peut exister sans l'acclimatation, et ici se présentent deux genres très-différents d'exemples. Le Canard est domestique dans sa patrie originelle, il n'a donc jamais eu besoin de s'y acclimater. Le Ver à soie est aussi, mais par un tout autre motif, un animal domestique, mais non acclimaté : on n'est pas parvenu à l'acclimater dans les pays, très-différents de sa patrie primitive, où on l'a transporté, et où on ne réussit à l'élever qu'à la condition de l'abriter contre les intempéries de l'air.

L'état privé et la domestication étant exclus par la naturalisation, aucun animal ne peut être à la fois *accli-*

[1] Voyez p. 150 et 151.

maté, *naturalisé*, *privé*, et *domestiqué*. Mais rien ne s'oppose à ce que les mêmes animaux soient amenés en même temps à l'acclimatement, à l'état privé et à l'état domestique. Le Cheval, le Bœuf, le Mouton, la Chèvre, le Chien et d'autres encore sont même à la fois les mieux acclimatés, les plus privés, les plus domestiqués; et c'est précisément parce qu'ils réunissent ces trois conditions qu'ils se placent au premier rang des animaux domestiques, par la généralité comme par la variété et l'importance des services qu'ils rendent à l'homme.

CHAPITRE III

REMARQUES GÉNÉRALES SUR LES ANIMAUX DOMESTIQUES ET LISTE DE CES ANIMAUX

§ 1.

L'étude des animaux domestiques a été longtemps très-négligée par les naturalistes, et aujourd'hui encore la plupart d'entre eux semblent considérer la détermination exacte d'une race domestique comme d'un bien moindre intérêt que celle de la plus insignifiante des espèces zoologiques.

L'explication de cette prédilection exclusive des naturalistes pour l'étude des espèces, et de cet abandon presque général de celle des races domestiques, est facile à donner. Cuvier lui-même voyait et la plupart des naturalistes voient encore, dans la prétendue *fixité de l'espèce*, le principe fondamental de la science, et dans la classification, le but, « l'*idéal* auquel l'histoire naturelle doit tendre [1]. » Or, à ce double point de vue, que sont les races domestiques, et quelle place leur donner dans la science? Autant de faits nous sont révélés par leur étude, et autant se présentent de

[1] Expressions de CUVIER, *Règne animal*, *Introduction*, 1re édit., t. I, p. 12; 2e édit., p. 10.

difficultés, dont la gravité apparaît d'autant plus qu'on s'attache mieux à s'en rendre compte. Comment concilier avec le prétendu principe de la fixité du type les profondes mofications que subit l'organisme sous l'influence de la domesticité? Et comment en tenir compte dans la classification zoologique, telle que tous les auteurs en tracent le cadre, et comme ils conçoivent la hiérarchie taxonomique, depuis l'embranchement et la classe jusqu'aux groupes inférieurs? Comment rapporter au même type spécifique, et considérer comme de simples subdivisions d'une espèce zoologique, des races qui, bien qu'issues de cette espèce, n'en ont plus les caractères, et parfois en diffèrent, comme nous le verrons bientôt, par des caractères de valeur véritablement spécifique, *et même générique?*

En présence de ces difficultés, que devaient faire les naturalistes? Sans nul doute, les aborder de front, les poser toutes et dans toute leur gravité, et essayer de les résoudre. Ce n'est pas ce qu'ils ont fait : il a paru plus simple de fermer les yeux sur les difficultés, ou du moins de les laisser dans l'ombre, et de passer à côté, comme si elles n'existaient pas. Voilà ce qu'ont fait eux-mêmes la plupart des maîtres de la science, et ce que font encore, s'autorisant de leur exemple, la plupart de leurs disciples et de leurs successeurs actuels. Dans le dix-huitième siècle, Buffon et Pallas sont presque les seuls qui se soient sérieusement occupés des animaux domestiques, et qui aient cherché à se rendre compte de leurs variations; et dans le nôtre, les naturalistes continuent, pour la plupart, à délaisser l'étude de ces animaux, l'abandonnant tout entière aux agriculteurs et aux vétérinaires, comme s'il ne se présentait ici que des questions de pratique et non de théorie, d'art et non de science!

§ 2.

J'ai déjà essayé, à plusieurs reprises, de montrer combien est regrettable cet abandon, par les naturalistes, d'une des plus riches parties de leur domaine. L'étude des animaux domestiques intéresse en réalité la science à tous les points de vue : elle l'éclaire dans sa partie théorique, et même philosophique, aussi bien que dans ses applications pratiques. Et l'on s'étonnerait qu'on ait pu si longtemps en oublier ou en méconnaître l'intérêt, si l'on ne savait, par de nombreux exemples, combien la vérité a de peine à se dégager de l'influence de l'esprit de système et du joug des opinions régnantes.

Le temps me permettra-t-il jamais de réunir en un corps d'ouvrage les résultats de mes études sur un sujet si longtemps négligé, et que j'ai eu à considérer successivement sous les aspects les plus variés? Au Muséum d'histoire naturelle, où mon enseignement porte spécialement sur les deux classes les plus riches en animaux domestiques, comment ne me serais-je pas occupé de la détermination et de la classification de ceux-ci, comme de celles des espèces sauvages? Comment, lorsque j'ai écrit, de 1829 à 1836, un traité de tératologie, aurais-je laissé en dehors de cette science nouvelle, et séparé des anomalies proprement dites ou déviations individuelles du type spécifique, les anomalies héréditaires des races possédées par l'homme? Et, après ces deux séries de travaux, comment n'aurais-je pas été ramené vers l'étude des animaux domestiques, par les recherches que je poursuis parallèlement, depuis près de trente ans, sur l'histoire naturelle générale, sur l'anthropologie et sur la zoologie appliquée?

Les résultats de ces recherches ont été plus ou moins anciennement publiés dans mes *Essais de zoologie générale*, dans les éditions précédentes du présent ouvrage, et dans quelques mémoires et articles spéciaux[1]. Sans les reprendre tous dans ce livre, et en m'attachant exclusivement à ceux qui rentrent dans le sujet que je traite ici, j'en rappellerai cependant quelques autres plus théoriques et d'un ordre plus général, mais très-propres à éclairer sur les applications que j'ai en vue.

§ 3.

Au début de toute étude, soit théorique, soit pratique sur l'ensemble des animaux domestiques, se place nécessairement cette question : Quels sont ces animaux? Quels groupes zoologiques nous ont fourni nos diverses espèces auxiliaires, alimentaires, industrielles et accessoires? Quelles richesses nous sont déjà acquises? Questions sans la solution desquelles ne sauraient être rationnellement abordées celles que j'ai à traiter dans ce livre, et qui se ramènent toutes à celles-ci : Quelles richesses nous restent à acquérir? Et quel complément doit recevoir, dans notre intérêt, et surtout dans celui de nos descendants, l'œuvre accomplie par les générations qui nous ont précédés?

J'ai déjà répondu, et dès le commencement de ce livre, aux questions relatives aux animaux domestiques, mais d'une manière sommaire, et qui ne saurait nous suffire en

[1] Les principaux sont les suivants : *Variations de la taille chez les animaux domestiques et dans les races humaines*, lu à l'Académie des sciences, le 2 janvier 1832, et inséré dans le *Recueil de l'Académie, Savants étrangers*, t. III, p. 538. — *De la Possibilité d'éclairer l'histoire naturelle de l'homme par l'étude des animaux domestiques*, dans le *Bulletin de la Société des sciences naturelles*, avril 1835, p. 53 (par extrait), et dans les *Comptes rendus de l'Académie des sciences*, t. IV, p. 662, 1837. — *Des origines des animaux domestiques, et des lieux et des époques de leur domestication*, Ibid., t. XLVIII, p. 125, 1859.

ce moment. J'ai donné, dans un tableau synoptique[1], la classification, à la fois zoologique et zootechnique, des quarante-sept animaux possédés par l'homme; j'en donnerai ici la liste nominative.

Cette liste est dressée selon l'ordre zoologique; mais à la suite du nom de chaque animal sont placées des indications relatives à son emploi comme *auxiliaire*, *alimentaire*, *industriel*, ou seulement *accessoire*.

I. — CLASSE DES MAMMIFÈRES.

ORDRE DES CARNASSIERS.

1. Le CHIEN, *Canis familiaris*, LIN. — Animal auxiliaire (pour la chasse, la garde des troupeaux et des demeures, le trait, etc.) chez un grand nombre de peuples; alimentaire chez plusieurs.

2. Le FURET, *Mustela furo*, LIN. — Auxiliaire.

3. Le CHAT, *Felis catus* (*domesticus*), LIN. — Auxiliaire.

ORDRE DES RONGEURS.

4. Le LAPIN, *Lepus cuniculus* (*domesticus*), LIN. — Alimentaire et (pour quelques-unes de ses races) industriel.

5. Le COBAIE domestique, vulgairement COCHON D'INDE (très-souvent, mais très-improprement désigné sous le nom de Cabiai), *Cavia porcellus; Mus porcellus*, LIN. — Accessoire. Quelquefois utilisé comme alimentaire.

ORDRE DES PACHYDERMES.

A. Pachydermes proprement dits.

6. Le COCHON, *Sus domesticus; Sus scrofa*, LIN. — Alimentaire.

B. Solipèdes.

7. Le CHEVAL, *Equus caballus*, LIN. — Auxiliaire et (chez un très-grand nombre de peuples) alimentaire. Fournit aussi de nombreux produits à l'industrie.

[1] Page 14.

8. L'Ane, *Equus asinus*, Lin. — Auxiliaire. Utilisé aussi comme alimentaire.

ORDRE DES RUMINANTS.

9. Le Chameau proprement dit ou à deux bosses, *Camelus bactrianus*, Lin. — Auxiliaire, alimentaire et industriel.

10. Le Dromadaire ou Chameau à une bosse, *Camelus Dromedarius*, Lin. — Auxiliaire, alimentaire et industriel.

11. Le Lama, *Auchenia glama; Camelus glama*, Lin. — Auxiliaire, alimentaire et industriel.

12. L'Alpaça, *Auchenia paco, Camelus paco*, Lin. — Auxiliaire, et surtout alimentaire et industriel.

13. Le Renne, *Tarandus rangifer* (*domesticus*); *Cervus tarandus*, Lin. — Auxiliaire et alimentaire.

14. La Chèvre, *Capra hircus*, Lin. — Alimentaire et (pour quelques races) industrielle. Employée en Asie comme auxiliaire.

15. Le Mouton, *Ovis aries*, Lin. — Alimentaire et industriel. Employé aussi en Asie comme auxiliaire.

16. Le Bœuf, *Bos taurus*, Lin. — Auxiliaire et alimentaire. Fournit aussi divers produits à l'industrie.

17. Le Zébu ou Bœuf a bosse, *Bos indicus*, Lin. (*Bos taurus, var.*, selon la plupart des auteurs). — Auxiliaire et alimentaire.

18. Le Gayal, *Bos gavæus*, Colebr. — Alimentaire.

19. L'Yak, *Bos grunniens*, Pall. — Auxiliaire, alimentaire et industriel.

20. Le Buffle, *Bos bubalus*, Lin. — Auxiliaire, alimentaire et industriel.

21. L'Arni, *Bos arnee*, Sh. — Auxiliaire et alimentaire.

II. — CLASSE DES OISEAUX.

ORDRE DES PASSEREAUX.

22. Le Serin des Canaries ou Canari, *Serinus canarius* (*domesticus*); *Fringilla canaria* (*domestica*), Lin. — Accessoire.

ORDRE DES GALLINACÉS.

A. Passéripèdes.

23. Le Pigeon, *Columba domestica*, Will. — Alimentaire et (pour

quelques races) auxiliaire. Plusieurs races sont de simple agrément ou accessoires.

24. La Tourterelle a collier, *Columba risoria*, Lin. — Accessoire.

B. Gallinacés proprement dits.

25. Le Faisan commun, *Phasianus colchicus*, Lin. — Alimentaire (gibier).

26. Le Faisan a collier, *Phasianus torquatus*, Tem. — Alimentaire (gibier).

27. Le Faisan argenté, *Phasianus nycthemerus*, Lin. — Accessoire, quelquefois employé comme alimentaire.

28. Le Faisan doré, *Phasianus pictus*, Lin. — Accessoire. Élevé surtout comme oiseau d'ornement, mais souvent utilisé pour la table.

29. La Poule, *Gallus domesticus; Phasianus gallus* (*domesticus*), Lin. — Alimentaire.

30. Le Dindon, *Meleagris gallopavo* (*domesticus*), Lin. — Alimentaire et (pour une de ses races) industriel.

31. Le Paon, *Pavo cristatus* (*domesticus*), Lin. — Accessoire, parfois employé comme alimentaire.

32. La Pintade, *Numida meleagris*, Lin. — Alimentaire.

ORDRE DES PALMIPÈDES

33. L'Oie commune, *Anser domesticus; Anas anser* (*domesticus*), Lin. — Alimentaire et industrielle.

34. L'Oie cygnoïde, dite Oie de Guinée, *Anser cygnoïdes; Anas cygnoïdes*, Lin. — Accessoire.

35. L'Oie du Canada, *Anser canadensis* (*domesticus*), Will; *Anas Canadensis*, Lin, — Accessoire. En Amérique, alimentaire.

36. Le Canard commun, *Anas boschas* (*domestica*), Lin. — Alimentaire.

37. Le Canard musqué, dit Canard de Barbarie, *Anas moschata* (*domestica*), Lin. — Alimentaire.

38. Le Cygne, *Cygnus olor* (*domesticus*); *Anas olor*, Gm. — Accessoire.

III. — CLASSE DES POISSONS.

ORDRE DES MALACOPTÉRYGIENS (ABDOMINAUX).

39. La Carpe vulgaire, *Cyprinus carpio*, Lin. — Alimentaire.

40. La Carpe dorée, ou Dorade de la Chine, vulgairement le *Poisson rouge; Cyprinus auratus*, Lin. — Accessoire. En Chine, alimentaire.

IV. — CLASSE DES INSECTES.

ORDRE DES HYMÉNOPTÈRES.

41. L'Abeille ordinaire, ou *Apis mellifica*, Lin. — Alimentaire et industrielle.

42. L'Abeille ligurienne, *Apis ligustica*, Spin. — Alimentaire et industrielle.

43. L'Abeille a bandes, *Apis fasciata*, Latr. — Alimentaire et industrielle.

ORDRE DES HÉMIPTÈRES.

44. La Cochenille du Nopal, *Coccus Cacti*, Lin. — Industrielle.

ORDRE DES LÉPIDOPTÈRES.

45. Le Bombyce du Murier, vulgairement le Ver a soie, *Bombyx Mori*, Lin. — Industriel.

46. La Saturnie du ricin, *Bombyx* ou *Saturnia cynthia*, puis B. ou S. *eria* des auteurs. — Industrielle.

47. La Saturnie de l'ailante, *Bombyx* ou *Saturnia cynthia* de plusieurs auteurs récents[1]. — Industrielle.

[1] On a cru successivement reconnaître le *B. cynthia* dans le Ver du Ricin, puis dans celui de l'Ailante. Voy. la *Troisième partie*, Chap. V.

CHAPITRE IV

DES ORIGINES ZOOLOGIQUES ET GÉOGRAPHIQUES DES ANIMAUX DOMESTIQUES; DES MODIFICATIONS QU'ILS ONT SUBIES, ET DE LEUR DISTRIBUTION GÉOGRAPHIQUE ACTUELLE

SECTION I

Origines zoologiques et géographiques des animaux domestiques.

§ 1.

Déterminer l'origine *zoologique* d'un animal domestique, c'est déterminer de quelle espèce ou *de quelles espèces* est sorti un ensemble des races domestiques, se rattachant intimement les unes aux autres, soit par la similitude de leurs caractères, soit surtout par leur filiation constatée, et par les croisements qui ont lieu continuellement ou ont eu lieu entre elles.

Déterminer l'origine *géographique* d'un animal domestique, c'est déterminer dans quel pays ou *dans quels pays* vivaient ses ancêtres sauvages.

Résoudre directement une de ces questions, ce serait résoudre l'autre indirectement, si chaque espèce zoologique appartenait en propre à une région étroitement limitée, et si chaque pays ne renfermait qu'une seule espèce, qu'une seule forme zoologique du même type. Mais c'est ce qui n'a pas toujours lieu, et le naturaliste, au lieu d'un double problème, est parfois obligé d'en résoudre deux très-distincts, par deux séries d'études et de recherches qui, très-diverses par les éléments qui doivent y intervenir, finissent cependant par converger l'une vers l'autre.

On peut déjà voir que la détermination des origines des animaux domestiques est, selon ceux que l'on considère, un problème très-inégalement difficile. Il est parfois si simple qu'il suffit, pour le résoudre, de mettre en présence l'animal sauvage et l'animal domestique : leur similitude presque parfaite fait immédiatement reconnaître dans le premier la souche encore à l'état de nature, dans le second, la descendance plus ou moins anciennement possédée par l'homme. Ailleurs, au contraire, la complexité, la difficulté du problème, deviennent extrêmes, et la science ne saurait plus ni le résoudre, ni même en tenter la solution avec quelques chances de succès, qu'à la condition d'y faire concourir des éléments puisés à des sources très-diverses, et particulièrement dans les témoignages de l'histoire, en même temps que dans les faits de l'histoire naturelle.

La marche que j'ai cru devoir suivre, en procédant à la fois zoologiquement et historiquement, est celle-ci :

1° Rechercher, par l'étude directe et comparative des espèces sauvages et des races domestiques, les souches de celles-ci;

2° Extraire des ouvrages des naturalistes, et, à leur défaut, des historiens et des autres auteurs des diverses époques, les renseignements qu'ils ont recueillis sur les premières introductions des animaux domestiques; et, pour les espèces dont la domestication se perd dans la nuit des temps, en déterminer du moins l'état chez les peuples de la haute antiquité à l'aide des livres anciens de l'Asie, tels que la *Bible*, le *Zend-Avesta*, les *Védas* et les *Kings*, et aussi à l'aide des monuments de l'Égypte et de l'Assyrie [1];

3° Comparer les résultats obtenus par les deux méthodes, et contrôler les uns par les autres, c'est-à-dire, l'histoire naturelle par l'histoire, et réciproquement.

Les résultats de ces deux méthodes concordent partout d'une manière satisfaisante; ce qui ne veut pas dire qu'elles suffisent partout. La solution exacte et complète, c'est ici la détermination *spécifique et certaine* de la souche et du pays; on l'obtient dans plusieurs cas; mais, dans d'autres, la détermination spécifique, ou celle du pays, ou même l'une et l'autre à la fois, ne peuvent être mises complétement hors de doute; et où il faudrait une solution certaine, on n'arrive qu'à une plus ou moins grande probabilité. Ailleurs, on parvient seulement à circonscrire la recherche de l'origine entre deux ou plusieurs espèces voisines ou deux ou plusieurs pays, et la solution reste partielle et approximative.

J'ai fait tout récemment, dans un des volumes de l'*Histoire naturelle générale des règnes organiques* [2], un exposé très-développé des résultats auxquels m'ont conduit des études assidûment poursuivies depuis un grand nombre d'années. En reproduisant ici, sous une forme abrégée, la plupart de ces résultats, j'ajouterai, sur quelques points, des notions qui n'ont pu trouver place dans mon *Histoire naturelle générale*, les unes parce qu'elles restaient en dehors du sujet de cet ouvrage, les autres parce que je les ai obtenues depuis sa publication.

[1] Qu'il me soit permis d'exprimer ici ma gratitude envers plusieurs membres éminents de l'Académie des inscriptions, Eugène Burnouf, Langlois, Dureau de la Malle, M. Jomard et M. Stanislas Julien, sans la bienveillance desquels je me serais sans doute égaré dès les premiers pas dans des recherches trop étrangères à mes études habituelles.

[2] T. III, Ire partie, 1860, p. 31 à 154.

§ 2.

Parmi les quarante-sept animaux domestiques, ceux dont il est le plus facile de retrouver les ancêtres à l'état sauvage sont naturellement les espèces qui en sont le plus nouvellement sorties. Commencer par celles-ci, sera donc aborder le problème par les cas les plus simples.

Ces derniers venus, ceux qui datent authentiquement des temps modernes, sont au nombre de sept, et tous de la classe des oiseaux. Nous connaissons ces animaux aussi bien à l'état sauvage qu'à l'état domestique, et nous pouvons, à l'aide de nombreux documents, suivre les progrès successifs de leur domestication, et surtout en fixer l'époque qui, est, pour quatre d'entre eux, le dix-huitième siècle; pour trois autres, le seizième.

L'Oie du Canada et les Faisans doré, argenté et à collier. — La domestication de ces oiseaux date d'un peu plus d'un siècle. L'Amérique septentrionale est la patrie de l'Oie à cravate ou du Canada; l'Asie orientale, et particulièrement la Chine, celle des trois Faisans. L'introduction de l'Oie du Canada a eu lieu en Angleterre vers le milieu du dix-huitième siècle, et c'est aussi dans le même pays et à la même époque qu'ont été d'abord possédés et multipliés les Faisans à collier, argenté et doré. La domestication du Faisan à collier paraît avoir commencé chez le duc de Northumberland, et celle de l'argenté dans les volières du célèbre fondateur du Musée britannique, Hans Sloane.

Ces quatre oiseaux ont sensiblement conservé les caractères du type sauvage; il y a parmi eux des variétés individuelles, mais point de races très-distinctes.

Le Serin des Canaries, le Dindon et le Canard musqué. — Dans les autres espèces d'oiseaux domestiqués par les modernes, le Serin des Canaries, le Dindon et le Canard musqué, et surtout chez le premier, il existe non-seulement de nombreuses variétés, mais des races plus ou moins éloignées des types primitifs tels qu'ils existent, celui du Serin, aux Canaries, celui du Dindon, aux États-Unis, et celui du Canard musqué, dans l'Amérique méridionale, malgré le nom de *Canard de Guinée* que cet oiseau a autrefois porté, et celui de *Canard de Barbarie* sous lequel il est encore généralement connu.

Les nombreuses modifications qu'ont subies le Dindon, le Canard musqué et surtout le Canari, indiquent déjà une domestication bien moins récente que celle des précédents. L'introduction de ces trois oiseaux date, en effet, du seizième siècle, sans excepter celle du Dindon, qui même, malgré une croyance très-accréditée[1], avait précédé les deux autres. Le « Coc d'Inde » a été importé en Angleterre sous Henri VIII et en France sous Louis XII; et il était déjà « commun es « mestairies » vers 1550, comme le dit expressément Belon[2]. A la même époque, le Canard d'Inde ou de Guinée, comme on appelait alors l'*Anas moschata*, commençait aussi à se répandre en France : on le vendait « par les marchez pour « s'en servir es festins et noces[3]. »

Quant au Serin, si abondant aux Canaries qu'on y abat quelquefois vingt individus d'un coup de fusil, son introduction a dû suivre de très-près l'établissement des Espa-

[1] « Le *premier* Dindon qui fut mangé en France parut au festin des noces « de Charles IX, en 1575, » dit TEMMINCK, *Histoire des Gallinacés*, Amsterdam, in-8, 1813, p. 378; d'après SONNINI, qui lui-même empruntait à ANDERSON ce prétendu fait, reproduit par une multitude d'auteurs.

Il ne suffit même pas à certains auteurs de reporter jusqu'au milieu du seizième siècle la domestication du Dindon. Cet oiseau n'aurait été amené en Angleterre qu'en 1624, selon LINK, *Monde primitif et antiquité*, t. II, p. 316.

[2] *Histoire de la nature des oyseaux*. Paris, in-fol., 1555, p. 248.

Je n'ai pas besoin d'ajouter que Belon se trompe lorsqu'il dit le Dindon commun « es mestairies romaines. » Il le confond ici avec la Pintade.

[3] *Ibid.*, p. 174.

gnols dans ces îles. Nous voyons, en effet, au seizième siècle, le commerce importer en grand nombre des *Canaris* comme aujourd'hui des *Bengalis* et des *Sénégalis;* puis quelques individus, et bientôt un grand nombre, s'acclimater et se reproduire, et l'espèce se répandre partout. Après avoir orné, au seizième siècle les palais des grands, « *magnatum ædibus alitur*, » dit encore Gesner en 1595[1], « l'oiselet du sucre » descend, au dix-septième siècle, jusque dans les plus humbles demeures.

L'Oie cygnoïde. — On voit assez fréquemment sur nos bassins, à côté de l'Oie du Canada, qui même se croise parfois avec lui, un autre palmipède vulgairement connu sous le nom d'*Oie de Guinée*. C'est avec cet oiseau, l'Oie cygnoïde, *Anser cygnoïdes* des naturalistes, que commencent les difficultés et les incertitudes. Il nous vient de l'Asie, et nous savons que sa domestication est moderne; mais nous ne pouvons en fixer exactement le lieu et la date. Les noms d'*Oie de Chine* et d'*Oie de Sibérie* qu'il a portés, et sous lesquels il est encore connu dans plusieurs pays, semblent exprimer qu'il est originaire de la Chine et qu'il est venu par la Russie; mais les noms de pays vulgairement donnés aux oiseaux sont très-souvent erronés, et l'on doit n'en tenir compte qu'avec une grande réserve, et comme de simples indices dont il reste à vérifier l'exactitude.

§ 3.

Le Cochon d'Inde. — L'introduction du Cobaie domestique ou Cochon d'Inde en Europe a eu lieu à la même époque que celle du Dindon et du Canard musqué, américains comme lui. Mais ici la date de l'introduction ne se confond pas avec celle de la domestication, et peut-être

[1] *De avium natura*. Francf., in-fol., p. 240.

l'une est-elle très-éloignée de l'autre. Garcilasso de la Vega nous apprend que le Cochon d'Inde, qu'il appelle *Coy*, existait déjà chez les Péruviens, avant la conquête, à l'état « domestique » aussi bien qu'à l'état « champêtre »; et n'eussions-nous pas ce témoignage, ce que nous savons de l'état du Cochon d'Inde au seizième siècle atteste que sa domestication date d'une époque bien antérieure. On le voyait dès lors tel qu'il est aujourd'hui, c'est-à-dire à pelage bigarré de blanc, de noir et de roux, et variable d'un individu à l'autre; preuves non équivoques d'une domesticité déjà ancienne, dont la date reste d'ailleurs entièrement indéterminée et le restera sans doute toujours. Quant à la souche primitive, les zoologistes ont cru la trouver dans l'Apéréa; mais cette espèce, qui est surtout brésilienne, a des congénères péruviens parmi lesquels on doit bien plutôt chercher le Cochon d'Inde sauvage. Malheureusement ces espèces ne sont pas encore bien connues, et la solution de ce petit problème de zoologie historique doit être ajournée.

Le Lama et l'Alpaca. — Les deux autres mammifères domestiques des Américains, le Lama et l'Alpaca, donnent lieu à de semblables difficultés. La date de leur domestication nous échappe aussi, et par de semblables raisons; et la détermination des souches n'a pu être encore exactement obtenue. S'il est très-vraisemblable que le Lama descend, comme l'admettent les naturalistes, du Guanaco, il y a lieu de croire que l'Alpaca, que la plupart des auteurs récents et actuels font aussi venir de cette espèce, a une origine très-différente, et n'est autre, comme l'avait autrefois admis Buffon [1], que la Vigogne domestique [2]. Très-com-

[1] *Histoire naturelle*, t. XIII, 1765, p. 16.

[2] Cuvier avait aussi admis d'abord cette origine; voy. la *Ménagerie du*

mune, autrefois surtout, dans les Cordillères des Andes, la Vigogne est un animal très-facile à apprivoiser : les Indiens l'élèvent très-fréquemment et la font reproduire; et il suffit que ce qui a lieu aujourd'hui ait eu lieu aussi autrefois, pour que l'on conçoive comme très-possible, et même comme très-vraisemblable, la domestication de la Vigogne chez les ancêtres de ces peuples. Or, où chercher la descendance domestique de la Vigogne, sinon dans l'Alpaca, qui est exactement à la Vigogne ce que le Lama est au Guanaco, soit au point de vue de la taille, un peu plus grande chez l'animal domestique que chez le sauvage, soit à celui du pelage, beaucoup plus laineux et plus fin chez l'Alpaca que chez le Lama, comme il est, dans l'état de nature, beaucoup plus beau chez la Vigogne que chez le Guanaco? Il est d'ailleurs un trait important, et presque décisif, par lequel l'Alpaca se rapproche beaucoup de la Vigogne en même temps qu'il s'éloigne du Lama : la brièveté, très-caractéristique, de la tête. On sait d'ailleurs que la Vigogne et l'Alpaca produisent très-facilement ensemble : l'abbé Cabrera, curé de Macusani, au Pérou, a formé et possède tout un troupeau d'Alpavigognes [1].

La Cochenille. — On possédait aussi en Amérique, avant la conquête, la Cochenille du Nopal : c'est chez les Mexicains qu'existait cet insecte tinctorial. Sa détermination zoologique est exempte de difficultés; car on connaît le *Coccus Cacti* à l'état sauvage aussi bien qu'à l'état domestique, mais la date de sa domestication reste tout aussi incer-

Muséum d'histoire naturelle, Paris, in-fol., 1801-1804, et in-12, 1804, article sur le *Lama*.

Buffon et Cuvier ont depuis abandonné leur première opinion; mais l'un et l'autre, comme je l'ai montré ailleurs, parce qu'ils avaient été induits en erreur par des renseignements inexacts.

[1] Voy. plus haut, p. 90.

taine que celle des trois quadrupèdes domestiques des Péruviens [1].

§ 4.

Les peuples de l'Asie ont, comme ceux de l'Amérique, des ruminants et des insectes domestiques qui, jusqu'à ces derniers temps, étaient restés étrangers à l'Europe. Les premiers sont l'Yak, le Gayal et l'Arni, les seconds, deux Vers à soie, vivant habituellement l'un sur le Ricin, l'autre sur l'Ailante glanduleux.

L'Yak, le Gayal et l'Arni. — Si l'on ne peut déterminer, dans l'état présent de la science, l'époque de la domestication de ces trois ruminants, du moins leurs origines zoologique et géographique sont-elles exemptes d'incertitude.

Les naturalistes anglais nous ont fait connaître l'existence simultanée, sur divers points de l'Indoustan, du Gayal et de l'Arni domestiques, et du Gayal et de l'Arni sauvages : les premiers très-voisins des seconds; notamment en ce qui concerne le Gayal qui, il est vrai, est tenu hors des demeures de l'homme et dans un état de si grande liberté, qu'on peut presque le considérer comme seulement demi-domestique.

L'Yak existe aussi à la fois à l'état domestique et à l'état sauvage dans l'Asie orientale. On le connaît sauvage sur le revers méridional de l'Himalaya, de trois à cinq mille mètres d'altitude, au Thibet et dans le nord de la Chine, et il est domestique dans tous ces pays et dans quelques autres. Les variétés et même les races très-distinctes qu'on connaît chez l'Yak donnent lieu de croire que ce ruminant est depuis longtemps au pouvoir de l'homme, pour lequel il est

[1] Outre le Lama, l'Alpaca et le Cochon d'Inde, les Péruviens avaient le Chien. Mais celui-ci s'est trouvé presque partout. Voyez le Chap. v, sect. II, § 2

à la fois un très-puissant auxiliaire, un bon animal alimentaire et une espèce industrielle très-utile [1].

Les Vers à soie de l'Ailante et du Ricin. — Ces Vers, qui ont conservé les caractères de leur type primitif, et parmi lesquels on ne voit pas, comme chez celui du Mûrier, des races et variétés très-distinctes, ont été sans nul doute domestiqués à une époque récente, comparativement à celui-ci; et le Ver de l'Ailante, que les Chinois élèvent souvent en plein air sur les arbres, n'est même encore qu'à demi domestiqué.

Le Ver du Ricin est très-communément élevé dans les habitations des Indous. Les Chinois en font aussi l'éducation dans quelques provinces [2].

§ 5.

Parmi les animaux que possède l'Europe, cinq donnent lieu à de semblables difficultés, ou même à de plus graves. Tels sont le Renne, les deux Cyprins, et, résultat que j'avais été loin de prévoir au commencement de mes recherches, deux de nos oiseaux les plus connus et les plus répandus, la Tourterelle à collier et le Cygne.

Le Renne. — Il en est de ce ruminant dans les régions arctiques, comme de plusieurs Bœufs en Asie. L'espèce vit encore à l'état sauvage dans la même région où on en élève des races domestiques. Si la date de la domestication reste incertaine, on connaît donc l'origine géographique et surtout zoologique du précieux ruminant des Lapons et de quelques autres peuples hyperboréens.

Outre les pays arctiques où le Renne est domestique,

[1] Sur l'Yak, voy. la *Troisième partie*, Chap. I.

[2] Sur les Vers à soie du Ricin et de l'Ailante, voyez la *Troisième partie*, Chap. V.

on le connaît sauvage sur divers points de l'ancien et du nouveau continent, notamment en Russie et au Canada.

La Carpe. — Domestiquée à une époque déjà éloignée de nous, mais qui reste indéterminée, la Carpe s'est récemment répandue, de l'Europe centrale et occidentale, dans le nord et hors de l'Europe. Mais comment la possédons-nous? Est-ce une espèce indigène, ou avait-elle été anciennement introduite? Question encore irrésolue. Cuvier regardait la Carpe comme originaire de l'Europe centrale [1]; mais la plupart des zoologistes actuels veulent qu'elle ait été d'abord domestiquée en Asie : en Perse et dans les contrées chaudes qui l'avoisinent, dit, mais avec beaucoup de doute, M. Valenciennes [2]; plus vraisemblablement, selon M. Auguste Duméril [3], dans l'Asie Mineure, où M. de Tchihatcheff a, en effet, retrouvé ce poisson dans plusieurs lacs « en immense quantité [4]. »

La Carpe a été très-modifiée par la culture; on en distingue dans nos eaux plusieurs races de variétés très-distinctes.

Le Cyprin doré. — L'introduction de ce poisson en Europe date de la fin du seizième siècle ou du dix-septième; mais sa domestication avait eu lieu, et vraisemblablement depuis longtemps, en Chine, particulièrement au Tche-kiang, d'où l'espèce, encore très-mal connue à l'état sauvage, paraît être originaire.

Il existe en Chine un grand nombre de races, et surtout de variétés de ce poisson. Les Chinois les mélangent sans cesse pour obtenir de nouvelles modifications. Les grands

[1] *Règne anim.*, 2e édit., t. II, p. 271.

[2] Article CARPE du *Dictionn. universel d'hist. natur.*, t. III, p. 189. — Voy. aussi l'*Histoire naturelle des poissons*, t. XVI, p. 52.

[3] Leçons orales au Muséum d'histoire naturelle.

[4] *Asie Mineure*, IIe partie, *Climatologie et Zoologie*, Paris, 1856, gr. in-8, p. 300.

de l'empire se plaisent à avoir dans leurs demeures un grand nombre de variétés de cet élégant poisson, et l'empereur en possède, dit-on, la collection complète.

La Tourterelle à collier. — On rattachait autrefois cet oiseau à notre Colombe des bois ou Tourterelle proprement dite, *Columba turtur*, espèce que les Romains nourrissaient en grand nombre et avec le plus grand soin dans leurs maisons de campagne. Mais ces éducations restaient sans résultat[1]; les Tourterelles ne couvaient et ne se reproduisaient pas; on ne faisait pour elles que ce qu'on faisait pour les Grives, que ce qu'on fait aujourd'hui pour les Ortolans : on les engraissait pour la table, et elles n'ont pas laissé de descendants domestiques. La Tourterelle à collier, bien distinguée par Linné sous le nom de *Columba risoria*, a pour souche une autre espèce sur la patrie de laquelle on a émis diverses opinions, mais qui habite certainement les contrées orientales de l'Asie. Comment et quand nous en est-elle venue? Nous l'ignorons. Tout ce que nous pouvons dire, c'est qu'elle est domestique en Europe depuis trois siècles au moins; que ses anciens noms, *Colombe indienne*, *Colombe turque*, semblent indiquer la voie qu'elle a suivie pour arriver jusqu'à nous; et qu'elle conserve sensiblement dans la race la plus commune, toutefois avec une taille un peu plus grande, les caractères du type primitif, tel qu'on le trouve dans l'Asie orientale, et particulièrement tel que M. de Montigny nous l'a envoyé de Chine.

Le Cygne. — Avant les recherches auxquelles je me suis livré sur les origines des animaux domestiques, je ne faisais aucun doute que, suivant l'opinion généralement admise, ce beau palmipède, ce « premier habitant de la république tranquille » des eaux[2], n'eût été, chez les anciens

[1] *Educatio supervacua*, dit Columelle, *De Re rustica*, lib. VIII, cap. ix

[2] Buffon, *Histoire naturelle des oiseaux*, t. IX, p. 2, 1783.

comme chez nous, l'ornement des rivières, des jardins et des parcs. Le nom du Cygne revient presque à chaque page dans les écrits des poëtes grecs et surtout latins. Mais s'agit-il dans ces écrits du Cygne domestique ou du Cygne sauvage? J'ai été bientôt conduit à me poser cette question, et le résultat des recherches que j'ai faites pour la résoudre a été celui-ci : entre les nombreux passages que j'ai examinés, il n'en est aucun qui ne soit, ou incontestablement applicable au Cygne sauvage[1], ou vague, et tel qu'on peut le rapporter aussi bien à celui-ci qu'au Cygne domestique. Il en est ainsi, par exemple, de ces innombrables allusions à la blancheur du Cygne et à son prétendu chant de mort qui reviennent sans cesse chez les poëtes de l'antiquité. Quant aux naturalistes, ni Aristote ni Pline ne disent rien du Cygne domestique, tandis qu'ils mentionnent à chaque instant le sauvage : ils paraissent donc n'avoir connu que celui-ci. Bien plus, le moyen âge en est encore sur le Cygne où en était l'antiquité : au treizième siècle, Albert-le-Grand ne fait guère lui-même que répéter et commenter ce qu'avait dit Aristote. Dès la renaissance, au contraire, et sans qu'aucun auteur en parle comme d'une conquête nouvellement faite, le Cygne domestique est mentionné comme habituellement « nourri ès douves des chasteaux situez en l'eau[2] » La domestication du Cygne daterait-elle du moyen âge? Dans tous les cas, il est peu vraisemblable qu'elle ait été accomplie dans l'ouest de l'Europe, où le *Cygnus olor*, souche du Cygne domestique qui

[1] Il en est ainsi, entre autres, d'un passage de Diodore de Sicile (*Bibliothèque historique*, liv. X), dans lequel on avait cru trouver une preuve décisive de la domesticité du Cygne chez les anciens. Une *Fable* bien connue d'Ésope, qu'on a citée dans le même sens, n'est pas plus significative. — J'ai discuté ces deux passages, *Histoire naturelle générale, loc. cit.*, p. 54.

[2] Belon, *loc. cit.*, p. 15.

en conserve les caractères, se montre bien moins communément que le *Cygnus ferus*[1].

§ 6.

Des domestications les plus récentes, celles qui datent seulement du dix-huitième siècle, nous venons de remonter à d'autres accomplies au seizième; puis à de plus anciennes, dont l'époque reste plus ou moins indéterminée, mais se rapporte très-vraisemblablement, pour quelques-unes du moins, au moyen âge. Nous arrivons maintenant aux domestications déjà obtenues par les anciens, soit à l'époque romaine, soit à l'époque grecque, soit dans la haute antiquité et les temps anté-historiques.

En continuant de remonter des temps les plus rapprochés de nous vers les plus reculés et les plus obscurs, nous trouvons, dans l'époque romaine, la domestication de deux mammifères, le Lapin et le Furet, et d'un oiseau, le Canard; dans l'époque grecque, celle d'une Abeille et de quatre oiseaux, la Pintade, l'Oie (quoiqu'on rapporte généralement ces deux espèces à l'époque romaine), le Paon et le Faisan commun; enfin, dans la haute antiquité, celle du Ver à soie, peut-être d'une Abeille, et parmi les animaux supérieurs, de la Poule, du Pigeon et de plusieurs mammifères, au nombre desquels se trouvent nos principaux animaux domestiques, soit auxiliaires, soit alimentaires.

C'est aussi dans l'antiquité, mais à une époque qui reste indéterminée, et en Orient, qu'a eu lieu la domestication du Buffle. Je dirai d'abord quelques mots de ce ruminant.

[1] Aussi a-t-on pris d'abord ce Cygne pour la souche du Cygne domestique. On sait qu'outre le tubercule, la coloration du bec et quelques autres caractères extérieurs, le Cygne domestique diffère du *Cygnus ferus* par une disposition très-différente de la trachée-artère et du sternum.

Le Buffle. — Aristote et les autres naturalistes de l'antiquité n'ont connu le Buffle qu'à l'état sauvage; et il n'est pas non plus question du Buffle domestique dans les livres très-anciens de l'Asie centrale et orientale. C'est cependant de cette contrée qu'il est originaire, et c'est là sans nul doute qu'il a été domestiqué. L'époque de sa domestication ne saurait être exactement fixée; mais on peut du moins la rapporter avec certitude à l'antiquité; car des documents authentiques nous montrent le Buffle introduit au seizième siècle sur les bords du Danube, et bientôt après en Italie : son arrivée dans cette dernière contrée a eu lieu en 595 ou 596 [1]. Le Buffle avait donc dès lors traversé la plus grande partie de l'ancien continent, et, par conséquent, il était au pouvoir de l'homme depuis un temps qu'on ne peut guère évaluer à moins de quelques centaines d'années. La première domestication du Buffle devrait donc être reportée à un des derniers siècles de l'antiquité.

§ 7.

Les dates des domestications accomplies par les Romains ne sauraient être fixées d'une manière précise; mais du moins n'en sommes-nous pas réduits ici à des indications plus ou moins conjecturales.

Le Lapin. — Ce quadrupède n'a été nulle part mentionné par Aristote, et c'est tout à fait sans motifs que Cuvier [2] le dit cité et même « très-bien décrit » par Xénophon. Au contraire, Polybe, Strabon, Élien, Pline et tous les

[1] Voyez Roulin, article Buffle du *Dictionn. universel d'histoire naturelle*, t. II, p. 764, 1842, et Davelouis, *Étude sur le Buffle*, dans le *Bulletin de la Société impériale d'acclimatation*, t. IV, p. 470, et t. VI, p. 441; 1857 et 1859.

[2] Dans une note du Pline de M. Ajasson de Grandsagne, Paris, in-8, t. III, p. 559.

auteurs d'une date postérieure nous parlent du Lapin; et leurs témoignages, rapprochés du silence d'Aristote, établissent clairement que ce rongeur n'existait originairement ni en Grèce ni en Italie, et qu'il y était même encore très-peu connu vers le commencement du second siècle avant notre ère. Au contraire, il habitait originairement l'Espagne, où il paraît avoir d'abord été domestiqué, la Corse, et vraisemblablement quelques autres parties de l'Europe méridionale. Dans cette patrie primitive du Lapin, faut-il comprendre le midi de la France? Quelques doutes subsistent à cet égard; mais ce qui est certain, c'est que dès le premier siècle avant notre ère, le Lapin s'était tellement multiplié dans la France méridionale, que « ce pernicieux animal, » au témoignage de Strabon[2], étendait ses ravages depuis l'Espagne jusqu'à Marseille. Plus tard, Pline nous montre ce rongeur plus multiplié et plus nuisible encore aux îles Baléares, et leurs habitants réduits à implorer l'envoi de troupes contre les Lapins : *Auxilium militare a divo Augusto petitum*[3]!

Le Furet. — C'est pour réprimer l'excessive multiplication du Lapin qu'on avait domestiqué ou introduit le Furet, carnassier dont la détermination spécifique n'est pas encore complétement obtenue. On le considère ordinairement comme issu d'une espèce encore inconnue à l'état sauvage : mais on n'a aucune raison de faire intervenir ici la supposition toute gratuite de l'existence de cette espèce, quand nous connaissons un animal aussi voisin du Furet que l'est le Putois. L'un et l'autre sont parfois entièrement semblables à l'extérieur, et les prétendues différences anatomiques

[1] Entre ces auteurs, voyez surtout POLYBE. Un passage des *Histoires*, (liv. XII) montre mieux qu'aucun autre combien le Lapin était alors peu connu. « On croirait, dit Polybe, voir un Lièvre; mais, en le prenant à la main, on reconnaît aussitôt qu'il est d'une autre espèce. »

[2] *Géographie*, liv. III.

[3] *Hist. nat.*, liv. VIII.

qu'on avait signalées entre eux se sont évanouies devant un nouvel examen [1].

Il n'y a donc plus aucune raison zoologique de méconnaître dans le Furet le Putois domestique. Une difficulté toutefois subsiste ici : le Furet, dit Strabon [2], vient de la Libye, c'est-à-dire, du nord de l'Afrique. Le Putois existe-t-il dans cette région? On ne l'y a pas encore trouvé. Peut-être l'y découvrira-t-on; peut-être aussi Strabon aura-t-il ici confondu le Furet avec une espèce africaine, comme l'a fait, dix-huit siècles plus tard, Buffon lui-même en prenant pour le Furet sauvage le *Nimse* ou *Nems* de Shaw, qui est un animal non-seulement d'une espèce, mais d'un genre très-différent [3].

Le Canard commun. — A l'égard du Canard, la détermination zoologique est exempte de toute difficulté. Nous connaissons aussi bien le Canard sauvage que le Canard domestique, et parmi les nombreuses races et variétés qu'on a obtenues de celui-ci, il en est, et ce sont les plus communes, qui conservent encore, sauf une taille sensiblement plus considérable, tous les caractères de l'*Anas boschas*. La question d'origine est par là zoologiquement résolue. Mais, historiquement, il reste quelques incertitudes. Elles ne portent, toutefois, que sur la date de la domestication; encore cette date peut-elle être déterminée approximativement. Chez les Romains, à l'époque de Varron, il fallait encore couvrir de filets les enclos destinés aux oiseaux d'eau, *ne possit Anas evolare* [4]. La domestication était donc encore

[1] La principale était l'existence d'une paire de côtes de plus chez le Putois, admise par les auteurs d'après Daubenton, *Histoire naturelle* de Buffon, t. VII, p. 218 et 221. — Au sujet de cette erreur, longtemps admise, voyez Blainville, *Ostéographie*, *Mustélas*, p. 13.

[2] *Loc. cit.* « Ἡ Λιβύη φέρει, » dit Strabon ; ou, selon une autre leçon, τρέφει, ce qui reviendrait au même.

[3] Buffon, *Hist. nat.*, t. VII, p. 210. — Le Nims est une Mangouste.

[4] Varron, *De Re rustica*, lib. III, cap. xi.

très-incomplète, et par conséquent récente à la fin de la république romaine. Rien n'indique d'ailleurs que cette domestication eût même été commencée chez les Grecs.

§ 8.

La domestication de la Pintade avait été rapportée aussi par la plupart des auteurs, et celle de l'Oie par tous, même par les plus érudits, à l'époque romaine. L'une et l'autre appartiennent incontestablement à l'époque grecque, aussi bien que celles du Paon et du Faisan. Pour l'Oie en particulier, il y a même lieu de croire qu'elle a été possédée par les Grecs bien avant le Paon.

La Pintade. — Un des disciples d'Aristote, Clytus de Milet, et après lui, Athénée, signalent l'existence de la Pintade chez les Grecs. L'un nous apprend qu'on élevait de son temps la *Meleagris* dans l'île de Léros, près du temple de Minerve [1], et Athénée cite l'Étolie comme la contrée où on l'a possédée d'abord [2]; Link suppose que la Grèce l'avait reçue de Cyrène ou de Carthage [3]. La Pintade a donc été possédée par les Grecs avant de l'être par les Romains. Toutefois, les premières éducations faites à Léros et en Étolie paraissent avoir eu peu de résultats, et c'est surtout par les soins des Romains, maîtres plus tard des lieux qu'elle habite, que la Pintade est devenue un oiseau européen. On avait même à Rome, et en abondance, deux espèces de Pintades, la *Numida ptilorhynchus*, à caroncules *bleues*, que l'Europe n'a pas conservée, mais que nous essayons au-

[1] Dans un passage conservé par Athénée, *Deipnosophistes*, l. XIV, xx. La Pintade à caroncules *rouges* est bien décrite dans ce passage, et la similitude des deux sexes déjà mentionnée.

[2] *Loc. cit.*, liv. XIV, lxx.

[3] *Die Urwelt und das Altherthum;* trad. par M. Clément Mullet, Paris, 1837., in-8, p. 315. — Voyez aussi Pallas. *Spicil. zool.*, fasc. iv. p. 10.

jourd'hui de lui rendre; et la *Numida meleagris*, à caroncules *rouges* [1], la même qu'on avait eue en Grèce, et qui est aujourd'hui si commune en Europe; soit qu'on l'y ait perpétuée depuis les Romains; soit, comme le croit Belon [2], qu'elle y ait été réintroduite il y a quelques siècles, de la côte occidentale d'Afrique, région où on la trouve en effet, sur plusieurs points, à l'état sauvage et avec des caractères qu'on trouve bien conservés chez un grand nombre d'individus domestiques.

Le Paon. — L'origine asiatique du Paon est aussi incontestable que l'origine africaine de la Pintade; et ici nulle difficulté. C'est l'expédition d'Alexandre qui a enrichi la Grèce [3] de ce magnifique oiseau, originaire de l'Inde, où il existe sauvage. Avant Alexandre, quelques Paons avaient été apportés en Grèce et montrés en public pour de l'argent comme des animaux rares et curieux : entre autres exemples, l'exhibition d'un individu avait eu lieu à Athènes, au temps de Périclès. Après Alexandre, au contraire, le Paon passe à l'état domestique. On l'a nié, il est vrai, mais faute d'avoir consulté ou pour avoir mal lu Aristote, dont le témoignage, deux fois répété sous des formes différentes, ne peut laisser aucun doute à cet égard.

L'Oie. — Dureau de la Malle, qui a traité avec tant d'érudition plusieurs questions relatives aux origines des animaux domestiques, voulait lui-même que l'Oie et le Canard

[1] Ces deux espèces sont très-bien distinguées par Columelle, l. VIII, c. II. C'est tout à fait à tort que cet auteur a été accusé d'avoir pris les deux sexes d'une même espèce pour deux espèces.

Notons en passant que la *Meleagris* des Romains était l'espèce à caroncules *bleues*. « *In Meleagride cærulea*, » dit COLUMELLE, l. VIII, II. L'espèce à caroncules *rouges*, à laquelle les zoologistes ont appliqué le nom de *Meleagris*, était appelée par les Romains *Gallina africana* ou *numidica*.

[2] *Loc. cit.*, p. 246.

[3] Au moins la Grèce proprement dite. Le Paon paraît avoir été élevé à Samos avant de l'être sur le continent. Voy. ATHÉNÉE, l. XIV, LXX.

eussent été domestiqués ensemble par les Romains[1]. Pour rectifier cette erreur[2], et restituer à l'époque grecque la domestication de l'Oie, je ne m'appuierai pas sur une fable prétendue antique qui nous montre une Oie (et non, comme dans la Fontaine, une Poule),

> Pondant tous les jours un œuf d'or,

ni sur quelques autres documents vagues ou non authentiques, mais sur un passage d'Aristote qui me semble entièrement décisif. Tel est celui où il parle[3] des pontes des jeunes oiseaux domestiques avant toute fécondation : l'Oie et la Poule sont citées comme les deux espèces chez lesquelles on observe des exemples d'*œufs de vent*. L'Oie devait donc être, au temps d'Aristote, non-seulement domestique, mais commune à l'état domestique, et par conséquent domestiquée depuis longtemps; et c'est ce que confirment deux vers de l'*Odyssée*[4], où l'Oie nous est représentée comme un des oiseaux qu'on nourrissait dans les maisons[5].

La domestication de l'Oie date donc, en Grèce, au moins du temps d'Homère[6].

[1] Buffon avait cependant déjà nié, dans son *Histoire naturelle des oiseaux*, la simultanéité de la domestication de l'Oie et de celle du Canard. « Si la domesticité de l'Oie, dit-il (t. XVII, p. 36), est plus moderne que celle de la Poule, elle paraît être plus ancienne que celle du Canard. » Passage d'autant plus remarquable que Buffon, sans s'appuyer sur les témoignages historiques, fonde ici son opinion sur la comparaison qu'il établit entre la valeur des modifications respectivement produites par la domesticité chez la Poule, chez l'Oie et chez le Canard.

[2] Dureau de la Malle s'était mal rappelé un passage de Varron cité plus haut (p. 185), et relatif au Canard seul, et non, comme l'a dit Dureau, à la fois à l'Oie et au Canard.

[3] *Hist. des animaux*, liv. VI, II.

[4] Liv. XV, vers 163 et 174.

[5] Ἀτιθαλλομένην ἐνὶ οἴκῳ.

[6] Dans son récent et très-savant ouvrage intitulé : *Les Origines européennes, ou les Aryas primitifs*, Paris et Genève, in-8, 1859, M. A. Pictet cherche même à faire remonter plus haut et à reporter en Asie la domestica-

Le Faisan commun. — Pour arriver à l'origine du Faisan, il faut franchir les limites de l'histoire proprement dite, et remonter jusqu'à la mythologie. C'est l'expédition des Argonautes qui paraît avoir donné à l'Europe « l'oiseau du Phase. » Telle est du moins la tradition généralement acceptée par les anciens, et c'est celle que résume avec autant de netteté que de concision un distique où Martial [1] fait ainsi parler le Faisan :

Argiva primum sum transportata carina;
Ante mihi notum nil nisi Phasis erat.

La tradition antique est ici confirmée par les faits de l'histoire naturelle : la contrée où elle place l'origine du Faisan est, en effet, comprise dans la région où vit naturellement cet oiseau. Et ici nulle incertitude. Le Faisan est resté chez nous, dans sa race la plus commune, ce qu'il est dans l'Asie Mineure. La filiation se prouverait donc au besoin par la ressemblance.

§ 9.

Les Abeilles. — Non-seulement Linné ne connaissait, mais les auteurs même du commencement de notre siècle n'ont admis qu'une seule Abeille domestique, *Apis mellifica*, qu'on se représentait comme peuplant également les ruches des pays les plus divers. C'est Latreille qui a le premier admis, sous le nom d'*Apis fasciata*, une seconde espèce qu'il croyait commune à l'Italie et à l'Égypte [2], et c'est

tion de l'Oie. Mais les mots qu'il cite comme les noms sanscrits de l'Oie domestique, étaient-ils bien appliqués à cet oiseau? Rien ne le prouve.

[1] *Epigramm.*, lib. XIII, 72.

[2] Dans les *Annales du Muséum d'histoire naturelle*, t. V, p. 171, 1804. — Voyez aussi un travail étendu du même auteur, inséré quelques années plus tard dans le *Recueil des observations de zoologie* de Humboldt et Bonpland, t. I, p. 240.

M. Spinola[1] qui a distingué de l'Abeille ordinaire et de l'Abeille d'Égypte (à laquelle est restée le nom d'*A. fasciata*) l'espèce si connue aujourd'hui sous le nom d'*A. ligustica*; encore M. Spinola n'avait-il osé la décrire d'abord que comme une variété de l'*A. mellifica*[2].

L'histoire de l'apiculture n'était donc et ne pouvait être jusqu'à nos jours que celle de la domestication et de la culture de l'*Apis mellifica;* et cette histoire, ainsi simplifiée par la prétendue unité spécifique des Abeilles de toutes les ruches, l'était encore par le point de vue où l'on se plaçait dans l'appréciation des témoignages de l'antiquité. Partout où il est question de miel recueilli par les hommes, on croyait voir des preuves suffisantes de l'existence de ruches et de la culture de l'Abeille. C'est ainsi que cet insecte a été considéré comme domestique depuis les temps les plus reculés.

Si l'on ne peut affirmer que cette conclusion soit fausse, au moins n'est-elle nullement justifiée. De même que l'homme a été chasseur longtemps avant d'être pasteur, il a dû recueillir le miel des Abeilles sauvages, longtemps avant de penser et de réussir à les attirer, à les retenir, à les élever dans des demeures artificiellement préparées. C'est, en effet, ce qu'attestent les livres les plus anciens; par exemple, la Bible, où il est plusieurs fois question de miel et d'Abeilles, mais de miel trouvé, et qui provenait d'Abeilles vivant à l'état sauvage, ou que le vague des termes employés permet du moins de croire sauvages. Il en est de même de tous les témoignages qui remontent à une haute antiquité; sans excepter ceux qui se rapportent à l'Égypte, où les traditions des anciens semblent placer le berceau de l'apiculture[3]. Les Abeilles figurées sur quelques

[1] *Insectorum Liguriæ species novæ*, Ire part., in-4, Gen., 1806, p. 35.

[2] Sous le nom d'*Apis mellifica ligustica.*

[3] Comme on le voit par un passage du quatrième livre des *Géorgiques*. Il y est, il est vrai, particulièrement question de l'art prétendu de faire sortir

monuments anciens de l'Égypte, notamment à Karnac [1], sont, il est vrai, habituellement citées comme des Abeilles domestiques; mais rien n'établit la justesse de cette détermination : la ruche n'est pas ici représentée avec les Abeilles, et tous les naturalistes savent que les Égyptiens ont presque aussi souvent figuré les espèces sauvages de leur pays, et même d'autres pays, que leurs animaux domestiques [2]. Il reste donc douteux que l'apiculture ait été pratiquée dans l'ancienne Égypte.

des essaims de cadavres d'animaux; mais cet art n'a pu être attribué qu'à un peuple considéré comme étant, par excellence, en possession des procédés ordinaires de l'apiculture.

[1] Voyez LATREILLE, *Sur des insectes peints ou sculptés sur les monuments antiques de l'Égypte*, dans les *Mémoires du Muséum d'histoire naturelle*, t. V, p. 249, 268; 1819.

[2] On a cité aussi, comme une preuve de la domesticité de l'Abeille chez les anciens Égyptiens, ce passage des *Hiéroglyphes* d'HORAPOLLON : « Un peuple soumis à son roi est désigné par l'Abeille, le seul des animaux qui ait un roi auquel tout l'essaim obéit. » (Trad. de REQUIER, in-12, Amsterdam, 1779, p. 116.) Telle est, en effet, la signification de l'Abeille, aussi bien d'après les plus éminents égyptologues de nos jours que d'après l'auteur du livre très-problématique des *Hiéroglyphes*. Mais ce passage suppose, non la culture de l'Abeille dans les ruches, mais seulement la connaissance des mœurs des Abeilles; et l'on sait qu'aucun peuple n'a mieux connu que les Égyptiens les mœurs des animaux, même sauvages.

N'étant parvenu à trouver par moi-même aucune preuve certaine de la domesticité de l'Abeille chez les anciens Égyptiens, j'ai eu recours au savoir et à l'obligeance de M. JOMARD, si familier avec toutes les connaissances relatives à l'histoire, aux antiquités et aux arts de l'Égypte. Voici sa réponse :

« Je crois avoir aperçu, dans les hypogées où sont représentées les scènes agricoles et domestiques, des paniers en forme de ruches; mais il n'y a pas de dessins publiés à ce sujet. Les Égyptiens ont représenté le *miel* par le symbole de l'*Abeille* joint au vase déterminatif, ce qui suppose la récolte du miel; mais ce n'est pas là une preuve de la *culture des abeilles*. Le signe de la royauté ne le prouve pas davantage. »

Selon M. Jomard, comme, d'après les résultats de mes recherches, il est possible que les Égyptiens (et surtout, dit M. Jomard, les Éthiopiens) aient domestiqué l'Abeille dans des temps très-reculés; mais, jusqu'à présent, on n'a pas de preuves de cette antique domestication.

Pour l'antique Asie, et en particulier pour les Aryas, M. ADOLPHE PICTET, (*Origines indo-européennes*, Paris, in-8, t. I, 1859), est arrivé à des conclusions analogues. « Il n'est point certain, dit ce savant (p. 103), que les Aryas

La domesticité de l'Abeille chez les Grecs est au contraire hors de toute contestation, mais non encore pour les temps les plus anciens de l'antiquité grecque. Un passage de l'*Odyssée*[1], qu'on a cité comme une preuve de la culture au temps d'Homère, ne me paraît pas aussi décisif qu'on l'a dit. Le poëte nous montre des Abeilles déposant leur miel dans les amphores des Nymphes : cette fiction poétique ne suppose rien de plus que la connaissance des mœurs des Abeilles à l'état sauvage.

Mais, après l'époque d'Homère, les Grecs sont incontestablement en possession, non-seulement de miel recueilli dans les rochers et le cœur des arbres, mais de miel produit dans des ruches. Aristote et plusieurs autres auteurs[2] ne sont pas seulement très-explicites à cet égard; ils décrivent les ruches et font connaître les procédés déjà très-avancés de l'art de l'apiculteur; de l'art du μελιττουργὸς, comme disaient les Grecs; car ils avaient déjà ce mot, dont le correspondant n'a été que récemment introduit dans notre langue; à peine même y est-il consacré par l'usage.

L'espèce que cultivaient les Grecs est-elle l'*Apis mellifica?* C'est ce qu'on a généralement admis, mais sans aucune preuve, et seulement parce qu'on voyait dans toute Abeille domestique l'espèce de nos ruches. La question était donc à reprendre, et, pour la résoudre, il fallait rechercher quelle est spécifiquement l'Abeille grecque. Avant de consulter la riche collection du Muséum, je savais déjà que l'existence de l'*Apis ligustica* avait été constatée, depuis le travail de

primitifs aient pratiqué l'apiculture. » De l'aveu, du moins implicite, de l'auteur, on n'a pas plus de certitude pour les anciens Indiens et les anciens Perses; car M. Pictet cite, comme le premier des témoignages de l'antiquité relatifs à la domestication de l'Abeille, un passage d'Homère; passage qui lui-même n'est nullement décisif.

[1] Liv. XIII, vers 166.

[2] Μελιττουργὸς est le titre d'une des *Fables* d'Ésope, dont le sujet est l'enlè-

M. Spinola, sur divers points de l'Italie jusque dans le sud, et aussi en Sicile [1]. Il était dès lors présumable que cette Abeille se retrouverait aussi en Grèce; elle y est en effet, ainsi que dans plusieurs autres contrées méditerranéennes, telles que la Syrie et le midi de la France. La collection du Muséum possède des individus de tous ces pays. L'*Apis ligustica* est donc l'Abeille de l'Europe méridionale et de l'extrémité occidentale de l'Asie; et c'est elle qui a dû peupler les ruches des Grecs, et plus tard celles des Romains. Au sud, au contraire, celles des Égyptiens et des Arabes ont reçu l'*A. fasciata*, et plus au nord, les nôtres, la véritable *A. mellifica*, en des temps sans nul doute fort éloignés de nous, mais dont la date reste à fixer.

Abeille ligurienne.

Abeille à bandes.

De grandeur naturelle.

L'*Apis mellifica*, dont la patrie primitive est encore très-imparfaitement déterminée, a été introduite et est aujourd'hui cultivée dans plusieurs des pays où se sont établis les Européens. Elle l'est notamment dans l'Amérique du nord et dans les Antilles. On l'a retrouvée en Barbarie. Elle repasse facilement de l'état domestique à l'état libre : les États-Unis

vement de gâteaux de miel par une personne qui s'était introduite, *en l'absence du maître*, dans le μελιττουργεῖον. Peut-être le titre a-t-il été ajouté après coup; mais la fable est par elle-même très-significative.

[1] Elle en a été rapportée par M. Blanchard. C'est la seule espèce que ce savant zoologiste ait trouvée en ce pays.

paraissent surtout avoir de nombreux essaims d'Abeilles redevenues sauvages [1].

§ 10.

Nous arrivons aux animaux dont la domestication remonte très-certainement à la haute antiquité, aux temps antéhistoriques. Ceux-ci sont au nombre de quatorze : le Ver à soie du Mûrier, la Poule, le Pigeon, et onze mammifères.

Le Ver à soie du Mûrier. — La culture de ce Ver à soie date, en Chine, de la plus haute antiquité. Nous trouvons en effet dans le *Chou-king* la mention de Mûriers plantés et de Vers à soie nourris sous le règne d'Yao, vers 2200 ans avant notre ère; et un autre passage paraît assigner à l'origine de la sériciculture une date encore plus reculée. M. Stanislas Julien [2] la reporte à plus de quarante-cinq siècles.

Dès l'antiquité, le Ver à soie était cultivé, en dehors de la Chine, dans une grande partie de l'Asie : c'est de la Perse qu'il a été, au dixième siècle, introduit dans l'Europe orientale, et d'abord à Constantinople [3].

En Europe, l'Espagne a vraisemblablement dû aux Maures de posséder le Ver à soie avant l'Italie, qui l'a reçu du douzième au quatorzième siècle; la Sicile le possédait avant l'Italie continentale. Il existait sur quelques points de la

[1] PLINE, qui ne pouvait avoir aucune idée de la différence spécifique des Abeilles de divers pays, insiste du moins dans plusieurs passages (*lib.* XI) sur la diversité de leurs produits dans la Grèce proprement dite, en Crète, en Chypre, en Sicile, en Afrique et en Germanie.

L'*Apis mellifica*, l'*Apis ligustica* et l'*Apis fasciata* ne sont pas, d'après quelques entomologistes, les seules Abeilles aujourd'hui cultivées. Le Sénégal et Madagascar, entre autres, auraient leurs espèces. Mais on manque encore sur elles de renseignements suffisants.

[2] Voyez les *Comptes rendus de l'Académie des sciences*, t. XXIV, p. 1071, 1847.

[3] Je me borne à indiquer ce fait, rapporté, ainsi que ce qui suit, par un grand nombre d'auteurs récents.

France deux siècles avant Henri IV; mais c'est surtout sous le règne et par la volonté personnelle de ce prince éclairé, et grâce aux travaux d'Olivier de Serres, que le Ver à soie est devenu une des richesses principales de nos provinces du Midi et du Centre.

Si l'expansion du Ver à soie hors de l'extrême Orient peut être suivie, pour ainsi dire pas à pas, de la Chine dans l'Europe civilisée, et de celle-ci presque partout, l'histoire de la domestication de ce précieux insecte reste au contraire, à l'origine, enveloppée de ténèbres. On ne connaît pas le *Bombyx Mori* dans l'état de nature. L'espèce sauvage dont il se rapproche le plus est le *B. religiosæ*, dont il serait issu, selon une conjecture de M. Jenkins. Mais ce dernier Bombyce est indien et vit sur le *Ficus religiosa* : la vraie souche de nos Vers à soie reste vraisemblablement à découvrir en Chine.

La Poule. — L'Asie est de même la patrie originaire de la Poule, et le lieu de sa première domestication. De ces deux faits le premier est également attesté par l'histoire naturelle et par l'histoire. C'est dans l'Asie, soit continentale, soit insulaire, que sont répandues toutes les espèces du genre *Gallus*, et particulièrement le *G. Bankiva*, dont les caractères concordent parfaitement avec ceux de plusieurs de nos races domestiques. On voit encore communément dans nos basses-cours des Coqs exactement colorés comme le Bankiva. Temminck, qui a le premier décrit le Coq Bankiva et signalé son étroite parenté avec nos races domestiques[1], le disait originaire de Java; selon d'autres, il viendrait des Phi-

[1] *Histoire naturelle des gallinacés*, t. I, p. 87. — Temminck admet, du reste, d'autres « souches ou espèces premières. »

Avant Temminck, on prenait pour le Coq primitif, d'après Sonnerat (*Voyage aux Indes orientales*, in-8, 1782, t. III, p. 159), une espèce rapportée de l'Inde par ce voyageur, et qui porte aujourd'hui son nom.

Selon M. Pucheran (*Archives du Muséum d'histoire naturelle*, 1854, t. VI, p. 400), la véritable souche serait le *G. Lafayettii* de Ceylan. Mais on ne re-

lippines. Nous pouvons affirmer que ce Coq se trouve sur le continent de l'Inde aussi bien que dans quelques archipels; et par là disparaît la dernière des difficultés qu'avait rencontrées la détermination de l'origine du Coq [1]. C'est en effet du continent de l'Asie, de la Perse, qu'il est venu, un peu après l'époque d'Homère [2], dans la Grèce, qui l'a, plusieurs siècles après, donné à l'Italie. *Persicus Gallus*, *Persicus* ἀλέκτωρ, disent à plusieurs reprises les auteurs anciens [3]; sans nous apprendre toutefois si le Coq est venu en Europe encore à l'état sauvage, ou déjà domestiqué. Mais le doute où nous laissent les livres grecs et latins est levé par un manuscrit d'une bien plus haute antiquité, par le *Zend-Avesta*. Ormuzd, selon les croyances des Parses, avait lui-même donné aux hommes le Coq et la Poule [4], et la religion mazdéenne prescrivait à tout fidèle de nourrir dans sa demeure un Bœuf, un Chien et un *Coq*, « représentant du salut matinal [5]. » Le Coq est donc, depuis une longue suite de siècles, domestique dans l'Asie en deçà de l'Indus. Y était-il venu, plus anciennement encore, de la région où nous le connaissons aujourd'hui à l'état sauvage [6]?

trouve pas dans nos races domestiques les caractères qui distinguent celui-ci (la coloration du dessous du corps et des rémiges secondaires).

[1] Pour expliquer comment le Coq avait pu venir des îles de la Sonde, Link supposait (*loc. cit.*, t. II, p. 312) d'anciennes « relations de commerce entre « ces contrées méridionales et celles du Nord ». Nous n'avons plus besoin de recourir à ces conjectures toutes gratuites.

Le seul point qui reste à éclaircir est celui-ci : Le Coq Bankiva existe-t-il sauvage jusqu'en Perse? ou avait-il été importé, déjà domestique, de l'Inde en Perse?

[2] Link, *ibid.*, p. 310.

[3] Athénée, *lib.* XIV, *cap.* LXX, d'après Cratinus.

[4] Traduction du *Zend-Avesta*, par Anquetil-Duperron, t. I, 2e part., p. 406. Il s'agit ici du *Coq céleste;* mais il est question, dans le même passage, des soins à donner au Coq.

[5] J. Reynaud. Voyez sur ce point, et sur le *Coq céleste* des Mazdéens, le savant article *Zoroastre* de l'*Encyclopédie nouvelle*, 1841, t. VIII, p. 807.

[6] On ignore également à quelle époque la Poule est venue d'Asie en

Le Pigeon. — On rencontre souvent, et même très-communément, dans nos colombiers, des Pigeons presque identiques avec la *Columba livia;* parfois même, la distinction des individus domestiques et des sauvages devient impossible. Cette extrême similitude permet d'affirmer la parenté de nos Bisets domestiques avec la *C. livia*. Malheureusement, après ce premier résultat, qui est loin de nous suffire, nous sommes contraints d'entrer dans le champ des conjectures. Le Biset sauvage est-il la souche unique ou une des souches multiples de nos nombreuses races et de nos innombrables variétés, soit de colombier, soit de volière? Tout ce que nous pouvons dire, c'est qu'on retrouve parfois, jusque dans les races les plus modifiées, une partie des caractères du Biset sauvage, et jamais ceux d'une autre espèce. Loin que la diversité d'origine puisse être prouvée, il y a donc une présomption en faveur de la communauté, sans qu'il soit cependant permis de l'affirmer.

Nous ne sommes pas plus fixés sur le lieu ou les lieux de la première domestication du Pigeon. Oiseau de grand vol, et essentiellement voyageur, le Pigeon se rencontre à l'état libre dans trois parties du monde, en Europe, dans le nord de l'Afrique, dans une très-grande partie de l'Asie : même en supposant la question de l'origine zoologique exactement déterminée, la question de l'origine géographique reste donc encore très-incertaine, à moins que l'histoire ne l'ait résolue. Or, non-seulement elle ne l'a pas fait, mais il est peu de points sur lesquels elle nous donne aussi peu de lumières. En des temps reculés, nous voyons déjà le Pigeon domestique dans les trois mêmes parties du monde où il vit sauvage; et l'Europe est la seule pour laquelle sa domestication ne se perde pas dans la nuit des temps. Le Pigeon

Égypte, où on l'a possédée fort anciennement. L'incubation artificielle y était pratiquée dès le temps d'Aristote. (Voy. *Hist. des anim.*, liv. VI, II.)

paraît n'avoir été possédé par les Grecs qu'un peu après l'époque d'Homère [1]; et ils n'avaient pas vu d'individus à plumage blanc jusqu'au cinquième siècle avant notre ère : ces individus blancs venaient vraisemblablement de la Perse [2]. Le même pays paraît avoir aussi donné le Pigeon à l'Égypte, mais à une époque plus reculée; car, dès le temps d'Aristote, le Pigeon était devenu un des oiseaux les plus communément et les plus habilement cultivés en Égypte : on en obtenait, selon Aristote, jusqu'à douze pontes par an, c'est-à-dire une ou deux de plus que dans les autres pays.

§ 11.

Parmi les mammifères très-anciennement domestiqués, la plupart, six sur onze, sont des ruminants; trois, des pachydermes, et deux, des carnassiers.

Parmi les ruminants, trois se trouvent surtout répandus en Orient; tels sont les Chameaux et le Zébu; les trois autres, la Chèvre, le Mouton, le Bœuf, sont cosmopolites.

Les Chameaux. — Aristote et Pline assignaient déjà pour patrie au Chameau proprement dit la Bactriane, c'est-à-dire le Turkestan, où, en effet, on le retrouve encore à l'état sauvage, ainsi que dans le Thibet. C'est donc à juste titre que le Chameau a reçu de Linné et porte dans la science le nom de *Camelus Bactrianus*. Sa domestication est sans date connue. Il est aujourd'hui répandu presque dans toute l'Asie, de l'Arabie et de l'Asie Mineure au lac Baïkal,

[1] LINK, *loc. cit.*, p. 316. — DUREAU DE LA MALLE. *Économie politique des Romains*, t. II, p. 18; d'après Link, qu'il copie.

[2] D'après un passage de CHARON de Lampsaque, conservé par ATHÉNÉE, *loc cit.*, liv. IX, chap. LI.

Les Romains paraissent avoir possédé de bonne heure le Pigeon. Ils l'ont quelquefois employé comme messager. (Voyez PLINE, *lib.* X, LIII.)

supportant également au midi des chaleurs torrides et au nord des froids très-rigoureux.

La patrie du Dromadaire ou Chameau à deux bosses est certainement plus méridionale et plus occidentale; mais rien n'autorise à la reporter jusqu'en Afrique, comme on l'a fait récemment. Le Dromadaire est du sud-ouest de l'Asie, particulièrement de l'Arabie, où on ne le connaît plus, il est vrai, dans l'état de nature, mais où son existence est indubitablement très-ancienne. Le Dromadaire est appelé par Aristote le *Chameau des Arabes*, comme son congénère, le *Chameau bactrien*, et Pline cite de même l'Arabie et la Bactriane comme étant de son temps les patries respectives des deux espèces.

La Chèvre et le Mouton. — La domesticité de ces deux ruminants remonte incontestablement en Orient à la plus haute antiquité. La *Genèse* parle dès ses premières pages du Mouton, bientôt après de la Chèvre. Tous deux sont mentionnés dans lè *Zend-Avesta* et dans les *Védas*, et représentés sur les monuments de l'Égypte, où l'on voit même parfois des individus très-modifiés. Le Mouton est, de plus, cité dans le *Chou-king*. En sorte que, dès les temps les plus anciens auxquels il soit possible de remonter, la Chèvre se trouve répandue de l'Égypte à l'Inde, et le Mouton dans tout l'Orient, la Chine comprise.

La Chèvre ne descend donc pas, comme on l'avait supposé, d'un de nos Bouquetins, ni le Mouton, comme on le répète chaque jour encore, de notre Mouflon d'Europe; et l'opinion de Pallas [1], qui leur assigne à l'une et à l'autre des origines asiatiques, est pleinement justifiée par les témoignages de l'histoire. Elle n'est, d'ailleurs, nullement contredite par les faits de l'histoire naturelle, soit en ce qui con-

[1] *Loc. cit.*, fascic. XI.

cerne le Mouton, soit surtout à l'égard de la Chèvre. Il n'y a aucune raison zoologique pour rattacher les races ovines à notre Mouflon plutôt qu'à ses congénères asiatiques, très-voisins de lui, et par conséquent non moins semblables à ces races. Quant à la Chèvre, non-seulement les données de l'histoire naturelle se concilient avec celles de l'histoire, mais elles suffiraient pour résoudre la question dans le sens où la résolvent les témoignages historiques. Notre Chèvre, d'après la forme très-caractéristique de ses prolongements frontaux, doit être manifestement rattachée à un Bouquetin à cornes, non élargies en avant, mais, au contraire, comprimées et carénées. Or, les trois Bouquetins aujourd'hui connus en Europe ont les cornes établies sur le premier de ces types. Les espèces, au nombre de deux, qui présentent le second, sont asiatiques : l'une est l'Égagre, *Capra Ægagrus*, et l'autre, une espèce plus orientale et plus récemment découverte, la *Capra Falconeri*. Nos races caprines doivent donc être rattachées à l'Égagre, comme l'avaient dit Güldenstädt, Pallas et Cuvier; peut-être aussi, secondairement, au Bouquetin de Falconer, comme l'a admis M. Brandt dans un mémoire spécial qui est le dernier mot de la science sur ces questions [1].

Le Bœuf et le Zébu. — Parmi les animaux très-anciennement domestiqués, ces deux Bœufs sont, après le Chien, ceux dont les origines sont restées jusqu'à ces derniers temps et restent les plus difficiles à déterminer. Pour conduire du moins la solution jusqu'où elle peut être conduite, j'ai eu ici à m'écarter, non-seulement de vues qui conservent de nombreux partisans dans la science, mais d'une opinion qu'on peut dire encore généralement admise. On faisait, on fait

[1] Dans le *Bulletin de la Société impériale d'acclimatation*, t. II. p. 565, 1855; travail reproduit par M. P. de Tchihatcheff, dans son savant ouvrage sur l'*Asie Mineure, Climatologie et Zoologie*, Paris. in-8. 1854; voy. p. 670.

encore des Bœufs des animaux d'origine européenne; j'ai dû les restituer à l'Asie, comme on lui avait restitué le Mouton, la Chèvre, le Porc et plusieurs autres[1].

La confusion, si difficile à éviter, et si longtemps faite, entre le Bœuf et le Zébu[2], est ici une cause d'erreur de plus, contre laquelle nous devons, avant tout, nous tenir en garde dans l'interprétation des témoignages historiques.

Ceux-ci sont en très-grand nombre. Si nous ouvrons, encore une fois, la *Genèse*, le *Zend-Avesta*, les *Védas*, les *Kings*, nous voyons le Bœuf, aussi loin qu'il nous soit donné de remonter, soumis déjà au pouvoir de l'homme, dont il est le principal ou un des principaux auxiliaires. Nous le trouvons, par exemple, traînant le char des Indiens et leur servant de « coursiers »; nourri en grands troupeaux, avec un soin religieux, par les anciens Perses; attelé, il y a plus de quarante siècles, par les Chinois, pour les travaux de l'agriculture, et même pour le service des armées.

Mais de ces antiques sources, si respectables et si précieuses qu'elles soient, ne nous viennent ici que des enseignements incomplets. S'agit-il ici du Bœuf proprement dit ou du Zébu? L'un et l'autre avaient-ils été soumis dès la haute antiquité? et comment alors faire à chacun sa part? Ou n'avait-on que l'un d'eux? et lequel? Questions qu'il a bien fallu poser quand la science a été ramenée à considérer le Bœuf et le Zébu comme deux espèces distinctes[2].

Heureusement, il est pour nous quelques autres sources de savoir, et ce que nous laisseraient ignorer la *Bible*, les *Nackas*, les *Védas* et les *Kings*, les monuments figurés de l'Assyrie et de l'Egypte nous l'apprennent clairement; et

[1] Je l'ai fait pour la première fois, mes cours exceptés, dans l'édition précédente du présent ouvrage. p. 125. — J'ai depuis exposé plus complétement mes vues dans mon *Histoire naturelle générale*. t. III, p. 89 et suiv., travail dont ce qui suit est extrait.

[2] Voyez p. 19.

nous pouvons affirmer que, dès la haute antiquité, le Bœuf proprement dit et le Bœuf à bosse ou Zébu étaient l'un et l'autre soumis à l'homme. On les trouve tous deux représentés sur des monuments assyriens et égyptiens d'une époque très-reculée, et les trois figures que je reproduis ici montrent qu'ils le sont avec une exactitude assez grande pour ne laisser aucune incertitude sur leur détermination.

La première de ces figures représente le Zébu, et sinon très-fidèlement, du moins en en faisant ressortir très-nettement les caractères. Cette figure appartient à l'antique Asie; elle se trouve sur un cylindre assyrien[1].

Figure assyrienne du Zébu.

D'autres sculptures assyriennes représentent au contraire le Taureau et la Vache ordinaires.

J'ai emprunté à un monument égyptien la seconde de ces figures, représentant aussi le Zébu ; elle se trouve sur un tombeau dont les peintures ont été étudiées avec le plus grand soin par Champollion le jeune, et reproduites dans son grand ouvrage sur les *Monuments de l'Égypte et de la Nubie*[2].

C'est bien, au contraire, une Vache ordinaire allaitant son veau, que Champollion a vu représentée à Karnac sur un autre monument égyptien qu'il désigne comme le tombeau de Ménothph ; et il n'est pas plus possible d'en méconnaître les caractères dans la troisième des figures que je reproduis ici, que ceux du Zébu dans la précédente.

[1] Voyez LAYARD, *Discoveries in the Ruins of Nineveh and Babylon*, Londres, in-8°, 1853, p. 604.

Gr. in-fol., t. IV, 1845, pl. CCCCXVII. — Pour la vache figurée ci-après, voyez la pl. CCCXC.

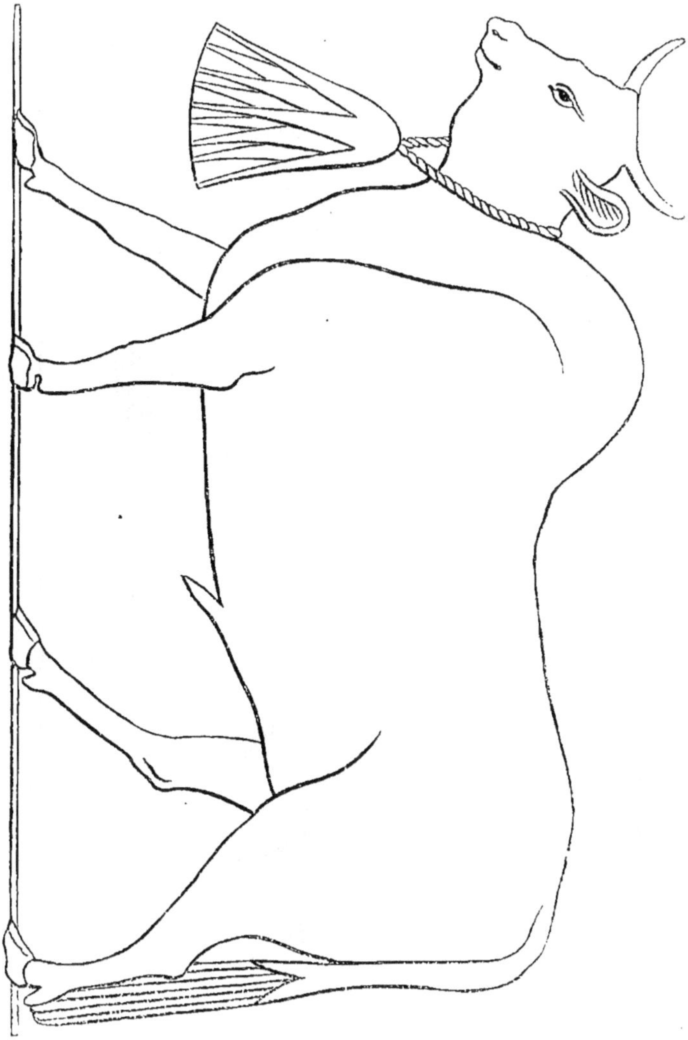

Figure égyptienne du Zébu.

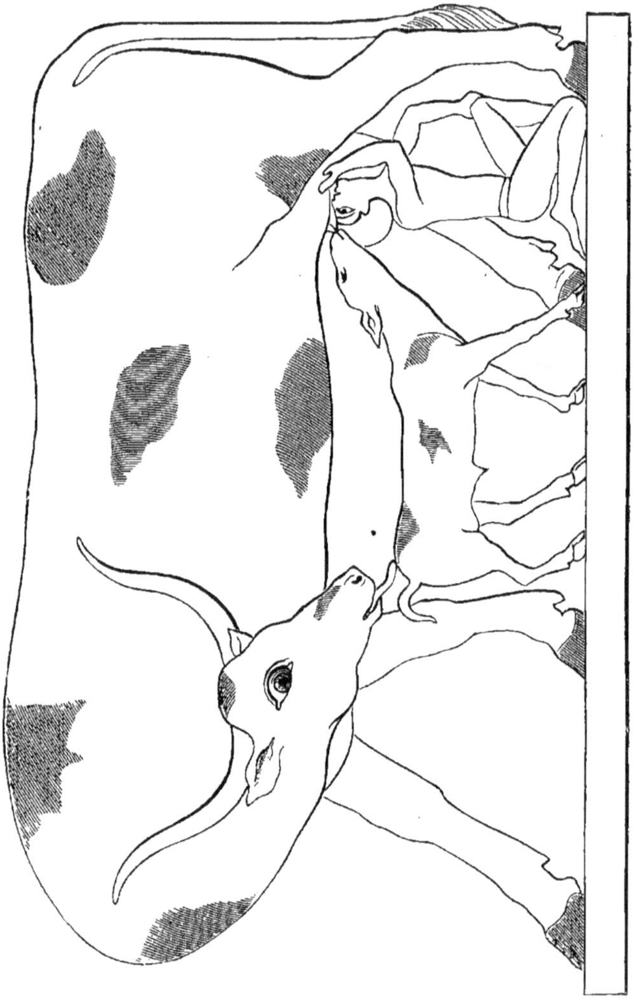

Figure égyptienne de la Vache.

Nous savons donc positivement qu'à une époque où l'Occident était encore couvert de forêts, l'Orient, déjà civilisé, possédait déjà le Bœuf et le Zébu ; et par conséquent, c'est de l'Orient que ces animaux sont sortis, pour devenir, l'un cosmopolite, l'autre commun à presque toute l'Asie et à une grande partie de l'Afrique.

L'accord entre l'histoire naturelle et l'histoire est encore ici manifeste. C'est en Orient que celle-ci place, pour le Bœuf et le Zébu, les premiers centres de domestication : c'est de même en Orient, en Asie, que l'histoire naturelle nous montre les espèces sauvages du groupe naturel auquel se rapportent le Bœuf et le Zébu. Ce groupe, celui des *Taurus*, comme l'appellent les auteurs les plus récents, est essentiellement oriental ; ses espèces vivent *toutes* en Asie, les unes sur le continent, les autres dans l'Archipel Indien. A la vérité, ces espèces sont encore, pour la plupart, mal connues, et nous ne saurions, dans l'état présent de la science, désigner avec certitude celles d'où sont issues nos races domestiques. Mais ce fait subsiste : le groupe tout entier est asiatique ; et c'en est assez pour autoriser cette conséquence : c'est en Asie que nous devons zoologiquement rechercher les souches du Bœuf et du Zébu, comme c'est en Orient que nous les avions historiquement aperçus.

Le Bœuf et le Zébu sont originairement asiatiques ; telle est donc la conclusion vers laquelle convergent tous les faits.

Déjà, dans l'antiquité, Aristote avait cru les Bœufs d'origine asiatique. Il existe en Arachosie, dit l'auteur de l'*Histoire des animaux*[1], un Bœuf sauvage qui est au Bœuf domestique ce que le Sanglier est au Cochon. Mais, d'après la description d'Aristote, ce prétendu Bœuf sauvage n'est autre que le Buffle.

[1] Liv. II. 1.

Cuvier avait aussi, un instant, considéré les races bovines comme d'origine asiatique. Le Bœuf, disait notre illustre zoologiste, pourrait bien être un « rejeton » du Zébu, et celui-ci, à son tour, descendre de l'Yak[1]. Mais Cuvier a bientôt reconnu que l'Yak est une espèce très-distincte, et il a rejeté cette première opinion, ou plutôt cette conjecture, qu'il n'a même rappelée dans aucun de ses ouvrages ultérieurs.

Dans tous ceux-ci, c'est l'Europe qui est présentée comme la patrie originaire de nos Bœufs. Ils descendraient, suivant Cuvier, non de l'Aurochs[2], comme l'avait dit Buffon et répété Pallas, mais d'un animal « anéanti par la civilisation, » et connu seulement par ses ossements fossiles très-peu rares dans les terrains d'alluvion. Cette seconde opinion de Cuvier, qui est bientôt devenue celle de tous les naturalistes, n'est pas plus admissible que la première. Si les Bœufs fossiles de nos terrains d'alluvion sont plus voisins du Bœuf que le Buffle et l'Aurochs, encore ne le sont-ils pas autant que l'avait cru Cuvier. Son collaborateur et fidèle disciple, Laurillard, a fini, abandonnant lui-même l'opinion du maître, par regarder comme « probable » que ces Bœufs fossiles différaient de notre espèce[3]; et ce que Laurillard dit probable est aujourd'hui tenu pour certain par la plupart des paléontologistes. Et en fût-il autrement, l'origine européenne de nos races bovines en serait-elle mieux démontrée? On trouve aussi en Europe, et précisément dans les mêmes terrains, des ossements fossiles

[1] Voyez la *Ménagerie du Muséum d'histoire naturelle* (1801-1804), article sur le *Zébu*.

[2] L'Aurochs est, en effet très-différent du Bœuf et du Zébu. Il a, entre autres caractères, une paire de côtes de plus, fait déjà connu de Daubenton. Voy *Hist. nat. de* Buffon, t. XI, p. 419.

[3] Article *Bœufs fossiles* du *Dictionn. universel d'histoire naturelle*, t. II, 1842, p. 627.

qu'on a cru pouvoir rapporter à l'*Equus Caballus* : qui les a jamais érigés en preuves contre l'origine asiatique du Cheval? L'espèce chevaline a pu exister sur notre sol en d'autres temps géologiques; mais, dans les nôtres, c'est en Asie que l'homme en a fait la conquête, et c'est là que sont les vrais ancêtres de nos races. Si c'est là l'histoire du Cheval, pourquoi ne serait-ce pas celle du Bœuf? Et quand de l'un à l'autre les faits sont très-exactement comparables, comment les conclusions pourraient-elles être différentes?

Nos races bovines sont donc d'origine asiatique. Conclusion commune de l'histoire, de l'histoire naturelle, et, ajouterai-je, de la philologie, comme l'ont montré mon savant ami et confrère, M. Joly[1], et depuis, mais plus complétement, un des érudits les plus versés dans la connaissance de l'antique Orient, M. Adolphe Pictet[2]. Selon ces deux savants, les noms que portent le Bœuf, le Taureau, la Vache, chez les divers peuples européens, sont d'origine asiatique, particulièrement zende et sanscrite, et, par conséquent, selon M. Pictet, aryane. Ces noms, modifiés à la longue, mais encore très-reconnaissables, sont autant de témoins de l'origine asiatique d'animaux qui ne les ont aujourd'hui que parce que leurs ancêtres les ont autrefois apportés avec eux en Europe.

§ 12.

Les difficultés, bien que grandes encore, sont heureusement moindres pour nos trois pachydermes. La notion de leur origine orientale avait du moins pris place dans la

[1] *Note sur la patrie primitive du Bœuf domestique*, dans le *Journal d'agriculture pratique de Toulouse*, 3e série, 1853, t. IV, p. 5.
[2] *Orig. indo-européennes*, *loc. cit.*, p. 330 à 343.

science; et pour les deux solipèdes, elle était même depuis longtemps et généralement admise.

Le Cheval et l'Ane. — Nos deux solipèdes, et surtout le Cheval, sont aussi des animaux domestiqués dès la plus haute antiquité. D'après le *Rig-Véda*, les *Nackas* et le *Chou-king*, les Indiens avaient déjà des Chevaux très-variés de couleur; il en était à peu près de même des Perses; et les Chinois, qui pourtant, selon le *Chou-king*, ne possédaient le Cheval que parce qu'ils l'avaient reçu de l'étranger, l'employaient, deux mille ans avant notre ère, dans les travaux de la guerre comme dans ceux de la paix. L'Ane est moins anciennement domestique dans ces pays; mais il semble l'être tout autant que son congénère, ou même l'avoir précédé, dans le sud-ouest de l'Égypte et de l'Asie. On en trouve sur les monuments égyptiens des figures dont une est ici reproduite[1]; et à partir du voyage d'Abraham en Égypte, l'Ane est mentionné presque à chaque page dans la *Genèse;* il n'y est question du Cheval qu'à l'époque de Joseph.

Les inductions qu'on peut tirer de ces différences, relativement aux lieux des premières domestications de nos deux solipèdes, concordent très-bien avec ce que nous savons de l'habitat du Cheval sauvage et de celui de l'Onagre. On trouve encore le Cheval dans l'Asie centrale, et la patrie de l'Onagre s'étend de l'Asie jusque dans le nord-est de l'Afrique. Ce dernier fait avait été contesté; mais je crois l'avoir mis hors de doute par plusieurs témoignages authentiques[2].

[1] Page 209. — D'après CHAMPOLLION, *loc. cit.*, pl. CCCXCIII *bis*.

[2] Voyez les *Comptes rendus de l'Académie des sciences*, tome XLI, p. 1221

Les mêmes conséquences que j'ai tirées, d'une part, de l'étude des livres et des monuments de la haute antiquité, de l'autre, des faits de l'histoire naturelle, résultent aussi des données de la philologie. Selon M. A. PICTET, *loc. cit.*, p. 344 à 354, tous les noms modernes du Cheval sont dérivés du sanscrit et du zend. Au contraire, les noms de l'Ane, Ὄνος, *Asinus*, *Asino*, *Ane*, *Ass*, *Esel*, paraissent d'origine sémitique.

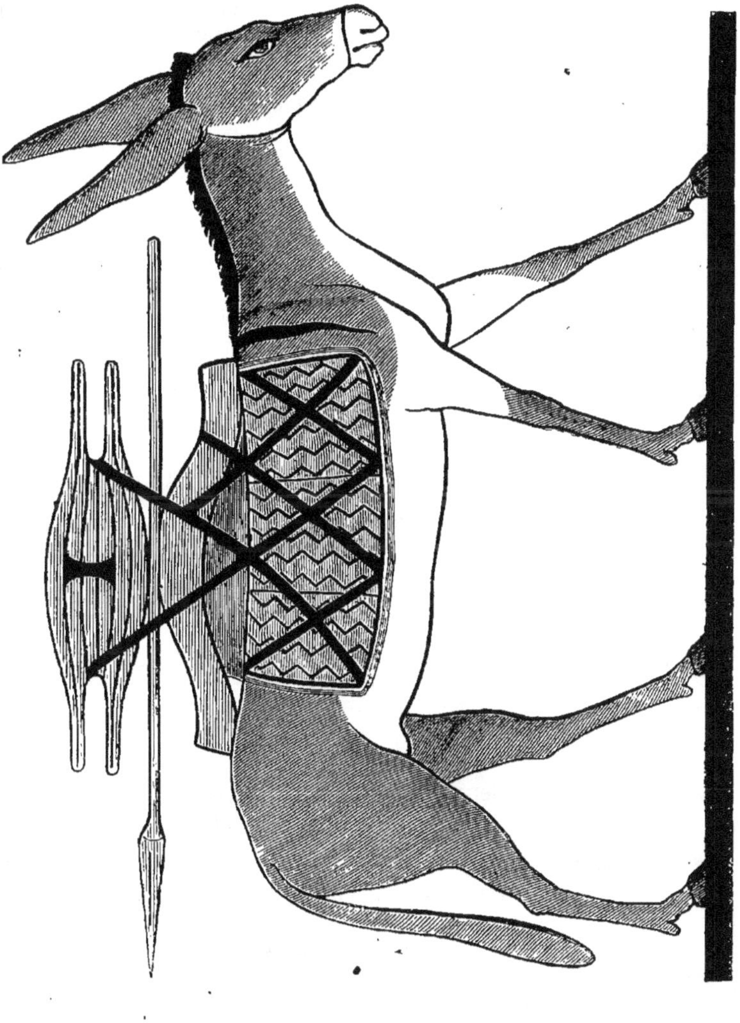

Figure égyptienne de l'Ane.

Le Cochon. — Les naturalistes ont longtemps fait descendre nos races porcines de notre Sanglier. Mais la domesticité du Cochon remonte à une époque extrêmement reculée dans l'Orient, et surtout dans l'extrême Orient; témoins les prohibitions du *Deutéronome* et divers passages de l'antique *Chou-king*. Selon le premier de nos sinologues, la domesticité du Cochon daterait, pour la Chine, au moins de quarante-neuf siècles[1].

C'est donc, manifestement des Sangliers d'Orient, et non des nôtres, qu'il y a lieu de faire descendre le Cochon, ou du moins la plupart de ses races. L'histoire nous conduit incontestablement à cette conclusion, comme l'ont reconnu Link et Dureau de la Malle[2]. Quant à l'histoire naturelle, si elle n'a pas de faits qui puissent la mettre hors de doute, du moins n'en a-t-elle pas non plus qui l'infirment. Le *Sus scrofa* d'Europe et les Sangliers orientaux se ressemblent à ce point, qu'on n'a pu encore en déterminer exactement les différences spécifiques. Il ne peut donc exister aucune raison zoologique de rapporter les races porcines au *Sus scrofa*, plutôt qu'au *Sus indicus* et aux autres Sangliers orientaux.

§ 13.

C'est par les deux Carnassiers que je terminerai cette étude, au terme de laquelle devait en effet se trouver, en remontant de l'époque actuelle aux siècles les plus reculés, l'animal qui est de temps immémorial le compagnon le plus

[1] Stan. Julien, note insérée dans l'*Ostéographie* de Blainville, *Cochons*, p. 163.

[2] Ces deux auteurs sont d'ailleurs loin de s'accorder eux sur la région de l'Asie où il faut chercher l'origine du Cochon. Link (*loc. cit.*, t. II, p. 299) le fait descendre des Sangliers perses et égyptiens; Dureau de la Malle, au contraire (*loc. cit.*, p. 137), d'une espèce indienne.

intime de l'homme; celui dont la domestication a été, dit Buffon, « le premier art de l'homme [1]. »

Le Chat. — Très-certainement venu dans nos demeures après le Chien, le Chat domestique y est cependant lui-même très-ancien ; et on s'était doublement trompé en le considérant comme issu, à une époque relativement récente, du Chat de nos forêts. Quels que soient le nombre et l'autorité des auteurs qui ont admis cette opinion, elle n'est pas soutenable, et il y a lieu de s'étonner qu'elle ait pu subsister dans la science, et même y prévaloir jusqu'à nos jours [2]. S'il n'est pas prouvé que le Chat, comme le veut Dureau de la Malle, ait été domestiqué en Chine dès la haute antiquité, il est certain qu'il l'a été en Égypte. On l'y nourrissait très-anciennement dans les maisons, et on enterrait les Chattes mortes, selon la traduction d'Hérodote par Du Ryer, « dans des sépulcres sacrés; » c'est-à-dire, dans les catacombes, où, en effet, leurs momies ont été retrouvées par mon père et par les voyageurs modernes.

On doit en outre à plusieurs de ceux-ci, et d'abord à M. Rueppell, la découverte faite en Nubie, puis en Abyssinie, où elle est à la fois sauvage et domestique, d'une espèce que MM. Temminck, Cretzschmar, Blainville et plusieurs autres zoologistes ont considérée comme la souche de nos races [3] ; cette espèce est le Chat ganté, *Felis maniculata*. Les

[1] *Histoire naturelle*, t. VI, 1857, p. 188.

GULDENSTAEDT se borne à dire (dans le travail qui sera cité plus loin) que le Chien a été *un des trois premiers* animaux domestiques.

[2] CUVIER lui-même l'a toujours admise. Voyez le *Règne animal*, t. I, 1re éd., 1817, p. 169; 2e éd., 1829, p. 165.

Beaucoup d'auteurs reproduisent encore de nos jours la même assertion.

[3] TEMMINCK, *Monographies de mammalogie*, Paris, in-4, t. I, 1826, p. 130. Voyez aussi p. 77. — CRETZCHMAR, *Atlas zu der Reise von* E. RUEPPELL, Francfort, in-fol., 1826, *Sæugethiere*, p. 1. — BLAINVILLE, *Ostéographie, Félis*, p. 89.

comparaisons ostéologiques établies entre le Chat domestique, les momies félines des catacombes, et le Chat ganté de Nubie et d'Abyssinie, montrent, en effet, entre eux une très-grande similitude, et justifient les vues émises par MM. Temminck et Cretzschmar.

Il est vrai que le Chat sauvage d'Europe est aussi ostéologiquement très-voisin du Chat domestique ; mais, comme je l'ai fait remarquer[1], il en diffère par un caractère de coloration, qui l'en sépare nettement : il manque, au-devant du col, d'une bande de couleur claire qu'on retrouve très-souvent chez les Chats domestiques, aussi bien que chez la plupart des Chats sauvages étrangers, et particulièrement chez le Chat ganté.

Nos races félines sont donc très-vraisemblablement issues du Chat ganté, et par conséquent originaires du nord-est de l'Afrique. Il se pourrait qu'elles eussent pour seconde souche une espèce asiatique encore indéterminée[2] ; mais ce qui est certain, c'est qu'elles ne sont pas sorties du Chat sauvage des forêts de l'Europe ; région où la domesticité du Chat est d'ailleurs bien moins ancienne qu'en Orient.

Chien. — Comme on voyait autrefois dans nos races félines domestiques la descendance du Chat de nos forêts, on faisait sortir du Loup nos races canines. « *Lupi cicures post multas generationes in Canes transeunt*, » dit Cardan dans son curieux traité *De subtilitate*[3], et il ne fait qu'y exposer une opinion très-répandue de son temps. Au dix-huitième siècle, au contraire, Buffon a cru retrouver dans le Chien de berger le « vrai Chien de la nature[4], » et Linné a vu

[1] Dans mes cours et dans mon *Hist. nat. gén.*, *loc. cit.*, p. 99

[2] Si une seconde origine existait, c'est en Chine qu'il faudrait la chercher. Le Chat a subi en ce pays plus de modifications qu'en aucun autre.

[3] *Lib.* X.

[4] *Histoire naturelle*, t. V, 1755, p. 202, et *Supplém. VII* (posthume), p. 143.

dans le Chien une espèce à part, *Canis familiaris*, distincte du Loup, du Chacal, du Renard et de tous les autres animaux sauvages. L'accord des deux grands naturalistes du dix-huitième siècle a entraîné l'adhésion de leurs contemporains et même de presque tous leurs successeurs; et le Chien est encore aujourd'hui considéré par un grand nombre d'auteurs comme un animal d'une espèce propre. Il est peu de traités de zoologie où l'on ne voie le Chien, sous le nom de *Canis familiaris*, inscrit à côté du *Canis lupus*, du *Canis aureus* et de leurs congénères.

Mais quels seraient les caractères du *Canis familiaris?* Il n'en aurait qu'un seul : la queue recourbée à gauche! Et où trouve-t-on cette espèce? Nulle part. Le Chien s'est rencontré chez presque tous les peuples à l'état domestique, chez plusieurs, en outre, à l'état *marron*, c'est-à-dire libre, par retour de la domesticité à la vie sauvage. Mais il n'est pas un seul pays où le Chien ait été découvert dans l'état de nature, et les anciens ne l'y ont pas plus connu que nous. L'espèce aurait-elle été domestiquée tout entière? Ou les hommes auraient-ils détruit toute la portion de l'espèce qu'ils n'auraient pas soumise? Supposition bien invraisemblable, pour ne pas dire plus : cette destruction, mise en avant par quelques auteurs, aurait dû avoir lieu dès la haute antiquité, c'est-à-dire quand les hommes étaient en petit nombre et mal armés, quand la terre était encore couverte d'immenses forêts vierges. Comment aurait-on exterminé le Chien dans ces impénétrables asiles, quand nous voyons ses congénères actuels, et le Loup lui-même, résister, jusque dans les pays les plus peuplés, à la guerre continuelle qu'on lui fait avec toutes les ressources de la civilisation la plus avancée?

Le Chien sauvage doit donc exister encore; et il y a lieu de le rechercher parmi les nombreuses espèces connues dans le genre *Canis;* particulièrement parmi ses espèces orientales ; car c'est en Orient que nous voyons le Chien le plus anciennement domestiqué. Si loin que nous remontions dans le passé, nous le trouvons gardien des troupeaux et des habitations des peuples de l'Asie centrale et de l'Égypte. Pour les premiers, nous avons le témoignage des *Nackas*, et particulièrement du *Zend-Avesta :* la religion mazdéenne prescrivait aux fidèles d'élever dans leurs demeures trois animaux, le Chien, la Vache et le Coq. Pour l'Égypte, nous avons mieux encore que des témoignages écrits : des Chiens, de plusieurs races différentes, sont représentés sur les monuments. Parmi elles, on en a remarqué une, à oreilles tombantes, fort voisine de nos Chiens de

Figure égyptienne de Chien à oreilles tombantes.

chasse actuels, et par conséquent très-modifiée par la culture ; si bien qu'il est impossible de ne pas en faire remonter la domestication à une époque très-ancienne, même relativement aux temps très-reculés où nous la voyons sous la main des chasseurs égyptiens. Une autre race qui, à un autre point de vue, n'est pas moins remarquable, et dont nous reproduisons ici la figure[1], est un véritable Lévrier, très-semblable au Chien auquel nous donnons aujourd'hui ce nom, mais à oreilles droites ; vraisemblablement le Lévrier primitif; car, d'après divers documents, nos Lévriers

[1] D'après Champollion, *loc. cit.*, pl. CCCCXXVI. — Pour la figure ci-dessus, voy. le t. II, pl. CLXXI.

paraissent tirer leur origine, sinon de l'Égypte elle-même, du moins de contrées voisines de l'Égypte[1].

Figure égyptienne du Lévrier primitif à oreilles droites.

[1] Le Chien a existé aussi très-anciennement en Chine : toutefois le *Chou-king* le désigne, de même que le Cheval, comme un animal étranger.

Il est aussi à remarquer que le Chien n'est nulle part mentionné dans la *Genèse*. La *Bible* ne le cite, parmi les animaux domestiques, qu'à partir de

Ces contrées orientales où paraît avoir commencé la domestication du Chien ont-elles des espèces qui lui ressemblent assez pour qu'on puisse l'en supposer issu? L'Asie et l'Égypte ont, non-seulement leurs Loups plus ou moins semblables aux nôtres, mais aussi leurs Chacals; et c'est dans ceux-ci que Güldenstädt et Pallas, il y a près d'un siècle, et de nos jours, MM. Tilesius, Ehrenberg et Hemprich, ont vu la souche ou plutôt les souches multiples du Chien. Très-communs dans les pays où les documents historiques nous conduisent à chercher les lieux des plus anciennes domestications du Chien, les Chacals, comme l'ont constaté les voyageurs, vivent habituellement à portée des habitations humaines, où même ils pénètrent parfois spontanément; ils sont éminemment sociables; ils s'apprivoisent facilement, et s'attachent à leurs maîtres; ils se mêlent volontiers avec le Chien; enfin, et ce dernier fait ne permet pas de méconnaître leur parenté, ils ressemblent au plus haut degré, soit pour les formes, soit pour les couleurs, soit même pour la voix [2], aux races canines, à celles du moins qui sont peu modifiées par la culture. Dans plusieurs pays, la similitude entre les Chacals et les Chiens est si frappante, qu'elle a conduit tous les voyageurs qui ont pu comparer sur les lieux ces animaux, à la même conclusion : les Chacals et les Chiens sont, les uns, la souche, les autres, les rejetons, encore réunis sur divers points de l'Asie et de l'Afrique.

l'*Exode*. Le Chien paraît avoir été moins anciennement domestiqué par l'homme à l'est et au sud de l'Asie qu'au centre et en Égypte.

[1] Gueldenstaedt, *Schacalæ historia*, dans les *Novi commentarii Academiæ scientiarum petropolitanæ*, 1776, t. XX, p. 449. — Pallas, *Spicilegia zoologica*, fascic. XI, 1776.

[2] A part l'aboiement. Mais les Chiens de plusieurs peuples n'aboient pas non plus.

Je puis ajouter que, mis près de Chiens qui aboient, le Chacal ne tarde pas à aboyer comme eux.

Cette opinion, qui a pour elle les résultats d'un grand nombre d'observations, n'a contre elle aucun fait qu'on puisse dire de quelque importance. En France, il est vrai, plusieurs naturalistes, encore partisans des vues de Buffon et de Linné, ont cru pouvoir objecter, les uns que le Chien et le Chacal, lorsqu'ils se mêlent, ne donnent que des métis inféconds; d'autres, ou les mêmes, que la durée de la gestation est plus courte, et même beaucoup plus, chez la Chacale que chez la Chienne; d'autres encore, que le Chacal ne peut être apprivoisé, ou du moins revient bientôt à sa férocité native. Mais aucune de ces assertions n'est exacte, et je crois l'avoir établi par des preuves sans réplique, comme je crois aussi avoir répondu d'une manière satisfaisante à quelques autres objections secondaires.

Mais les Chacals, soit ceux qu'on a compris sous le nom de *Canis aureus*, soit le *C. mesomelas*, auquel ressemble et dont paraît spécialement descendre le Chien des Boschismans, sont-ils les seules souches de nos nombreuses races canines? Sans parler ici du Loup, dont Pallas les faisait descendre en partie, et du Chien crabier, qui serait, selon d'autres conjectures, le père des races domestiques américaines, il est une espèce qui peut être indiquée avec vraisemblance comme une souche, et en particulier comme celle des Lévriers. Le *Canis simensis*, récemment découvert par M. Rueppell dans les montagnes de l'Abyssinie[1], espèce à formes très-élancées et très-sveltes, à tête longue et fine, est, à tous les points de vue, un véritable Lévrier; seulement il a les oreilles droites, comme l'ancien Lévrier égyptien qui a été plus haut mentionné et figuré, et qui semble le passage du *C. simensis*

[1] *Neue Wirbelthiere von Abyssinien*, in-fol. Francfort, in-4, 1835-40; *Mammifères*, p. 39, pl. XIV.

On a vu plus haut (p. 211 et 212) que le *Felis maniculata*, souche du Chat domestique, habite aussi ce même pays.

aux Lévriers actuels. Les Lévriers ne seraient donc pas, comme on l'avait cru, des Chiens ordinaires très-modifiés par les soins de l'homme ; mais des races ayant leur origine propre et leur type spécial, conservé jusqu'à ce jour dans ses caractères principaux.

Ces races se sont d'ailleurs mêlées depuis longtemps avec les races issues des Chacals du même pays, de ceux d'Asie, du *Canis mesomelas*, et peut-être de quelques autres espèces encore, pour constituer ce qu'on a si longtemps appelé la première espèce du genre *Canis*, le *C. familiaris* [1].

§ 14.

La multitude et souvent la difficulté des questions relatives à l'origine des quarante-sept animaux domestiques m'a obligé de donner une assez grande étendue à un travail qui n'est pourtant encore qu'un simple abrégé d'un autre plus étendu. En énonçant les résultats déjà admis dans la science, et surtout ceux auxquels j'ai été moi-même conduit, il fallait bien indiquer au moins sur quel genre de preuves ils se fondent, et jusqu'à quel point il est permis de les admettre, les uns comme définitivement acquis à la science, les autres comme plus ou moins vraisemblables.

Ces résultats, résumés maintenant en quelques mots, sont les suivants. Parmi les quarante-sept animaux actuellement possédés par l'homme, nous trouvons soumis à la domesticité :

1° Dès la plus haute antiquité : *Quatorze animaux*, sa-

[1] Pour diverses notions complémentaires, et pour plusieurs opinions émises sur l'origine des races canines, voyez *Hist. nat. gén.*, t. III, p. 95 et suiv. Je n'ai pu que donner ici un résumé du travail, lui-même très-abrégé, que renferme ce livre. Il faudrait un volume tout entier pour traiter toutes les questions qui se rapportent à l'origine du Chien.

voir : *onze mammifères :* le Chien, le Mouton, la Chèvre, le Cheval, l'Ane, le Bœuf, le Zébu, le Cochon, les deux Chameaux et le Chat [1]; *deux oiseaux :* le Pigeon et la Poule [2]; et *un insecte :* le Ver à soie du mûrier [3].

2° Dès l'antiquité grecque : *Cinq animaux*, savoir : *quatre oiseaux :* l'Oie, le Faisan ordinaire, le Paon et la Pintade [4]; et *un insecte :* l'Abeille de l'Europe méridionale [5].

3° Dans l'antiquité romaine : *Trois animaux*, savoir : *deux mammifères :* le Lapin et le Furet [6]; et *un oiseau :* le Canard ordinaire [7].

4° Dans l'antiquité encore, mais à une époque qui reste indéterminée : *Deux animaux*, savoir : *un mammifère :* le Buffle [8]; et *un insecte :* l'Abeille ordinaire [9].

5° A une époque indéterminée, mais très-vraisemblablement correspondante, pour plusieurs espèces, au moyen âge : *Onze animaux*, savoir : *cinq mammifères :* l'Yak, le Renne, le Lama, l'Alpaca et le Cochon d'Inde [10]; *deux oiseaux :* le Cygne et la Tourterelle à collier [11]; *deux poissons :* la Carpe et le Cyprin doré [12]; et *deux insectes :* l'Abeille fasciée [13] et la Cochenille [14].

6° A une époque indéterminée, mais très-vraisemblablement moderne : *Cinq animaux*, savoir : *deux mammifères :*

[1] Pour ces divers mammifères, voyez pages 198 à 218.
[2] Pages 195 à 198.
[3] Page 194.
[4] Pages 186 à 189.
[5] Page 189.
[6] Pages 183 à 185.
[7] Page 185.
[8] Page 183.
[9] Pages 189 à 192.
[10] Pages 175 à 179.
[11] Pages 180 à 182.
[12] Page 179.
[13] Pages 189 à 190.
[14] Page 176.

l'Arni et le Gayal [1]; *un oiseau :* l'Oie cygnoïde [2], et *deux insectes :* les Vers à soie du Ricin et de l'Ailante [3].

7° Au SEIZIÈME SIÈCLE : *Trois animaux*, tous de la classe des *oiseaux* : le Serin des Canaries, le Dindon et le Canard musqué [4].

8° Au DIX-HUITIÈME SIÈCLE : *Quatre animaux*, tous, comme les précédents, de la classe des *oiseaux* : les Faisans doré, argenté et à collier, et l'Oie du Canada [5].

Les anciens, outre les nombreux animaux que je viens de mentionner, ont possédé une seconde espèce de Pintade, qui, vers la fin de l'antiquité, a cessé d'être domestique; la Pintade à joues bleues [6].

Par compensation, on pourrait ajouter dès à présent à la liste des animaux domestiques, grâce aux travaux et aux efforts récents de quelques zoologistes et amateurs, plusieurs espèces, la plupart de la classe des oiseaux, particulièrement la Perruche ondulée, quelques Colombes étrangères, les Canards de la Chine et de la Caroline, les Oies d'Égypte et des Sandwich, et le Cygne noir australien, dont la reproduction est régulièrement obtenue depuis plusieurs années en France, en Angleterre, en Allemagne, en Belgique et en Hollande [7]. Parmi les mammifères, la reproduction de l'Hémione n'est pas moins régulièrement obtenue en France [8] ; celle du Canna, en Angleterre et en Belgique [9] ; celle du Nilgau [10], du

[1] Page 177.
[2] Page 174.
[3] Page 178.
[4] Pages 172 à 174.
[5] Page 172.
[6] Page 186.
[7] Pour ces oiseaux et quelques autres dont la reproduction a aussi été obtenue, et qui semblent devoir prendre place prochainement parmi nos animaux domestiques, voyez la *Première partie* de cet ouvrage, page 54 et suiv ; et la *Troisième*, Chap. III.
[8] Page 61. Voy. aussi la *Troisième partie*, Chap. II
[9] Voy. la *Troisième partie*, Chap. II.
[10] *Ibid.*

Cerf d'Aristote et du Cerf-Cochon[1], dans plusieurs pays; la domestication reste toutefois à accomplir. Parmi les insectes, le Ver à soie du Chêne paraît devoir se placer prochainement à côté des Vers de l'Ailante et du Ricin[2], et la Sangsue peut être dite dès à présent une annelide domestique[3].

Nul doute que lorsque nos successeurs, dans une autre époque, referont le travail que je viens d'esquisser, la liste des domestications accomplies dans le dix-neuvième siècle ne soit, la haute antiquité exceptée, la plus riche et la plus belle de toutes.

SECTION II

Variations subies par les animaux sous l'influence de la domesticité.

§ 1.

Le simple rapprochement établi dans l'exposé qui précède, entre nos animaux domestiques et les espèces qui en sont les souches, suffit pour mettre en évidence trois faits généraux et importants :

Tous les animaux récemment domestiqués conservent plus ou moins exactement les types des espèces sauvages dont ils sont issus. Chez les uns, il n'existe guère que des variétés individuelles; chez d'autres, de véritables races se sont constituées; mais ces races ne s'écartent des types primitifs que par des modifications sans importance, consistant, par exemple, en un léger accroissement du volume général, ou, et plus souvent encore, dans une décoloration par albinisme complet ou incomplet, ou, au contraire, dans des faits de mélanisme.

[1] Pages 43 et 44.
[2] Voy. la *Troisième partie*, Chap. v.
[3] Page 56, note.

Ce qui est vrai de tous les animaux récemment domestiqués l'est aussi de quelques espèces anciennement possédées par l'homme, mais qu'il s'est borné à nourrir dans ses demeures, sans les soumettre à des modes de vivre et à des régimes très-divers. Tel est le Paon : après plus de vingt et un siècles, la race domestique ordinaire diffère à peine du Paon sauvage, et la race blanche, à la coloration près, répète le Paon ordinaire. Tels sont aussi la Pintade, la Tourterelle à collier, le Faisan lui-même, et, parmi les mammifères, le Furet.

Il en est tout autrement des animaux domestiques anciennement possédés par l'homme, et soumis par lui à l'action, non-seulement de climats, mais, dans le même climat, de modes de vivre et de régimes très-différents. Chez ces animaux, on trouve encore des races plus ou moins semblables aux types primitifs, et c'est même par l'étude des caractères de ces races qu'il nous est donné de remonter aux types. Mais d'autres races en diffèrent par des caractères assez nombreux et assez importants pour que leur origine, si nous les considérions isolément, ne pût être obtenue que très-conjecturalement, ou même nous échappât complétement. Sans parler ici des races canines, ovines, bovines et porcines, comment reconnaître, s'il n'existait des races intermédiaires, l'*Equus Caballus* dans le Cheval boulonnais ou le pur-sang anglais, la *Capra Ægagrus* dans la *Chèvre* d'Égypte ou dans celle de Juida, le *Gallus Bankiva* dans le Coq Dorking ou dans le Vallikikili, et la *Columbia livia* dans le Pigeon-Paon ou le Culbutant? Ici aussi sont des différences de taille et de couleur, et en très-grand nombre et très-considérables ; mais, avec elles, il en est d'autres, souvent très-importantes, et tellement que le type spécifique devient complétement méconnaissable.

§ 2.

Il ne saurait nous suffire de savoir d'une manière générale que les variations subies par les animaux domestiques sont, chez plusieurs, nombreuses et importantes ; il importe de déterminer jusqu'où elles s'étendent et quelle en est la valeur. Ne portent-elles que sur les caractères superficiels et accessoires, ou atteignent-elles les organes profonds et importants? Question d'autant plus digne d'examen qu'elle a été résolue par Cuvier et par la plupart des auteurs, et l'est encore par plusieurs, tout autrement que je ne crois devoir la résoudre.

« Le degré des variations, dit Cuvier[1], n'est pas très-« élevé dans les espèces *demi-domestiques*, comme le Chat. « Des poils plus doux, des couleurs plus vives, une taille « plus ou moins forte, voilà tout ce qu'il éprouve.... Dans « les herbivores domestiques..., nous obtenons des varia-« tions plus grandes, *mais encore toutes superficielles;* plus « ou moins de taille, des cornes plus ou moins longues, etc... « Les effets les plus marqués de l'influence de l'homme se « montrent sur le Chien...; mais, dans toutes ces variations, « les relations des os restent les mêmes... Rien n'annonce « que le temps ait plus d'effet que le climat et la domesti-« cité. »

C'est, comme on le voit, pour le Chien seul que Cuvier se montre disposé à admettre des modifications *profondes* aussi bien que des variations *superficielles*. Concession unique qui encore a été retirée, après Cuvier, par plusieurs de ses disciples, et à leur tête, par M. Flourens, dont les vues ont été ainsi résumées par lui-même :

« Les variations sont beaucoup plus grandes dans les

[1] *Recherches sur les ossements fossiles*, Discours préliminaire.

« animaux domestiques (que dans les sauvages), mais *tou-* « *jours superficielles*[1]. »

Les faits ne justifient point ici l'opinion de Cuvier, et à plus forte raison, celle, plus absolue, de M. Flourens. A l'égard des animaux qui, soumis à l'homme depuis un grand nombre de siècles, sont devenus avec lui cosmopolites, et ont subi sous sa loi l'influence de conditions d'existence et de climats très-variés, j'ai cru pouvoir admettre comme justifiée par des preuves décisives, non-seulement cette proposition :

Les variations peuvent atteindre les organes *profonds* aussi bien que les parties superficielles ;

Mais aussi cette autre proposition plus générale :

Les variations peuvent porter sur des caractères non-seulement accessoires, mais *spécifiques et même génériques*.

Pour justifier ses vues, Cuvier a fait une rapide revue des principaux mammifères domestiques, depuis les moins modifiés, comme le Chat, jusqu'au plus modifié de tous, le Chien. Je suivrai le même ordre, rappelant en quelques mots les variations dont Cuvier reconnaît l'existence, et ajoutant, très-sommairement aussi, l'indication de quelques autres sur lesquelles il se tait.

§ 3.

Le Chat, par lequel Cuvier commence est, en effet, de tous les mammifères très-anciennement domestiqués, celui dont l'organisation s'est le moins éloignée du type primitif. Est-ce aussi peu cependant que le dit Cuvier? Des modifications dans la finesse et les couleurs du pelage, des différences plus ou moins marquées dans la taille, est-ce bien là « tout

[1] *Journal des Savants*, année 1837, p. 299. — Voyez aussi *Buffon, Hist. de ses travaux*, Paris, in-12, 1844, p. 96 et 97.

ce qu'éprouve » cette espèce seulement « demi-domestique? »

Nous pouvons indiquer au moins deux différences de plus.

La première, et assurément celle-ci n'est ni superficielle ni dénuée d'importance, est l'allongement du tube digestif chez nos Chats domestiques. C'est Daubenton qui a mis en lumière ce fait remarquable[1], en même temps qu'il indiquait quelques autres différences intérieures. Selon lui, tous les Chats domestiques se ressemblent beaucoup entre eux; « à peine » même, dit-il, « peut-on se permettre de les dis-« tinguer en diverses races; » mais, comparés aux Chats sauvages, ils présentent des différences très-notables. La plupart de leurs viscères sont, dit Daubenton, plus larges, plus longs, plus épais, plus gros et plus grands; et quant aux intestins, la différence est très-marquée : ils sont, « dans « les Chats sauvages, de plus d'un tiers moins longs que « dans les Chats domestiques. » De cette différence, facilement explicable par la nourriture plus abondante et le régime moins exclusivement carnassier du Chat domestique, résulte, dit Daubenton, « une *altération de l'espèce* « qui a plus dégénéré *dans les parties intérieures* du Chat « domestique que dans la figure extérieure du corps. » Daubenton l'avait donc déjà dit en d'autres termes, mais très-nettement : les modifications sont *profondes*, et non

[1] *Histoire naturelle de* Buffon, t. VI, p. 18 et suiv.

Cuvier, qui, dans ses remarques sur les animaux domestiques, passe complétement ce fait sous silence, ne l'ignorait cependant pas, et il l'avait même vérifié, comme on peut le voir dans les *Leçons d'anatomie comparée*, t. II, (1805), p. 445 et 450. Suivant Cuvier, la longueur du canal intestinal est à la longueur totale du corps :

Dans le Chat sauvage.	: : 3 : 1
Dans le Chat domestique. . .	: : 5 : 1

Cuvier ajoute qu'une différence semblable s'est produite entre le Cochon et e Sanglier, et une inverse, entre le Lapin domestique et le sauvage.

pas seulement superficielles, et de *valeur spécifique*, et non pas seulement accessoires.

Il est vrai que Daubenton a comparé les races félines au Chat sauvage d'Europe, et non à l'espèce qui en est la souche principale, le Chat ganté. Mais le groupe des Chats proprement dits est tellement naturel, qu'une de ses espèces, quelle qu'elle soit, peut représenter anatomiquement toutes les autres. Il est néanmoins à désirer que les voyageurs en Abyssinie et en Nubie ne négligent pas l'occasion de vérifier ou de nous mettre à même de vérifier l'état du tube digestif chez le *Felis caligata*, et que ce qui n'est encore qu'une présomption extrêmement vraisemblable devienne une vérité d'observation.

Une autre différence qui, sans être aussi remarquable, est encore très-digne d'attention, est l'extrême brièveté de la queue dans une race propre à quelques provinces chinoises. Cette race ne m'est malheureusement pas connue par mes propres observations; je ne crois pas qu'on en ait encore amené un seul individu en Europe. Mais son existence m'a été attestée de la manière la plus formelle par feu l'abbé Huc, et il n'y a pas à supposer que ce voyageur ait été induit en erreur par des mutilations habituellement pratiquées par les Chinois. Parmi les individus observés par M. Huc, est une femelle qu'il a vue mettre bas des petits semblables à elle.

On assure qu'il y a aussi en Chine une race de Chats à oreilles pendantes; et même il a été question de celle-ci plus souvent et moins nouvellement que de la précédente. Son existence m'a encore été affirmée il y a quelques mois par un voyageur que j'avais prié de la constater. La même demande, adressée à plusieurs membres de l'expédition actuelle en Chine, me procurera sans doute bientôt les éléments d'une solution définitive.

§ 4.

Chez les herbivores « que nous assujettissons, dit Cuvier, « à toutes sortes de régimes » et d'habitudes, les différences deviennent beaucoup plus grandes. Commençons par celles que Cuvier cite comme seulement superficielles.

Telles sont, par excellence, celles qui se rapportent à la nature du pelage et à ses couleurs. Je n'ai pas besoin de dire combien la plupart des races ovines, quelques races caprines et la race chevaline baskire diffèrent, par leur pelage très long et plus ou moins laineux, des espèces qui sont les souches de ces animaux. Ces races, au moins les premières, sont connues de tout le monde; et l'on sait généralement aussi quelle est la variété extrême des couleurs dont la robe se revêt dans les mêmes espèces. On serait même porté, au premier aspect, à exagérer cette variété, et à la croire presque infinie. Les variations les plus communes sont celles qui se rapportent à l'albinisme, soit complet, soit incomplet, soit partiel; les autres peuvent être ramenées, ou, à l'inverse, au mélanisme complet, incomplet, ou partiel, ou à la prédominance d'une ou de plusieurs des couleurs qui existent normalement dans l'espèce souche. Ces couleurs, de locales qu'elles étaient, peuvent devenir générales; au lieu d'être combinées avec d'autres, elles peuvent aussi devenir pures, et prendre une grande intensité. Mais on ne voit pas, à vrai dire, se produire de couleurs nouvelles.

Les variations de la taille sont considérables chez les herbivores domestiques. Dans chaque espèce, il existe, à la fois, des races notablement plus grandes, et d'autres plus petites que la souche ou les souches auxquelles ces races doivent être rapportées. C'est ainsi qu'il y a des Boucs et des

Moutons aussi hauts que des Anes, et d'autres presque aussi petits que des Lièvres. De même, le Zébu nain n'est que de la taille d'un Mouton ordinaire ; le grand Zébu du Soudan en est plus que le double en hauteur et presque le décuple en volume. La Vache bretonne est à peu près dans les mêmes relations de taille avec les grandes races bovines. Il y a des races porcines grandes comme des Bœufs, d'autres plus petites que des Brebis. La différence n'est pas moindre entre l'Ane rabougri de nos campagnes, et les grands Anes mulassiers du Poitou ; il y a aussi des races orientales également renommées par leur grande taille et par leur beauté. Chez le Cheval, dont la taille moyenne est de près d'un mètre et demi au garrot, et chez lequel on trouve des races hautes de près de deux mètres, la taille tombe, dans quelques-unes, à un mètre, et même moins encore. J'ai eu l'occasion d'examiner en 1824 deux Chevaux d'une petite race propre à la Laponie : presque au terme de leur accroissement, à en juger par leurs dents, ils mesuraient au garrot, l'un 947 centimètres, l'autre 892 seulement[1].

La domesticité n'a pas fait moins varier les proportions, c'est-à-dire les dimensions relatives, que les dimensions absolues ou la taille. Il suffit, pour le montrer, de nommer, à côté de l'*Equus caballus* et des *Bos* sauvages, les grosses races chevalines de trait et les races perfectionnées de boucherie, et à côté des Moutons, le Mouton morvan, *Ovis longipes*, et l'Ancon, *Ovis brevipes ;* l'un est le lévrier, l'autre le basset du Mouton.

[1] Au moment où s'imprime ce chapitre, le Jardin zoologique du Bois de Boulogne vient de recevoir un individu d'une race des îles de la Sonde, à peu près inconnue en France, et non moins remarquable par la petitesse de sa taille que la race naine lapone. Cet individu, qui est un mâle adulte, n'a au garrot que $1^{m},04$. Une jument, de la même race et de la même taille, doit bientôt être placée près de lui.

On a vu, assure-t-on, à Java et à Timor, des individus encore plus petits.

Ce ne sont pas là des modifications seulement *superficielles*. Si, dans ces dernières races, les connexions restent les mêmes, il n'en est déjà plus de même des formes des os des membres : ces formes sont modifiées, et par conséquent celles des parties molles.

Chez d'autres ruminants, et à un degré plus marqué encore, c'est la tête qui se modifie : le Bœuf, le Zébu, le Mouton, la Chèvre, ont des races sans cornes; et le Mouton et la Chèvre, d'autres races où, au contraire, les cornes se doublent ou même se multiplient. A plus forte raison y a-t-il d'innombrables variations dans la grandeur et la courbure de ces prolongements frontaux dont les dispositions, différentes des Bœufs aux Moutons, de ceux-ci aux Chèvres, ont cependant été érigées en caractères génériques. Ailleurs, ou chez les mêmes animaux, c'est l'ensemble de la tête qui subit dans ses formes des modifications, souvent très-remarquables. Une race caprine égyptienne, entre autres, s'éloigne des caractères du genre *Capra*, au point non-seulement de présenter, mais d'exagérer, et parfois même de beaucoup ceux du genre *Ovis*.

La même Chèvre en outre, et de même, plusieurs autres races, sont remarquables par une modification qui, bien que seulement superficielle, est très-digne d'attention ; car on ne la trouve jamais dans les espèces sauvages : les oreilles, considérablement agrandies, sont pendantes. Cette déviation du type se retrouve chez plusieurs animaux domestiques ; mais chez aucun, le Chien excepté, elle n'est aussi prononcée, à beaucoup près, que chez une des Chèvres d'Égypte, dans la race caprine du Népaul et dans quelques autres.

Chez les Cochons, des modifications dans la conformation générale de la tête, moins marquées, il est vrai, se retrouvent associées à des différences d'un autre ordre. Un des caractères du genre *Sus* consiste dans le développement considérable de ses canines converties en armes redoutables. Ce développement, malgré une assertion souvent répétée, relative à la prétendue invariabilité du système dentaire, n'a pas lieu chez le Cochon, comme chacun le sait, et comme l'exprime la nomenclature vulgaire : les canines du Sanglier sont des *défenses*; celles du Cochon ne sont que des *crochets*.

Cuvier qui mentionne cette différence, en oublie, dans ses remarques sur la variabilité des animaux domestiques, une autre qu'il avait cependant aperçue et signalée depuis longtemps. Si bien que je n'ai qu'à lui opposer à lui-même ses propres paroles. Le canal intestinal, dit-il dans son *Anatomie comparée*[1], « excède *de beaucoup*, « dans le Verrat, la longueur proportionnelle qu'il a dans « le Sanglier... Son étendue en longueur excède dans le « Cochon de Siam celle de plusieurs ruminants; ceux de « tous les mammifères chez lesquels le canal intestinal est « le plus long[2]. »

Les membres n'ont pas subi chez le Cochon domestique des modifications moins remarquables que les canines et le canal intestinal. Non-seulement il y a des Cochons où les membres sont devenus très-forts, comme les Cochons dits *ras*, qui sont de véritables Cochons bassets ; mais chez

[1] *Loc. cit.*, p. 245.

[2] Cuvier, *Ibid.*, p. 453, complète et précise ce passage dans son *Tableau numérique*, où il donne les chiffres suivants :

Le rapport de la longueur du canal intestinal à la longueur totale est :

Chez le Sanglier.	: :	9	:	1
Chez le Verrat.	: :	13,5	:	1
Chez le Cochon de Siam. .	: :	16	:	1

Il n'est pas hors de propos de remarquer ici que ce n'est pas seulement le Cochon qui est omnivore (et non exclusivement frugivore), mais aussi le Sanglier. « J'ai trouvé dans l'estomac d'un Sanglier, dit, entre autres auteurs, l'exact Daubenton (*loc. cit.*, p. 140), des plumes et des pattes d'oiseau ; et dans celui d'une Laie, beaucoup de poil de Chevreuil, avec quelques lambeaux de la peau de cet animal. »

d'autres, il s'est produit une déviation singulière du type, non-seulement de l'espèce, mais du genre : la soudure des ongles. Le Cochon *solipède* ou *mononguié*, comme on l'a quelquefois appelé, fort peu connu des modernes [1], paraît l'avoir été mieux des anciens. Ce Cochon existait dès le temps d'Aristote, et même il était répandu dans plusieurs pays, notamment en Péonie et en Illyrie. C'est pour tenir compte de ses singuliers caractères qu'Aristote, après avoir fait la distinction des herbivores à *pied fourchu*, comme la Brebis, et des *solipèdes*, comme le Cheval, ajoute : « Le Cochon « peut être rangé à la fois dans l'une et dans l'autre de ces « divisions, puisqu'on en voit de solipèdes [2]. »

En raison de ces faits, le Cochon a été cité par Cuvier comme présentant « l'extrême des différences produites dans « les herbivores domestiques. » Je me range volontiers à cette appréciation, mais en la complétant par cette proposition :

On trouve déjà chez les mammifères herbivores des variations qui portent *sur les organes profonds* et *sur les caractères spécifiques et même génériques.*

§ 5.

Chez le Chien, les variations sont portées plus loin encore; et Cuvier le reconnaît et le prouve lui-même. « Les Chiens varient », dit-il, non-seulement « pour la couleur, « pour l'abondance du poil qu'ils perdent même quelque-« fois entièrement, et pour sa nature; pour la taille, qui peut « différer comme un à cinq dans les dimensions linéaires, ce « qui fait plus du centuple de la masse »; mais aussi « pour « la forme des oreilles, du nez, de la queue; pour la hauteur

[1] Voy., dans les *Amœnitates* de LINNÉ (t. V), la dissertation de LUNDH, sur le *Sus scrofa*.

[2] *Hist. des animaux*, liv. II, 1.

« relative des jambes; *pour le développement progressif du* « *cerveau* »; et par l'existence, dans quelques « races », d'un « doigt de plus au pied de derrière avec les os du « tarse correspondants. »

Reprenons les principaux de ces faits, très-suffisants assurément pour justifier la double conclusion que j'ai énoncée à l'avance, mais qui restent encore trop en deçà de la vérité pour que la science puisse s'y tenir.

C'est ce qui a déjà lieu pour les variations de la taille : il faut encore reculer de beaucoup les limites que leur assigne Cuvier. On en jugera par le tableau suivant, où j'indique les dimensions des principales races de Chiens, d'après des mesures prises, les unes par Daubenton, les autres par moi-même [1].

NOMS DES RACES.	LONGEUR (la queue non comprise).	HAUTEUR du train de devant.
	mèt.	mèt.
Grand Chien de montagne	1,332	0,770
Autre Chien de montagne	1,240	0,761
Dogue de forte race	1,191	0,776
Grand Danois	1,137	0,690
Chien de Terre-Neuve	1,056	0,690
Grand Lévrier	1,042	0,629
Mâtin	0,947	0,636
Chien des Eskimaux	0,900	0,595
Chien courant	0.892	0,588
Dogue de moyenne race	0,825	0,541
Barbet	0,812	0.487
Basset à jambes torses	0,812	0,297
Braque de Bengale	0,771	0.469
Chien marron de la Nouvelle-Hollande	0,744	0.568
Chien de berger	0,731	0.546
Lévrier de moyenne race	0,645	0,565
— de petite race	0.534	0,365
Petit Danois	0.365	0,225
Épagneul de petite taille	0,309	0,162
Petit Bichon	0,220	0,112

[1] Tableau déjà donné dans mes cours, et aussi (mais moins complet) dans mes *Essais de zool. gén.* (Mémoire sur les *Variations de la taille*), p. 581.

La taille ordinaire du Chien est, comme on le voit, de huit décimètres environ; elle se trouve ainsi intermédiaire entre celle du Loup, d'une part, et celle du Chacal, de l'autre.

Les extrêmes étant $1^{m},332$ et $0^{m},220$, $0^{m},770$ et $0^{m},112$, la taille maximum n'est pas seulement, comme le dit Cuvier, quintuple, mais *plus que sextuple* linéairement du minimum : par conséquent, la plus grande race n'est pas centuple, mais *plus que deux fois centuple* en volume de la plus petite.

Il est à remarquer que parmi les races très-différentes par leur taille se trouvent des races extrêmement voisines par leur organisation, comme le grand et le petit Lévrier, le grand et le petit Danois. Ce rapprochement fait voir que les variations de taille doivent être en grande partie attribuées, quelques vues qu'on adopte sur les origines du Chien, à des déviations du type spécifique, et par conséquent à l'influence de la domesticité.

Le Chien est le seul animal domestique où, à côté de plusieurs races à très-longs poils, s'en trouve une à peau nue; et il est aussi celui de tous dont les couleurs varient le plus. Toutefois, même ici, on ne voit apparaître aucune couleur qu'on ne trouve, au moins très-affaiblie ou mélangée, dans les types primitifs. De plus, la distribution des taches, si variable et, pour ainsi dire, si capricieuse qu'elle puisse sembler, est elle-même soumise à quelques règles. Non-seulement il est vrai, comme on l'a dit, que « toutes les fois que « la queue offre une couleur quelconque et du blanc [1] » ou encore, au lieu de blanc, une couleur plus claire, « ce blanc » ou cette couleur plus claire « est terminal [2]; » mais il est

[1] Desmarest, *Encyclopédie méthodique*, *Mammalogie*, part. I, 1820, p. 190.

[2] J'ai vérifié ce fait sur des milliers de Chiens; je n'ai jamais rencontré que deux exceptions.

très-ordinaire aussi, quand l'animal n'est pas de teinte uniforme, que le blanc ou la couleur claire se retrouve en dessous, aux pattes et sur le milieu du museau, et qu'au contraire, le noir ou la couleur foncée occupe, en avant, la partie supérieure et postérieure de la tête et la base ou la totalité des oreilles, et en arrière, la croupe et la base de la queue. En un mot, rien de plus variable chez le Chien que la proportion des couleurs claire et foncée dont sa robe est teinte, couleurs dont l'une peut même disparaître complétement ; mais, lorsqu'elles existent toutes deux, leur distribution présente une fixité dont on est d'autant plus frappé qu'on l'étudie davantage.

L'allongement, dans un grand nombre de races, des oreilles, qui deviennent pendantes; la fissure nasale chez les singuliers Chiens dits à deux nez; la brièveté des membres chez les Bassets, où même ils deviennent tors dans une race, sont des modifications beaucoup plus remarquables que les précédentes, mais trop généralement connues pour qu'il y ait lieu d'insister sur elles. Quant aux races à membres très-hauts, il y a lieu, comme on l'a vu, de leur attribuer pour souche particulière une espèce où déjà existe ce caractère, moins prononcé toutefois que dans ses descendants domestiques.

Le raccourcissement extrême des membres et, en même temps, l'allongement du corps chez les Bassets qui, à ces deux points de vue, ressemblent aux carnassiers dits vermiformes, sont déjà sans nul doute des déviations du type, non-seulement spécifique, mais générique. A plus forte raison en est-il ainsi de la pentadactylie substituée dans quelques races à la tétradactylie qui est, pour les pieds postérieurs, le caractère normal, non-seulement du genre *Canis*, mais de presque tous les digitigrades non vermiformes.

« Ceci est, dit Cuvier, le maximum de variation connu

« jusqu'à ce jour dans le règne animal. » Il n'est guère possible cependant, dans l'état présent de la science, de ne pas regarder comme des variations plus importantes encore celles qui portent, comme le dit Cuvier lui-même, sur « le « développement progressif du cerveau dans les variétés « domestiques, d'où résulte la forme même de leur tête. » Cette forme est si variable, ajoute notre illustre zoologiste, « que les différences apparentes sont plus *fortes que celles « d'aucunes espèces sauvages d'un même genre naturel.* » Ce qui est incontestablement vrai, mais ce qui n'est pas toute la vérité. Où trouverait-on dans la série des mammifères non-seulement *deux espèces* d'un même genre naturel, mais *deux genres voisins*, différant entre eux, au point de vue du développement de leur cerveau et de leur crane, autant que le Barbet et le Roquet diffèrent de la plupart des autres Chiens : les premiers ayant, dans une boîte cérébrale globuleuse, à crêtes plus ou moins effacées[1], un encéphale double en volume et d'une conformation à plusieurs égards très-différente ? Ce ne sont là, assurément, des caractères ni superficiels ni accessoires, mais par excellence *profonds*, et de même ordre que ceux par lesquels on distingue en mammalogie, *non-seulement les espèces, mais les genres*[2].

[1] Les crêtes deviennent, au contraire, énormes dans d'autres races.

[2] A l'appui de cette conclusion, et sur les caractères *de valeur générique* que présentent diverses races de Chiens, voyez surtout le remarquable mémoire que M. Giebel a récemment consacré à l'examen de cette question qui forme le titre de son travail : *Hunderassen, oder Hundearten?* voy. *Zeitschrift für die gesammten Naturwissenschaften*. par Giebel et Heintz, 1855 t V, p. 349.

Je crois devoir rappeler ici que j'avais dit, depuis longtemps, au sujet des races canines : « On ne saurait éviter, si l'on voulait leur appliquer les règles ordinaires de la zoologie, de les considérer comme formant non seulement *des espèces*, mais même *des genres* distincts. » *Histoire générale des anomalies de l'organisation*, t. I, p. 219; 1832.

A quelle cause attribuer ces déviations, de valeur tantôt spécifique, tantôt générique, sinon à l'influence de la domesticité ? C'est en vain que quelques auteurs récents ont cru pouvoir faire intervenir ici, pour expliquer les différences considérables des races canines, l'influence des nombreux croisements qui ont pu et dû avoir lieu entre les diverses espèces sauvages du genre *Canis*. Supposez ces espèces aussi nombreuses que vous le voudrez, et imaginez tel nombre que ce soit de générations successives : si l'influence de l'hybridité agit seule, vous pourrez, sans nul doute, obtenir une multitude de variations; mais toutes seront comprises entre les types des espèces sauvages qui se seront mêlées; et jamais, si d'autres causes n'interviennent, il ne se produira un seul type aberrant; jamais, par exemple, dans des séries de générations ayant pour souches des Chacals ou d'autres *Canes* sauvages, jamais l'Épagneul, le Bichon, le Basset ou le Dogue.

Les auteurs qui ont pensé le contraire avaient oublié que le résultat du croisement de deux espèces est constamment un hybride *intermédiaire* entre ces deux espèces[1]. L'hybridité ne fait que combiner, dans les descendants, des caractères déjà existant dans les souches; elle n'en crée pas de nouveaux; et par conséquent, on ne saurait expliquer par elle les modifications qui excèdent les limites des types primitifs. Pour les modifications des races canines, il n'est qu'une cause scientifiquement admissible : l'influence de la domesticité; en d'autres termes, de l'ensemble nouveau de circonstances auquel l'homme a soumis le Chien en s'en faisant suivre par tout le globe[2].

[1] Comme je l'ai encore récemment établi dans un travail étendu sur l'hybridité; voyez *Hist. nat. gén. des règnes organ.*, t. III, p. 134 à 234.

[2] A côté de l'opinion des auteurs qui voient dans les variations des races canines les effets de l'hybridité, est celle de quelques autres qui ont cru pouvoir

§ 6.

Dans ses remarques sur les variations subies par les animaux sous l'influence de la domesticité, Cuvier s'arrête après le Chien; aurait-il jugé moins dignes d'attention les modifications qui se sont produites, sous la même influence, chez les autres animaux? De celle-ci cependant, on peut dire, aussi bien que de celles qui précèdent : elles ne sont pas toujours superficielles, et elles sont souvent de valeur spécifique, et même plus que spécifique.

C'est ce qui est hors de toute contestation à l'égard des oiseaux. Non-seulement parmi eux se retrouvent des différences de taille et de proportion aussi remarquables que chez les mammifères, et d'aussi grandes variations dans les couleurs[1]; mais les modifications portent parfois sur les caractères qui caractérisent le mieux les espèces et même les genres. Comment contester, par exemple, en ce qui concerne les caractères tirés du bec, qu'un grand nombre de *genres* ornithologiques sont fondés sur des différences à peine égales en valeur à celles qu'on observe d'une race galline à une autre, et très-inférieures à celles que présentent entre elles plusieurs races colombines?

échapper aux très-graves difficultés de la question, par la supposition de l'existence initiale des principales races canines. Selon cette supposition, émise pour dispenser la science de toute explication relative à la formation de ces races, Dieu aurait, à l'origine, créé le Basset, l'Épagneul, le Dogue, etc., comme il a créé le Loup, le Chacal, le Renard; et tous ces animaux, soit domestiques, soit sauvages, seraient, au même titre, de véritables espèces.

Frédéric Cuvier a depuis longtemps fait remarquer (dans les *Annales du Muséum d'hist. nat.*, 1811, t. XVIII, p. 350) qu'il faudrait admettre, dans ce système d'idées, au moins cinquante espèces de Chiens. Il y a lieu d'ajouter que la paléontologie n'a jamais fourni aucune preuve, aucun indice même de l'existence des prétendus Dogues, Épagneuls, Bichons et Bassets primitifs.

[1] Et ici non-seulement dans les couleurs de la peau et des parties épidermiques, mais parfois dans la coloration des parties internes, comme chez la Poule à périoste noir.

Dans les races gallines et colombines, on voit aussi les pieds tantôt s'allonger, tantôt se raccourcir; parfois aussi, ils se couvrent de plumes, au lieu d'écailles. Chez le Pigeon, la queue se compose souvent d'un beaucoup plus grand nombre de rectrices, et de rectrices autrement disposées qu'à l'ordinaire; d'où résulte une modification très-notable, non-seulement dans l'aspect général de l'oiseau, mais aussi dans les conditions de sa locomotion. Dans quelques races gallines, on observe, en sens inverse, des modifications non moins remarquables : la queue se simplifie, ou même cesse d'exister; parfois, avec les rectrices, disparaissent les vertèbres coccygiennes; et ainsi s'efface un des deux principaux caractères distinctifs du genre *Gallus*. Le second, qui est l'existence d'une crête charnue, n'est pas plus constant : la crête manque à plusieurs races, dont le crâne subit en même temps des modifications considérables. Il y a aussi des races de Poules à cinq doigts, et d'autres, fait plus remarquable encore, où l'aile tout entière, pennes, squelette, muscles, y compris les trois pectoraux, présente un degré très-imparfait de développement; en sorte qu'à vrai dire l'Oiseau ne vole plus, il voltige. A l'inverse, les ailes se développent souvent bien au-delà des conditions du type primitif chez quelques races colombines; à ce point qu'elles approchent du vol de l'Hirondelle, et qu'on leur en a donné le nom. Chez le Canard, les membres abdominaux sont reportés si loin en arrière dans une race, le Canard-pingouin, que l'Oiseau, pour équilibrer sa station, surtout lorsqu'il marche et se hâte, se tient dans une attitude presque verticale, comme les Manchots et comme les Pingouins auxquels on l'a comparé. Ce dernier exemple, moins remarquable en lui-même que plusieurs des précédents, offre un intérêt particulier par l'espèce où on l'observe, et qui n'est pas, à beaucoup près, une des plus anciennement domestiquées.

En dehors des deux premières classes du règne animal, nous n'avons, à l'état domestique, que deux poissons et quelques insectes dont un seul est anciennement et complétement au pouvoir de l'homme. Mais, chez eux aussi, nous trouvons de remarquables modifications. Parmi les poissons, la conformation générale de la tête chez la Carpe, celle des nageoires chez le Cyprin doré, se sont, dans quelques races, considérablement écartées des caractères primitifs : chez ce dernier Cyprin, la dorsale elle-même non-seulement devient parfois très-petite, mais disparaît complétement.

Parmi les Insectes, on sait que le Ver à soie vole mal ou même ne vole plus; en grande partie, sans nul doute, parce que ses instincts se sont modifiés; mais aussi parce qu'il s'est alourdi, et parce que son appareil locomoteur ne subit pas une complète évolution.

Si, dans ces deux dernières classes, les faits ne sont plus aussi décisifs que dans les précédentes, ils sont donc, du moins, dans le même sens, et concourent avec eux à justifier cette proposition si longtemps contestée[1] :

Dans les animaux domestiques, « les effets ont été en raison des causes : il s'est formé une multitude de races très-distinctes : parmi elles, *plusieurs* offrent des caractères *égaux en valeur à ceux par lesquels on différencie d'ordinaire les genres.* »

[1] Voyez page 224.

CHAPITRE V

APPLICATIONS PRINCIPALES DES RÉSULTATS DE L'ÉTUDE DES ANIMAUX DOMESTIQUES AUX QUESTIONS RELATIVES A L'ACCLIMATATION D'ESPÈCES ENCORE ÉTRANGÈRES ET A LA DOMESTICATION D'ESPÈCES ENCORE SAUVAGES

SECTION I

Introduction. — Notions sur la théorie de la variabilité limitée du type.

§ 1.

En recherchant, d'une part, quelles sont les souches des animaux domestiques, de l'autre, quelles modifications ils ont subies dans plusieurs races, en comparant les descendants actuels à leurs ancêtres primitifs, nous sommes arrivés à des résultats que nous ne saurions trop nous attacher à mettre en lumière; car ils touchent à une question qui peut être dite par excellence fondamentale. On ne saurait, sans sa solution, ni s'élever, sur les êtres organisés, à des conceptions générales, philosophiques en même temps que positives, ni fonder sur des bases véritablement scientifiques ces applications pratiques vers lesquelles on tend de toute part dans notre siècle[1]. Cette question est celle-ci :

[1] Et c'est pourquoi j'ai dû reprendre ici, mais sommairement, particulle-

Les êtres organisés, en se perpétuant à travers les siècles, conservent-ils toujours les mêmes caractères organiques? Sont-ils encore tels qu'ils étaient à l'origine; tels, pour nous servir des expressions de la *Genèse*, qu'ils étaient *au soir du sixième jour?* Et seront-ils toujours tels que nous les voyons aujourd'hui?

S'il n'y a pas dans la science de plus grande question, il n'en est pas non plus sur laquelle on soit plus divisé. Linné, Cuvier, Blainville et la plupart des naturalistes modernes sont partisans de la fixité, de l'immutabilité du type; Lamarck, au contraire, veut qu'il soit indéfiniment variable au gré des circonstances; et entre eux se placent Buffon (dans ses derniers travaux) et surtout mon père et plusieurs des zoologistes actuels; partisans, eux aussi, de la variabilité, mais non comme Lamarck, dont ils s'éloignent par des réserves sur l'étendue des variations, et surtout par les causes qu'ils leur attribuent[1].

Comment se prononcer entre ces diverses doctrines? Comment trancher la question? Je crois déjà l'avoir établi depuis longtemps : par les faits que nous fournit l'étude des faits domestiques[2]. Si cet ordre de faits n'est pas absolument le seul auquel nous puissions recourir, au moins est-il celui qui nous conduit le plus sûrement et le plus directement au but; celui qui nous permet le mieux de démontrer cette proposition fondamentale :

ment et à un autre point de vue, une question à la solution de laquelle j'ai consacré près de deux volumes de mon *Histoire naturelle générale des règnes organiques*.

[1] J'ai donné (*loc. cit.*, t. II, p. 365 à 429, 1859) le résumé des opinions successivement émises sur cette question fondamentale. — A la suite de ce résumé (p. 431 à 438) est celui des vues que j'ai moi-même admises, et dont l'ensemble est la *Théorie de la variabilité limitée*.

[2] Et de même, et pour ainsi dire parallèlement, pour l'autre grand règne organique, par les faits que fournit au botaniste l'étude des végétaux ancien-

Les caractères des êtres organisés, fixes pour chaque espèce tant qu'elle se perpétue au milieu des mêmes circonstances, se modifient si les circonstances ambiantes viennent à changer.

§ 2.

La variabilité ainsi entendue, et aucun esprit droit ne saurait l'entendre autrement[1], comment la démontrer? Sera-ce par l'observation des animaux sauvages, des animaux dans l'*état de nature?* C'est en vain que Lamarck en a poursuivi l'étude à ce point de vue, durant près d'un quart de siècle ; les preuves qu'il cherchait lui ont toujours fait défaut. Et comment pouvait-il en être autrement? Pourquoi, dans l'état de nature, un animal abandonnerait-il le milieu dans lequel ont vécu ses ancêtres, pour chercher ailleurs de nouvelles conditions d'existence? Ce serait, à des conditions d'harmonie, et par conséquent de bien-être, substituer un état de trouble et de malaise. *A moins d'être contraint à le subir*, l'animal restera donc dans les lieux et dans les conditions où il était, où il est né, et où ont vécu avant lui ses ancêtres; et par conséquent, il n'y aura aucune raison pour qu'il ne conserve pas les caractères qu'il a reçus de ceux-ci, et pour qu'il ne les transmette pas à son tour à ses descendants. L'expansion graduelle des espèces à la surface du globe, conséquence de la multiplication des individus, amènera, il est vrai, à la longue, des différences notables d'habitat et de climat; et celles-ci devront entraîner

nement cultivés; végétaux comparables, sous un grand nombre de points de vue, aux animaux domestiques.

[1] Comment concevoir que des effets de variation se produisent, s'il n'existe des causes de variation? Le temps seul ne saurait être une cause de modification, comme ont paru l'admettre quelques partisans exagérés de la variabilité, et surtout comme leurs adversaires le leur ont fait dire

quelques différences; d'où ce qu'on appelle les *variétés*. Mais ces différences, portant sur l'état des téguments, sur les proportions, la taille, rarement sur les organes intérieurs, seront généralement d'une faible valeur; les déplacements *volontaires* des animaux étant toujours trop limités pour nous rendre témoins d'aucune déviation grave des types formés ou conservés sous l'influence des circonstances primitives.

L'observation des animaux dans l'état de nature étant insuffisante pour trancher la question, c'est par des expériences qu'il faut en obtenir la solution. Il faut contraindre les animaux à faire ce qu'ils ne feraient pas d'eux-mêmes; les transporter en des climats étrangers et très-différents; les soumettre à une autre nourriture, à d'autres habitudes; en un mot, changer, comme disait mon père, « leur « monde ambiant. »

Et il faut le faire, non passagèrement et sur quelques animaux seulement, mais pendant un temps très-prolongé et sur une suite de générations; agir, en un mot, non sur l'individu, mais sur la race. Ainsi seulement, on pourra décider si l'organisation, soumise à des causes notables et durables de variations, reste néanmoins invariablement la même, ou, comme le prétendent encore tant d'auteurs, n'est tout au plus modifiée que dans quelques caractères accessoires et de minime valeur; ou si, au contraire, les effets étant proportionnels aux causes, il se produit avec le temps des différences importantes, des écarts très marqués du type primitif.

Mais comment instituer de telles expériences? Commencées aujourd'hui, elles ne sauraient porter leurs fruits que dans un temps très-éloigné, après des siècles peut-être, et à la condition d'être étendues à des régions très-variées, et presque d'avoir le globe entier pour théâtre. Il semble donc que nous retombions d'une impossibilité dans une autre, et que la solution, comme elle échappait théoriquement à l'observation, doive, en fait, échapper à l'expérience.

La science est-elle donc ici condamnée à l'impuissance? Ne lui sera-t-il jamais donné d'obtenir ce résultat que le génie de Bacon pressentait pourtant il y a deux siècles; lui qui a dit dans la *Nova Atlantis* : Nous faisons *varier les espèces elles-mêmes, afin de comprendre comment elles se sont diversifiées et multipliées*[1] !

§ 5.

Heureusement, il y a une solution possible; et plus heureusement encore, ce n'est pas une solution à obtenir dans des temps plus ou moins éloignés, mais, pour qui sait en voir et en rassembler les éléments divers, une solution déjà obtenue, déjà acquise à la science. Les expériences que conseillait Bacon ne sont pas à instituer ; elles sont déjà faites, et sur la plus grande échelle. Elles ont été poursuivies depuis une longue suite de siècles, et se poursuivent encore sur toute la surface du globe; et jamais résultats plus démonstratifs ne furent obtenus. Ces expériences sont l'ensemble même des travaux qui ont amené la domestication de quarante sept espèces animales; et ces résultats, les différences qui se sont produites à la longue, sous l'influence de la domesticité et de toutes les causes de variation qui en dérivent, comme la translation en d'autres climats, le changement dans la nourriture, etc. Les effets de ces causes multiples sont sous nos yeux, et ils sont surtout très-remarquables, comme on eût pu le prévoir, à l'égard des espèces dont la soumission à l'homme est le plus complète, et l'expansion à la surface du globe le plus ancienne et le plus étendue.

[1] Bacon suppose réalisés, dans son île imaginaire, tous les progrès qu'il entrevoit dans l'avenir.

Ce sont ces effets que nous venons d'étudier et de constater par le rapprochement des deux ordres de résultats auxquels nous avons consacré le chapitre précédent. La détermination des origines zoologiques et géographiques des animaux domestiques nous a donné, pour ainsi dire, les points de départ; celle des caractères actuels des races, les points d'arrivée; et, par conséquent, de toutes deux se déduit la distance parcourue, c'est-à-dire, l'écart à partir du type; en d'autres termes, la valeur des modifications produites à la longue par toutes les causes de variation à l'influence desquelles ont été soumis les animaux domestiques. On a vu à quels résultats nous avons été conduits : ces modifications sont légères et, comme on l'a dit, « seulement superficielles » pour tous les animaux dont la domestication est d'une date plus ou moins récente; mais, chez d'autres, elles atteignent incontestablement, les organes profonds, et acquièrent une grande valeur. Et la conclusion générale de tous les faits que fournit l'étude des animaux domestiques est bien celle que j'énonçais il y a plus de vingt ans dans ces termes [1].

« Les animaux sont variables selon les circonstances extérieures. Les variations, toutes choses égales d'ailleurs, sont proportionnelles à la diversité des circonstances; *elles peuvent dépasser* en importance, et même de beaucoup, *les limites des variations réputées spécifiques* [2]. »

[1] Article *Zoologie* de l'*Encyclopédie du dix-neuvième siècle*, t. XXV, p. 766; 1837. — Et, pour les Chiens, dans un autre travail qui remonte à 1832. (Voyez p. 235).

[2] Je dépasserais les limites que je me suis tracées dans ce livre si, après cette conclusion, la seule qui intéresse les questions relatives à l'acclimatation et à la domestication, je développais celle-ci (énoncée de même en 1837), qui appartient essentiellement à l'histoire naturelle générale et philosophique. Il est possible que ces collections d'êtres, très-semblables les uns aux autres, que l'on nomme des espèces, ne soient, en très-grande partie, que « des races « dont l'origine se perd dans la nuit des temps. » (Art. *Zoologie, loc, cit.*)

SECTION II

Résumé des faits relatifs aux animaux domestiques, et applications principales.

§ 1.

La meilleure source d'enseignement pour l'avenir est la connaissance du passé. Cette vérité, souvent rappelée, n'est, dans aucun ordre de faits, d'une application plus directe qu'à l'étude et à la solution des questions relatives à l'acclimatation dans notre pays d'espèces encore étrangères, et à l'introduction dans nos demeures d'espèces encore sauvages. S'il s'agissait de déterminer, à l'aide de considérations purement théoriques, jusqu'où s'étend le pouvoir de l'homme sur les êtres qui l'entourent, et ce qu'il peut devoir à de nouvelles domestications de secours dans ses travaux, de produits alimentaires et de richesses industrielles, quel naturaliste, si hardi qu'il fût, oserait se prononcer? Je ne sais! telle serait sa seule réponse à ces questions; et à plus forte raison, ne saurait-il résoudre celles-ci : Si de nouvelles domestications sont possibles, et si elles peuvent être utiles, comment les obtenir? Et vers quels groupes zoologiques, vers quelles régions géographiques faut-il diriger nos efforts?

Heureusement nos ancêtres, par cela seul qu'ils nous ont beaucoup donné, nous ont aussi beaucoup appris : avec les fruits matériels de leurs longs travaux, nous avons reçu d'eux l'enseignement de leur exemple. Autant d'espèces ont été par eux conquises sur la nature, et autant nous avons de séries d'expériences, propres à nous éclairer sur la possibilité et sur les moyens d'en conquérir d'autres. Si bien que nous devons être reconnaissants envers les auteurs des anciennes domestications, non-seulement pour ce qu'ils ont fait pour nous, mais aussi pour ce qu'ils nous ont mis à même de faire.

On va voir que, parmi les résultats auxquels conduit l'étude des animaux domestiques, il en est bien peu qui, outre leur valeur théorique, n'aient aussi leur intérêt pratique.

§ 2.

La première de toutes les questions à résoudre dans l'ordre pratique, car sa solution négative nous arrêterait à l'entrée même de la carrière, est nécessairement celle-ci :

Un être organisé peut-il s'acclimater? Peut-il continuer à vivre, et se reproduire indéfiniment dans des régions très-différentes de celles où la nature l'avait placé?

On s'étonnera un jour que, jusque dans notre siècle, et aujourd'hui même, les auteurs ne s'accordent pas sur la solution de cette question. Les faits sont ici nombreux et décisifs; quelques-uns sont généralement connus; et cependant les opinions les plus contraires restent encore ici en présence.

Oui, l'acclimatement est possible, répondent la plupart des naturalistes; mais sans faire ici aucune distinction, sans songer même à déterminer entre quelles limites se renferme la possibilité de l'acclimatation. Il semblerait, à les entendre, que cette possibilité est absolue, et que l'homme peut ici tout ce qu'il veut, au moins lorsqu'il a pour lui, avec les lumières de la science, le secours du temps.

Non, disent au contraire un grand nombre d'auteurs; on peut bien déplacer un animal, et de même un végétal, mais à la condition de le transporter dans une région climatologiquement analogue à celle qu'on lui a fait quitter. Ce qui revient à dire : on peut bien étendre la distribution géographique d'une espèce sous le même climat, mais non la faire passer d'un climat à un autre. Et d'où il résulterait que toutes nos tentatives d'acclimatation seraient à l'avance condamnées par la science, et qu'elles peuvent tout au plus nous conduire, on l'a dit, à des apparences de succès, suivies d'inévitables échecs ; en sorte qu'ici la sagesse serait dans l'abstention et l'inertie.

Les auteurs qui soutiennent la seconde opinion, et en tirent ces déplorables et décourageantes conséquences, sont surtout ceux qui, prenant le mot *climat* dans un sens étroit et inexact[1], entendent par acclimatation, l'accoutumance, non, en général, à de nouvelles circonstances ambiantes, mais, en particulier, à une région thermologiquement très-différente, c'est-à-dire, dont la température moyenne ou les températures extrêmes sont notablement plus ou moins élevées. Ce que ces auteurs nient, c'est donc, en réalité, non la possibilité générale de l'acclimatation ; par exemple, celle qu'un animal descende de la montagne dans la plaine, ou s'élève des régions basses sur de hauts plateaux ; mais seulement la possibilité qu'il se plie à un ordre particulier de différences; aux différences thermologiques, qui peuvent, il est vrai, être considérées comme les principales ; car, de toutes, ce sont celles que les êtres organisés supportent le plus difficilement.

A ce point de vue, auquel nous devons ici nous placer avec ces auteurs pour leur répondre, il y a lieu de faire, avant tout, des distinctions, faute desquelles on ne ferait jamais que trancher les questions, au lieu de les résoudre. Non-seulement, des végétaux aux animaux, mais, sans sortir du règne animal, d'un groupe à l'autre, il existe des organisations si différentes, des modes si divers de vivre, des actions si variées de l'être organisé sur le monde extérieur, et réciproquement, qu'on ne saurait s'attendre à trouver dans tous

[1] Voyez, p. 144.

les groupes une égale aptitude à l'acclimatation. D'où l'on peut prévoir que, dans cette question, le oui et le non seront des réponses trop absolues, et qu'il faudra la résoudre diversement selon les groupes que l'on considérera.

Cette prévision est complétement justifiée par les faits précédemment exposés; car voici ce qu'ils nous ont appris :

Les animaux domestiques ont des distributions géographiques très-inégalement étendues. Tandis que les uns sont encore localisés, c'est-à-dire propres à un petit nombre de régions, ou même à une seule, d'autres sont devenus *cosmopolites;* en d'autres termes, communs, sinon absolument à tous les pays, du moins à toutes les parties du monde, et *à la fois à leurs régions chaudes, tempérées et froides.*

Quels sont les animaux *cosmopolites?*

Fait très-remarquable : nous cherchons en vain parmi eux une espèce à sang-froid. En dehors des deux premières classes du règne, il n'est pas un seul animal qui ait suivi l'homme par tout le globe. La Carpe existe sur un grand nombre de points; on ne saurait cependant la dire vraiment cosmopolite, et affirmer qu'elle peut supporter les extrêmes du chaud et du froid. Il en est de même du Ver à soie du Mûrier, dont la domestication remonte pour le moins à quarante-cinq siècles. Il a bien pu, comme l'arbre dont il se nourrit, devenir commun aux cinq parties du monde, mais seulement à leurs régions chaudes et tempérées; et rien n'autorise à croire qu'il en doive jamais sortir.

Au contraire, parmi les mammifères et les oiseaux dont la domestication est très-ancienne, non-seulement nous avons trouvé des animaux cosmopolites, mais c'est le plus grand nombre qui s'est répandu sur presque toute la surface du globe. Le Cheval, le Bœuf, le Mouton, la Chèvre, le Chat, et même le Cochon qu'on a souvent, mais à tort, limité aux climats chauds et tempérés ; et de même, dans l'autre classe, la Poule et le Pigeon vivent et se reproduisent sans difficulté depuis l'équateur jusque sous de très-hautes latitudes : dans notre hémisphère en particulier, on les trouve jusqu'au cercle arctique. Mais le plus cosmopolite, c'est le Chien. Où cesse la végétation, et où s'arrête l'herbivore, le Chien vit encore des restes de la chasse ou de la pêche de ses maîtres. Le même animal qui, au sud, veille sur les Moutons sans laine de l'Africain et chasse pour l'Indien de l'Amazone, qui sert de nourriture au Chinois et défend les huttes du Papou, se retrouve au nord, gardant les Rennes du Lapon et traînant l'Eskimau jusque sur les glaces polaires.

Si les autres animaux domestiques, même les plus anciennement soumis à l'homme, ne sont pas devenus cosmopolites, plusieurs ajoutent néanmoins leurs exemples à ceux qui précèdent, à l'appui de cette vérité capitale : les mêmes mammifères, les mêmes oiseaux peuvent vivre sous les climats les plus différents. L'Ane, originaire de pays chauds, est aujourd'hui dans le nord de l'Europe aussi bien qu'en Afrique et dans le midi de l'Asie. Le Chameau à deux bosses s'est de même avancé peu à peu du midi au nord ; on le trouve en Sibérie jusque sur les bords du lac Baïkal, région où le thermomètre descend en hiver jusqu'à 20 degrés au-dessous de zéro. Parmi les Oiseaux, l'Oie est de même commune à des contrées thermologiquement très-différentes ; et il en est encore ainsi du Canard, dont la domestication remonte, comme on l'a vu, à une époque moins reculée : il arrive, lui aussi, sur plusieurs points, au sud, jusqu'à l'équateur, s'étendant même au-delà, dans l'hémisphère austral : au nord, on le trouve jusqu'au cercle arctique.

La conséquence pratique de tous ces faits se présente d'elle-même. Nous devons réserver notre jugement à l'égard des poissons, des insectes et des autres invertébrés : le pouvoir de l'homme semble, à leur égard, plus restreint, quoique encore très-grand; et, dans tous les cas, il nous reste à en déterminer les limites. Nul doute, au contraire, en ce qui concerne les mammifères et les oiseaux ; en d'autres termes et collectivement, les animaux à circulation double, *à grande respiration, à température propre et indépendante* de celle du milieu ambiant. Pour ceux-ci, l'homme, à la faveur du temps, peut ce qu'il veut : ce qu'il a fait dans le passé le démontre de la manière la plus positive, et, par là même, donne la mesure de ce qu'il pourra faire dans l'avenir. Des mammifères et des oiseaux des régions chaudes, il a obtenu, et, par conséquent, il a le pouvoir d'obtenir encore, en ménageant les transitions, des races aptes à vivre sous le ciel du nord, et réciproquement ; il peut, abaissant graduellement les barrières qui séparent les espèces, les acclimater partout comme il s'y est acclimaté lui-même.

§ 3.

Il existe des relations nécessaires et faciles à saisir, au moins d'une manière générale, entre l'ancienneté de la possession par l'homme d'une espèce animale, l'expansion de cette espèce à la surface du globe, le nombre et la diversité des conditions d'existence dans lesquelles elle a été placée, et le nombre et l'importance des modifications qu'elle a subies.

Les espèces les plus anciennement domestiquées, et qui sont aussi les plus modifiées, sont aussi généralement les espèces les plus utiles à l'homme; il devait en être ainsi. Les espèces utiles étant aux espèces de simple agrément ce que le nécessaire est au superflu, elles ont dû précéder les autres; et de là ce fait que j'ai cherché plus haut à mettre en lumière. Ce sont les Grecs, amis du beau sous toutes ses formes, qui ont commencé à placer, à côté des espèces utiles, des espèces d'ornement, comme le Faisan, le Paon et la Pintade. Au contraire, les animaux qu'on a si justement dits de première nécessité pour l'homme, ont été presque tous soumis par les peuples pasteurs de l'antique Orient; l'homme, depuis les temps les plus reculés, s'en est fait suivre dans toutes ses migrations à la surface du globe comme d'indispensables compagnons. Les causes de variation sont donc ici d'une date aussi ancienne, aussi multipliées, et, à tous les points de vue, aussi puissantes que possible : les effets doivent donc être aussi au *maximum*, et c'est ce qui a lieu.

Eût-on pu prévoir de même cet autre résultat de l'observation des animaux domestiques? Chez ceux même qui ont le plus varié, on trouve encore des races très-semblables au type primitif. Pour la couleur elle-même, à peine y a-t-il quelques espèces, et *pas une seule parmi les oiseaux*, où ne subsistent, dans une ou quelques races, les caractères des ancêtres sauvages. Cette persistance de la coloration primitive peut même se rencontrer chez des animaux très-modifiés à d'autres égards.

Nous avons chez nous parmi nos races les plus rustiques et les plus abandonnées à elles-mêmes, quelques-uns de ces animaux encore voisins du type primitif; mais la plupart d'entre eux existent chez les peuples encore barbares et surtout sauvages ; et chez ceux-ci, fait très-remarquable, il n'y en a pas d'autres. Si bien qu'en comparant dans leur ensemble les animaux domestiques des différents peuples, on arrive à ces résultats dont le premier est généralement connu :

Où l'homme est très-civilisé, les animaux domestiques, soumis à des régimes et à des genres de vie très-variés, sont représentés, non-seulement par de nombreuses espèces, mais, dans chacune, par des races très-diverses, et dont quelques-unes s'éloignent considérablement du type primitif.

Au contraire, où l'homme est lui-même près de l'état de nature, ses animaux domestiques, très-peu nombreux comme espèces, le sont aussi, pour chaque espèce, comme races ; et, tenus dans des conditions peu différentes de celles de la vie sauvage, ils s'écartent peu des caractères du type primitif. Le Mouton, par exemple, n'est guère encore qu'un Mouflon [1]; le Cochon ressemble au Sanglier; le Chien lui-même est presque un Chacal apprivoisé; et ainsi des autres, s'il y en a.

Ou en d'autres termes, et ce sont ceux dont je me suis servi pour exprimer cette relation lorsque je l'ai fait connaître [2] :

Le degré de domestication des animaux est en raison du degré de civilisation des peuples qui les possèdent.

Cette proportionnalité entre la multitude et la diversité des actions exercées par l'homme sur les animaux, et la multitude et la diversité des modifications subies par ceux-ci, est une des preuves les plus décisives de la relation de cause à effet qui relie les unes aux autres. Les animaux domestiques sont de véritables ouvrages de l'homme : c'est lui qui, agissant d'abord légèrement sur les individus, et à la longue, plus profondément, sur leur descendance, a fini par les modifier *spécifiquement*, parfois même *génériquement ;* agissant en même temps sur leurs instincts, et les

[1] Il en est ainsi, par exemple, chez les Nègres, qui n'ont que des Moutons *sans laine;* ce qui avait paru à quelques auteurs un fait très-singulier et très-paradoxal, à cause de la chevelure crépue de ces peuples. Là même où l'homme prend « des cheveux *laineux*, le mouton n'a *plus de laine,* » dit particulièrement M. Trémaux (*Comptes rendus de l'Académie des sciences*, 1850, t. XXX, p. 591).

[2] *Histoire générale des anomalies de l'organisation*, t. I, p. 219; 1832, Il n'est encore ici question que du Chien. — Et article *Domestication* de l'*Encyclopédie nouvelle*, t. IV, p. 370; 1838.

pliant ainsi, sous tous les ponits de vue, à ses besoins, d'autant plus nombreux et plus variés que sa civilisation est plus avancée.

Telle est la seule explication possible de l'existence des races domestiques, à moins qu'on ne veuille imaginer avec quelques théologiens et quelques naturalistes, qu'elles ont été initialement créées telles que nous les voyons; ou, avec quelques auteurs, que leur diversité est l'effet, au lieu de l'influence du climat et des autres circonstances extérieures, de croisements successifs entre deux ou plusieurs espèces. Ces deux opinions sont également peu justifiées. La première n'est qu'une pure conjecture, destinée à expliquer des faits qui s'expliquent tout aussi bien sans elle; et la seconde, très-conjecturale aussi, est contredite par tout ce que l'observation nous apprend sur les croisements et sur l'hybridité. Comme je l'ai déjà fait remarquer à l'égard des races canines [1], le croisement de deux espèces ne fait jamais que combiner, dans le produit hybride, les caractères existant chez ces espèces; elle n'en crée pas de nouveaux; et par conséquent, s'il est possible qu'une longue suite de croisements amène de très-nombreuses variations, il ne l'est pas que ces variations soient *en dehors*, *au delà* des types primitifs : toutes, au contraire, se placent *entre* ces types qu'elles relient par une chaîne plus ou moins serrée d'états intermédiaires et de transitions.

A ces raisons générales, déjà décisives contre les opinions que je viens de rappeler, s'ajoute leur fausseté manifeste dans tous les cas où nous n'en sommes pas réduits à raisonner par voie d'induction sur les origines des animaux domestiques. Quelles sont celles des races canines, ovines, ca-

[1] C'est surtout pour les races canines que cette supposition a été émise. Voyez p. 236.

prines, bovines? questions difficiles, encore en partie irrésolues; et l'on conçoit, à la rigueur, qu'on ait cru pouvoir ouvrir ici un large champ aux hypothèses. Mais on ne rencontre pas seulement des races distinctes, et même très-tranchées, chez les animaux dont la domestication se perd dans la nuit des temps, et chez ceux qui descendent ou qu'on peut supposer descendre de deux ou plusieurs souches spécifiques. La domestication du Lapin, et de même, pour prendre un exemple parmi les Oiseaux, celle du Canard, ne datent que des Romains, et chacun de ces animaux n'a qu'une seule souche, le *Lepus cuniculus*, pour l'un, l'*Anas boschas*, pour l'autre. Que de races cependant chez ces animaux, et combien quelques-unes s'écartent des types spécifiques! Telles sont, par exemple, chez le Lapin, celles qui ont acquis des oreilles aussi longues que celles du Lièvre; et chez le Canard, l'*Anas redunca*, à bec fortement recourbé, et surtout la race, à pattes très-reculées et à attitude très-verticale, qu'on connaît généralement sous le nom de *Canard-pingouin* : l'un et l'autre sont remarquables par des caractères étrangers, non-seulement à l'espèce dont ils sont provenus, mais au genre *Anas*, et même à la famille tout entière des Anatidés.

Il y a donc des cas où les modifications subies par les animaux domestiques sont dues, non pas seulement selon toutes les probabilités, mais *avec certitude*, à l'influence de l'homme, ou, pour préciser la nature de cette influence, à l'action des climats, du genre de vie, du régime diététique, et des autres circonstances extérieures sous l'empire desquelles l'homme a placé ces animaux.

Nous voyons donc ici, attesté par un second ordre de faits non moins décisifs, le pouvoir souverain de l'homme sur ce qui l'entoure. S'il a su faire d'animaux originairement propres à une seule région, des habitants des régions les plus diverses, et parfois du monde entier, il a réussi aussi à faire sortir d'un type, susceptible seulement de légères variations dans l'état de nature, des formes secondaires, de véritables *types dérivés*, parfois très-nombreux et très différents du type originel; si différents que les races domestiques sont presque assimilables, dans beaucoup de cas, à des espèces ou même à des genres, ajoutés par la puissance de l'homme à ceux dont la nature avait originairement peuplé le globe.

Voilà ce qu'il a fait, et, par conséquent, voilà ce qu'il peut faire encore, s'il veut, par l'acclimatation et la domestication, poursuivre, aussi loin qu'elle peut lui être utile, la conquête du règne animal.

§ 4.

Les animaux que l'homme s'est jusqu'à ce jour soumis et qui ne forment, comme on l'a vu, qu'une fraction minime du règne animal, 47 sur 140 000 espèces environ, sont très-inégalement répartis, quant à leurs origines, entre les diverses parties du monde. Tous les faits qui ont été établis ou rappelés dans le cours de ce travail se résument, en effet, dans cette proposition :

L'Orient, particulièrement l'Asie, est la patrie primitive de la plupart des animaux domestiques, et, *sans exception, de tous ceux dont la domestication est la plus ancienne.*

Ce fait général avait été depuis longtemps entrevu. Dès l'antiquité, Strabon avait dit, et encore ne fait-il que le redire d'après Mégasthène : « Une grande partie des ani-« maux que nous avons à l'état domestique vit sauvage « en Asie [1]; » et Élien avait été plus explicite encore. On lit

[1] STRABON paraît désigner particulièrement le Caucase. Voyez sa *Géographie*, liv. XV.

dans son *Histoire des animaux* : « Dans les montagnes in-« térieures et inaccessibles de l'Inde se trouvent, dit-on, à « l'état sauvage, les mêmes animaux qui sont domestiques « chez nous. Les Brebis, les Chevaux, les Bœufs, errent à « leur volonté, et les Chiens sont libres. »

Mais ce n'étaient là que des assertions, et les naturalistes n'avaient pas cru devoir s'y arrêter. Nos animaux domestiques ont, pour la plupart, des congénères dans notre pays : pourquoi, s'il en est ainsi, en aller chercher si loin les origines? Pourquoi n'aurions-nous pas chez nous à la fois les ascendants sauvages et les descendants domestiques ? Le vulgaire l'avait depuis longtemps admis sans examen, témoin les noms même du Bouquetin et de l'Aurochs[1]; les naturalistes ont fait comme le vulgaire, et, sans discuter la question, ils l'ont tranchée. Notre Cygne et notre Tourterelle sauvages, *Cygnus musicus* et *Columba turtur*, ont été déclarés les souches de notre Cygne et de notre Tourterelle domestiques; on sait aujourd'hui qu'ils appartiennent à des espèces très-distinctes, *Cygnus olor* et *Columba risoria*. De même, parmi les mammifères, le Loup a d'abord passé pour le père de nos races canines; et si cette opinion a été bientôt abandonnée, si l'on a cessé, vers le milieu du huitième siècle, de faire descendre la Chèvre et le Bœuf du Bouquetin et de l'Aurochs, on a continué jusque de nos jours, et plusieurs naturalistes distingués continuent encore à donner pour ancêtres à nos Chats, à nos Cochons et à nos Moutons domestiques, le Chat et le Sanglier de nos forêts et le Mouflon des montagnes du midi de l'Europe.

Güldenstädt et Pallas sont les premiers qui aient sérieu-

[1] *Bouquetin* et *Aurochs* ne sont que des formes corrompues de deux mots germaniques : *Bockstein*, ou mieux *Steinbock;* et *Urochs*, et plus ordinairement, *Auerochs*. Le premier de ces mots signifie *Bouc des rochers*, le second, *Bœuf primitif, originel*.

sement combattu ces erreurs, et établi l'origine orientale, et particulièrement asiatique, d'une moitié environ des animaux les plus anciennement domestiqués, savoir : le Cheval, que quelques auteurs avaient dit lui-même européen[1]; l'Ane, le Chameau, la Chèvre, le Mouton, qu'on n'a pas continué à regarder comme indigène, et le Chien qu'on a persisté à faire descendre d'une race aujourd'hui détruite. Dans notre siècle, les vues de Güldenstädt et de Pallas ont été reprises par quelques naturalistes et érudits, et étendues, par eux, et surtout par Link et par Dureau de la Malle, à d'autres espèces; « à presque toutes, à onze sur « douze, » disait Dureau dans ses derniers travaux de zoologie historique. La douzième, celle qu'il laissait à regret à l'Europe, entraîné par l'exemple et l'autorité de Cuvier, c'était le Bœuf. Mais, cette exception, je crois l'avoir prouvé, doit disparaître à son tour. Le Bœuf, et de même son congénère, le Zébu, qu'on avait confondu avec lui, sont asiatiques. Et les résultats généraux de mes recherches, combinés avec ceux qui avaient déjà été obtenus, sont ceux-ci :

On doit considérer comme *orientales* toutes les espèces, au nombre de quatorze, qui ont été domestiquées dans des temps très-anciens.

Et le nombre de celles qui sont, soit principalement, soit exclusivement *asiatiques*, est, non de onze sur douze, mais de treize sur quatorze; encore y a-t-il des motifs de penser que la quatorzième, le Chat, est elle-même en partie originaire de l'Asie.

La prédominance, parmi nos animaux domestiques, des espèces d'origine *orientale* et surtout *asiatique*, est un fait dont les conséquences, très-importantes, intéressent, à un

[1] Il a existé, en Europe, à diverses époques et sur divers points, des troupes de Chevaux sauvages. Mais ces Chevaux descendaient d'individus domestiques, redevenus libres.

haut degré, l'ethnologie et l'histoire des temps anciens. Si, comme l'attestent les plus anciennes et les plus respectables traditions ; si, selon les expressions de Buffon[1] « les hautes « terres de l'Asie » ont été « le premier séjour » de l'homme; si » dans ces mêmes terres sont nés les arts de première « nécessité; » c'est, manifestement aussi, « dans les hautes « terres de l'Asie « que nous devons chercher les souches de nos plus anciennes et de nos principales espèces. Or c'est là que nous venons en effet de les trouver, et par là ce qui était déjà une vérité traditionnelle devient une vérité de fait. La notion de l'origine asiatique de nos principaux animaux domestiques est désormais assez solidement établie pour devenir à son tour un point de départ vers d'autres vérités[2].

Les faits qui précèdent ont aussi leur intérêt pratique. Non-seulement nous venons de voir que l'Orient nous a donné la plupart de nos animaux domestiques; mais nous avons aperçu la cause à laquelle se rapporte cette prédominance, si longtemps méconnue, si incontestable aujourd'hui, des espèces orientales et surtout asiatiques. C'est parce que l'Orient, particulièrement l'Asie, a été le premier berceau de la civilisation, qu'il est devenu le lieu des premières et des principales domestications; et c'est parce que nous-mêmes sommes d'origine asiatique, que tant de nos animaux sont originaires de l'Asie. Notons aussi, comme une des causes de la prédominance des espèces asiatiques, le caractère des dogmes religieux qui ont longtemps dominé

[1] *Époques de la Nature*, dans les *Suppléments*, t. V, 1778, p. 190.

[2] Avec le centre, ou mieux les centres de domestication dont on doit reconnaître l'existence en Asie, il faut tenir compte d'un autre centre en Afrique, en Égypte, ou plus vraisemblablement au sud de l'Égypte. De là sont sortis, comme on l'a vu plus haut, le Chat, le Lévrier, une partie des autres races canines, et peut-être plusieurs races ovines.

dans une grande partie de l'Orient, et qui érigeaient en devoir, à des titres divers, le soin et la culture des animaux. En Asie, à l'est de l'Indus, les sectateurs de Brahma voyaient en eux des frères momentanément transformés et déchus, et la possession, le soin de certaines espèces étaient formellement prescrits par la religion elle-même [1]. Sur l'autre rive du fleuve, la loi de Zoroastre érigeait en devoir également pieux la destruction des animaux nuisibles, ouvrage détesté d'Ahriman, et l'amour, la protection, le soin des espèces utiles. Enfin des animaux, de diverses espèces selon les lieux, étaient vénérés en Égypte, et nourris dans les temples comme autant d'idoles vivantes [2].

Voilà les vraies causes, attestées par l'histoire, de la prédominance numérique des animaux domestiques originaires de l'Orient; et rien n'autorise à penser que la nature ait peuplé de préférence cette région d'espèces particulièrement propres à subir le joug de l'homme, et qu'ayant tout obtenu de l'Asie et du nord de l'Afrique, nous n'ayons que peu à obtenir des autres régions du monde; conséquence qui tendrait à détourner nos recherches de celles-ci. C'est, au contraire, vers ces régions neuves encore que nous avons surtout à porter nos espérances et nos efforts. Il se peut que, dans le monde connu des anciens, il ne nous reste qu'à glaner sur leurs pas; mais il est certain que, dans le monde moderne, la moisson est encore debout; et elle peut être riche aussi; car chaque terre, ayant ses productions propres, a ses dons pour lesquels aucune autre ne saurait la remplacer. Et plus que jamais, je crois devoir dire, comme je le faisais il y a

[1] Ces espèces étaient le Coq, le Bœuf et le Chien; voyez p. 196.

[2] Ces vues, exposées à plusieurs reprises dans mes cours, ont déjà été résumées dans un article, intitulé : *Sur l'ancienneté de la domestication des animaux en Orient*, qui faisait partie de la précédente édition de cet ouvrage.

six ans dans la première séance de la Société d'acclimatation : « Une moitié du globe a été seule exploitée; il reste à « exploiter l'autre. »

§ 5.

Il suffit de dresser la liste des animaux domestiques pour apercevoir aussitôt un autre résultat très-digne d'attention. S'ils sont, quant à leurs origines, très-inégalement répartis entre les deux régions du globe; leur répartition entre les divers groupes zoologiques est bien plus inégale encore. Trente-huit sur quarante-sept appartiennent à deux classes du règne animal, les mammifères et les oiseaux. Les deux classes à *sang chaud*, ou mieux, *à température propre*, ne forment numériquement qu'une faible fraction du règne animal : à elles seules appartiennent plus des quatre cinquièmes des animaux domestiques.

Cette prédominance serait-elle fortuite ?

Il est à remarquer, de plus, que parmi les mammifères et les oiseaux domestiques, le plus grand nombre sont des espèces qui réunissent ces trois conditions, ou au moins deux d'entre elles :

1° Elles sont remarquables par l'état avancé de leur développement au moment de leur naissance.

2° Elles vivent naturellement à l'état de société.

3° Elles sont herbivores ou frugivores.

Ces trois conditions se trouvent réunies, parmi les mammifères, chez le Cheval, l'Ane, le Cochon, les deux Chameaux, le Renne, la Chèvre, le Mouton et tous les Bœufs, après lesquels on pourrait encore citer le Cochon d'Inde. Parmi les oiseaux, on les retrouve toutes trois chez la Poule, les Faisans, le Dindon, le Paon, la Pintade, le Canard et les autres palmipèdes domestiques.

Serait-ce là, encore, un fait fortuit?

On ne saurait l'admettre un seul instant. Une prédominance aussi marquée des animaux *à sang chaud*, et parmi eux, des espèces *végétivores*, *précoces* et *sociables*, a nécessairement ses raisons d'être: et quand même ces raisons nous échapperaient complétement, nous devrions encore, sinon conclure, du moins présumer que l'existence d'une température propre, la précocité, la sociabilité et le régime végétal ne se retrouvent si fréquemment chez les animaux domestiques que parce qu'ils constituent autant de conditions favorables à la domestication.

Mais ces raisons nous échappent-elles? En partie peut-être, mais non entièrement; et c'est ce qu'il est facile de voir, au moins pour les trois premières de ces conditions.

Quand nous disons qu'un animal a une température propre, une température qu'il maintient à de très-légères variations près, au milieu des excès du chaud et du froid, nous devons bien nous garder d'ajouter qu'il ne souffre pas de ces excès. Mais du moins est-il vrai de dire que les conditions de l'existence de cet animal leur sont moins nécessairement, moins intimement subordonnées que celles de la vie des autres animaux; de ceux dont la température s'élève ou s'abaisse avec celle du milieu ambiant. Transportez un Boa ou une Tortue dans un pays froid : si l'animal ne meurt pas, au moins tombe-t-il bientôt dans l'engourdissement : ses fonctions vitales sont, les unes très-ralenties, les autres suspendues. Au contraire, si l'animal à sang chaud est soumis à un semblable changement de milieu, il lui suffit de modifier l'activité de sa respiration, pour maintenir, avec sa température ordinaire, l'activité de sa circulation et de toutes ses fonctions vitales. Sans être *indépendant*, il est donc *bien moins dépendant* du milieu ambiant et des influences de ce milieu.

La précocité est une condition si éminemment favorable à la domestication, qu'il est inutile d'insister sur ce point. Des mammifères assez développés dès leur naissance, comme les ruminants, pour se tenir debout et marcher; des oiseaux qui, au sortir de l'œuf, peuvent, de plus, comme les gallinacés, chercher et prendre leur nourriture, ont, par cela même, échappé à une grande partie des périls qui menacent les autres animaux, si longtemps débiles, manquant de chaleur propre, et, à beaucoup d'égards, comparables à des fœtus prématurément lancés dans le monde extérieur.

Si la température propre est favorable au point de vue de l'acclimatation, et la précocité à celui de la multiplication, la sociabilité l'est au point de vue de l'apprivoisement. Un animal sociable, c'est-à-dire, doué d'instincts affectueux qui le portent à rechercher ses semblables, transporte volontiers, au défaut de ceux-ci, son affection sur les êtres d'une autre espèce qui l'entourent, et particulièrement sur le maître qui le soigne et le nourrit. Il suffit ici de détourner, de modifier un instinct naturel : chez un animal insociable, il ne faudrait rien moins que créer, contre l'instinct même, des sentiments affectueux; sentiments dont on peut voir tout au plus le germe dans la tendance des sexes à se rechercher momentanément au temps de la reproduction. Frédéric Cuvier a insisté plus qu'aucun autre naturaliste sur la sociabilité des animaux, considérée dans ses rapports avec leur aptitude à la domesticité [1], et c'est avec juste raison que ses vues ont été admises, et que son travail a été cité avec éloge par tous ses successeurs. On doit seulement regretter que Frédéric Cuvier ait été ici trop absolu : la sociabilité est une condition favorable à la domestication,

[1] *De la Sociabilité des animaux*, dans les *Mém. du Muséum d'Histoire naturelle*, t. XIII, p. 19, 1825.

mais non indispensable; témoin plusieurs espèces naturellement solitaires, et pourtant soumises à l'homme. Parmi elles, il suffira de citer le Chat, susceptible de la domesticité la plus complète, quoi qu'on en ait dit : combien d'individus, élevés et conservés à l'intérieur des maisons, deviennent aussi familiers avec leurs maîtres (mais non, à beaucoup près, aussi affectueux) que le Chien lui-même?

Le régime végétal est-il aussi en lui-même une circonstance favorable? On n'a aucune raison de l'affirmer. Mais c'est parmi les animaux végétivores que se trouvent presque toutes les espèces précoces et la plupart des espèces sociables, et dès lors c'est parmi les animaux végétivores que l'homme devait prendre la plupart de ses animaux domestiques[1].

Et par les mêmes raisons, c'est encore parmi eux qu'il doit surtout chercher, non-seulement ses nouveaux animaux alimentaires, mais aussi ses nouveaux auxiliaires, et en général ses nouveaux animaux domestiques. Car tout ce qui a favorisé les domestications anciennement obtenues est manifestement encore ce qui peut favoriser celles qui restent à obtenir.

En cherchant à nous éclairer, par l'histoire des bienfaits que nous ont légués nos ancêtres, sur les services que nous-mêmes pouvons rendre à nos descendants, la conséquence à laquelle nous sommes conduits est donc celle-ci :

[1] Les carnassiers vivent, généralement solitaires ou en monogamie. Mais les espèces du genre *Canis*, et particulièrement les Chacals, font plus ou moins exception : soit habituellement, soit au moins fréquemment, ils vivent en troupe. La sociabilité, *exceptionnellement* unie, chez ces carnassiers, à des facultés éthologiques très-développées, explique comment cet ordre, un des moins disposés à la domestication, a pu, *exceptionnellement aussi*, fournir à l'homme son compagnon le plus intime et le plus dévoué.

Sur les raisons générales de la domestication des animaux, voyez l'article déjà cité que j'ai publié en 1838 dans l'*Encyclopédie nouvelle*, et reproduit en 1841 dans mes *Essais de zoologie générale*.

Les groupes qui nous ont déjà le plus enrichis sont encore ceux auxquels nous avons à demander le plus de richesses nouvelles.

Et c'est ce que confirme déjà l'expérience; car, parmi les animaux que des essais récents autorisent à dire ou à demi conquis dès à présent, ou promis à une domestication prochaine, la plupart, comme on peut le voir par les listes données plus haut [1], sont encore, parmi les mammifères, des pachydermes, des ruminants, et secondairement, des rongeurs; et parmi les oiseaux, des gallinacés, des palmipèdes lamellirostres, et secondairement, des pigeons.

La remarque que je viens de faire peut être suivie beaucoup plus loin. Les groupes qui, après les mammifères et les oiseaux, sont appelés à fournir à l'homme le plus d'animaux utiles, sont encore ceux qui déjà lui en ont donné quelques-uns : tels sont les poissons et les insectes, et plus particulièrement, dans ces classes, les malacoptérygiens [2], et les lépidoptères séricigènes [3].

L'homme semble destiné à étendre peu à peu son empire des sommités du règne animal à des êtres de presque tous les degrés. Il n'avait guère possédé dans les temps les plus anciens que des mammifères : dans les temps modernes, il a presque égalé à leur nombre celui des oiseaux. Le rapide mouvement imprimé depuis quelques années, en France surtout, à la pisciculture et à la sériciculture, atteste que le moment est venu où vont se multiplier, à leur tour, les poissons de nos viviers et les insectes de nos magnaneries.

Espérons que le progrès ne s'arrêtera pas là. Pourquoi n'en serait-il pas un jour de nos domestications animales

[1] Pages 52 à 55.
[2] Voyez la *Troisième partie*, Chap. IV.
[3] *Ibid*, Chap. V.

comme de nos cultures végétales, où prédominent aussi de beaucoup les groupes supérieurs, mais où les inférieurs ne sont cependant pas sans quelques représentants? A ce point que la longue suite des végétaux possédés par l'homme se termine presque par les champignons, où se termine la série végétale tout entière.

CHAPITRE VI

DE QUELQUES OBJECTIONS FAITES OU REPRODUITES CONTRE L'INTRODUCTION DE NOUVELLES ESPÈCES DOMESTIQUES[1]

§ 1.

Ce que je disais en 1849, au sujet de l'introduction et de la domestication de nouvelles espèces animales, je puis le redire avec une pleine confiance : la démonstration théorique est achevée ; c'est de la réalisation pratique qu'il s'agit présentement. C'est une vérité qui est aujourd'hui comprise et acceptée, non-seulement parmi les naturalistes et les agronomes les plus éminents, mais dans toutes les classes libérales de la société, et aussi bien à l'étranger qu'en France. La création récente de la Société zoologique d'acclimatation est à la fois la meilleure expression et la preuve la plus frappante que je puisse donner de ce progrès général dans les esprits ; car par là seulement s'expliquent, et la rapide extension de cette société, et l'accueil qu'elle a presque unani-

[1] Je laisse ce chapitre tel qu'il a été rédigé pour l'édition précédente, et tel qu'il a paru en 1854. Le développer, comme je l'ai fait pour plusieurs autres parties de cet ouvrage, eût été ne pas tenir compte des progrès faits depuis six ans. Mais, en même temps, il m'a paru que le moment n'était pas encore venu de supprimer mes réponses à des objections dont se préoccupent encore quelques esprits attardés.

mement reçu de la presse parisienne, départementale, étrangère.

Il est cependant encore quelques voix qui protestent contre ce qu'elles appellent l'*engouement* de la nouveauté, et cherchent à retenir les naturalistes, les agriculteurs, le public sur une pente qu'elles disent *dangereuse*. Voix heureusement impuissantes dans leur isolement actuel ; et comment en serait-il autrement? Si l'acclimatation de telle ou telle espèce peut donner lieu à des objections *particulières*, très-spécieuses, ou même très-fondées, quelle valeur pourrions-nous attacher, au point où nous sommes arrivés, à des objections *générales* contre l'acclimatation, telles que celles qui ont été récemment faites ou reproduites? Les citer, pour la plupart, n'est-ce pas les avoir assez réfutées?

Que dire de la prétendue impossibilité d'*acclimater*, c'est-à-dire, d'accoutumer les animaux à vivre sous un climat différent de celui qui leur est naturel? Je réserve la question, en ce qui concerne les animaux dits *à sang froid*[1]; la possibilité de l'acclimatement se renferme ici dans des limites qui restent encore à déterminer; mais, pour les mammifères et les oiseaux, quel physiologiste, après s'être bien rendu compte des conditions de leur respiration et de leur calorification, peut conserver le moindre doute que ces animaux puissent se mettre en rapport harmonique avec des climats très-différents? Quelle question, d'ailleurs, est mieux tranchée par les faits? Le Chien, le Cheval, le Mouton et plusieurs autres espèces, ne sont-ils pas devenus cosmopolites? N'habitent-ils pas à la fois des pays très-chauds et d'autres très-froids, très-secs et d'autres très-humides, très-bas et d'autres si élevés que l'air s'y trouve déjà très-raréfié? Non sans doute qu'un animal puisse passer brus-

[1] Voyez le Chapitre précédent, p. 249.

quement d'un lieu à un autre; mais, avec le temps, la *race* peut plier son organisation à des conditions nouvelles, se mettre en harmonie avec elles, en d'autres termes, *s'acclimater*.

Que dire surtout de la prétendue preuve alléguée contre la possibilité de l'acclimatement? On a fait, a-t-on dit, de grands efforts pour faire sortir le Dromadaire de l'Afrique; on n'y est jamais parvenu. Singulière objection, que je passerais sous silence si elle n'avait été émise et défendue dans une chaire de haut enseignement! Le savant zoologiste auquel je réponds ici aurait pu se rappeler qu'il y a des Dromadaires parfaitement acclimatés en Europe[1]; que l'espèce existe aussi en Amérique[2], depuis bien moins longtemps, il est vrai; mais surtout il aurait dû se souvenir de la véritable origine du Dromadaire, et ne pas ériger en un argument *contre* la possibilité de l'acclimatement, ce qui est une preuve de plus *pour* elle. Le Dromadaire n'est en Afrique, sur une si grande étendue de ce continent, et en dehors du continent, aux îles Canaries, que parce qu'il y a été successivement acclimaté[3]. Sa patrie originaire, comme l'a surtout démontré M. Desmoulins, est essentiellement l'Asie méridionale et occidentale, d'où ce précieux quadrupède

[1] Voyez p. 24.
[2] Voyez la *Troisième partie*, Chap. I.
[3] Tout au plus aurait-il existé primitivement dans quelques parties de la région la plus orientale de l'Afrique, vers la mer Rouge; et encore aucune preuve n'existe-t-elle à cet égard. Desmoulins, qui a consacré un mémoire *ex professo* à l'examen de la patrie du Dromadaire, conclut que ce quadrupède était originairement propre à l'Asie, et M. Étienne Quatremère a essayé en vain d'infirmer cette opinion. Voyez Desmoulins, *Sur la patrie du Chameau*, dans les *Mémoires du Muséum*, t. IX, et article *Chameau* du *Dictionnaire classique d'Histoire naturelle*. Les objections de M. Quatremère se trouvent dans son *Mémoire sur Ophir;* voyez le recueil de l'*Académie des Inscriptions*, t. XV, 1845.

Voyez encore sur cette question la *Géographie* de Ritter et les *Tableaux de la nature* de Humboldt, t. I.

est passé très-anciennement dans les parties limitrophes de l'Afrique; puis, à la suite des Arabes, presque partout où s'est étendue la religion de Mahomet, et enfin aux Canaries, où l'a introduit Jean de Bethencourt[1]. *Camelos inter armenta pascit Oriens, quorum duo genera Bactriæ et Arabiæ*, disait déjà Pline[2].

§ 2.

Après l'objection de l'*impossibilité* vient celle de l'*inutilité dispendieuse* des acquisitions nouvelles que nous pourrions faire. Dispendieuse, trop dispendieuse, assurément, si ces acquisitions sont inutiles; mais non, comme l'a si bien dit François de Neufchâteau[3], si elles sont nécessaires, si elles doivent contribuer au bien-être futur des peuples. Or, comment n'en serait-il pas ainsi? « On pourrait peut-être mesurer, dit M. Richard du Cantal, le degré de civilisation d'un peuple à la quantité des animaux qu'il élève, à leur nature, et surtout à leur qualité[4]. »

Augmentons donc le nombre de nos races domestiques, en même temps que nous les améliorons, et ne craignons pas de faire à notre tour, dans un si grand intérêt, ce qu'ont fait, dans l'enfance des sociétés humaines, ces bienfaiteurs inconnus dont je rappelais plus haut les travaux[5]. Ils nous ont donné, dès les temps les plus reculés, le Cheval, l'Ane, le Bœuf, le Mouton, le Chien, le Porc, le Pigeon, la Poule, le Ver à soie; et nous, peuples modernes, éclairés de toutes les lumières, maîtres de toutes les ressources de la science, nous

[1] Voyez p. 22, note 3.
[2] *Lib.* VII, XXXVI. — Sur le Dromadaire, voyez aussi la *Troisième partie*, Chap. I.
[3] Voyez la *Quatrième partie*, Chap. II.
[4] *Dictionnaire raisonné d'agriculture*, article *Animaux domestiques*, t. I; p. 118, 1854.
[5] Voyez le Chapitre IV.

pour qui vouloir c'est pouvoir, nous trouverions au-dessus de nos forces la continuation et l'achèvement de leur œuvre!

Mais, ont dit quelques agriculteurs et aussi quelques naturalistes, que nous manque-t-il donc? Quels biens pourraient résulter pour nous de la possession d'un ou de quelques animaux de plus? Je répondrai : Imaginez qu'une de nos espèces actuelles vienne à nous manquer, et voyez quel vide se ferait aussitôt sentir dans nos ressources agricoles, économiques, industrielles! Que l'on fasse maintenant la supposition contraire, et qu'on se demande quelles conséquences, à l'inverse, devront se produire : par les pertes que nous aurions subies dans une de ces hypothèses, on pourra se faire une idée des avantages que nous obtiendrions dans l'autre.

Cependant, dit-on encore, nous possédons trente-deux espèces à l'état domestique, et de plusieurs nous avons obtenu de nombreuses et excellentes races. Quand nous sommes *si riches*, à quoi bon nous enrichir encore? C'est l'objection à laquelle je répondais déjà au commencement de mon *Rapport général*[1]; et puisqu'on l'a reproduite, puisqu'on la reproduit chaque jour, j'y répondrai encore. Oui, nous sommes riches, si nous nous bornons à apprécier la valeur absolue des dons que nous ont transmis les générations antérieures; mais assurément pauvres, si nous comparons ce que nous possédons à ce que nous pourrions posséder. Voici notre richesse exprimée par des résultats numériques : Sur *cent quarante mille* espèces animales aujourd'hui connues, combien l'homme en possède-t-il à l'état domestique? *Quarante-sept;* et encore, de ces quarante-sept espèces, quinze manquent à la France, treize à l'Eu-

[1] *Première partie*, p. 5 et suiv. — Voyez aussi le *Discours d'ouverture* de la Société zoologique d'acclimatation. J'emprunte à ce discours quelques-unes des remarques qui suivent. Voyez le *Bulletin* de cette Société, t. I, p. XI.

rope entière. Trouvera-t-on que c'est avoir assez conquis sur la nature? Est-ce assez d'avoir dans nos basses-cours trois espèces de cet ordre si précieux des Gallinacés, une seule de l'ordre des Rongeurs, si remarquable par sa fécondité, la précocité de son développement et l'excellence de sa chair? Est-ce assez, parmi les grands mammifères herbivores, de posséder quatre espèces alimentaires? Cercle étroit dans lequel se renferme, en effet, pour ses éléments essentiels, notre alimentation animale. Au milieu du dix-neuvième siècle, en présence des merveilles qu'enfantent chaque jour sous nos yeux les arts mécaniques, physiques, chimiques, nous en sommes à ce point que le pauvre manque encore de viande, et que le plus riche ne peut varier les mets de sa table qu'en variant la préparation de mets toujours les mêmes : parmi les grands animaux, la chair du Bœuf, du Mouton et du Porc, le lait de la Vache, de la Chèvre, de la Brebis, et c'est tout! Pensera-t-on, en présence de ces faits, que notre civilisation a sur tous les points marché de front? Nous jugera-t-on aussi avancés en ce qui touche notre alimentation qu'à l'égard de nos moyens de transport et de correspondance? Avons-nous fait pour notre hygiène ce que nous avons fait pour notre industrie? Singulière contradiction, que nous n'apercevons pas parce que l'habitude nous la rend familière, mais dont on s'étonnera un jour comme de la plus inexplicable des anomalies : presque partout des progrès si rapides que ce qui était hier encore semble séparé de nous par des siècles; et dans la question, si fondamentale pourtant, qui nous occupe ici, des progrès si lents, ou pour mieux dire si nuls, que nous en sommes, pour le nombre de nos espèces de boucherie, où en étaient les Romains, les Grecs, les anciens Égyptiens, et, pour tout dire, où n'en sont plus depuis longtemps les Chinois eux-mêmes!

Mais, a-t-on dit aussi, de nouvelles espèces dussent-elles nous être utiles, ne vaut-il pas mieux nous occuper des animaux que nous avons déjà, que de ceux que nous n'avons pas encore? Objection très-fondée si l'on proposait de délaisser les unes pour les autres. Mais qui a jamais fait une telle proposition? Qui jamais a pu vouloir qu'un progrès sur un point fût acheté par une rétrogradation sur un autre? « *Faire marcher de front avec le perfectionnement des races* « *que nous possédons déjà* l'acclimatation et la domestica- « tion d'autres animaux, » c'est en ces termes que nous avons toujours posé la question [1]; et c'est au même point de vue qu'elle a été considérée par tous les partisans de l'acclimatation; par exemple, pour citer des hommes dont l'autorité ne sera pas récusée, par les ministres de l'agriculture dont le nom se rattache à la création de l'Institut agronomique de Versailles [2], et par le rapporteur du projet de loi qui avait constitué ce grand établissement [3]. Appliquer (ce sont les expressions mêmes de ce dernier) toutes les ressources « qu'offrent les sciences naturelles au *perfectionne-* « *ment des races que nous possédons*, » et, de plus, « tra- « vailler à résoudre le problème de l'acclimatation et de la « domestication d'autres animaux; » voilà les deux voies où nous appelait le Comité d'agriculture de l'Assemblée nationale constituante, composé d'hommes aussi compétents et aussi éclairés que dévoués à leur pays.

Que répondre maintenant à ceux qui ont exagéré ces mêmes craintes jusqu'à s'élever contre la *substitution*, à nos espèces actuelles, d'espèces qui ne les vaudraient pas; jusqu'à nous accuser, du moins, de tendre à cette substitu-

[1] Voyez p. 11.
[2] P. 9.
[3] Voyez, p. 10, le fragment que j'ai cité du *Rapport* de M. Richard (du Cantal).

tion? Rien. On ne répond sérieusement qu'à des arguments sérieux. Tout ce qu'ont dit ces agriculteurs et naturalistes contre l'Hémione en faveur du Cheval et de l'Ane, contre l'Alpaca en faveur du Mouton, contre le Hocco en faveur du Dindon, dont ils se sont faits les défenseurs officieux, ils le diraient pour l'Hémione, pour l'Alpaca, pour le Hocco, contre le Cheval, l'Ane, le Mouton et le Dindon, si ceux-ci étaient les derniers venus, s'ils avaient le tort impardonnable d'être *nouveaux*.

Ajouterai-je, pour compléter ce résumé, qu'une autre objection encore a été produite contre l'acclimatation et la domestication de nouvelles espèces animales? Singulière objection, dont les théologiens s'étonneront plus encore que les naturalistes. Chaque animal, a-t-on dit, a reçu du Créateur sa place et sa destination; par conséquent, l'acclimatation, qui est un déplacement, et la domestication, qui est un changement de destination, vont contre les desseins de la Sagesse suprême!... En sorte que le succès de nos tentatives ne serait pas seulement *impossible*, et fût-il obtenu, *inutile*, il serait *impie!*... On cite un tel argument, et l'on passe outre; il n'appartient qu'au bon sens public d'en faire justice; et il n'eût pas même été indiqué ici, si je n'eusse tenu à compléter ce résumé, dût-il paraître manquer sur un point du sérieux qui convient à la discussion de questions si graves.

FIN DE LA DEUXIÈME PARTIE

TROISIÈME PARTIE

NOTIONS COMPLÉMENTAIRES SUR PLUSIEURS ESPÈCES ANIMALES RÉCEMMENT INTRODUITES OU DONT L'INTRODUCTION SERAIT UTILE, SOIT EN FRANCE, SOIT EN D'AUTRES PAYS

CHAPITRE PREMIER

SUR QUELQUES MAMMIFÈRES DOMESTIQUES ÉTRANGERS RÉCEMMENT INTRODUITS EN EUROPE, EN AMÉRIQUE ET EN AUSTRALIE

Six mammifères, domestiques, de temps immémorial, dans les pays dont ils sont originaires, les deux Chameaux, le Lama, l'Alpaca, l'Yak et la Chèvre d'Angora, ont donné lieu dans ces dernières années ou donnent lieu dans ce moment même à des tentatives d'introduction et d'acclimatation, faites, les unes par ordre de divers gouvernements européens ou américains, d'autres par les soins de la Société impériale d'acclimatation, d'autres encore comme entreprises commerciales. Entre ces tentatives, que la science suivrait déjà avec intérêt pour elles-mêmes et pour les faits qu'elles ne peuvent manquer de mettre en lumière, quelques-unes au moins sont destinées à exercer une très-heureuse influence sur l'agriculture et l'industrie des peuples pour lesquels elles ont été faites. Je laisserais donc cet ouvrage très-incomplet, si je ne revenais ici sur ces animaux, et aussi bien sur les Chameaux, le Lama et l'Alpaca, malgré les détails dans lesquels je suis entré sur ces espèces [1], que sur l'Yak et la Chèvre d'Angora, seulement mentionnés dans les parties précédentes de cet ouvrage [2]. Qui eût pu prévoir en 1849 que, non-seulement la Chèvre d'Angora, mais l'Yak, dont la dépouille même manquait encore à nos plus grands musées, allaient être, en 1854, introduits par troupeaux, et pourraient être dits, en 1860, des animaux européens [3]!

[1] *Première partie*, p. 22 à 37.

[2] Pages 19, 177 et 227.

[3] Les autres mammifères domestiques étrangers à la France sont le Gayal et l'Arni, encore très-incomplétement connus des zoologistes, le Renne et le Buffle, à l'égard desquels je ne saurais que répéter ce qui en a été dit plus haut (voyez p. 18, 20, 177, 178 et 185), et le Bœuf à bosse ou Zébu. Ce dernier, dont on avait amené des individus en Europe, à diverses reprises, dès le siècle dernier, y est, depuis quelques années, devenu presque commun. Dans tous les jardins zoologiques publics ou particuliers, on voit des Zébus de différentes races; ces Zébus s'y reproduisent et s'y élèvent aussi facilement que nos Bœufs ordinaires dans nos fermes.

En ce moment même, on voit réunis à Paris quatre races de Zébus, deux asiatiques et deux africaines. Le Muséum d'histoire naturelle possède une belle famille de l'élégante race indienne connue sous le nom de *Vache bramine*, et l'on voit au Jardin zoologique du Bois de Boulogne le Zébu du Sénégal, le Zébu nain à cornes, et une grande race, jusqu'à ce jour très-peu connue et très-remarquable par sa taille, égale à celle de nos grandes races bovines, et surtout par la convexité très-prononcée de son chanfrein. Cette race vient du Soudan égyptien, d'où elle a été envoyée à la Société d'acclimatation par S. A. le prince Halim.

On sait que le Zébu est un bon animal de boucherie, et une bête de trait et de somme très-supérieure au Bœuf pour la rapidité de ses allures. « Attelé, il galope à merveille; il trotte comme le meilleur Baudet, » dit, dans une lettre toute récente, notre consul à Ceylan, M. GRIMBLOT (Lettre à mon ami M. J. Reynaud, qui a bien voulu me la communiquer). « Il est d'une sobriété « exemplaire, ajoute M. Grimblot, et la Vache donne de bon lait. Ce serait « une précieuse acquisition pour nos provinces du centre et du midi. »

Malgré ces avantages, l'utilité de l'introduction du Zébu est encore regardée comme douteuse; et son acclimatation n'a été jusqu'à ce jour l'objet d'aucune tentative suivie. Le Zébu n'est guère chez nous qu'un animal de curiosité.

SECTION I

Sur l'Yak ou Bœuf à queue de Cheval (Bos grunniens), et particulièrement sur le troupeau ramené en France en 1854 par M. de Montigny.

§ 1.

Sonnini, en faisant, il y a plus d'un demi-siècle, l'histoire de l'Yak, d'après Pallas, rappelait les recommandations faites par cet illustre zoologiste aux voyageurs qui seraient à même d'enrichir de nouveaux faits l'histoire encore si incomplète de ce ruminant; et il disait [1] :

« A ces souhaits d'un naturaliste célèbre, j'en ajouterai un dont l'accomplissement n'aurait pas moins d'utilité : ce serait de nous approprier l'espèce des Yaks. Domestiques dans des contrées plus septentrionales, il y a tout lieu de présumer qu'ils s'acclimateraient aisément en France; et nos arts pourraient tirer un parti avantageux de leurs beaux crins, objet d'un commerce important pour les Orientaux, et de richesse pour les peuples qui élèvent des troupeaux de ces *Buffles à queue de Cheval.* »

Je m'étais abstenu de rappeler dans mon *Rapport général* ce vœu de Sonnini : prématurément émis à une époque où l'Yak était si imparfaitement connu, il m'eût paru presque aussi téméraire de le reproduire en 1849, et même plus récemment encore; car le singulier Bœuf de la Tartarie et du Thibet n'avait jamais été vu en France; son squelette, sa dépouille même, manquaient encore à nos musées; et bien qu'un individu vivant eût fait partie, il y a quelques

[1] Voyez l'édition de l'*Histoire naturelle* de Buffon, publiée avec additions par Sonnini, t. XXIX, p. 237, 1800.

Voyez aussi le *Dictionnaire d'Histoire naturelle* de Déterville, première édition, article *Yak;* deuxième édition, article *Bœuf.*

années, de la magnifique ménagerie de lord Derby à Knowsley, le remarquable mémoire de Pallas, inséré dans le recueil de l'Académie de Pétersbourg[1], demeurait le travail le moins incomplet que l'on pût consulter sur l'Yak.

On peut apprécier par ces faits l'importance du service que M. de Montigny a rendu à l'histoire naturelle, en introduisant en France, pour les acclimater dans nos montagnes, douze individus de cette espèce encore si mal connue des naturalistes, et que nous avions à peine l'espoir de posséder bientôt dans nos riches collections. C'est en apprenant jusqu'à point elle y était désirée, que M. de Montigny résolut de se la procurer; et c'est à l'aide de renseignements recueillis du père Huc, à son arrivée du Thibet en Chine, que notre généreux et dévoué consul parvint à se procurer d'abord une paire, puis douze individus, et à leur faire traverser la distance, immense encore, qui sépare le Thibet de Chang-hai, siége du consulat de France en Chine. Les Yaks n'étaient pas moins inconnus jusqu'alors dans cette partie de la Chine que dans notre Occident : « Ce sont des Bœufs européens, des *Bœufs barbares*, » disaient les Chinois qui venaient en foule voir chez le consul de France ces étranges Bœufs à poils de Chèvre et à queue de Cheval.

M. de Montigny a voulu veiller lui-même au transport en Europe de son troupeau. Devant revenir quelques mois

[1] Année 1777, 2e partie, p. 233.

Le mémoire de Pallas se trouve aussi dans le *Journal de physique*, année 1792.

Parmi les anciens travaux, citons aussi la note et la figure (plusieurs fois reproduite) qu'a données Blumenbach dans ses *Abbildungen naturhistorischer Gegenstænde*, Gœttingue, in-8, 1776.

C'est parce que le *Bos grunniens* a été surtout décrit dans le dix-huitième siècle par des auteurs allemands que l'orthographe allemande de son nom, *Yack*, a longtemps prévalu, même dans les livres français.

plus tard en France, il a conservé ses Yaks à Chang-hai jusqu'au jour de son embarquement; et renonçant, pour lui-même et pour sa famille, aux avantages d'un voyage rapide par Suez, notre généreux et dévoué consul les a amenés, par le Cap, en Occident; d'abord aux Açores, où les avaries du navire ont obligé de débarquer et d'attendre cinq mois d'autres moyens de transport; puis en France. L'arrivée des Yaks y eut lieu en mars 1854, et le 1er avril, M. de Montigny avait enfin la satisfaction de les installer dans les parcs de la Ménagerie du Muséum d'histoire naturelle, où ils devaient rester provisoirement en dépôt.

Grâce aux excellents soins que de M. de Montigny a fait donner aux Yaks par quatre Chinois embarqués avec eux et qui sont venus jusqu'à Paris, le difficile transport du troupeau s'est achevé beaucoup plus heureusement qu'on n'était fondé à l'espérer en de telles circonstances. Pendant le séjour de cinq mois qu'il a fallu faire aux Açores, il est mort un Taureau; mais une naissance a compensé cette perte, et M. de Montigny, parti de Chine avec douze individus, a eu la satisfaction d'en amener un pareil nombre.

Cinq de ces animaux sont mâles; sept femelles. Une de ces femelles-ci est une hybride née du croisement, soit d'un Taureau ordinaire, soit d'un Zébu avec une Vache Yak.

Quatre de ces individus, trois de race pure, et la femelle hybride, sont armés de cornes peu différentes de celles de plusieurs de nos races bovines, mais implantées plus haut et plus en arrière. Ces quatre individus sont blancs. Parmi les huit Yaks sans cornes, quatre sont blancs, et quatre noirs. Tous sont de petite taille, surtout les Vaches, dont les dimensions se rapprochent de celles de notre petite race bretonne. Leur tête et leurs membres sont plus courts, leur corps proportionnellement un peu plus long que chez la Vache ordinaire. Leur croupe est arrondie et rappelle un peu celle du Cheval. Leur queue est fournie de crins très-longs et beaucoup plus abondants, mais moins résistants que ceux du Cheval, à la queue duquel celle de l'Yak a toujours été comparée. Les poils de la queue, si longs qu'ils fussent, l'étaient cependant moins, lors de l'arrivée du troupeau, qu'on ne les voit dans les figures d'Yak antérieurement publiées. Il en était de même des poils du corps, à l'exception de ceux, très-longs, qui tombent des flancs, de la partie inférieure du ventre et du col et du haut des membres. En général, les poils de l'Yak sont droits ou peu contournés, sans souplesse, un peu brillants, et comparables à ceux des Chèvres à longs poils droits. Quant aux jeunes Yaks qui faisaient aussi partie du troupeau, ils étaient couverts de poils frisés et laineux, à ce point que beaucoup de personnes les prenaient pour des Moutons.

Tel était le troupeau de M. de Montigny à son arrivée au Muséum. On n'a pas oublié à quel degré il excita l'intérêt du public : la foule ne cessa, pendant plusieurs mois, d'entourer les parcs des Yaks; sa curiosité se partageait, il est vrai, entre ces animaux et leurs gardiens chinois. En même temps qu'ils étaient vus par le public, les Yaks étaient étudiés avec autant d'empressement que de soin par les naturalistes, et servaient de modèles à plusieurs artistes éminents. C'est le 1er avril que les Yaks étaient arrivés à Paris; dès le 7, notre célèbre peintre d'animaux, mademoiselle Rosa Bonheur, avait fait, d'après deux individus, et adressait à la Société une série d'études, bientôt suivie d'un dessin également remarquable au point de vue de l'exactitude zoologique et de l'exécution artistique. Ce dessin est incontestablement la meilleure figure qu'on ait de l'Yak, et la Société, qui l'avait reçu en don de son auteur, a cru devoir, avant de le placer dans la salle des séances, le faire reproduire par une combinaison alors toute nouvelle des procédés de la photographie et de la gravure. Le *fac-simile*, ainsi obtenu, a été distribué par la Société à ses nombreux membres [1].

Parmi les travaux auxquels le troupeau de M. de Montigny donnait lieu en même temps dans l'ordre scientifique, le principal est un rapport étendu dans lequel M. Duvernoy a résumé ses observations propres et celles de MM. Richard du Cantal, Doyère et Focillon, membres avec lui d'une commission nommée par la Société d'acclimatation pour l'étude des Yaks [2]. On doit particulièrement au premier de ces savants des remarques sur la conformation de l'Yak comme bête de somme, au second l'analyse du lait de ce ruminant, et au troisième une étude très-exacte des poils de l'Yak, qu'il a observés, mesurés et dessinés au microscope [3].

§ 2.

Le troupeau de M. de Montigny a paru, à son arrivée en France, souffrir beaucoup de notre climat. Quoiqu'on fût

[1] Ce *fac-simile*, parfaitement réussi, est l'œuvre de M. et de madame RIFAUT.

Un grand nombre d'autres figures ont été faites d'après les individus de M. de Montigny. M. WERNER a fait plusieurs dessins pour la riche collection dite des vélins du Muséum, et pour l'ouvrage, malheureusement interrompu par la mort de cet éminent artiste, dont il a paru quelques livraisons sous ce titre : *Collection iconographique des animaux utiles et d'agrément*, Paris, 1856, in-folio. — D'autres figures sont dues à M. ROUYER; voyez, pour l'Yak sans cornes, le *Bulletin de la Société d'acclimatation*, t. II, pl. I, 1855; et pour l'Yak à cornes, la 1re livraison de l'ouvrage intitulé : *Jardin zoologique et botanique du Bois de Boulogne*, par MM. LE BÉALLE et ROUYER, Paris, grand in-4°, 1859.

Parmi les statuaires, M. ISIDORE BONHEUR a habilement modelé le même Taureau Yak qui a servi si heureusement de modèle à sa célèbre sœur.

Il ne sera pas sans intérêt de comparer à ces dessins et modèles, faits en France, la figure qui est jointe à ce travail. Cette figure, dont je dois la communication à M. de Montigny, a été dessinée en Chine, à l'arrivée du troupeau à Chang-hai, d'après le même Taureau qu'ont représenté mademoiselle Rosa Bonheur et MM. Werner, Rouyer et Isidore Bonheur.

[2] *Bulletin de la Société d'acclimatation*, t. I, p. 190 et suiv.

[3] Pour les figures de M. FOCILLON, voyez la pl. I.

alors au commencement du printemps, les Yaks, particulièrement les Taureaux, semblaient accablés de la chaleur, dès que la température s'élevait à douze ou quinze degrés : dans le milieu de la journée, ils étaient haletants, et ne se déplaçaient guère que pour chercher, au défaut de l'ombre des arbres encore dépourvus de feuilles, celle de leur cabane. Il me parut prudent et il le parut aussi à M. de Montigny de hâter le partage du troupeau que le gouvernement avait l'intention de faire entre diverses localités, et de hâter le départ pour les montagnes de ceux des Yaks qui ne devaient pas rester au Muséum.

Ce partage eut lieu vers la fin du printemps, et fut ainsi réglé par M. le Ministre de l'instruction publique, d'accord avec son collègue des affaires étrangères.

Les Yaks noirs, sans cornes, étaient au nombre de quatre : un mâle et une femelle adultes, un mâle et une femelle jeunes. Le premier de ces couples, concédé au Comice agricole de Barcelonette, fut placé dans les Alpes; le second, remis à M. de Morny, fut envoyé dans une des propriétés de M. le Président du Corps législatif, située sur les confins des départements de l'Allier et du Puy-de-Dôme.

La race la plus admirée du public, la mieux caractérisée zoologiquement, l'Yak blanc à cornes, était représentée dans le troupeau par un Taureau et une Vache[1]; ces deux individus furent attribués à la Ménagerie du Muséum. Le même établissement reçut la femelle métisse, non-seulement comme individu unique en Europe, mais en raison de l'intérêt scientifique qui pouvait s'attacher aux observations et aux expériences propres à déterminer son degré de fécondité[2].

[1] Et par un Veau mâle. Voyez p. 284.

[2] Cette fécondité s'est trouvée égale à celle de la femelle de pure race. L'hybride a produit chaque année. (Voyez le tableau, p. 285.)

Yak *mâle*.

Dessiné en 1853 en Chine, d'après le Taureau existant encore aujourd'hui (1860) à la Ménagerie du Muséum.
Longueur, depuis la base des cornes, 1m,82.

Les Yaks blancs sans cornes, au nombre de trois adultes et d'un jeune, et un autre jeune individu à cornes, furent remis à la Société d'acclimatation, qui les envoya immédiatement sur deux points de la chaîne du Jura, en les confiant aux soins de deux de ses membres, MM. Cuenot de la Malcôte et Jobez. Plus tard, une Société d'acclimatation ayant été fondée à Grenoble, et la Société impériale d'acclimatation ayant créé sur un point élevé du Cantal un dépôt d'animaux reproducteurs, les Yaks qui avaient d'abord été placés dans le Jura, ou qui étaient nés de ceux-ci, furent transportés en partie dans les Alpes du Dauphiné, notamment à la grande Chartreuse et près de Grenoble, en partie, sur le Cantal.

L'Yak a été ainsi, depuis six ans, l'objet de tentatives parallèlement entreprises et poursuivies sur des points très-variés de notre sol et dans des conditions climatologiques très-diverses. Je suis heureux d'avoir à dire que les résultats de ces tentatives ont tous été dans le même sens : si l'on n'a pas également réussi partout, on n'a du moins échoué nulle part. Dans tous ceux de nos départements où des Yaks ont été placés, on les a vus s'habituer plus ou moins promptement aux conditions nouvelles au milieu desquelles on les avait transportés : partout ils ont continué à se bien porter, ils se sont reproduits, et les jeunes ont été, pour la plupart, élevés sans difficulté.

Mais ici s'est présenté un résultat sur lequel, tout en essayant de l'obtenir, nous n'avions pas osé compter. Sur aucun point le succès n'a été aussi complet qu'au Muséum d'histoire naturelle, quoique nulle part assurément l'Yak ne se trouvât placé dans des conditions aussi différentes de celles de son pays natal, et par conséquent aussi défavorables. L'Yak habite naturellement les étages presque les plus élevés de l'Himalaya; il ne descend pas au-dessous de

1500 mètres [1]; il monte sur quelques points jusqu'à 6000 [2]; et dans ces hautes régions, il supporte les froids les plus intenses. Paris est seulement à 40 mètres environ [3] au-dessus du niveau de la mer, et ses étés sont brûlants. Comment espérer que les Yaks amenés par M. de Montigny s'accoutumeraient à une atmosphère relativement si dense, et qu'ils résisteraient, eux qui souffraient à leur arrivée de la chaleur de notre printemps, aux ardeurs de nos étés? C'est cependant ce qui a eu lieu, et presque dès la première année; et, au commencement de 1857, M. de Quatrefages était déjà fondé à dire [4] : « Au Jardin des Plantes, de même qu'à « Chang-haï, les Yaks, ces enfants du Thibet, se trouvent « comme chez eux. »

A l'appui de cette assertion, M. de Quatrefages ajoutait, au sujet des Yaks de la Ménagerie : « Les changements « de régime et de climat n'ont en rien affecté leur santé. « Leur multiplication, favorisée sans doute par des soins « exceptionnels, s'est effectuée de la manière la plus ra- « pide. Nous avons vu que l'établissement avait reçu un « Taureau et deux Vaches, trois individus en tout. Au- « jourd'hui, il en possède huit. Ainsi, cinq jeunes Yaks sont « nés à la Ménagerie; et, chose bien remarquable, nous en « sommes ici à la seconde génération indigène. Le 13 sep- « tembre dernier (1856), un jeune mâle est né d'une fe- « melle qui elle-même avait vu le jour au Jardin des Plantes, « le 14 mars 1855, et par conséquent n'avait pas encore « atteint ses dix-huit mois. »

[1] Encore n'est-ce que dans la saison froide.

[2] R. Schlagintweit, note insérée dans le *Bulletin de la Société d'acclimatation*, t. V, 1858, p. 32

[3] Au moins pour le Jardin des plantes.

[4] *Notice sur les Yaks et les Chèvres d'Angora*, lue dans la première séance publique de la *Société impériale d'acclimatation*. Voyez le *Bulletin* de cette Société, t. IV, p. LI; 1857.

Il y a trois ans que M. de Quatrefages s'exprimait ainsi, et, depuis, les Yaks du Muséum ont continué à prospérer. Des individus qui nous ont été remis en 1854, *pas un n'a succombé*, et chacune des femelles, l'*hybride aussi bien que la Vache Yak de race pure*, a régulièrement donné, chaque année, un petit qui a été presque toujours facilement élevé, et est devenu sensiblement aussi beau que ses parents. En outre, les premières femelles nées au Muséum se sont elles-mêmes reproduites. Si bien que le nombre de nos Yaks s'est très-rapidement accru. Nous avions reçu trois individus, nous avons tout un troupeau.

Il est remarquable que, parmi nos jeunes Yaks, nés de père et mère à pelage blanc, il s'est trouvé un mâle gris et deux femelles noires. Cette dissemblance est, sans doute, due à l'influence d'ancêtres qui étaient de ces couleurs, ou, en un mot, à l'*atavisme*. Tous les individus, de quelque couleur qu'ils soient, se ressemblent d'ailleurs, et ressemblent à leurs parents par leurs formes, par la nature de leur pelage, et particulièrement par la longueur et l'abondance des poils de leur énorme *queue de Cheval*.

Parmi les individus ramenés par M. de Montigny, les deux Vaches sont restées sensiblement telles qu'elles étaient à leur arrivée. Mais le Taureau a subi dans l'état de son pelage des changements très-dignes d'attention. La queue est devenue encore beaucoup plus touffue et plus longue, et il y a eu un allongement encore plus marqué des poils des flancs. Ils descendaient, lorsque l'animal est arrivé, jusque vers le tiers supérieur du canon; ils tombent maintenant jusqu'à terre, et même ils traîneraient et gêneraient la marche de l'animal si l'on ne prenait, de temps en temps, le soin de les raccourcir[1].

[1] On se fera une idée exacte des différences qui se sont produites, en comparant le beau dessin de mademoiselle Rosa Bonheur, placé dans la salle des

Quant aux poils du dessus du corps, ils sont restés, soit chez le mâle, soit chez les femelles, ce qu'ils étaient à l'arrivée, c'est-à-dire assez longs (de 6 à 12 centimètres), mais peu abondants et peu serrés; tellement même qu'ils laissent apercevoir, par places, surtout quand l'animal se meut, la peau, qui est presque partout d'une belle couleur de chair.

Cet état du pelage, d'après les voyageurs et d'après ce que M. de Montigny a pu constater par lui-même, en Chine, n'est point celui de l'Yak dans son pays natal. Quand le troupeau est arrivé du Thibet à Chang-haï, la toison était plus longue, et surtout beaucoup plus abondante, plus serrée, que nous ne l'avons vue à l'arrivée à Paris, et qu'elle ne l'est aujourd'hui. D'après M. de Montigny, c'est pendant le séjour des Yaks en Chine, et durant leur longue traversée maritime et leur station de plusieurs mois aux Açores, que leur pelage est devenu ce qu'il est aujourd'hui.

Un autre changement qui, de même que le précédent, est manifestement en rapport avec les différences de climat, est celui-ci : au Thibet, pendant l'hiver, l'Yak porte, sous ses longs poils, comme les Chèvres du même pays, un duvet laineux d'une grande finesse; on peut voir dans les collections de la Société d'acclimatation des échantillons de ce *cachemire d'Yak*, donnés à la Société par M. de Montigny, lors de l'arrivée du troupeau. Ce duvet a rapidement diminué d'hiver en hiver, depuis que les animaux ont quitté leurs montagnes; il n'en reste plus aujourd'hui que des vestiges.

séances de la Société d'acclimatation, avec un exemplaire modifié selon l'état actuel, qui est exposé dans la même salle. Cette figure a été faite par M. Huet, dessinateur et préparateur attaché au Muséum d'histoire naturelle.

Je terminerai ce paragraphe en donnant la liste individuelle des Yaks du Muséum.

DÉSIGNATION.	PROVENANCE.	DATE.	OBSERVATIONS.
A Mâle..	Venant du Thibet, amené par M. de Montigny..	1854, 1er avril..	Vivant.
B Femelle. . . .	Id.	Id. . . .	Id.
C Fem. (hybride).	Id.	Id. . . .	Id.
D Femelle. . . .	Né à la Ménagerie, d'A et de B.	1855, 14 mars..	Id.
E Mâle..	Id. d'A et de C.	6 juin. .	Id.
F Id.	Id. Id. . .	1856, 5 juin. .	Id.
G Femelle. . . .	Id. d'A et de B.	25 juin. .	Id.
H Mâle..	Id. d'A et de D.	13 sept. .	Mort en 1860.
I Femelle . . .	Id. d'A et de C.	1857, 24 août. .	Vivant.
J Id..	Id. d'A et de B.	17 sept. .	Id.
K Mâle..	Id. d'A et de D.	18 sept. .	Id.
L Id. (hybride).	Né aux Açores, d'un des Taureaux Yaks de M. de Montigny et d'une Vache ordinaire; donné par M. le vicomte da Praja[1].	1858, 3 juillet.	Id.
M Mâle..	Né à la Ménagerie, d'A et de C.	25 juillet.	Id.
N Id.	Id. d'A et de B.	12 août. .	Id.
O Femelle. . . .	Id. d'A et de D.	1859, 10 janv. .	Id.
P Mâle..	Id. d'A et de C.	5 juillet.	Id.
Q Femelle. . . .	Id. d'A et de G.	6 juillet.	Id.
R Id..	Id. d'A et de B.	22 déc.. .	N'a pas vécu.
S Mâle..	Id. d'A et de D.	1860, 21 sept. .	Id.
T Femelle. . . .	Id. d'A et de C.	28 sept. .	Vivant.
U Id..	Id. d'A et de B.	16 octob..	Id.

[1] C'est l'individu figuré ci-après.

On voit par ce tableau que, du mâle et des deux femelles amenés par M. de Montigny et donnés au Muséum, sont nés ou issus 17 individus; 2 n'ont pas vécu : 1 est mort dans sa quatrième année; les 14 autres, ainsi que les 3 Yaks du Thibet et le Taureau métis des Açores, en tout, 18 individus, sont en parfait état.

De ces dix-huit individus, un est aujourd'hui au Jardin zoologique de Marseille, un à celui d'Anvers, et deux, mâle et femelle, aux environs de Stuttgart, dans l'une des propriétés particulières de S. M. le roi de Wurtemberg, qui surveille par lui-même les soins donnés au couple offert par notre gouvernement à ce souverain, éminent ami de l'agriculture et de l'acclimatation.

Tous les autres individus sont encore en la possession du Muséum, les uns étant destinés à rester à la Ménagerie, les autres à prendre place au Bois de Vincennes, dans la succursale du Jardin des Plantes, instituée par une mesure toute récente.

A ces dix-huit individus doivent être ajoutés :

Ceux que possède la Société impériale d'acclimatation, et qui sont au nombre de cinq dans les Alpes du Dauphiné, et de six dans le Cantal;

Ceux, au nombre de quatre, que possédait le Comice agricole de Barcelonette, et qui appartiennent maintenant, par suite d'arrangements entre ces deux associations, à la Société d'agriculture et d'acclimatation des Basses-Alpes;

Et ceux, au nombre de deux au moins, que possède M. de Morny.

On voit que le nombre des Yaks ramenés par M. de Montigny ou nés de ceux-ci, et existant encore aujourd'hui, est au moins de trente-cinq. Le troupeau, malgré les difficultés et les périls inévitables des commencements de l'acclimatation, s'est donc accru, en six ans, dans la proportion de trois à un.

En outre, le croisement du Taureau Yak avec la Vache commune a donné naissance à plusieurs hybrides. Deux de ces animaux, obtenus à Barcelonette, viennent d'être placés au Jardin zoologique d'acclimatation du Bois de Boulogne; l'un est un jeune mâle, l'autre une femelle adulte et que l'on dit pleine[1].

[1] Cette femelle est un don de M. Faudon, juge de paix à Saint-Paul, près Barcelonette, qui a inséré une note très-intéressante sur les métis d'Yak et de Vache dans le *Journal d'agriculture* de M. Valserres, n° du 1er mars

Métis d'Yak noir sans cornes, mâle, et de Vache.

Ces deux individus, et l'Yak métis, né aux Açores, dont je donne la figure, ont pour père un Taureau Yak de la variété noire, sans cornes, qu'a ramené, en 1854, M. de Montigny. Tous trois ressemblent à leur père commun et se ressemblent entre eux par la coloration de leur pelage généralement noir. Ils portent des cornes, qui, chez le Taureau, sont remarquables par leur courbure en bas et un peu en dedans : cet animal tient sans doute ce caractère de sa mère, qui était une Vache d'origine égyptienne. Il se rapproche, au contraire, de son père par la hauteur du garrot, et il est intermédiaire quant à la nature du pelage, qui est rude et presque ras, et surtout quant à l'état de la queue, qui est bien loin de reproduire chez lui la *queue de Cheval*, caractéristique de la race pure[1].

§ 3.

Les faits n'ont pas seulement démontré depuis six ans la possibilité de l'acclimatation de l'Yak en France; ils ont aussi, sinon donné, du moins préparé la solution de la question de l'utilité de cette acclimatation; et je crois être fondé à reproduire, et à le faire avec plus de confiance, les prévisions favorables que j'émettais il y a six ans, presque au moment même où venait d'arriver le troupeau.

On sait, comme je le rappelais alors[2], que l'Yak rend aux Thibétains et aux Tartares des services très-variés. Son poil sert à fabriquer, du moins au Thibet, un drap très-épais et très-résistant, dont la qualité, à en juger par un échantillon rapporté par M. de Montigny, pourrait offrir de

[1] Les Yaks métis du Jardin zoologique d'acclimatation sont généralement plus velus et ont la queue plus touffue que celui de la Ménagerie.

[2] Dans une notice qui fait partie de la précédente édition de cet ouvrage, et dont cet article est en partie la reproduction, en partie le développement.

grands avantages pour l'habillement de nos paysans. Les crins sont, comme on l'a vu au commencement de cet article, très-recherchés en Asie, et s'exportent au loin. La toison frisée qui recouvre les très-jeunes individus reproduit la plupart des caractères de celle du Mouton d'Astracan, et peut être, comme elle, qualifiée de fourrure. La chair de l'Yak est très-bonne, assurent les voyageurs[1]. Son lait, d'une composition fort analogue à celle des laits de Vache et surtout de Chèvre[2], est excellent : c'est tout à fait à tort que Malte-Brun l'accuse de sentir le suif; un grand nombre de personnes l'ont goûté au Jardin des Plantes, et il n'y en a pas une qui ne l'ait trouvé aussi bon, aussi agréable au goût que celui de nos Vaches. Le père Huc avait déjà, sur ce point, relevé l'erreur de Malte-Brun.

Si utile comme animal industriel et alimentaire, l'Yak ne l'est pas moins comme auxiliaire. Dans les lieux abruptes, son adresse et la sûreté de son pied le rendent supérieur à tout autre animal. Il traîne, il porte des fardeaux, et dans plusieurs pays même, il est employé avec avantage comme bête de selle : il trotte assez rapidement, et sa réaction est douce, son allure agréable, d'après le témoignage de divers voyageurs, et en particulier de M. de Montigny. Cette allure est parfaitement en rapport avec la conformation de l'Yak, dont la croupe, relativement longue, arrondie, horizontale, ressemble à celle du Cheval[3].

L'Yak se mêle facilement avec ses congénères, notam-

[1] Notamment le père Huc, dans son ouvrage intitulé : *Souvenirs d'un voyage dans la Tartarie, le Thibet et la Chine*, 1850, t. II, p. 15?.

[2] Doyère, *loc. cit.*, p. 207.

Le lait d'Yak, dit M. Duvernoy dans son Rapport, ou plutôt dit M. Doyère qu'il cite, « est remarquable par la forte proportion de la matière azotée, coagulable par la chaleur (l'albumine). La caséine y est également en proportion relative très-élevée. »

[3] Expressions de M. Richard dans le *Rapport* de M. Duvernoy, p. 206.

« La queue, ajoute M. Richard, s'attache de la même manière, et lorsque

ment avec le Zébu; croisement très-usité dans l'Himalaya, et dont le produit, le *Dzo*, est très-estimé comme bête de somme. Ce métis, de même que celui de l'Yak et de l'espèce bovine ordinaire[1], n'est pas infécond comme le mulet[2]; les femelles passent pour bonnes laitières.

L'Yak est donc à la fois, pour les peuples qui le possèdent, ce que sont pour nous le Mouton, la Vache, le Cheval, ou plutôt, à cause de l'extrême sûreté de son pied montagnard, le Mulet.

La conséquence de ces faits, attestés par les voyageurs et que nous avons pu vérifier par nous-même, grâce à M. de Montigny, est-elle que l'Yak est un animal destiné à prendre place dans nos fermes à côté de nos races bovines? Non, au moins présentement; et, dès 1854, j'ai cru devoir me garder de prévisions aussi téméraires, et présenter l'Yak comme un animal d'une utilité vraisemblablement très-grande, mais restreinte à certaines localités. Ce n'est pas pour toutes nos populations rurales, disais-je, qu'on peut en espérer des services importants, mais « pour les *montagnards des parties les plus hautes et les plus froides* de nos grandes chaînes[3]. »

C'est au même point de vue que l'utilité future de l'Yak a été considérée par M. Duvernoy, ou plutôt par la Commission de la Société d'acclimatation dont mon savant collègue a été le rapporteur. Selon elle, et selon lui, la place de l'Yak

« l'animal marche ou qu'il court, il la relève comme le fait un Cheval « arabe. »

[1] Voyez le paragraphe précédent, p. 286 et 288. — Ce métis paraît ne pas être moins bon que le Dzo. Voici ce qu'en écrit à la Société d'acclimatation (*Bulletin*, t. VII, p. 552) M. Desplanques, sous-préfet de Barcelonette : « Il « rend de très-bons services. On trouve en effet, chez cet animal, patience, « force, sobriété, sûreté extrême du pied, et la plus grande docilité. »

[2] Voyez dans le *Bulletin de la Société d'acclimatation*, t. VII, p. 209, une note très-intéressante de M. l'abbé Fage, *Sur l'Yak et ses croisements*.

[3] Édition précédente de cet ouvrage, p. 165.

est marquée chez « les habitants des *contrées montagneuses* de la France, et ensuite de toute l'Europe[1]. » Et telle est aussi, dans la remarquable notice que j'ai déjà citée, l'opinion de M. de Quatrefages, trop bien motivée et trop bien exprimée pour que je ne la reproduise pas en entier. Sa date aussi lui donne une portée qu'on ne saurait méconnaître. Je n'avais pu faire encore, en 1854, qu'un petit nombre d'observations; et celles de M. Duvernoy à l'époque où fut rédigé son Rapport restaient elles-mêmes très-incomplètes, car l'arrivée des Yaks ne remontait pas alors à plus de six semaines. Le travail de M. de Quatrefages, au contraire, a été écrit trois ans après l'arrivée du troupeau de M. de Montigny, et alors que, distribué sur des points très-divers de la France, il était devenu le sujet de plusieurs séries d'observations et d'expériences comparatives ; et c'est comme résumé de tout ce qu'elles avaient appris, non-seulement à lui-même, mais à tous, que M. de Quatrefages s'exprimait ainsi en 1857 :

« On peut dès à présent considérer l'acclimatation comme effectuée ; il ne nous reste plus qu'à multiplier cet animal. Mais alors surgissent d'autres problèmes. Quel rôle ce nouveau venu prendra-t-il dans notre économie domestique? J'ai vu quelques agronomes sourire à cette question. De nos jours, l'agriculture proscrit de plus en plus, et avec raison, les bêtes à deux fins. Elle en est arrivée à comprendre, comme l'a fait depuis longtemps l'industrie, que la division du travail est, dans le monde matériel comme dans le monde physiologique, la grande loi du perfectionnement ; aussi quelques personnes semblent ne pouvoir croire à l'utilité d'un animal qui, chez lui, est à la fois Bœuf, Cheval et Mouton.

« A ces douteurs nous répondrons : Oui, à côté de vos races perfectionnées, et dans vos grandes exploitations, on ne voit pas en-

[1] *Loc. cit.*, p 211

core où serait la place du Yak. Mais ces races n'ont pas toujours existé ; vous avez façonné le Cheval, le Bœuf, le Mouton, à raison même de vos besoins. Pourquoi n'en serait-il pas de même du Yak? Le jour n'est pas loin peut-être où il comptera, lui aussi, ses races à laine, ses races à lait, ses races de boucherie. A côté de vos vastes fermes se trouvent des propriétés bien restreintes. Peut-être le Yak est-il destiné à devenir le Bœuf des petites fortunes, comme l'Ane est déjà le Cheval du pauvre. Sa rusticité native, le peu de nourriture qu'il consomme, semblent dès à présent lui assigner ce rôle. Peut-être n'habitera-t-il jamais les prairies de la Normandie ou les champs de la Limagne; mais, sur les ballons des Vosges, sur nos hautes Cévennes, dans les Alpes, dans les Pyrénées, il ira brouter l'herbe courte qui pousse jusque sous la neige, comme il le fait dans son pays natal. Peut-être, enfin, n'est-ce pas à la France qu'il est appelé à rendre les plus grands services; peut-être ses plus nombreux troupeaux émigreront-ils vers le Nord. — S'il en est ainsi, qu'importe? Ce ne serait pas la première fois que la France aurait fait à ses dépens des expériences utiles à d'autres, et plût au ciel que son initiative ne lui eût jamais coûté plus cher que l'acclimatation des Yaks[1] ! »

En résumé, M. de Montigny, en introduisant l'Yak en France, aura doté l'Europe d'un animal dont les services semblent devoir être ainsi appréciés:

[1] Sur les avantages spéciaux de l'Yak, voyez encore ALBERT GEOFFROY SAINT-HILAIRE, *Rapport* à la *Société impériale d'acclimatation sur les animaux déposés en Auvergne*, dans le *Bulletin*, t. V, 1859, p. 49. Je citerai aussi quelques lignes de ce *Rapport :*

« Les Yaks sont essentiellement animaux des montagnes et des hautes montagnes; leur conformation, leur pelage laineux, les appellent dans ces contrées; les qualités qui les distinguent, la sûreté bien connue de leur pied, les rendent *essentiellement propres au travail dans les pentes et dans les chemins difficiles*. Alors, dira-t-on sans doute, les circonstances dans lesquelles l'Yak peut nous être utile sont peu nombreuses dans notre pays. Sans doute; mais c'est pour des circonstances exceptionnelles qu'il faut des animaux spéciaux.

« C'est à ce point de vue que l'Yak présente pour nous (Société d'acclimatation) un intérêt véritable, en dehors de celui qu'il offre pour la zoologie proprement dite. »

L'Yak ne pourra prendre utilement place que dans un nombre plus ou moins restreint de localités; mais, là où il sera utile, il le sera plus peut-être qu'aucun autre animal domestique, donnant à la fois aux populations, jusqu'à présent les plus pauvres, sa force, sa toison, son lait et sa chair.

SECTION II

Sur les Chameaux, et particulièrement sur les Dromadaires transportés au Brésil, en 1859, par les soins de la Société impériale d'Acclimatation.

§ 1.

On sait qu'un régiment de Dromadaires avait été formé en Égypte dès la fin de l'année 1798, lors de l'expédition française. Cette création, dont la pensée appartenait au général en chef, a été en plusieurs circonstances de la plus grande utilité. On doit à M. Jomard une notice historique sur les services rendus par le *régiment des Dromadaires* : les naturalistes aussi bien que les militaires peuvent puiser des notions d'un grand intérêt dans ce travail, trop peu connu, de mon vénérable et savant confrère[1].

Ce qui avait été si heureusement fait en Egypte par ordre du général Bonaparte l'a été de nouveau, et plus heureusement encore, en Algérie, sous la direction du général Marey-Monge, et par les soins de M. le général Carbuccia, alors officier supérieur. Cette seconde tentative, faite il y a près de vingt ans, avait eu peu de retentissement en France; à peine quelques articles de journaux en avaient-ils men-

[1] La notice de M. Jomard se trouve insérée à la fin de l'ouvrage du général Carbuccia sur le Dromadaire. (Voyez ci-après.)

tionné de loin en loin les progrès et le succès; et, lorsque j'ai rédigé et publié, en 1849, le *Rapport général* qui forme la première partie de cet ouvrage, j'ignorais encore que le savant officier, placé par M. Marey-Monge à la tête du corps des chameliers, avait recueilli sur le Dromadaire une multitude de faits d'un grand prix pour la science. Mieux à même que personne ne l'avait été, depuis l'expédition d'Égypte, d'étudier sur une grande échelle une espèce si digne d'intérêt, M. Carbuccia en avait porté plus loin peut-être qu'aucun autre parmi nous la connaissance à la fois zoologique et pratique. Les renseignements qu'il avait recueillis, les résultats des observations qu'il avait faites lui-même, avaient été consignés, en 1844, dans deux *Rapports* où se trouvaient traitées d'une manière approfondie toutes les questions relatives à l'emploi du Dromadaire, non-seulement comme animal de guerre, mais aussi comme bête de somme. Malheureusement, ces deux précieux *Rapports* sont longtemps restés ensevelis dans les cartons du gouvernement de l'Algérie, et peut-être eussent-ils été perdus pour la science, si M. Carbuccia, promu au grade de général, n'eût été appelé à Paris par ses nouveaux devoirs. S'étant mis en rapport avec les naturalistes, et pressé par eux de publier les résultats de ses observations, il se décida à présenter à l'Académie des sciences ses deux remarquables rapports, et, bientôt après, à les publier, avec diverses additions, sous ce titre : *Du Dromadaire comme bête de somme et comme animal de guerre*[1].

J'extrairai de ce livre, publié quatre années après mon

[1] Un vol. grand in-8°, Paris, 1853.

Le brave et savant général, auteur de ce livre, a malheureusement été enlevé à l'armée, quelques années après l'avoir publié. Il a été une des premières et des plus regrettables victimes de l'épidémie qui a décimé l'armée de Crimée.

Rapport général, quelques résultats qui compléteront très-utilement ce que j'y ai dit du Dromadaire. Je cite textuellement :

« Les Dromadaires ont pour allure générale le pas en plaine et le trot dans les descentes. En plaine, ils trottent également lorsque leurs conducteurs les y excitent ; enfin ils galopent bien, et il n'est pas un soldat qui n'ait vu des cavaliers courir à fond de train sans pouvoir les atteindre. La nature, du reste, nous montre deux classes de Dromadaires : l'une aux formes massives, l'autre aux formes sveltes (*Mhari* ou *Mehari* des Arabes)[1]... La bosse du *Mhari* ne dépasse presque pas le garrot. L'extrême maigreur du corps et les fortes proportions des cuisses sont le signe de sa grande vigueur à la course. Les Arabes disent que le Mhari va comme le vent ; mais c'est là certainement une grande exagération. Cet animal ne marche qu'au trot ; mais son trot est allongé, et il peut le maintenir pendant douze heures. Il parcourt de la sorte quarante et même soixante lieues par jour, et cela pendant plusieurs jours de suite[2].

« Le gros Dromadaire porte cinq à six sacs d'orge de soixante kilogrammes, le moyen quatre, et le faible trois, sans compter le poids du conducteur[3].

« Le Dromadaire, n'ayant pas le pied armé de pinces, glisse facilement sur un terrain argileux ; aussi, quelques heures après la pluie, faut-il qu'il s'arrête ; sinon il se casse les jambes[4]. Dans les terrains sablonneux ou pierreux, le même danger ne se présente pas[5].

« Le Dromadaire peut servir dans un pays de montagnes... Le

[1] P. 77 et 78.

[2] P. 69.

[3] P. 28.

[4] Le père Huc, qui donne, dans ses *Souvenirs* déjà cités (t. I, p. 333), des détails intéressants sur le Chameau à deux bosses, remarque de même que cette espèce redoute les terrains humides et marécageux. Dans la boue, il lui arrive souvent de glisser et de tomber.

C'est là le grave inconvénient de l'emploi des Chameaux dans une grande partie de l'Europe. Buffon l'avait déjà signalé, d'après plusieurs voyageurs.

[5] P. 76.

général Marey-Monge l'a fait marcher en automne dans le Djebel-Dira, où il a gravi souvent des pentes au huitième. Nous avons vu le Dromadaire, dans nos colonnes de ravitaillement, en 1840 et 1841, franchir les montagnes et marcher avec la pluie[1].

« Il arrive souvent qu'en gravissant une pente rapide ou un chemin détrempé, le Dromadaire glisse sur les pieds de devant, et qu'il tombe sur les genoux; il n'essaye pas de se relever alors, mais il continue de marcher dans cette position, et il ne se redresse que lorsqu'il est sorti du mauvais pas[2].

« Il mange de l'herbe ou du *bois*[3].

« Le poil, qu'on coupe tous les ans au printemps, même celui de la bosse, sert à confectionner la majeure partie des objets à l'usage des Arabes, et surtout leurs tentes, leurs vêtements, et même leurs récipients à eau...

« La viande est aussi bonne et aussi saine que celle du Bœuf, d'après une instruction hygiénique mise à l'ordre du jour de l'armée d'Afrique. La chair des jeunes est tendre comme celle du Veau[4]... Personne n'ignore que l'Arabe vit en grande partie du lait de *Naga* (Dromadaire femelle), qui est très-nutritif[5].

« La graisse n'a aucune valeur, car elle est mauvaise au goût; mais elle peut servir à faire des chandelles de bonne qualité...

« Les Arabes estiment moins la peau du Dromadaire que celle du Bœuf, mais les Européens la préfèrent beaucoup[6]. »

Tels sont les faits qui, au rapport de M. le général Carbuccia, et aussi selon un juge non moins compétent, M. le général Daumas[7], font du Dromadaire, et de même du Chameau, « les plus utiles de tous les animaux, les vraies ri-

[1] P. 24.
[2] P. 73.
[3] P. 69. Sur l'alimentation du Dromadaire, voyez aussi p. 10 et 89.
[4] P. 5 et 6.
[5] P. 71.
[6] P. 82 et 83.
[7] Voyez le *Bulletin de la Société impériale d'acclimatation*, t. I. 1854, p. 452.

chesses de l'Orient[1]. Parmi les grands quadrupèdes, nul ne saurait les remplacer dans les régions sablonneuses et arides, et ils y remplacent tous les autres[2].

Il est même à ajouter que les Chameaux peuvent ne pas tenir lieu seulement des autres *bêtes de somme* et des autres *animaux alimentaires;* on peut aussi les qualifier de *bêtes à laine*. Leurs poils, longtemps dédaignés ou oubliés par l'industrie européenne, sont loin d'être sans valeur; et non-seulement ceux du Chameau à deux bosses, mais même, pour quelques parties du corps, ceux du Dromadaire. Un de nos manufacturiers les plus habiles et les plus amis du progrès, M. Davin, a fait, dans ces dernières années, des essais dont le succès a été complet. Avec le poil des Chameaux, ou plutôt avec leurs poils, très-différents selon l'âge et selon l'espèce qui les fournit, et sur le même sujet, selon la région où on les prend, M. Davin a fabriqué plusieurs tissus, excellents à divers titres. Il a fait, tantôt par les procédés ordinaires ou par des moyens qui lui sont propres, des étoffes légères pour robes et pour bonneterie, et surtout des draps à la fois chauds, solides, légers et surtout remarquables par leur imperméabilité; tantôt, par les procédés de M. de Montagnac, des *velours de laine*, à la fois d'une grande beauté et d'une grande solidité[3].

[1] Expressions de Buffon. Voyez plus haut, p. 23, note.

[2] Pour plus de détails sur les services que peuvent rendre les Chameaux, voyez, dans le *Bulletin de la Société impériale d'acclimatation*, t. IV, 1857, p. 61, et suites, p. 125 et 189, l'excellent *Rapport* de M. Dareste, *Sur l'introduction projetée du Dromadaire au Brésil*.

[3] Sur les résultats obtenus par M. Davin, voyez sa *Notice industrielle sur le poil de Chameau*, dans le *Bulletin de la Société impériale d'acclimatation*, t. IV, 1857, p. 253.

§ 2.

Après ce tableau abrégé, mais exact, des services que peuvent rendre les Chameaux, il me reste à les suivre dans leur distribution géographique. Il ne saurait, en effet, nous suffire de savoir que le Chameau à deux bosses s'est répandu sur une très-grande partie de l'Asie, et que le second s'est avancé de l'Asie méridionale jusque dans l'occident de l'Afrique[1]. Si la constatation de ces deux faits généraux suffit amplement pour répondre à une objection, plusieurs fois reproduite, contre la possibilité de l'acclimatation des animaux[2], il n'en est pas moins intéressant au point de vue scientifique, et peut-être aussi pratiquement utile, de suivre les Chameaux dans leur expansion graduelle à la surface du globe.

Nous allons trouver, sinon les deux espèces, au moins l'une d'elles, le Dromadaire, dans quatre parties du monde, l'Asie, qui en est la patrie primitive, l'Afrique, l'Europe et l'Amérique.

En *Asie*, non-seulement le Chameau dit d'Asie, le *Camelus Bactrianus*, est répandu depuis le sud jusqu'au lac Baïkal; non-seulement le Chameau dit d'Afrique, le *C. Dromedarius*, existe, comme chacun le sait, depuis l'Arabie, sa patrie primitive, jusque dans l'Asie Mineure et dans une partie de l'Asie centrale; mais, en dehors du continent asiatique, le Dromadaire a été introduit à Java. A la vérité, M. de Humboldt[3], auquel j'emprunte ce fait[4], se sert du

[1] Voyez la *Deuxième partie*, Chap. IV, p. 198 et 199.

[2] *Ibid.*, Chap. IV, p. 209.

[3] *Tableaux de la Nature*, dans la note intitulée : *Le Chameau, vaisseau du désert*, traduction de M. Galusky, t. I, p. 87.

[4] M. de Humboldt l'avait lui même emprunté au *Journal of the Indian Archipelago*, 1847. p. 206.

mot *Chameau* sans désigner l'espèce; mais elle se trouve indirectement déterminée par l'origine des Chameaux de Java; leur introduction dans cette île est récente, et il est bien connu qu'ils venaient de Ténériffe. Malheureusement, cette introduction a mal réussi : la plupart des Dromadaires ont été pris de maladies de foie, et ont succombé. Peut-être n'en reste-t-il plus aujourd'hui.

En *Afrique*, le Dromadaire, s'étendant de proche en proche de l'est à l'ouest, a fini par occuper une très-grande partie de la surface de cette partie du monde. Il existe sur toute la largeur de l'Afrique, depuis la mer Rouge jusqu'à l'océan Atlantique, et du nord au midi, depuis la Méditerranée jusqu'au Sénégal. Sur les bords même de ce fleuve (qu'il appelle Niger), Adanson a rencontré de nombreux troupeaux de Dromadaires, paissant avec les Zébus, les Moutons et les Chèvres[1].

On a déjà vu que, du continent africain, le Chameau a été transporté aux Canaries, et qu'il y a réussi[2]. Il y rend, disent les voyageurs, d'importants services, en raison du défaut de prairies fraîches et grasses.

En *Europe*, des Chameaux ont été amenés à plusieurs reprises, notamment, à une époque déjà reculée, sur le Danube; et, sans même tenir compte de quelques couples épars sur divers points, une des deux espèces, le Dromadaire, existe aujourd'hui au moins dans trois pays européens, l'Espagne, l'Italie, la Grèce.

C'est encore d'après M. de Humboldt que j'indique la première de ces importations : « Les Goths, dit-il[3], amenèrent des Chameaux dès le quatrième siècle sur les bords de l'Ister inférieur, aujourd'hui le Danube. »

[1] *Voyage au Sénégal*, 1756, p. 26.
[2] Voyez p. 22, note 3.
[3] *Loc. cit*, p. 85.

Selon M. Dareste [1], on a la preuve, par les témoignages historiques, de plusieurs autres introductions faites en Europe par les Barbares, du cinquième au sixième siècle. De l'Europe orientale, les Chameaux se sont même anciennement répandus jusque dans notre Occident; ils paraissent ne pas avoir été rares en France à l'époque mérovingienne; on les employait comme bêtes de somme. Entre autres exemples, la reine Brunehaut, après avoir été soumise à divers tourments, dit Frédégaire dans sa *Chronique*, fut, par ordre de Clotaire II, promenée *sur un Chameau* dans les rangs de l'armée, avant d'être attachée à la queue du Cheval indompté qui devait la mettre en lambeaux. Les mots *Camelot* et *Camelotte* dateraient, selon plusieurs auteurs, de ces temps reculés, et resteraient, dans notre langue, les témoins de cette ancienne existence du Chameau sur notre sol.

D'après d'autres témoignages, recueillis par M. de Humboldt et surtout par M. Dareste [2], le Dromadaire a été commun en Espagne au temps des Maures. Longtemps après la prise de Grenade, on l'employait encore dans le sud de la Péninsule. Plusieurs autres importations ont eu lieu de la côte d'Afrique.

François de Neufchâteau nous apprend aussi, dans les notes qu'il a ajoutées au *Théâtre d'agriculture* d'Olivier de Serres [3], que des Dromadaires existaient à Aranjuez, il y a un demi-siècle.

C'est sans doute en partie de ces animaux, vraisemblablement originaires de la côte d'Afrique, mais, en partie aussi, d'autres importés des Canaries, que descendent les Dromadaires actuellement existant en Espagne. J'ai reçu

[1] *Loc. cit.*, p. 135.
[2] *Ibid.*, p. 189.
[3] Édition de 1804, t. I, p. 657.

sur ceux-ci des détails très-précis du savant directeur du musée d'histoire naturelle de Madrid, M. Graells. D'après une lettre[1] qu'il a bien voulu m'adresser, la reine possédait, il y a quelques années, à Aranjuez, vingt de ces animaux, destinés à se multiplier, et, ailleurs, d'autres, employés à divers travaux de transport. Mais, dit M. Graells, « nulle part, dans la Péninsule, l'acclimatation du Chameau n'est parvenue au point où elle se trouve aujourd'hui dans la province de Huelva. Là il remplace en partie le Cheval, le Mulet et le Bœuf; car on l'emploie pour labourer les terres, traîner les voitures et donner le mouvement aux moulins à huile. »

J'ai mentionné plus haut[2] l'existence en Toscane de Chameaux qui sont bien de vrais Dromadaires, et non des Chameaux à deux bosses, comme l'a dit M. Desmoulins, dans un article d'ailleurs fort érudit[3]. Ils sont placés dans les domaines de l'État, aux environs de Pise. Les femelles, seulement utilisées pour la reproduction, errent librement dans les forêts du Mugello, au pied des Apennins. Les mâles, placés à San Rossore, sont, au contraire, dressés et employés au transport des bois de pin; leur charge est ordinairement de quatre cent quatre-vingts kilogrammes envi-

[1] Cette lettre a été insérée dans le *Bulletin de la Société impériale d'acclimatation*, t. II, 1855, p. 110.

[2] P. 24.

[3] Article Chameau du *Dictionnaire classique d'histoire naturelle*, t. III, p. 452.

Si quelque doute avait pu subsister, il aurait été levé par le savant mémoire qu'un célèbre zoologiste italien, M. Paul Savi, a publié sous ce titre : *Sulla cosi detta vesica che i* Dromedari *emettono della bocca*. Voyez les *Memorie scientifiche* de M. P. Savi, *Decade prima*, p. 147; Pise, 1828.

On peut encore consulter sur le même sujet :

Une intéressante *Notice sur la race de Dromadaires existant dans le domaine de San-Rossore*, par M. Graberg de Hemso 1840. Dans cette Notice, qui fait partie des *Nouvelles annales des voyages*, mars 1840. l'auteur indique quelques autres publications faites sur les Chameaux de Toscane;

Et une autre de M. I. Cocchi, qui sera citée plus bas.

ron, quelquefois de cinq cents, et leur marche, sous cette charge, de cinq kilomètres à l'heure.

On a voulu faire remonter aux croisades l'introduction du Dromadaire en Italie ; mais on n'a aucune preuve qu'elle soit aussi ancienne. Ce qu'on sait positivement, c'est qu'elle date au moins de deux cent trente-sept ans; et, à partir du milieu du dix-huitième siècle, nous avons, grâce surtout à une intéressante notice de M. Santi, professeur à Pise, des renseignements authentiques et précis sur les Dromadaires de Toscane. Vers 1745, le troupeau de Dromadaires, mal dirigé, avait failli s'éteindre, faute de mâles; pour en prévenir la destruction, on fit venir en 1739, quelques Dromadaires de Tunis; le haras se trouva alors composé de vingt-six individus, treize mâles et treize femelles. Un demi-siècle plus tard, on comptait à Pise cent quatre-vingt-seize individus, et leur descendance s'étant perpétuée sans difficulté, il existe aujourd'hui une véritable race italienne. D'après des informations que j'ai récemment reçues d'un membre italien de la Société d'acclimatation, M. Igino Cocchi [1], le troupeau, qui avait été de cent soixante-dix têtes en 1840, de cent trente et une en 1845, de cent quatorze en 1850, de cent dix-huit en 1855, se composait, en 1858, de cent vingt-deux individus, parmi lesquels un mâle réservé comme étalon, quarante et un mâles employés comme bêtes de somme, cinquante femelles, et trente jeunes. Le haras de Pise avait fourni, à diverses époques, des Dromadaires à Naples et à d'autres parties de l'Italie, à l'Allemagne et à la France.

L'existence de Dromadaires en Grèce est toute récente; elle date, ainsi que je l'ai dit dans la *Zoologie* de l'*Expé-*

[1] Voyez, dans le *Bulletin de la Société impériale d'acclimatation*, t. II, 1858, p. 475 et suiv., la très-intéressante lettre de M. Igino Cocchi, *Sur la naturalisation du Dromadaire en Toscane*.

dition scientifique de Morée, de la guerre de l'Indépendance. Des Chameaux, enlevés aux Turcs, avaient été conservés dans le pays; ils y ont réussi; et d'après des documents d'une date plus récente, le général Carbuccia croit pouvoir regarder le Dromadaire comme acclimaté en Grèce [1].

Il existe, comme on l'a vu [2], quelques Dromadaires en France, mais rien n'y a été fait jusqu'à ce jour que sur une très-petite échelle et sans esprit de suite. Le gouvernement français avait eu la pensée, en 1830, d'introduire le Dromadaire dans plusieurs de nos départements, et il s'était déjà adressé, à cet effet, aux administrateurs des domaines de Pise. Mais les événements ont bientôt détourné de ce projet l'attention du gouvernement, et rien n'a été fait.

Enfin, en *Amérique*, il y a aussi des Dromadaires sur plusieurs points, et même aussi des Chameaux à deux bosses. Le Dromadaire, qu'on avait essayé d'introduire dès le seizième siècle au Pérou, dès 1701 en Virginie, et, plus tard, sur d'autres points de l'Amérique du Nord, à Vénézuéla et à la Jamaïque [3], existe présentement en Bolivie, à Cuba, aux États-Unis, au Brésil. Les États-Unis possèdent en outre le Chameau à deux bosses.

C'est en raison des avantages qu'il offre, non-seulement dans les plaines arides, mais même aussi dans les régions montagneuses [4], que la République de Bolivie, déjà si riche en animaux de transport (car elle a, outre tous les nôtres, le Lama et l'Alpaca), a entrepris, il y a quelques années,

[1] Voyez le général Carbuccia, (*loc. cit.*, p. 2). Je manque malheureusement de renseignement précis à cet égard.

[2] P. 26.

J'ai reçu de M. Antoine Passy quelques renseignements sur les Dromadaires des landes de Gascogne; mais ils remontent, comme ceux que j'avais déjà, à plusieurs années.

[3] M. Dareste a donné quelques détails sur chacune de ces tentatives dans le savant *Rapport* déjà cité, p. 196 et suiv.

[4] Voyez pages 24, note 1, et 299.

d'acclimater le Dromadaire dans les Cordillères. Elle a fait dans ce but des dépenses considérables. « Il est beau, » dit M. Weddell en rapportant ce fait[1], « de voir ces exemples « donnés par des pays que l'on regarde en général comme « si arriérés. »

Le Dromadaire est aussi à Cuba, où il a été importé des Canaries. J'ai dû la connaissance de ce fait à M. Laborde, capitaine au long cours, qui a vu, en 1841, aux environs de Santiago, soixante-dix Dromadaires employés au transport des minerais de cuivre. J'ai su depuis, par M. le docteur Alvares Reynoso, que ces Chameaux ou leurs descendants, rendus inutiles par l'établissement d'un chemin de fer, ont été conduits dans une autre partie de l'île où ils sont employés, dans une sucrerie, à broyer les cannes. « Ils offrent, dit M. Reynoso dans la note qu'il a bien voulu me remettre, beaucoup d'avantages sur les autres animaux domestiques : en premier lieu, à cause de leur sobriété ; en second lieu, en raison des grandes sécheresses qui ont fréquemment lieu à Cuba. »

Une tentative plus récente, et faite sur une beaucoup plus grande échelle, est celle à laquelle est honorablement attaché le nom de M. le major Henri Wayne, de l'armée des États-Unis d'Amérique. Les transports militaires étant très-difficiles dans les plaines arides qui séparent la Californie et l'Orégon des États de l'Atlantique, et le gouvernement de l'Union ayant conçu la pensée de tenter l'acclimatation des deux espèces de Chameaux dans les États du Sud, le Congrès vota, à cet effet, une somme considérable (trente mille dollars), et un des officiers les plus distingués de l'armée, M. Wayne, alors lieutenant, fut chargé de mettre à exécution ce projet. On peut voir, dans un volume

[1] *Comptes rendus de l'Académie des sciences*, t. XXVIII, p. 57, 1849.

publié à Washington par ordre du Sénat américain, et où se trouvent réunis tous les documents relatifs à la mission de M. Wayne[1], avec quel soin fut préparée, par une sorte d'enquête préalable en Angleterre et en France, et faite dans l'Asie Mineure, particulièrement à Smyrne et, en Égypte, l'acquisition d'environ quatre-vingts Chameaux et Dromadaires. Une première expédition, qui eut lieu de février à mai 1856, amena au Texas trente-quatre individus : trente-trois avaient été embarqués à Smyrne; un était né en route. A la fin de la même année, quarante-quatre autres Chameaux furent embarqués à Smyrne; trois moururent en route; quarante et un arrivèrent, à la fin de janvier 1857, dans les eaux du Mississipi; et en février ils atteignirent, *in good order*, dit le Rapport, le terme de leur long voyage. L'introduction avait ainsi réussi, grâce aux précautions prises par M. Wayne; l'acclimatation ne se fit pas moins heureusement. Un grand nombre de personnes ne s'étaient pas fait faute d'annoncer à l'avance à M. Wayne un inévitable échec; contre leurs prévisions, renouvelées avec une insistance peu bienveillante, les Chameaux non-seulement s'habituèrent à leur nouvelle patrie; mais, ayant été soumis sans ménagement aux épreuves les plus rudes et les plus prolongées, ils en sortirent victorieux. Entre autres exemples, trente d'entre eux, conduits de San Antonio du Texas en Californie par El Passo del Norte et San Diego, résistèrent parfaitement aux fatigues de ce long voyage et à toutes les privations dont il fut accompagné, et qui furent telles, que ni Chevaux, ni Mulets, ni Bœufs, n'eussent pu, assure-t-on, les supporter. Ce succès a récemment déterminé une compagnie à entreprendre, pour le transport des

[1] *Report of the Secretary of War, communicating Information respecting the Purchase of Camels;* Washington, in-8°, 1857; 1 vol. de 240 pages avec gravures.

marchandises à travers les déserts du sud des États-Unis, une nouvelle introduction de Dromadaires, et celle-ci sur une plus grande échelle encore; cent vingt individus seraient amenés d'Afrique.

L'introduction du Dromadaire au Brésil est plus récente encore. Faite, à la demande du gouvernement de cet empire, par la Société impériale d'acclimatation, elle vient d'être couronnée d'un plein succès.

§ 3.

La relation de cette entreprise française a sa place naturellement marquée dans ce livre, et je ne crois pas entrer dans trop de détails en reproduisant la plus grande partie d'un Rapport que je faisais, il y a un an, à la Société d'acclimatation, au moment même où les Dromadaires destinés au Brésil venaient de quitter la côte d'Afrique.

« La pensée d'introduire le Dromadaire au Brésil a été plusieurs fois émise, soit dans ce pays, soit même en France[1]; elle ne pouvait manquer de trouver faveur auprès du gouvernement, ami du progrès, qui préside aujourd'hui aux destinées de ce vaste empire. Plusieurs provinces sablonneuses et arides, et particulièrement le Céara, où l'eau manque presque complétement pendant plusieurs mois de l'année, n'ont que trop d'analogie avec les régions où, en Asie et en Afrique, le Dromadaire rend de si grands services, et des services pour lesquels nul autre animal ne saurait le remplacer. La question de son introduction ayant été posée dans l'Institut historique de Rio de Janeiro, qui a souvent l'honneur d'être présidé par l'Empereur lui-même, un membre distingué de cet Institut, M. le

[1] Par M. Ferdinand Denis, si bien au courant de tout ce qui concerne le Portugal et le Brésil, qui sont pour lui des pays d'adoption. M. Denis a insisté sur les services que peut rendre l'introduction du Dromadaire au Brésil, particulièrement dans les provinces du Céara et du Piauhy. (Voyez le *Bulletin de la Société d'acclimatation*, t. IV, p. 199.)

capitaine de Capanema, fut chargé par son gouvernement de s'adresser à la Société impériale d'acclimatation, dont il est le délégué à Rio de Janeiro, et de lui demander son opinion sur ce projet d'introduction, et, s'il y avait lieu, son concours actif pour le réaliser. C'est dans les derniers jours de décembre 1856 que nous parvint la lettre de notre délégué; le Conseil, puis la Société tout entière, en eurent connaissance dans leurs premières séances de 1857.

« La Société procéda aussitôt à une double information. Deux de nos confrères, MM. Richard (du Cantal) et Albert Geoffroy-Saint-Hilaire, partaient en ce moment même pour l'Algérie : ils furent chargés de recueillir sur les lieux tous les documents propres à éclairer la Société, soit sur l'opportunité de l'introduction du Dromadaire au Brésil, soit sur les moyens les plus propres à en assurer le succès, dans le cas où la Société aurait à la tenter. En même temps, à Paris, la lettre de M. de Capanema était renvoyée à la première section de la Société, avec invitation de réunir tous les éléments scientifiques et pratiques de la réponse qui nous était demandée. Les résultats des études qui furent faites et de la discussion qui eut lieu au sein de la première section furent consignés dans un rapport très-développé de M. Dareste, qui fut entendu avec le plus grand intérêt par la Société, dans sa séance du 6 mars 1857[1]. Le savant rapporteur, après avoir résumé ce qu'on sait de l'emploi des Chameaux en divers pays, et des conditions où ils peuvent réussir et être utilisés, et après avoir rappelé les introductions plus ou moins heureusement faites en divers pays de l'une ou l'autre des espèces camélines, s'arrêtait aux conclusions suivantes :

« La tentative du gouvernement du Brésil est possible, et pourra « devenir, pour certaines provinces de cet empire, une source d'a- « bondantes richesses. La Société doit s'associer aux efforts du gou- « vernement brésilien, et lui prêter son concours dans la limite de « ses pouvoirs. »

« C'est aux mêmes conclusions que tendaient les résultats des informations prises en Algérie par MM. Richard et Albert Geoffroy-Saint-Hilaire ; et c'est aussi en ce sens que le Bureau de la Société répondit à notre honorable délégué au Brésil, et, par son intermédiaire, au Gouvernement, auquel fut immédiatement adressé, à l'ap-

[1] C'est le Rapport cité plus haut.

pui et comme développement de notre réponse, le savant rapport de M. Dareste.

« Dès le mois d'août, la Société avait eu l'honneur de recevoir les remercîments de Sa Majesté l'Empereur du Brésil ; et, au mois de décembre, le gouvernement, après avoir renouvelé ses remercîments dans les termes les plus bienveillants et les plus honorables pour la Société, lui demandait de se charger de réaliser elle-même l'introduction dont elle avait reconnu la possibilité et l'utilité. M. le Ministre de l'Empire ayant pris les ordres de son souverain, les mesures suivantes avaient été arrêtées :

« Acquisition de quatorze Dromadaires, savoir, quatre mâles et dix femelles, tous de race forte ou de transport ;

« Engagement de quatre Arabes pour le soin des animaux pendant la traversée et dans les premiers temps de leur séjour au Brésil ;

« Transport des hommes et des animaux sur deux points de la côte, Fortalezza, chef-lieu de la province du Céara, et La Granja, autre port brésilien, lieux désignés pour deux dépôts où les animaux devaient arriver du commencement de juin à la fin d'août, saison particulièrement favorable à plusieurs points de vue.

« Sur tout le reste, le Gouvernement brésilien s'en remettait à la Société, en lui donnant pleins pouvoirs, en lui ouvrant un crédit illimité, et en lui assurant le précieux concours de la Légation brésilienne en France.

« Le Conseil d'administration de la Société ne s'est pas dissimulé toutes les dificultés de l'entreprise dont elle était invitée à se charger, et qui était de nature à faire peser sur elle, à divers titres, une grave responsabilité ; mais le Conseil savait aussi que le succès de cette entreprise serait un immense service rendu à plusieurs provinces, et dans l'ordre même des travaux de notre Société, essentiellement internationale en même temps que française. Nous ne pouvions non plus oublier non-seulement que la Société a l'honneur de compter parmi ses membres Sa Majesté l'Empereur du Brésil, mais que ce prince éclairé est le premier souverain étranger dont le nom ait honoré notre liste.

« Le Conseil n'a donc pas hésité à répondre affirmativement, et une commission d'exécution a été aussitôt nommée ; elle se composait, avec MM. Richard (du Cantal), Dareste et Albert Geoffroy-Saint-Hilaire, désignés à l'avance par la part déjà prise par eux aux travaux préliminaires, de M. le général de division Daumas, directeur des affaires de l'Algérie au ministère de la guerre, de M. Davin, vice-président de la première section, et de M. Antoine Hesse, notre honorable délégué à Marseille, spécialement chargé de choisir dans le port de cette ville et de noliser le bâtiment de transport.

« La Commission s'est réunie à plusieurs reprises à la fin de 1857 et au commencement de 1858; mais, quelques renseignements complémentaires ayant dû être demandés en divers lieux [1], il fut reconnu que l'expédition ne saurait être prête assez tôt pour arriver dès cette année dans la saison spécialement désignée par le Gouvernement brésilien, et, toutes les études nécessaires ayant été faites dès 1858, l'exécution fut remise à 1859.

« Cet inévitable ajournement nous a permis de mettre à profit un nouveau séjour fait cet hiver en Algérie par notre dévoué vice-président, M. Richard (du Cantal). Notre collègue a bien voulu se rendre lui-même dans le sud de l'Algérie, entre Boghar et Lagouat, dans une région habitée par une des tribus les plus renommées pour la multitude et la beauté de leurs Dromadaires; et c'est parmi un nombre considérable d'individus qu'il a fait le choix de dix femelles, de trois à quatre ans, de trois mâles, de quatre ans, et d'un, de sept; tous dans les meilleures conditions de force et de santé, et tous aussi acquis à des prix très-modérés, relativement à la valeur, en d'autres provinces, d'animaux d'une bien moindre qualité (trois cent quatre-vingt francs en moyenne). Les quatorze Dromadaires ont été aussitôt marqués au chiffre du Brésil, et placés aux environs de Boghar, chez un aga, pour y recevoir les soins les plus convenables jusqu'au moment de l'embarquement. M. Richard a aussi engagé quatre chameliers arabes, dont deux parlent un peu notre langue et la comprennent bien; condition indiquée dans les instructions venues du Brésil, sinon comme indispensable, du moins comme très utile à remplir.

« Dans le même temps, à Marseille, le délégué de la Société,

[1] Notamment aux États-Unis, pour obtenir divers renseignements de M. le major Wayne; voyez p. 307.

M. Antoine Hesse, passait avec un armateur de la même ville un traité pour le nolissement d'un des meilleurs marcheurs et des plus beaux bâtiments de la marine marchande, le trois-mâts le *Splendide*, et il y faisait faire[1] toutes les dispositions nécessaires à l'installation des quatorze Chameaux, et, de plus, de treize Chevaux qui venaient d'être acquis aussi en Algérie, pour l'amélioration de la race chevaline brésilienne. Les dimensions du *Splendide*, qui ne jauge pas moins de 730 tonneaux, ont permis de faire cette installation dans les meilleures conditions hygiéniques.

« Grâce à nos deux collègues, tout était prêt à la fin de mai, soit à Marseille, soit à Alger ; et, lorsque le *Splendide* est arrivé à Alger pour prendre les animaux, il ne restait plus qu'à procéder à leur embarquement et à celui de leurs gardiens. L'embarquement des Chevaux n'offrait aucune difficulté; il n'en était pas de même de celui des Dromadaires, qui exigeait non-seulement beaucoup de précautions, mais des appareils particuliers; d'autant que plusieurs des Chamelles se trouvaient pleines. M. Géry, préfet d'Alger, et notre délégué en cette ville, a fait ajouter aux appareils préparés par les ordres de M. Hesse une sellette mobile qui a très-bien fonctionné, et il a bien voulu présider lui-même à l'embarquement, qui était très-heureusement terminé le 18 juin. Les fourrages, les grains, l'eau, une provision de médicaments et tous les ustensiles nécessaires avaient été, à l'avance, placés à bord, soit à Marseille, soit à Alger. On y a joint les appareils d'embarquement, qui doivent servir de nouveau pour le débarquement.

« M. Géry a aussi complété les instructions que lui avait fait tenir la Société, en l'invitant à ajouter les prescriptions dont l'observation des animaux et l'expérience locale feraient reconnaître la nécessité.

« Enfin, conformément aussi aux mesures arrêtées par le Conseil d'administration de la Société, M. Géry a installé à bord du *Splendide*, en lui confiant la surveillance du convoi, M. Vogeli, vétérinaire français au service du Brésil, que nous avait désigné M. l'Envoyé du Brésil en France, et par lequel avait été faite l'acquisition des treize Chevaux embarqués avec les Dromadaires.

[1] Sous sa surveillance et celle de ses fils, MM. Édouard et Ernest Hesse, membres de la Société.

M. Vogeli devra tenir un journal détaillé du voyage ; il y consignera toutes les observations de nature à éclairer sur les soins à donner aux Chameaux pendant leur acclimatation au Brésil, ou qui pourraient être ultérieurement mises à profit pour d'autres expéditions analogues. Ce journal sera mis sous les yeux du Conseil aussitôt qu'il nous aura été transmis.

« Tel est l'ensemble des mesures successivement prises au nom de la Société par son bureau, sa commission spéciale et ses délégués, pour répondre à la confiance qu'a mise en elle le Gouvernement brésilien. Nous croyons pouvoir dire que rien n'a été négligé pour assurer le succès de cette grande entreprise d'acclimatation. Le reste ne dépend plus de nous. Tous les animaux étaient au départ dans le meilleur état ; le navire qui les porte est un des plus sûrs et un des plus rapides de la marine française : espérons qu'il ne rencontrera pas une mer trop difficile.

Le *Splendide* a quitté l'Afrique le 21 juin. A Marseille, où la marche de ce navire est bien connue, on évalue à quarante jours le temps de la traversée. Le *Splendide* touchera donc vraisemblablement la côte d'Amérique au commencement d'août; et la durée du voyage, fût-elle augmentée des deux tiers par des accidents de mer, l'arrivée des animaux aurait encore lieu à l'époque indiquée par le Gouvernement brésilien. »

La prévision par laquelle se termine le Rapport qui précède a été plus que justifiée. Dès le 23 juillet, le *Splendide* avait atteint le terme de son voyage, et de la manière la plus heureuse ; pas un seul des Dromadaires n'avait péri en route. On trouve dans le *Bulletin de la Société d'acclimatation* [1] le journal que les instructions données à M. Vogeli lui prescrivaient de tenir, et qu'il a en effet tenu avec le plus grand soin. Ce journal est trop détaillé pour que je puisse le reproduire ici ; mais on en lira, sans nul doute, avec intérêt le résumé suivant, fait par mon savant confrère et collègue, M. le baron Séguier [2] :

[1] T. VII, p. 27.

[2] Il est extrait d'une lecture faite par M. Séguier à la dernière séance pu-

« Le clipper, fin voilier, s'avançait vers le but avec une rapidité que peu de navires à vapeur eussent pu surpasser; pourtant un calme de huit jours sous la ligne a empêché que la distance qui sépare Alger de la province du Céara n'ait été franchie en vingt jours.

« Le journal ne mentionne que cinq jours de gros temps par le travers des Canaries. Le *Splendide*, poussé alors par un vent arrière qui lui faisait filer onze nœuds, roulait tellement, qu'il était impossible de marcher sur le pont, sans s'appuyer sur des objets solidement fixés. Les Dromadaires pourtant restaient debout, se balançant sur leurs jambes; il fut jugé prudent de les faire s'accroupir et de les maintenir dans cette position en leur liant les jarrets : ils furent même calés entre eux par des tampons de foin; leur tête seule restait libre. Malgré toutes ces précautions, ils étaient violemment poussés les uns contre les autres par suite des oscillations très-prononcées du navire; ils faisaient des efforts considérables pour se soustraire à cette position imposée. Cette gêne ne remédiant pas aux inconvénients qu'on se proposait d'éviter, la liberté de leurs mouvements leur fut rendue; aussitôt ils en profitèrent, se levèrent sur leurs quatre jambes fortement écartées. Instinctivement, ils se placèrent de façon à avoir la colonne vertébrale parallèle au grand axe du navire, les uns regardant la proue, les autres la poupe, tous annulant les effets du roulis par un balancement latéral inverse de celui du *Splendide*. L'habitude de conserver leur centre de gravité en marchant sur le sable, qui cède sous leurs pieds, avait évidemment prédisposé ces animaux à cette ingénieuse station.

« Ce fut dans de telles conditions que la traversée s'acheva. A six heures du soir, le 23 juillet, l'ancre était jetée dans la rade de Céara; le Président de la province était immédiatement averti de l'arrivée des animaux. Le lendemain, il venait lui-même à bord, où il trouvait les Dromadaires parfaitement rétablis de l'amaigrissement occasionné par les cinq jours de gros temps. Leur poil, rasé à Alger, était repoussé; le pansement quotidien à la brosse lui avait donné le plus beau lustre.

blique annuelle de la *Société impériale d'acclimatation*, tenue le 10 février 1860. (*Bulletin*, t. VII, p. LXIV.)

« Treize Chevaux, achetés en Afrique par M. le vétérinaire Vogeli pour le compte du Gouvernement brésilien, avaient été les compagnons des Dromadaires sur le *Splendide;* leur pétulance, leur insoumission, comparées au calme, à la docilité de ceux-ci, semblaient un contraste ménagé à dessein pour faire ressortir la bien plus grande facilité que le Dromadaire présente sur le Cheval pour son transport aux plus grandes distances.

« Fortalezza de Ceara n'a pas de port; une longue plage de sable borde la mer; une barre à trois brisants maintient les navires à cinq cents mètres de terre; elle ne peut être franchie par les embarcations ordinaires, sans grand danger de chavirer; aussi les habitants n'abordent-ils la plage qu'en *jangada*, espèce de radeau composé de plusieurs pièces de bois non équarri, réunies ensemble par des cordages. C'est sur un de ces planchers flottants que fut déposé successivement chaque Dromadaire, prudemment assujetti dans la caisse rectangulaire qui avait servi à son embarquement. L'habileté avec laquelle les gens du pays manœuvrent les *jangadas* permit de poser sur la terre du Brésil les quatorze Dromadaires, sans plus d'accidents qu'ils n'en avaient éprouvé pour être enlevés au sol de l'Afrique.

« Ainsi s'est heureusement accomplie l'œuvre dont nous avons accepté la responsabilité. Réjouissons-nous d'avoir prouvé que l'influence efficace de la Société d'acclimatation peut aussi bien se faire sentir au loin que dans notre chère patrie. »

Nous avons lieu d'espérer que l'acclimatation des Dromadaires au Brésil se fera aussi heureusement que leur introduction. D'après les renseignements qui nous ont été transmis, deux des animaux que nous avons envoyés avaient succombé, mais ces pertes avaient été plus que compensées; plusieurs naissances avaient eu lieu[1].

[1] On verra bientôt que l'introduction du Dromadaire n'est pas la seule qui ait été faite au Brésil, par les soins de la Société impériale d'acclimatation. Voyez le Chapitre V.

SECTION III

Sur le Lama et l'Alpaca, et particulièrement sur les tentatives récemment faites pour acclimater ces animaux

§ 1.

Malgré les détails dans lesquels je suis entré dans mon *Rapport général* sur le Lama et de l'Alpaca[1], je dois revenir ici sur l'un et sur l'autre, et compléter, au moins en ce qu'elles ont de véritablement important, les preuves de la possibilité et de l'utilité de l'acclimatation de ces deux ruminants.

Le Lama et l'Alpaca, avons-nous dit, sont à la fois bêtes de somme, bêtes de boucherie, bêtes laitières, bêtes à laine : le premier est plus précieux comme animal auxiliaire, en raison de la supériorité de sa taille; le second est préférable comme animal industriel, en raison de l'abondance et de la finesse plus grande de sa toison.

La bonne qualité de la viande fournie par le Lama et l'Alpaca n'ayant jamais été contestée, je me bornerai à ajouter quelques faits relatifs à leur emploi à d'autres titres. Disons seulement que leur viande[2] et que leur lait sont presque identiques, comme composition, à ceux de la Vache[3].

[1] *Première partie* de cet ouvrage, p. 26 à 36.

[2] Elle se conserve facilement. Voyez la Notice de M. G. de Dumast (d'après M. Roeux) dans le *Bulletin de la Société régionale de Nancy*, année 1859, p. 329.

[3] C'est ce que M. Doyère a établi, pour le lait, par une analyse très-exactement faite. (Voyez les *Annales de l'Institut agronomique* de Versailles. t. I, 1855, p. 254). Voici, mises en regard d'après les résultats obtenus par ce savant zoologiste et physiologiste, la composition du lait du Lama et celle du lait de Vache. Il est à peine besoin de faire remarquer que le lait est,

Il n'est pas moins bien reconnû que, comme bêtes de somme, les Lamas se recommandent par la sûreté de leur pied; mais on répète chaque jour encore qu'ils sont faibles, très-lents dans leur allure et rétifs. Dès que leur charge est un peu lourde, ils se couchent, dit-on, et il est impossible d'en venir à bout. J'avais répondu depuis longtemps par des faits à ce conte de voyageur. Dans le petit haras d'acclimatation que M. Lanjuinais a bien voulu créer, sur ma demande, à Versailles[1], plusieurs Lamas avaient été très-promptement dressés comme bêtes de somme, et les nombreux visiteurs du haras ont pu se convaincre qu'ils ne méritaient de reproches, ni pour la lenteur de leur allure, ni comme défaut de docilité. De semblables dressages ayant eu lieu, depuis quelques années, à la Ménagerie du Muséum, chacun peut revoir maintenant à Paris ce que l'on voyait, il y a quelques années, à Versailles; le Lama trotte, galope, chargé d'un homme, et il obéit à la bride. A Versailles, où les Lamas portaient habituellement un cavalier très-lourd et divers fardeaux, nous n'avons jamais vu un de ces animaux se coucher et refuser le service. On n'a, de même, qu'à se louer du Lama dans les Vosges, où un individu mâle, appartenant à la Société d'acclimatation

chez le Lama, comme chez tous les animaux qui n'ont pas été cultivés à ce point de vue, bien moins abondant que chez la Vache.

	Lait de Lama.	Lait de Vache.
Beurre	3,15	3,30
Caséine	3,00	3,00
Albumine	0,90	1,20
Sucre	5,60	4,30
Sels	0,80	0.70
Matières solides. Totaux	13,45	12,40

M. Joly avait déjà signalé l'abondance de la matière butireuse dans le lait du Lama. Voyez son excellente *Notice sur la naturalisation du Lama et de l'Alpaca*, dans le *Journal d'agriculture de Toulouse*, janvier 1860.

[1] Voyez p. 108.

de Nancy, a été, depuis un an, dressé par les soins de M. Galmiche, inspecteur des forêts, et où il est habituellement employé au transport des tuiles et des engrais. Ce Lama est de petite taille; on ne lui fait porter, dans des chemins montueux, que des fardeaux de quarante à cinquante kilogrammes. La valeur en travail qu'il ajoute au produit annuel de sa laine est, selon M. Galmiche, de soixante-quinze centimes par jour, la dépense de sa nourriture représentant celle de trois Moutons. Il est très-docile; « son allure est excessivement douce, et son pied d'une sûreté étonnante[1]. »

Ces faits n'ajoutent rien à ce qu'on savait de l'emploi utile du Lama; mais ils mettent, dans notre pays même, sous les yeux de tous, des services qui ne nous étaient connus que par les témoignages des voyageurs. C'est à ce titre que j'ai cru devoir les rappeler[2].

[1] GALMICHE, *Note sur un Lama employé à divers travaux, à Remiremont (Vosges)*, dans le *Bulletin de la Société d'acclimatation*, t. VII, 1860, p. 401.

[2] J'ai donné dans mon *Rapport général* (voyez plus haut, p. 30) le mouvement de l'importation des laines de Lama et d'Alpaca jusqu'en 1844. Un travail récemment publié par M. le docteur GOSSE, de Genève, dans le *Bulletin de la Société d'acclimatation* (t. II, 1855, p. 319), fait connaître les chiffres des années suivantes. Je crois devoir les reproduire ici, après avoir fait connaître dans quelle pensée l'auteur les avait recueillis.

« En parcourant, dit M. Gosse, les hautes régions des Alpes, il n'est personne qui n'ait regretté de voir de vastes pâturages à herbe courte abandonnés aux Chamois ou aux chasseurs, et soustraits à l'industrie de l'homme. C'est ce sentiment qui m'engagea en 1853 à tenter, comme tant d'autres, l'introduction dans nos montagnes des Lamas et des Alpacas, et, afin d'éviter les chances d'insuccès, je crus devoir m'éclairer préalablement des conseils d'autrui. J'adressai, en conséquence, une série de questions à des négociants anglais, compétents en pareille matière, et je reçus, en février et en avril 1854, la réponse à quelques-unes d'entre elles... Voici ce que m'a écrit M. ERNEST PICTET, jeune négociant distingué de Liverpool :

« D'après les informations que j'ai prises, il paraîtrait que, jusqu'à ces « dernières années, aucun compte *séparé* n'était tenu de l'importation des « laines d'Alpaca en Angleterre. On réunissait dans le même *item* toutes les « laines de la même provenance, tant de Mouton que d'Alpaca. Cependant ce « travail a été fait depuis 1845 par MM. Hughes et Ronald, nos premiers

§ 2.

Que le Lama et l'Alpaca puissent être utiles partout et venir disputer nos champs au Mouton, c'est ce que je n'ai jamais dit; mais ce que j'ai cru et crois pouvoir affirmer,

« courtiers de laines, pour les importations de Liverpool, qui, à elles seules,
« représentent plus des trois quarts des importations totales de l'Angle-
« terre.

« Ci-joint le chiffre de chaque année pour notre port :

1845 —	12 8[illegible]1
1846 —	5 799
1847 —	15 281
1848 —	18 605
1849 —	9 866
1850 —	6 985
1851 —	26 120
1852 —	26 652
1853 —	25 987

Balles de 70 livres anglaises ou de 31 kilog. en moyenne.

Nota. Le rapport officiel employé dans le commerce, entre la livre anglaise et le poids français, est de 1015 kil.

La tonne anglaise, 2 240 livres anglaise. »

« D'autre part, MM. John Foster et Son, de Bradford, nous apprennent qu'en février 1854, la laine d'Alpaca avait beaucoup de valeur, et que les importations annuelles étaient, en moyenne, de 2 200 000 livres anglaises, à des prix qui variaient entre 1 shell. 3 den. et 2 shell. 9 den. la livre, suivant la demande. »

« En général, la préférence a été toujours accordée à la laine *blanche* qui représente la moitié des importations, tandis que la *noire* n'en représente qu'un quart, l'autre quart étant de laine *grisâtre* ou *brune*. Aussi les laines blanches sont-elles toujours de 2 à 3 deniers plus chères que les autres.

« La laine d'Alpaca arrive en Angleterre dans son état brut, et est vendue au fabricant de cette manière. Le déchet qu'elle subit ne doit pas être considérable, mais on ne saurait l'apprécier au juste. Il est, au reste, fort difficile d'obtenir des manufacturiers des renseignements tant soit peu précis sur la manière dont ils travaillent la laine d'Alpaca et sur les produits qu'ils en tirent.

« M. Pictet admet en fait que les étoffes d'Alpaca sont devenues d'un usage infiniment plus général, et qu'elles le deviendront chaque jour davantage. « Ces étoffes, dit-il, sont toutes des tissus plus ou moins légers; elle requiè-
« rent des toisons fort longues, et c'est pour cela que les Alpacas leur ont donné
« naissance. Elles tiennent le milieu entre les laines de Mouton et la soie. On
« en fait beaucoup de robes de dames; elles durent assez longtemps, sont re-
« marquablement souples, et peu sujettes à se froisser. »

Tout le monde sait que depuis l'époque où M. Gosse recevait les réponses qui viennent d'être analysées, l'usage de la laine d'Alpaca est devenu,

c'est que leur culture est destinée « à créer des sources de « richesses *dans nos hautes montagnes*[1], » c'est-à-dire, précisément, dans les parties de notre territoire « qui en sont « aujourd'hui le plus complétement dépourvues. »

Parmi les objections qu'ont rencontrées mes vues, il en est une qui, émise en 1849, mais avec une juste réserve, par mon savant confrère, M. Boussingault, a été accueillie et souvent reproduite depuis comme décisive contre l'introduction du Lama et de l'Alpaca. Ces animaux, a dit ce célèbre voyageur en Amérique, « ont considérablement diminué *dans la république de l'Équateur* depuis l'introduction de la race ovine[2]. » De ce fait quelques auteurs ont conclu la supériorité de celle-ci, non-seulement dans quelques parties de l'Amérique, telles que l'Équateur, mais en général et pour toutes les localités, quelles qu'elles soient. D'où il suivrait que demander l'introduction en Europe du Lama et de l'Alpaca, c'est vouloir, sous le nom de progrès, un état de choses que l'expérience a condamné en Amérique.

A cette objection souvent reproduite, et qui m'était encore tout récemment opposée, la réponse est facile. Il suffit d'en appeler aux faits pour reconnaître que, s'il est quelques pays où, par des causes particulières, le Mouton s'est substitué au Lama et à l'Alpaca, il en est d'autres, et en bien plus grand nombre, où le Lama et l'Alpaca se sont mainte-

comme le prévoyait M. Pictet en 1844, « infiniment plus général, » et pour les vêtements d'hommes aussi bien que pour les robes de dames.

Outre les étoffes répandues dans le commerce, d'autres ont été fabriquées, à titre d'essai, et au moyen de procédés particuliers, par M. Davin, toujours empressé de prendre l'initiative du progrès industriel. Plusieurs des produits obtenus par M. Davin, non-seulement de l'Alpaca, mais du Lama, sont très-remarquables à divers titres.

[1] *Note sur le Lama et l'Alpaca*, dans les *Comptes rendus de l'Académie des sciences*, t. XXVIII, 1849, p. 96; note en partie reproduite dans ce paragraphe. — Voy. aussi une autre note, *Ibid.*, p. 54.

[2] *Comptes rendus de l'Académie des sciences*, t. XXVIII, 1849, p. 57.

nus à côté des races ovines. Et tout annonce qu'ils se maintiendront sans avoir à redouter la concurrence des animaux importés d'Europe.

M. Boussingault nous disait seulement que le nombre des Lamas a diminué *dans l'Equateur*. On va voir par le témoignage des voyageurs combien se sont trompés ceux qui les ont représentés comme tendant à disparaître *de toute l'Amérique.*

Voici d'abord ce qu'a constaté M. d'Orbigny[1] :

« Les Lamas sont très-nombreux. L'Alpaca et le Lama proprement dit vivent ensemble dans les mêmes troupeaux, *les Moutons à part et dans d'autres lieux, parce qu'il leur faut plus d'herbe.* Les Lamas se trouvent principalement sur les plateaux très-élevés et très-secs de la Paz, d'Oruro et de Potosi, ou, pour mieux dire, depuis le Cuzco jusqu'au sud du Potosi. Le plateau de Quito est moins élevé, plus humide, plus riche en pâturages ; de là sans doute l'élève du Mouton sur ce plateau... *On ne sait vraiment comment le Lama peut vivre dans les lieux où on le trouve.* »

M. Roehn, qui a consacré une partie de sa vie à l'étude du Lama et de l'Alpaca, et à leur introduction en Europe, est parfaitement d'accord avec M. d'Orbigny :

« Le *Pacollama*, dit-il[2], abonde dans presque toute la chaîne des Andes... La grande quantité qu'on y rencontre permet de s'en procurer presque autant qu'on veut de premier choix, à une distance de vingt-cinq à trente lieues du littoral... Disposé à se contenter de toute espèce d'aliments, il paraît cependant préférer les bruyères et les petites herbes des montagnes. Sous une température humide ou froide, il se passe facilement d'un abri ; comme le Renne, il sait parfaitement trouver sa nourriture sous la neige. »

Même témoignage de la part du célèbre voyageur allemand, Meyen[3] :

[1] Note inédite.

[2] Notice sur l'*Alpaca des Andes du Pérou*, dans le *Recueil de la Société polytechnique*, Marseille, février 1848.

[3] *Beyträge zur Zoologie, Zweite Abhandlung*, p. 73.

« Le nombre de ces utiles animaux est extraordinairement grand (*ausserordentlich gross*); ceux que nous avons vus sur les hauteurs de Tacora, au lac de Titicaca, et entre Puno et Arequipa, ont été estimés par nous à trois millions et demi (*auf drei and eine halbe Million*), et vraisemblablement cette estimation est encore trop faible. »

Enfin M. de Castelnau résume ainsi ses observations[1] :

« Le Lama vit par troupes nombreuses dispersées dans les plaines et sur les plateaux des Andes... Dans les parties élevées de la Bolivie et du Pérou, le voyageur est sans cesse entouré de ces innocents animaux. Dans ces régions, le Lama fournit par sa laine des habillements parfaitement appropriés à la rigueur du climat. Sa chair est semblable à celle du Mouton... Ses excréments sont le seul combustible que la nature ait donné à ces régions... En un mot, la Cordillère serait inhabitable sans lui ; il est donc indispensable à une population de plusieurs millions d'Indiens. »

Bien d'autres témoignages pourraient être ajoutés à ceux-ci. Mais je crois que ces passages de MM. d'Orbigny, Roehn, Meyen et de Castelnau suffisent pleinement pour replacer la question sur son véritable terrain. La diminution des Lamas et Alpacas n'est qu'un fait local et exceptionnel; leur immense multitude sur toutes les parties très-élevées de la chaîne des Andes reste incontestable.

Et ici, l'exception même s'explique à l'avantage du Lama; il réussit où réussit le Mouton; il réussit encore où celui-ci ne saurait plus réussir; et de là le partage du sol entre les deux espèces : l'une, le Mouton, prédomine dans les lieux moins secs et moins dénués de végétation, les seuls où l'on puisse l'élever avec avantage ; le Lama occupe les plateaux les plus élevés, les plus froids et les plus arides. Voilà la vérité, et elle justifie pleinement l'opinion que nous avions tout

[1] *Note sur le Lama, l'Alpaca et la Vigogne*, dans les *Comptes rendus de l'Académie des sciences*, t. XXV, p. 907, 1848.

d'abord émise : il deviendra possible d'obtenir en Europe, dans des localités aujourd'hui improductives, de bon lait, d'excellente viande, une magnifique laine, grâce à des animaux qui seront, en outre, pour les montagnards, de bonnes et sûres bêtes de somme.

S'il n'en était pas ainsi, si l'infériorité du Lama et de l'Alpaca avaient été, comme on le prétend, reconnue en Amérique, eût-on vu se produire un fait qui, malheureusement, devient un obstacle de plus, non insurmontable toutefois, à l'introduction et à l'acclimatation de ces animaux? L'Amérique renonce si peu à la possession et à la culture de ces animaux, qu'elle voudrait s'en réserver le monopole, et particulièrement celui de l'Alpaca. Au Pérou d'abord, puis en Bolivie, la loi est intervenue depuis plusieurs années, pour prohiber la sortie de cette précieuse espèce, et c'est en vain que le gouvernement français a essayé d'obtenir le rappel de cette législation. Le gouvernement péruvien a bien voulu accorder une autorisation spéciale, et comme faveur exceptionnelle, à la Société d'acclimatation[1]; mais la prohibition subsiste comme mesure générale, et si l'Alpaca n'existait en aussi grande abondance en dehors du Pérou que dans cet état, l'introduction, sur une grande échelle, des bêtes à laine de la Cordillère serait peut-être désormais une œuvre impossible.

§ 5.

Après avoir répondu à cette objection contre l'utilité de l'introduction du Lama et de l'Alpaca, j'en aborderai une autre dirigée contre la possibilité de leur acclimatation. Ici j'ai particulièrement un devoir à remplir envers la science,

[1] Voy. p. 31.

et, quelque pénible qu'il puisse être, je ne le déclinerai pas[1].

Toutes les personnes qui prennent intérêt aux progrès de l'agriculture savent qu'une tentative a été faite, il y a quel-

L'Alpaca (*Auchenia Paco*, *Camelus Paco*, Lin.). — Environ 1 mètre de long.

ques années, pour acclimater en France le Lama et l'Alpaca, et qu'elle a échoué. Le troupeau que j'avais acheté en Hol-

[1] Tout ce qui, dans ce paragraphe, concerne les Lamas et les Alpacas de Versailles est reproduit, sans changement, de l'édition précédente. *Aucune réclamation ne s'est élevée depuis 1854 contre cet exposé.*

lande[1], au nom de M. le Ministre de l'agriculture, et que M. Florent Prévost a fait conduire à Paris dans les premiers jours de novembre 1849, se composait de trente individus, parmi lesquels douze Alpacas de race pure[2]. De tous ces précieux animaux, il ne restait, après moins de trois années, que la très-petite portion du troupeau qui en avait été détachée peu de temps après son arrivée, et qui, au lieu d'aller périr misérablement à Versailles, avait été laissée à la Ménagerie du Muséum d'histoire naturelle, par ordre du successeur de M. Lanjuinais, M. Dumas.

De cette destruction presque complète d'un troupeau si précieux, quelques agronomes, quelques vétérinaires surtout, se sont empressés de conclure, avec une satisfaction peu déguisée, contre la possibilité d'acclimater en France le Lama et l'Alpaca. Nous l'avions prévu, disaient-ils; il ne pouvait résulter de cet essai qu'une perte d'argent!

Ceux dont je reproduis ici les paroles se sont trop hâtés, je le crois, de se donner gain de cause. Ils ont raisonné, qu'ils me permettent de le leur dire, comme ceux qui, deux siècles auparavant, affirmaient de même, à la suite d'un premier essai infructueux, l'impossibilité d'acclimater en

[1] Ce troupeau, dont faisait partie l'individu figuré p. 325, est celui qu'avait formé à La Haye le roi Guillaume II, et dont j'ai parlé page 28. Voyez aussi sur ce troupeau une note de M. Bonafous, dans les *Comptes rendus de l'Académie des sciences*, t. XXV, p. 827.

C'est à tort que M. Bonafous place deux Vigognes au nombre des animaux composant ce troupeau. Les prétendues Vigognes étaient des Guanacos ou Lamas sauvages. Un de ces Guanacos a fait partie des trente individus amenés en France; l'autre était mort avant la mise en vente du troupeau.

[2] Les premiers de race pure qui fussent venus en France.

Des échantillons de laine avaient été rapportés, quelque temps auparavant, par M. Weddell. M. Doyère, ayant mesuré le diamètre de la laine d'Alpaca sur ces échantillons, l'a trouvé seulement de 21 à 38 millièmes de millimètre.

Par cette rareté extrême de l'Alpaca en France, par l'admirable finesse de sa laine, on peut juger de l'intérêt qui s'attachait au troupeau venu de Hollande.

France le Mérinos[1]. Les questions de ce genre ne sont pas tout à fait aussi simples.

S'il était prouvé que les Lamas et Alpacas de Versailles ont toujours été soignés et nourris selon les « *vrais principes de la science* », on aurait encore le droit de demander si leur mort *à Versailles* prouve qu'ils n'eussent pu réussir où j'avais demandé qu'on les plaçât, « *sur un point bien choisi de nos Alpes ou de nos Pyrénées*[2]. » Mais si cela même n'est pas, s'il est établi que la tentative de Versailles a été entreprise et poursuivie dans les plus mauvaises conditions, dans des conditions où *des animaux quelconques* n'eussent pu subsister, on ne doit pas hésiter à la dire de nulle valeur, et à protester contre toute conséquence déduite d'un essai mal fait et complétement indigne de ce beau nom d'*expérience scientifique* que quelques-uns ont prétendu lui donner[3].

C'est par les faits que la question peut être tranchée. Mettons-les donc sous les yeux de nos lecteurs; et autant que possible, dût cet exposé en être un peu allongé, citons des documents dont l'authenticité ne puisse être contestée;

[1] Sur l'acclimatation, si longtemps dite impossible, de cette belle race, voyez surtout le remarquable Rapport de M. Richard (du Cantal), à l'Assemblée nationale, sur la *Production des Chevaux* (mars 1849), notes, p. 85.

Voyez aussi François de Neufchateau : *Avis sur l'amélioration des laines*, dans son remarquable *Recueil de lettres circulaires et instructions*, 1799, t. II, p. 406. « En cette circonstance, dit François, ce furent encore le climat « et les pâturages qui portèrent la coulpe de l'ignorance. »

[2] Voyez p. 341.

[3] Une expérience scientifique ne peut être faite que par des hommes de science, et malheureusement, à Versailles, l'organisation de l'Institut agronomique excluait les savants professeurs de cet établissement de toute participation active à la direction du troupeau de Lamas et d'Alpacas. Ils pouvaient observer, étudier, avertir peut-être, mais non ordonner. Ils ont vu le mal, ils l'ont déploré; ils n'ont pu l'empêcher.

Ils n'ont d'ailleurs pas négligé, et je l'ai fait voir plus haut, l'occasion qui s'offrait à eux de recueillir les faits qui pouvaient intéresser la science ou la pratique.

car la plus grande circonspection est nécessaire dans une question où ne sont pas seulement engagées des opinions scientifiques.

On a vu plus haut qu'une association s'était organisée, il y a quelques années, à Marseille, pour l'introduction de l'Alpaca[1], et que le ministère de l'agriculture s'était empressé de lui accorder ses encouragements et son appui. Les circonstances ayant rendu impossible l'exécution du projet qui avait été formé, le ministre de l'agriculture, M. Lanjuinais, se décida à réaliser, à l'aide des ressources de son ministère, un progrès qu'on ne pouvait plus espérer de l'association des capitaux particuliers. Il voulut bien, le 14 septembre 1849, me demander un plan d'exécution et la désignation d'une personne qu'il pût envoyer en Amérique, pour y faire, au nom du Gouvernement, l'acquisition d'un troupeau d'Alpacas. Ce troupeau, composé de deux cents individus, eût été ramené par un bâtiment de l'État et réparti dans plusieurs localités bien choisies, afin que l'on pût poursuivre simultanément plusieurs essais dans des circonstances diversement favorables.

[1] P. 33.

Cette association avait été organisée, en 1847, de concert avec M. Roehn, par M. Barthélemy-Lapommeraye. Voyez sa notice sur l'*Importation en France d'animaux utiles par voie d'association*, dans les *Annales provençales d'agriculture pratique*, avril et mai 1847, et une autre notice publiée en commun par le même auteur et par M. Roehn, sous ce titre : *Mémoire sur l'Introduction en France des Alpacas et Lamas, par voie d'association départementale;* Marseille, in-8, 1848, et 2e édit., 1849.

Je dois ajouter que la pensée d'une association formée pour introduire en France un troupeau de Lamas avait été conçue et émise dès 1841 par M. Sacc, alors manufacturier à Thann, aujourd'hui à Wesserling, et si honorablement connu dans le monde savant par ses travaux de chimie agricole et industrielle. Voyez, dans le *Journal d'agriculture pratique*, 2e série, t. V, p. 263 et suiv., une lettre de M. Sacc, intitulée : *Utilité du Lama en agriculture.*

On a vu plus haut (p. 88) que M. Sacc a, dans son traité de *Chimie agricole*, non-seulement résumé ses vues sur le Lama, mais qu'il les a étendues à la Vigogne.

C'est à ce moment même que fut décidée en Hollande la mise en vente du troupeau qui avait appartenu au feu roi Guillaume III. Ce troupeau était peu nombreux, mais il était près de nous ; il était parfaitement acclimaté, formé même, pour la plus grande partie, d'individus nés en Europe. Il parut donc sage d'ajourner l'acquisition et le transport dispendieux d'un grand troupeau, et de se contenter provisoirement, à titre d'essai, des Lamas et Alpacas de Hollande.

La vente de ces animaux devait avoir lieu le 31 octobre 1849. M. le Ministre de l'agriculture, en m'invitant à me rendre en Hollande, voulut bien me donner plein pouvoir pour l'acquisition de la totalité ou d'une partie du troupeau. Je me rendis en effet sur les lieux avec M. Florent Prévost, et j'acquis, partie aux enchères, partie de gré à gré, trente individus sur trente-deux, savoir : dix-huit Lamas domestiques ; un Guanaco ou Lama sauvage qu'on avait jusqu'alors désigné sous le nom de Vigogne[1], et douze Alpacas.

Le transport de notre petit troupeau s'effectua très-heureusement par les soins de M. Florent Prévost. Les animaux, à leur arrivée à Paris[2], furent provisoirement installés dans un des parcs de la Ménagerie du Muséum d'histoire naturelle. Ils y restèrent six semaines, afin que le public pût les voir, et en attendant qu'il fût définitivement statué sur leur destination ultérieure. J'avais demandé et espéré l'envoi d'une partie des Lamas et Alpacas dans nos hautes montagnes, et l'offre de les recevoir dans des localités plus ou moins heureusement choisies avait été faite par plusieurs personnes. La députation tout entière de l'Isère

[1] Ce Guanaco, quoique déjà vieux lors de son arrivée en France, a longtemps vécu à la Ménagerie du Muséum.

[2] Le 7 novembre 1849.

se rendit même auprès du ministre qui venait de succéder à M. Lanjuinais, M. Dumas, pour demander l'envoi de plusieurs Lamas dans les prairies hautes de la grande Chartreuse, où les Chartreux, de concert avec les naturalistes de Grenoble, se seraient chargés de la surveillance des animaux. Malheureusement, le troupeau avait été acheté sur des fonds affectés à l'Institut agronomique de Versailles, et il ne fut pas possible de lui donner la destination la plus favorable à sa conservation et à son accroissement. Seulement le Ministre voulut bien autoriser un échange entre la Ménagerie, qui conserva trois des animaux venus de Hollande, et l'Institut agronomique, qui reçut, en remplacement de ceux-ci, deux des Lamas nés à la Ménagerie.

Le troupeau, qui avait quitté le Muséum le 22 décembre 1849, resta quelque temps encore sous ma direction, et j'ajouterai sous celle de M. Monny de Mornay, chef de division au ministère de l'agriculture, qui a toujours porté à l'essai de Versailles l'intérêt le plus sincère et le plus éclairé. Mais bientôt, l'Institut agronomique ayant été définitivement constitué, le petit haras dut être intimement rattaché à cet établissement, et la mission tout officieuse que je tenais de la confiance du Ministre fut terminée.

Le troupeau se maintint à Versailles, durant une année environ, dans l'état le plus satisfaisant. Vingt-neuf Lamas et Alpacas[1] le composaient d'abord; les femelles ayant presque toutes mis bas, il fut bientôt de plus de quarante individus.

Que se passa-t-il ensuite, et comment ces heureux commencements aboutirent-ils si rapidement à la destruction complète du troupeau?

Pour le dire complétement, il faudrait descendre à des

[1] Vingt-neuf au lieu de trente, à cause de la cession de trois individus au Muséum, en échange de deux seulement.

détails qui ne sont pas faits pour les pages d'un livre scientifique. Nous n'en avons d'ailleurs nul besoin : sans sortir du cercle des faits officiellement constatés, le lecteur, s'il ne sait pas tout, en saura du moins assez pour ne conserver aucun doute sur les causes de l'insuccès de Versailles.

C'est pour arriver à ce résultat que j'ai adressé en 1851 à M. Buffet, alors ministre de l'agriculture, la lettre suivante, que je crois devoir reproduire ici tout entière, malgré son étendue :

Le 27 septembre 1851.

« Monsieur le ministre,

« J'ai été chargé, il y a deux ans, par l'un de vos prédécesseurs, M. Lanjuinais, d'acquérir en Hollande un petit troupeau de Lamas et d'Alpacas, qui, déposé d'abord au Muséum d'histoire naturelle, a été conduit à Versailles dans une des dépendances de l'Institut agronomique. Depuis, un échange ayant été fait entre l'Institut agronomique et la Ménagerie du Muséum, chacun de ces établissements s'est trouvé posséder un petit troupeau, composé d'éléments analogues, savoir, de Lamas venus de Hollande et de Lamas nés à Paris.

« Ces deux troupeaux ont eu des destinées bien contraires. Celui du Muséum, quoique placé à plusieurs égards dans des conditions défavorables, n'a cessé de prospérer; depuis l'échange que je viens de rappeler, et même, pour remonter jusqu'au commencement de mes expériences sur l'acclimatation du Lama, depuis 1845, la Ménagerie n'a fait qu'*une seule* perte : celle d'une femelle morte dans la mise-bas; et tous les jeunes, qui y sont successivement nés, se sont élevés et sont devenus aussi beaux et aussi robustes que leurs parents.

« Le troupeau de Versailles, au contraire, plus nombreux et plus précieux par le choix des individus, a été atteint de maladies auxquelles ont succombé d'abord les Alpacas, puis la plupart des Lamas.

« Assurément, Versailles n'était pas la localité la plus favorable où pussent être placés des animaux originaires des Andes, et j'ai regretté, dès le commencement, que des considérations, dont j'ai dû reconnaître la valeur administrative, n'eussent pas permis de les envoyer, comme je l'avais demandé [1], dans les Alpes, les Pyrénées ou le Cantal. Néanmoins, il y avait tout lieu d'espérer qu'ils vivraient et se multiplieraient à Versailles, comme ils vivaient et se multipliaient en Hollande, et comme des individus des mêmes races et des mêmes origines vivent et se multiplient à Paris.

Cet espoir a été déçu. L'essai d'acclimatation que j'avais appelé de tous mes vœux, et que votre ministère avait bien voulu entreprendre sur une échelle qui permettait d'espérer un succès décisif, cet essai a malheureusement échoué. Des trente individus que j'avais fait conduire à Paris, et de tous ceux qui sont nés d'eux, il ne reste plus, ceux exceptés qui ont été cédés par échange au Muséum, que deux Lamas ; encore est-il à croire qu'ils sont malades et qu'ils ne tarderont pas à succomber comme les autres. Le troupeau peut donc, dès ce moment, être considéré comme anéanti.

« Ce résultat négatif n'est pas seulement la perte de quelques animaux d'un prix assez élevé, il est aussi, et il est infiniment plus regrettable à ce titre, l'ajournement indéfini d'un progrès dont la réalisation avait pu sembler prochaine. Nous continuerons peut-être un demi-siècle encore à aller chercher à l'étranger cette précieuse laine dont nous voyons un seul port, Liverpool, importer en une seule année *onze cent trente-quatre mille* kilogrammes, et que nous allons racheter de seconde main, à un prix toujours plus élevé, quand nous pourrions la faire naître abondamment sur les parties aujourd'hui les plus pauvres de notre sol. Quand, en 1782, le plus grand naturaliste du siècle échouait dans ses efforts pour réaliser un progrès destiné à produire un jour, disait-il, *plus de bien réel que tout le métal du nouveau monde;* quand, en 1806, l'impératrice Joséphine, et, en 1840, le duc d'Orléans, animés

[1] Non-seulement je l'avais demandé, et, en cela, j'étais conséquent aux vues que j'avais antérieurement émises (voyez, par exemple, p. 27 et suiv.; voy. aussi ci-après, p. 341); mais d'autres naturalistes et plusieurs agriculteurs l'avaient aussi demandé; et après l'envoi du troupeau à Versailles, ils demandaient encore qu'on en retirât du moins une partie. « Nous espérons, disait M. Joly en janvier 1850, que le troupeau hollandais tout entier ne restera pas à Versailles... *Nous avons déjà indiqué les Pyrénées et les Alpes* comme les stations les plus favorables à ces essais. » *Notice*, déjà citée, *sur la naturalisation et la domestication du Lama et de l'Alpaca.*

tour à tour du généreux espoir de doter le pays de ce bienfait, faisaient acquérir pour la France des troupeaux qui, malheureusement, ne devaient pas y parvenir (l'un bloqué durant six années à Buénos-Ayres par les croisières anglaises, l'autre retenu à Lima par un déplorable malentendu) ; dans ces trois tentatives, dont le souvenir reste du moins comme un titre d'honneur pour leurs auteurs[1], l'échec, regrettable pour le présent, n'enlevait du moins rien à l'avenir. Dans celle que M. Lanjuinais, sur ma demande, a bien voulu autoriser, l'avenir pourrait se trouver compromis avec le présent, si les causes de l'insuccès n'étaient mises en lumière.

« Je n'ai l'honneur, Monsieur le Ministre, d'appartenir à votre ministère que par ma qualité, si même elle subsiste encore, de membre de la Commission pour la naturalisation des animaux et végétaux utiles, instituée par un de vos prédécesseurs, M. Bethmont[2] ; commission dont mes travaux sur l'acclimatation, ainsi que M. le Ministre a eu la bonté de le déclarer, lui avait suggéré l'utile pensée. Ce titre serait bien loin de m'autoriser à intervenir en ce moment auprès de vous ; mais j'en ai un autre dont vous reconnaîtrez, je n'en doute pas, la valeur. Le naturaliste qui, depuis si longtemps déjà, a entrepris de démontrer la possibilité et l'utilité de l'acclimatation du Lama et de l'Alpaca; qui a demandé et obtenu, qui a conclu, au nom du gouvernement, l'acquisition du troupeau de Hollande, et qui, après l'avoir fait transporter en France, en a quelque temps dirigé et surveillé le soin, a ici une part de responsabilité qui ne lui permet pas de rester simple spectateur de l'insuccès de la tentative faite à Versailles.

« Votre sollicitude, Monsieur le Ministre, ainsi que celle du savant éminent qui dirige présentement l'Institut agronomique, s'était portée depuis quelque temps sur la situation du troupeau de Lamas. Déjà la mort subite et inexpliquée de deux jeunes individus avait provoqué une mesure sévère de la part de votre prédécesseur. Et lorsque des plaintes se sont élevées sur la déplorable qualité des aliments fournis aux Lamas, et sur leur tonte imprudente presque à l'entrée de l'hiver, une commission a été chargée de rechercher la nature et les causes de la mortalité considérable

[1] Voy. p. 33 à 36.
[2] Page 2.

survenue dans le troupeau. Cette commission, dont je ne faisais pas partie, a reçu de moi, sur les Lamas de la Ménagerie de Paris et sur l'acquisition faite en Hollande, les renseignements qu'elle avait jugés propres à l'éclairer sur quelques points, et elle a dû vous adresser un rapport détaillé, digne des lumières de ses membres et de la confiance que vous aviez placée en elle.

« Je viens vous demander, Monsieur le Ministre, la communication de ce rapport, document qui n'est pas seulement d'une grande valeur pour moi personnellement, qui l'est aussi pour la science. L'essai qui a été fait à Versailles était une expérience; il est nécessaire que cette expérience soit jugée. Si je me suis trompé, si je n'ai fait, après les illustres devanciers cités plus haut, que poursuivre une chimère; si les tentatives que l'on fait ou auxquelles on se prépare en ce moment dans trois États voisins de la France (dans deux à notre exemple[1]) ne doivent pas réussir; si le Lama et l'Alpaca ne sont pas destinés à devenir des animaux européens, il importe qu'on le sache, et que notre erreur soit mise dans tout son jour. Si, au contraire, l'expérience négative de Versailles, en raison des circonstances où elle a été faite, est de faible ou de nulle valeur, il importe également de le dire, et de dégager une question aussi grave d'une objection qui deviendrait un obstacle de plus contre le progrès que nous avions essayé de réaliser.

« J'ose espérer, Monsieur le Ministre, que vous approuverez le sentiment qui dicte cette lettre, et que vous accueillerez ma demande avec la bienveillance que tous vos prédécesseurs n'ont cessé de me témoigner depuis le commencement de mes expériences sur l'acclimatation, et dont vous-même m'avez encore donné spontanément, il y a quelques semaines, un témoignage nouveau.

« Veuillez agréer, etc.

« I. Geoffroy Saint-Hilaire. »

Ainsi que je l'avais espéré, M. le Ministre de l'agriculture, après avoir pris connaissance de ma lettre, voulut

[1] L'Espagne et le Piémont. Pour le projet qui s'élaborait dans ce dernier État, voyez la *Gazzetta piemontese*, numéro du 11 décembre 1840

Vers la même époque, on s'occupait en Angleterre, non-seulement d'y acclimater l'Alpaca, mais de l'introduire en Australie.

Sur ce qui s'est fait depuis, voyez ci-après, le § 4, p. 31.

bien décider que le Rapport me serait communiqué, et, dès le 16 octobre, M. Monny de Mornay m'en avait transmis, au nom du Ministre, une copie certifiée. J'en reproduirai ici textuellement les parties principales.

RAPPORT SUR L'ÉTAT SANITAIRE
DES LAMAS COMPOSANT LE TROUPEAU DE LA FERME D'ACCLIMATATION
A L'INSTITUT NATIONAL AGRONOMIQUE.

Commission : M. YVART, président; MM. DOYÈRE, MARÉCHAL, BAUDEMENT, rapporteur [1].

« Monsieur le Commissaire général,

« Par votre lettre en date du 14 avril dernier, vous nous avez chargés de visiter le troupeau de Lamas placé à la Faisanderie, et de vous proposer les moyens que nous jugerions les plus efficaces pour s'opposer aux progrès de la maladie qui décime ces animaux. Nous avons accompli notre mission, et nous avons l'honneur de vous en rendre compte.

« Trois questions nous ont paru remplir le cadre dans lequel devaient se renfermer nos observations :

« 1° État sanitaire des animaux;

« 2° Cause de cet état:

« 3° Remède à cet état.

« Nous avons suivi l'ordre de ces questions dans notre travail; nous l'adoptons aussi dans ce rapport.

« 1° Avant la réunion de la commission, des autopsies faites par M. le Vétérinaire de l'Institut, seul ou assisté de deux d'entre nous, avaient constaté que la presque totalité des décès étaient dus principalement à la phthisie tuberculeuse [2]...

« Quant aux animaux encore vivants, nous craignons que la

[1] Cette commission avait été instituée par M. de Gasparin, au moment même de son installation dans les fonctions de Commissaire général près l'Institut national agronomique. Malheureusement, à cette époque, il n'était plus au pouvoir de personne, pas même d'un savant et d'un administrateur tel que M. de Gasparin, de réparer le mal et de sauver le troupeau

Le Rapport de la Commission, non daté dans la copie qui m'a été remise, a été rédigé en mai ou en juin 1851.

[2] Je supprime ici des développements assez étendus. destinés à prouver que les Lamas et Alpacas sont en effet morts phthisiques.

plupart d'entre eux ne portent les germes de la même maladie. Sur les douze Lamas qui restent au troupeau, un nous semble devoir mourir prochainement; cinq nous sont suspects; les six autres peuvent être considérés comme bien portants, autant toutefois qu'on peut en juger par l'auscultation, rendue souvent fort difficile par l'épaisseur de la toison des animaux.

« Nous joignons ici un état qui présente le résumé de nos observations et donne la situation.

« 2° A quelles causes peuvent être attribués des résultats aussi fâcheux?

« D'après les renseignements que nous avons recueillis sur l'état du troupeau en Hollande, *la santé des animaux y était excellente, et rien ne peut faire supposer que la maladie dont nous signalons les ravages y ait pris naissance.* Tout porte donc à croire que c'est à la Faisanderie même que les Lamas sont devenus phthisiques.

« La situation de cette partie du domaine dans un lieu bas, humide et ombragé, n'est peut-être pas étrangère au développement de la maladie. Peut-être aussi n'a-t-on pas pris toutes les précautions hygiéniques, qui demandent à être exagérées dans l'opération toujours difficile de l'acclimatation.

« Ainsi nous avons appris que les Alpacas, qui ont tous succombé avant les Lamas, sortaient de grand matin et paissaient une herbe couverte de rosée.

« Les aliments secs, administrés aux animaux, nous ont paru, en outre, *insuffisants et par leur nature et par leur qualité.* Au Muséum de Paris, on leur donne environ trois kilogrammes de bon foin, un litre de grains (avoine, son), sans compter le pain qu'ils reçoivent de la main des visiteurs. Les femelles qui allaitent, celles qui sont près de mettre bas, ont de plus des carottes. L'herbe des petits enclos où sont placés ces animaux n'entre que pour une très-faible part dans leur alimentation. Dans une visite à la Faisanderie, nous avons trouvé dans l'auge des Lamas du son trop menu pour convenir à ces animaux, et dans leur râtelier *du foin de fort médiocre qualité* DONT ILS MANGEAIENT A PEINE. L'herbe, venue dans une terre humide et ombragée, forme donc, *presque seule*, la ration alimentaire des animaux.

« 3° En présence de tous ces faits, nous nous sommes demandé s'il fallait chercher le remède dans un traitement médical ou dans la combinaison de nouvelles conditions d'hygiène. La nature et la gravité du mal, l'insuccès du traitement, quelle qu'ait été d'ailleurs l'habileté avec laquelle il a été dirigé, ne nous laissent aucun espoir de guérison par des moyens médicaux.

« Nous avons plus de confiance dans les moyens hygiéniques pour préserver de la maladie les animaux qui ont pu échapper jusqu'ici à ses atteintes.

« Nous proposons, en conséquence, de transporter les Lamas de la Faisanderie à Chevreloup, partie du domaine où ils trouveront un pré sec et des étables qui permettraient d'isoler les nourrices et leurs petits, les mâles, les animaux sains et les suspects. L'herbe de ce pré remplacerait avantageusement celle de la Faisanderie, qu'il faut absolument interdire aux animaux, et à laquelle il serait difficile de substituer du foin, fût-il de bonne qualité, maintenant que les Lamas ont goûté à l'herbe fraîche [1]...

« On ne devrait faire sortir les Lamas qu'après la disparition de la rosée; on devrait les faire rentrer au moment de la plus forte chaleur. Tôt ou tard le moment arrivera où *l'on transportera dans un pays de montagnes des animaux destinés à vivre sur les hauteurs;* mais, dans l'état actuel des choses, un pareil changement ne saurait s'effectuer sans danger immédiat.

« Telles sont, Monsieur le Commissaire général, les conclusions que nous soumettons à votre haute appréciation. Si vous les adoptez, nous nous ferons un devoir de suivre les animaux dans leur nouvelle situation pour apprécier les résultats des moyens que nous vous proposons [2].

« Nous avons l'honneur d'être, etc.

« DOYÈRE, YVART, Émile BAUDEMENT et MARÉCHAL.

« Pour copie conforme :

« SOUHART. »

Tel est le rapport de la Commission, composée, comme

[1] Viennent ici, sur l'alimentation des animaux, quelques prescriptions qu'il serait superflu de reproduire.

[2] Les sages mesures indiquées par la Commission furent aussitôt ordonnées par le savant éminent qui avait alors la haute direction de l'Institut de Versailles; mais il était trop tard. On a déjà vu (p. 332) que, des douze

on vient de le voir, d'hommes aussi compétents qu'honorables, et j'ajouterai, aussi bienveillants que possible envers ceux dont ils avaient indirectement à juger les actes. Prise en partie au sein même de l'Institut de Versailles, la Commission, par un sentiment auquel chacun rendra justice, s'exprime partout avec la plus grande réserve. Au fond, pourtant, elle est très-explicite. A la vérité, elle laisse de côté quelques faits dont elle eût pu tenir compte : par exemple, la tonte trop tardive des Lamas. Elle ne dit rien non plus de la mort subite de deux jeunes, expliquée, à l'époque où elle eut lieu, par un acte coupable, et qui provoqua, de la part de l'autorité supérieure, une mesure sévère. Mais ce que la Commission énonce et constate, suffit pour démontrer (et que fallait-il de plus?) que les Lamas avaient été *mal placés*, *mal soignés* et surtout *mal nourris;* dernier point sur lequel elle insiste même à deux reprises, vraisemblablement parce qu'elle voit là, comme je l'ai vu aussi, la cause principale de la rapide destruction du troupeau. Sur ce point capital, la Commission va presque jusqu'à se mettre d'accord avec le public lui-même, si porté d'ordinaire à exagérer les faits qui le préoccupent, et à outrer la justice jusqu'à la malignité. On avait nourri les Lamas, disait-on à Versailles, de *foin de rebut*, de *foin pourri*, *qu'ils laissaient à leur râteliers*. On leur donnait, dit la Commission, « des aliments insuffisants et par leur nature et par leur qualité;... *du foin de médiocre qualité, dont ils mangeaient à peine.* » Trouvera-t-on qu'il y ait bien loin de l'une à l'autre de ces expressions d'un même fait, et de la rumeur publique à la constatation officielle?

Lamas encore existants en mai ou juin 1851, il n'en restait plus que deux en septembre, et bientôt ceux-ci succombèrent à leur tour.

Le troupeau de Versailles, composé de vingt-neuf individus (vingt-sept venus de Hollande, et deux nés à la Ménagerie du Muséum) a été complétement détruit *en deux années*.

Voilà comment a été détruit le beau troupeau de l'Institut agronomique! Et c'est là ce qu'on a appelé l'*expérience négative* de Versailles!

Et maintenant comment ne pas mettre en regard de ce qui s'est passé à l'Institut agronomique, ce qui se passait en même temps à la Ménagerie du Muséum? Ici, dans des conditions qu'on ne saurait assurément tenir pour favorables; dans des enclos où l'espace et, par conséquent, l'exercice manquent aux animaux; où le sol, trop souvent foulé, ne produit pas d'herbe; dans des jardins tous les jours occupés par un public nombreux, se trouvaient d'autres Lamas, placés à vingt kilomètres des premiers, comme pour fournir une contre-expérience, d'autant plus concluante, que le troupeau de Versailles et le petit troupeau de Paris avaient les deux mêmes origines : chacun d'eux se composait à la fois d'individus nés à la Ménagerie, et d'autres venus de Hollande [1]. Ces deux troupeaux pouvaient être dits, à la lettre, frères, étant issus en partie des mêmes parents. On a vu ce qu'est devenu celui de Versailles : qu'est devenu celui de Paris? Il subsiste, et toujours dans le meilleur état de santé. Les morts, les maladies mêmes, y sont extrêmement rares [2]; il va sans cesse en augmentant, à ce point qu'on nous a plusieurs fois fait le reproche (nous nous félicitons d'avoir pu le mériter) d'encombrer la Ménagerie de Lamas. Nous n'avons cependant négligé aucune occasion de placer nos produits, quand nous avons pu le faire dans des conditions favorables à la propagation de l'espèce. Un individu a été donné à la ville de Toulouse, sept autres ont été cédés, par voie d'échange, à d'autres établissements.

[1] Voyez plus haut, p. 330 et 331.

[2] « Une femelle, disais-je (dans l'édition précédente, p. 190), est morte « il y a quelques années, dans le travail de la parturition : elle reste encore « aujourd'hui (1854), *le seul individu* adulte que nous ayons perdu (depuis le

Parmi ceux que nous avons conservés, la plupart sont issus de parents nés eux-mêmes à la Ménagerie; et, depuis 1857, nous avons une troisième génération française, et elle n'est pas la moins belle.

Que le lecteur veuille bien rapprocher et peser tous les faits que je viens de résumer, et qu'il en tire la conclusion : à lui maintenant de juger si, de l'essai fait *à Versailles*, résulte la preuve que le Lama et l'Alpaca ne puissent vivre *sur un point bien choisi des Alpes et des Pyrénées.*

Dans une situation très-semblable à celle où je me trouve placé, l'auteur d'un remarquable ouvrage, plus haut cité [1],

« commencement de nos expériences). Depuis cette mort, qu'encore on peut « dire accidentelle, nous n'avons plus eu à regretter qu'un individu nouveau-« né, mort en 1853. En tout, *en neuf années*, deux pertes.

« Ces pertes sont d'ailleurs fort regrettables, ajoutais-je, car ce second in-« dividu était aussi femelle. Ajoutons que le fœtus du sujet mort en parturi-« tion était de même femelle. Comme on le voit, nous avons eu du mal-« heur. »

Ce qui avait eu lieu de 1845 à 1854 s'est malheureusement reproduit depuis. Nous n'avons perdu que deux des individus qui avaient été élevés à la Ménagerie : tous deux étaient femelles.

En outre, il nous est né beaucoup plus de mâles que de femelles; et l'accroissement de notre troupeau a été ainsi très-ralenti.

Mais les faits n'en sont pas moins décisifs, en faveur de la possibilité, on pourrait presque dire, de la facilité de l'acclimatation. D'un seul couple nous avons obtenu tout un troupeau, et nos individus de la troisième génération ne le cèdent à leurs ancêtres ni pour la vigueur, ni pour la taille, ni pour les qualités de leur toison.

La conservation du petit troupeau de Paris, le bon état des individus qui le composent, ont été et sont encore un sujet d'étonnement pour quelques personnes, qui, bien qu'ayant assisté de près à l'insuccès de Versailles, n'ont pas su ou voulu en pénétrer les causes, et qui prétendent encore, selon les expressions de François de Neufchateau (voyez la *Quatrième partie*, Chap. II), *faire porter au climat la coulpe* des fautes commises. L'une de ces personnes demandait un jour au respectable gardien qui a longtemps soigné les Lamas de la Ménagerie : « Que faites-vous donc pour que vos Lamas vivent si bien? — Rien, répondit le gardien; seulement, je les tiens propres, et *je leur donne à manger.* »

Cette réponse (naïve, ou malicieuse?) peut servir de résumé à tout ce qui précède.

[1] Le général Carbuccia, dans son ouvrage sur le Dromadaire, p. 22.

disait : « Les personnes chargées de ces essais en ont-elles « voulu résolûment la réussite ? A cette question, tous les « hommes consciencieux répondent négativement, et je « pourrais dire les raisons particulières pour lesquelles « on a échoué. »

Je n'irai pas jusque-là. Sans accuser les intentions de personne, c'est aux faits seuls que je m'attache ; quelles qu'aient pu en être les causes, il suffit, au point de vue de la science, qu'ils aient été en eux-mêmes authentiquement constatés, et qu'ils soient publiquement connus. Ils le sont, et désormais la question est résolue pour tout esprit droit et impartial. Il y a eu à Versailles un essai mal dirigé ; il n'y a pas eu d'*expérience* scientifique ; et la question de l'acclimatation du Lama et de l'Alpaca reste ce qu'elle était, lorsque j'écrivais, en 1847, trois ans avant les déplorables faits que je viens de rappeler :

« Quand une tentative sera faite *sur un point bien choisi* « *de nos Alpes ou de nos Pyrénées*, le succès en est aussi « assuré que peut l'être celui d'une entreprise nouvelle, « *à la condition, toutefois*, que l'essai soit institué sur une « échelle suffisamment grande, et *dirigé selon les vrais* « *principes de la science, trop souvent méconnus en de* « *telles expériences*[1]. »

§ 4.

La tentative infructueuse de Versailles a été heureusement vue sous son véritable jour. Elle n'a découragé personne, et il semble même que son insuccès ait redoublé, parmi les naturalistes et les amis du bien public, le désir de réaliser la grande pensée de Buffon et de Béliardy. Il s'en est fallu de peu que M. Roehn, dont les persévérants

[1] Dans les *Comptes rendus de l'Académie des sciences*, t. XXV, p. 870.

efforts devaient être plus tard récompensés par plusieurs succès, ne parvînt à organiser, à Marseille, en 1854, de concert avec M. Barthélemy-Lapommeraye, une association commerciale dont l'objet eût été l'importation en France, sur une très-grande échelle, du Lama, de l'Alpaca, et même aussi de la Vigogne[1].

Une autre association s'organisait en même temps à Paris parmi les membres de la Société d'acclimatation, et sous le patronage de cette association alors naissante. Il ne s'agissait pas ici d'une introduction sur une aussi grande échelle; mais, du projet, on était bientôt passé à l'exécution. M. Frédéric Jacquemart, qui avait pris l'initiative de cette entreprise de bien public, M. le baron de Pontalba, M. le comte d'Eprémesnil, MM. les marquis Amelot et de Vibraye, et plusieurs autres membres aussi éclairés que zélés de la Société d'acclimatation, avaient chargé M. Crosnier, ingénieur français résidant au Pérou, d'acquérir pour eux dans les Cordillères un troupeau de Lamas et d'Alpacas, et de l'expédier en France, conformément à des instructions rédigées avec le plus grand soin par M. Jacquemart. Tout semblait avoir été prévu pour assurer le succès de l'expédition. Mais, au moment même où M. Crosnier s'occupait du choix des animaux, il fut atteint d'une maladie endémique, et succomba. Ce malheur entraîna l'abandon du projet; et l'association, qui s'était formée pour le réaliser, dut se dissoudre.

Mais l'élan était donné, et il était impossible que d'autres entreprises n'eussent pas bientôt lieu sur divers points de l'Europe, et que quelques-unes ne fussent enfin couronnées de succès. Les principaux auteurs de ces entreprises plus ou moins heureuses sont deux de nos compatriotes,

[1] Selon un plan déjà conçu par M. Roehn en 1847. Voyez p. 328.

MM. Benjamin Poucel et Roehn, et un négociant anglais, M. Ledger.

De ces trois émules, dont les noms méritent d'être conservés dans l'histoire de la science, le premier a été le moins heureux. Établi, depuis quelques années, dans l'Amérique du Sud, qui lui doit l'introduction, sur une grande échelle, de la belle race mérine de Naz, M. Poucel acquit, vers l'époque de son retour en Europe, soixante Lamas, Vigognes et Guanacos[1], et il entreprit de les transporter par terre « au travers de quatre cents lieues qui le séparaient de l'Atlantique. » Ce difficile voyage a été « exécuté « en quatre-vingt-seize journées de labeur et nuits d'insom« nie[2]. » M. Poucel n'a pas obtenu le succès que méritaient sa persévérance et son courage : la plupart de ses animaux ont péri en route; c'est à peine s'il a pu faire parvenir en Europe quelques débris de cette pénible et dispendieuse expédition[3]. M. Poucel, dont le nom, ainsi que celui de son ami, M. Vavasseur, se rattache très-honorablement à l'introduction en Amérique de la belle race mérine de Naz, n'en a pas moins acquis un titre de plus à l'estime publique; une tentative faite pour doter l'Europe des bêtes à laine de l'Amérique couronne bien tant de travaux faits pour doter l'Amérique des bêtes à laine de l'Europe.

[1] M. Poucel, ayant pu apprécier l'importance des services que ces animaux rendraient à l'Europe, avait eu la généreuse pensée, non-seulement de les introduire en France, mais d'en « offrir une paire à chacun des gouvernements « possesseurs des principales montagnes de l'Europe. » Je trouve cette intention exprimée dans une lettre adressée par M. Poucel, en décembre 1857, à M. le Ministre de France à Parana.

[2] Expressions de M. Poucel lui-même, dans une *Note* très-intéressante *sur les Lamas, Alpacas et Vigognes, transportés en Australie par* M. Ledger. Elle est insérée dans le *Bulletin de la Société d'acclimatation*, t. VII, p. 255; 1860. — Voyez aussi un premier article du même auteur sur le même sujet, *Ibid.*, t. V, p. 177.

[3] La Ménagerie du Muséum d'histoire naturelle doit à M. Poucel une belle paire de Lamas à laine blanche. On en aura prochainement un produit.

C'est aussi par terre[1] que M. Ledger a fait sortir son troupeau, le plus considérable qu'on ait jamais exporté : il se composait d'environ 400 Lamas, Alpacas, Guanacos et Vigognes[2], destinés, non à l'Europe, mais à l'Australie, où une prime de 250 000 francs était promise au premier introducteur des ruminants des Cordillères. Le départ de M. Ledger eut lieu de Laguna Blanca en février 1858 : il devait se rendre au Chili par les Cordillères et s'embarquer à Caldera pour Sidney. 93 animaux succombèrent durant la traversée des montagnes[3] ; un grand nombre d'autres périrent en mer ; mais 256 arrivèrent en bon état, le 20 septembre, à Sidney : plusieurs femelles avaient mis bas à bord.

[1] Sans doute par suite de la prohibition dont il a été question plus haut (p. 324). — Avant cette prohibition, les Lamas amenés en Europe étaient presque toujours embarqués à Lima ou dans les autres ports du Pérou. Aujourd'hui, il faut faire secrètement sortir ces animaux par la frontière, qu'on ne peut atteindre que par de longs et préalables voyages.

[2] M. Ledger avait successivement possédé jusqu'à seize cents Lamas. Une partie avait péri, une partie avait dû être revendue. Quatre cents Lamas, reste de ses seize cents, ont définitivement constitué le troupeau de M. Ledger.

[3] « La neige fut abondante », dit M. Ledger (Lettre à M. Poucel, insérée à la suite de la note plus haut citée); « mais que dirai-je des vents? Ils furent si « violents, que parfois j'ai pensé que tout était perdu, gens et bêtes... J'ai subi « mille et mille obstacles et souffrances. »

Dans une autre *Lettre*, insérée dans le même recueil, t. VII, p. 457, et publiée depuis que ce qui précède est écrit et imprimé, on trouve sur l'expédition de M. Ledger d'autres détails que j'ai le regret de ne pouvoir plus mettre complétement à profit. Je me bornerai à reproduire les lignes suivantes, qui sont de nature à donner une idée des difficultés extrêmes qui s'opposent aujourd'hui à la sortie des Lamas et Alpacas. « Cette expédition, dit M. Ledger « (p. 458), m'a demandé *sept années*, dont deux employées à la préparer, et « cinq à l'exécuter. Ces animaux ont fait un voyage de 1500 milles par terre « en traversant deux grandes et trois petites chaînes des Andes. »

Le gouvernement colonial de Sidney a tenu compte de ces difficultés extrêmes, malgré lesquelles M. Ledger, après avoir possédé seize cents Lamas et Alpacas, et ayant définitivement formé un troupeau de quatre cents individus, est parvenu à en amener deux cent cinquante-six en Australie. Au lieu de 250 000 francs, montant de la prime promise, le gouvernement a fait verser à M. Ledger 375 000 francs. Une allocation annuelle de 37 500 francs a été, en outre, affectée à l'entretien du troupeau (*Lettre*, p. 458.)

« Depuis mon arrivée ici, écrivait deux mois après M. Ledger [1], les animaux ont repris admirablement, malgré les chaleurs de la saison, les privations et les souffrances pendant la traversée. L'Australie possède donc enfin son troupeau de ces précieux ruminants des Andes [2] ! »

J'ai déjà mentionné [3] les efforts persévérants de M. Roehn pour introduire en Europe, et même aussi pour répandre en d'autres pays les diverses bêtes à laine des Cordillères. Un premier voyage qui lui avait permis d'étudier ces animaux avait précédé ses publications : celles-ci ont été suivies de nouveaux voyages destinés à en réaliser la pensée. C'est à notre gouvernement que, comme Français, il avait offert d'abord ses services : mais c'est le gouvernement espagnol qui l'a mis, le premier, à même de passer du projet à l'exécution. C'est pour l'Espagne et sur une demande de l'administration de la Havane que M. Roehn se procura en 1857 un premier troupeau, auquel il en adjoignit bientôt un second : de 1855 à 1857, il les conduisit du Pérou à travers les Andes jusqu'à la côte, où ils furent embarqués, non sans avoir subi des pertes notables, l'un pour Cuba, l'autre pour les États-Unis [4]. Le troupeau destiné à Cuba et à l'Espagne se composait de 117 individus : c'est une partie de ce troupeau qui, acquise par le Roi d'Espagne, est devenue, par ordre de ce souverain, l'ob-

[1] Lettre déjà citée.

[2] Sur M. Ledger, et sur les souffrances de ce courageux et malheureux voyageur, voyez la lettre de M. Poucel, *loc. cit.*, et une *Note* de M. Ramel, *ibid.*, p. 202. D'après cette note, le troupeau a été placé et mis en acclimatation dans le district de Maneroo, à 260 milles de Sidney.

[3] Page 322.

[4] Voyez la notice de M. Roehn *Sur les Lamas et congénères*, dans le *Bulletin de la Société d'acclimatation*, t. VI, 1859, p. 134.

On trouve dans le même recueil d'autres renseignements sur le Lama et ses congénères, par M. Roehn, et, d'après lui, par M. Barthélemy Lapommeraye.

jet d'une tentative d'acclimatation, heureusement poursuivie depuis quelques années aux environs de Madrid[1]. Et c'est du second troupeau de M. Roehn, composé de 103 individus, que provenaient, par suite d'un partage fait à New-York, 39 Lamas et Alpacas, qui furent amenés à Glasgow en 1858, par M. Whitehead Gee[2]. Une partie de ce troupeau paraît être restée en Écosse : le reste, acheté pour l'Australie, y a été transporté. L'arrivée de neuf individus qui en provenaient précéda d'un mois à Sidney celle du beau troupeau de M. Ledger. Les autres avaient-ils été placés sur d'autres points de la colonie[3]? Ou auraient-ils péri en route? Même dans cette hypothèse, M. Roehn n'en serait pas moins un des introducteurs des bêtes à laine des Cordillères, aussi bien en Australie qu'en Europe.

Ce sont ces succès déjà obtenus par M. Roehn qui ont décidé la Société d'acclimatation à lui confier l'exécution du projet qu'elle avait formé dès son origine, et que la mort soudaine de M. Crosnier avait fait ajourner, mais non abandonner. Depuis cette époque, on l'avait souvent repris sous diverses formes, et pas une session n'avait eu lieu sans que des membres de la Société offrissent de concourir, sous des formes diversement utiles, à l'introduction du Lama et de l'Alpaca. La Société crut enfin pouvoir affecter,

[1] C'est pour cette belle tentative que la Société d'acclimatation a décerné au Roi d'Espagne, sur le rapport d'une Commission de membres espagnols, une grande médaille d'or que la Société avait précédemment fondée. Voyez le *Bulletin*, t. V, p. LXXXI.

[2] Voyez une note de M. VAUVERT DE MÉAN, *Sur l'arrivée en Écosse d'un troupeau de Lamas.* dans le *Bulletin de la Société d'acclimatation*, t. V, p. 467.

[3] Nous avons lieu de croire qu'il en a été ainsi. — « On parle souvent du « *troupeau d'Australie*, m'écrit M. RAMEL; mais il y en a au moins deux sur le « continent (Sidney et Melbourne), et je ne serais pas étonné que les habitants « de *South Australia*, dont Adélaïde est la capitale, en eussent déjà un troi- « sième »

en 1859, à cette entreprise, un capital digne de son importance ; et, sur le rapport de M. Jacquemart [1], elle accepta les services de M. Roehn, et le chargea spécialement de ramener d'Amérique un troupeau d'Alpacas et de Vigognes pour elle-même, en même temps que des Lamas, Alpacas et Vigognes pour les établissements ou les personnes qui désireraient participer, aux mêmes conditions, aux avantages de l'expédition organisée par la Société. S. M. l'Empereur, voulant encourager une entreprise utile au pays, et sans doute aussi se souvenant du désir autrefois exprimé par l'impératrice Joséphine, s'est empressé de demander qu'un petit troupeau, destiné à ses domaines, fût amené avec celui de la Société. La Société zoologique des Alpes et M. le baron de Rothschild ont voulu aussi prendre part à l'entreprise, et quelques couples ont été demandés pour eux.

Depuis lors, quinze mois se sont écoulés, et ils ont été bien employés par M. Roehn. Il a rencontré des difficultés sans nombre : il s'y attendait; et, à force de persévérance, il les a surmontées. Au moment où nous écrivons, 127 Lamas et Alpacas [2] sont enfin hors de la Bolivie : leur embarquement a eu lieu vers le commencement de juillet sur un navire spécialement frété pour leur transport; et, à moins d'un naufrage ou d'une épizootie, l'Europe recevra, sous peu de semaines, le plus grand troupeau de Lamas et d'Alpacas qui ait encore franchi l'Atlantique [3].

[1] *Bulletin*, t. VI, p. 113; avril 1859.

[2] Savoir, selon les lettres que nous avons reçues, 108 Alpacas et 19 Lamas. Le troupeau était au départ d'Arica de 130 individus; mais trois avaient péri entre cette ville et Panama.

[3] « A moins, écrivais-je il y a quelques semaines, d'un naufrage ou d'une épizootie. » Au moment où je corrige les épreuves de ce Chapitre, j'ai le regret d'avoir à ajouter que la seconde partie de cette triste prévision s'est réalisée. Il n'y a pas eu naufrage; il y a eu, il y a encore épizootie. A son arri-

SECTION IV

Sur la Chèvre d'Angora, et particulièrement sur son introduction en France, par la Société impériale d'Acclimatation.

§ 1.

L'introduction de la Chèvre d'Angora en France est la première grande entreprise dont se soit occupée la Société

vée à Bordeaux, le 6 septembre, le troupeau se trouvait réduit des deux tiers : de cent trente individus sortis de la Bolivie, de cent vingt-sept encore vivants à Panama, M. Roehn n'avait réussi à conduire jusqu'en France que neuf Lamas, trente-cinq Alpacas et une très-jeune Vigogne, en tout quarante-cinq individus; encore trois d'entre eux sont-ils morts presque aussitôt : un a succombé durant le trajet même de Bordeaux à Paris, et deux presque dès leur arrivée à Paris. Cette déplorable mortalité, que n'ont pu prévenir les soins assidus et l'expérience consommée de M. Roehn, a manifestement pour causes la longueur et les difficultés d'un voyage par terre et de deux traversées dont l'une a été faite dans des circonstances exceptionnellement défavorables, par suite des prohibitions de sortie, de l'interdiction de transit, de la guerre entre le Pérou et la Bolivie, et de la nécessité d'enlever les animaux en contrebande. De là, dit M. Roehn, « des marches forcées par des déserts de sable, sans eau, sans le « moindre brin d'herbe ; » puis, l'impossibilité « d'embarquer sur un bateau « à vapeur arrêté d'avance, » et la nécessité de recourir à « un navire acheté « à la hâte, et qui se trouvait dans les conditions les moins favorables au char- « gement qu'il allait recevoir; manquant du lest nécessaire, désemparé d'une « partie de ses manœuvres, » et sans « la quantité d'eau et de vivres indis- « pensables. » Voyez, dans le *Bulletin de la Société d'acclimatation*, t. VII. p. 497 et suiv., le compte rendu de ce pénible voyage, adressé à la Société, le 1er août, par M. Roehn, alors à la Jamaïque, et quand son troupeau n'a- vait encore subi qu'un petit nombre de pertes.

La mortalité qui a frappé le troupeau de M. Roehn, loin de cesser, est malheureusement devenue plus grande encore depuis l'arrivée. A une maladie psorique, reconnue chez six individus dès le débarquement à Bordeaux, et chez la plupart lors de l'arrivée à Paris, s'associent malheureusement, dans une partie du troupeau, la phthisie pulmonaire, l'existence d'hydatides au foie, et surtout, comme chez les animaux qui ont longtemps souffert, un état général de débilité et de cachexie. Aussi est-il trop vraisemblable que peu d'individus seront sauvés, et que l'acclimatation de l'Alpaca, dont cet insuccès ne décourage ni M. Roehn ni la Société d'acclimatation, devra être reprise sur de nouveaux frais et au moyen d'une autre expédition. Déjà même un des membres du Conseil d'administration de la Société a fait la proposition de recourir de nouveau, l'an prochain, au zèle et à l'habileté de M. Roehn, et

d'acclimatation, et la première aussi qu'elle ait menée à bien. Dès sa séance d'ouverture, le 10 février 1854, elle était saisie de là question par un de ses membres fondateurs les plus distingués et les plus dévoués, M. Sacc; dès le 24 mars, elle l'avait fait étudier par une Commission dont M. Ramon de la Sagra fut le savant rapporteur[1]; et, avant la fin de l'année, toutes les mesures étaient prises pour acquérir à Angora même, et pour faire venir à Marseille, sur un bâtiment de l'État, un troupeau d'environ soixante-dix individus. Ce troupeau était destiné pour moitié aux essais de la Société elle-même, et pour moitié à ceux de la Ménagerie du Muséum d'histoire naturelle, de la Société régionale d'acclimatation qui se formait en ce moment même dans les Alpes, du Comice agricole de Toulon, et aussi de quelques membres de la Société, désireux de faire, en leur nom propre, des tentatives d'acclimatation sur divers points de la France[2].

On trouve résumé dans le rapport de M. Ramon de la Sagra la plupart des motifs qui avaient déterminé la Société à consacrer à l'acclimatation de la Chèvre d'Angora, une somme considérable, relativement aux ressources qu'elle possédait alors. Pour établir la possibilité de cette acclimatation, M. de la Sagra avait rappelé plusieurs essais successivement faits sur divers points de l'Europe, notam-

il a joint à sa proposition l'offre d'une somme importante (5000 francs) pour hâter le moment où elle pourra être mise à exécution.

L'auteur de cette proposition et de cette offre est M. Davin; une telle initiative était digne de notre dévoué et généreux confrère.

[1] Il est inséré, ainsi qu'une première *Note* de M. Sacc *sur la Chèvre d'Angora*, dans le *Bulletin de la Société d'acclimatation*, t. I, p. 21 et suiv.

On trouve de nombreux renseignements sur la Chèvre d'Angora dans ce volume et dans les suivants.

[2] M. le docteur Le Prestre, M. le marquis de Selve et M. Sacc, qui, de plus, voulait faire don de quelques individus au gouvernement de l'Algérie, afin d'introduire, par lui-même, dans notre colonie africaine, la belle race qui allait être, sur son initiative, introduite en France.

ment en Suède, par Alstroemer, et surtout, avec un incontestable succès, en Toscane par le marquis Ginori, et en France même, vers la fin du dix-huitième siècle, par le président de la Société royale d'agriculture, La Tour d'Aigues. Sans la Révolution française, qui dissémina le beau troupeau créé par La Tour d'Aigues sur le versant des Alpes, dans la chaîne du Léberon[1], l'acclimatation de la Chèvre d'Angora aurait été vraisemblablement accomplie dès le dix-huitième siècle. Dans le nôtre, une semblable entreprise a été, en Espagne, couronnée d'un semblable succès, et, heureusement, elle n'a jamais été troublée par les événements : 300 Chèvres d'Angora, issues d'un troupeau de 100 têtes introduit en 1830 par le roi Ferdinand VII, existaient en 1855, partie dans les montagnes de l'Escurial, partie à Huelva.

Ces derniers faits n'avaient pas encore été communiqués à la Société[2], lorsqu'elle se décida à faire à son tour un essai sur une grande échelle; mais, après les résultats obtenus par Alstroemer, Ginori et La Tour d'Aigues, la Commission avait cru pouvoir conclure à la probabilité du succès, et la Société tout entière avait partagé son opinion.

Nous ne connaissions de même, en 1854, qu'une partie des avantages qui devront résulter de la multiplication sur notre sol de la Chèvre d'Angora. Sa sobriété avait été affirmée par plusieurs auteurs, mais non d'après des expériences bien suivies; l'excellente qualité de sa chair, qu'un juge

[1] Du troupeau du Léberon descendent toutes ces Chèvres dites d'Angora, mais qui ne sont que des métis de métis, qu'on voyait encore en France en divers lieux, avant l'arrivée des troupeaux de la Société.

Sur le troupeau de LA TOUR D'AIGUES, voyez sa Notice dans les *Mémoires de la Société d'Agriculture.*

[2] Ils le furent en mars 1855 par l'honorable délégué de la Société en Espagne, M. GRAELLS. Voyez son travail *Sur l'acclimatation des animaux en Espagne*, dans le *Bulletin de la Société d'acclimatation*, t. II, p. 111 et 112.

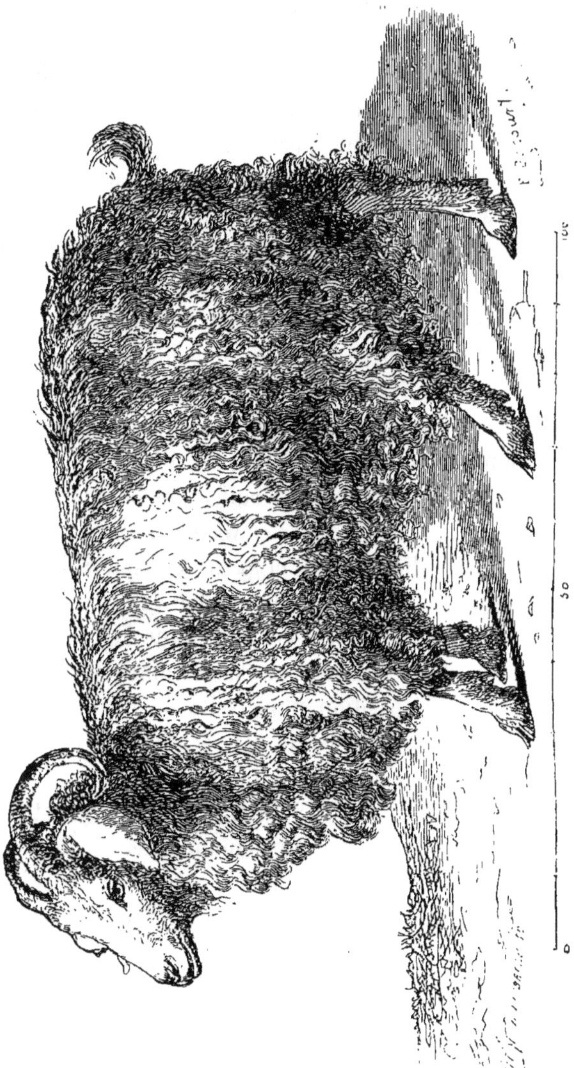

Chèvre d'Angora (*Capra hircus angorensis*, Erxl.)

très-compétent assimile à celle du Mouton [1], n'avait pas encore été bien établie. On ignorait la facilité avec laquelle elle se laisse garder et conduire en troupeau ; bien plus semblable encore en ceci au Mouton [2] que nos races caprines, si redoutées des agriculteurs pour leurs habitudes vagabondes et destructrices. Enfin, parmi les emplois de sa belle toison, plusieurs, et les principaux peut-être, étaient encore à trouver : la Société ne connut que plus tard ces beaux *velours de soie*, aussi beaux et plus résistants que s'ils étaient de vraie soie, dont on a pu admirer dans ses collections, depuis 1856, de nombreux échantillons [3], et dont elle possède maintenant des pièces entières, fabriquées à Amiens dans les manufactures de MM. Deneux et Lelièvre.

Mais les tissus d'Angora, depuis longtemps répandus dans le commerce, ou qui s'y étaient fait jour depuis l'Exposition universelle de Londres, suffisaient pour assigner à la Chèvre d'Angora une place élevée parmi nos bêtes *à laine*, nous allions dire *à soie*, et pour « inspirer le des« sein de l'introduire en France, » selon les expressions de M. de la Sagra, juge très-compétent de la valeur industrielle de la Chèvre d'Angora ; car, commissaire de son gouvernement à l'Exposition universelle de Londres, il y avait fait en 1851 une étude spéciale de tous les produits intéressant les industries textiles.

Le rapport de M. de la Sagra ne se terminait cependant pas par la proposition d'entreprendre immédiatement l'introduction de la Chèvre d'Angora. Même après l'expérience acquise par les résultats des tentatives antérieurement faites, la Commission dont il était l'organe pensa que, sans un sup-

[1] Voyez une Note de M. Chevet aîné, *Sur les qualités de la viande de la Chèvre d'Angora*, dans le *Bulletin de la Soc. d'acclimat.*, t. VII, 1860, p. 180.

[2] Albert Geoffroy-Saint-Hilaire, *Rapport* déjà cité, p. 53.

[3] Ainsi que d'autres, non moins beaux en leurs genres, de filés et d'étoffes, dus à nos habiles industriels, MM. Davin, M. Duval, Sacc et Schlumberger.

plément d'information, la Société pourrait être exposée à quelque mécompte. « Obtenons d'abord, disait la Commission, soit par l'intermédiaire des agents consulaires de France dans les contrées de l'Orient, soit par les voyageurs et les correspondants que la Société pourra se procurer, toutes les indications nécessaires sur les circonstances topographiques et climatologiques des pays où vivent les Chèvres à longs poils, les caractères distinctifs des races, leurs mœurs; et, aussitôt après, procurons-nous, par les mêmes moyens, des animaux des races les plus avantageuses et analogues aux conditions des localités européennes, pour essayer leur acclimatation et étudier les résultats des croisements suivant les règles acquises déjà à la science. »

En suivant cette marche, la Société eut le bonheur de rencontrer partout un concours si actif, que, dès le mois de novembre de la même année, elle était à même de passer du projet à l'exécution. C'est par l'entremise de M. le baron Rousseau, consul de France à Brousse, qu'elle avait obtenu[1] la plupart des renseignements complémentaires dont le besoin s'était fait sentir : c'est encore à notre zélé consul qu'elle s'adressa pour faire faire, à Angora même, le choix et l'acquisition du troupeau. En même temps, elle demandait à M. le maréchal Vaillant, ministre de la guerre, le transport gratuit des animaux et de leurs gardiens sur un des bâtiments frétés pour le service de l'armée[2]; et, sur l'ordre que voulait bien donner aussitôt le Ministre, toujours empressé de favoriser les sciences et leurs applications utiles, des instructions étaient envoyées en Orient pour

[1] A la demande de M. le général Daumas, alors directeur des affaires de l'Algérie au ministère de la guerre.

Sans la constante bienveillance du ministre, M. le maréchal Vaillant, et de M. le général Daumas, l'introduction de la Chèvre d'Angora eût été peut-être longtemps attendue, et se fût faite dans des conditions bien moins favorables.

[2] On était alors au moment de la guerre d'Orient.

mettre à la disposition de M. Rousseau le premier bâtiment qui reviendrait de Turquie en France.

§ 2.

Non-seulement toutes ces mesures, prises à la fin de 1854, portèrent leurs fruits vers le milieu de l'année suivante; mais, dès la fin de 1854, les premiers efforts de la Société avaient amené, par une voie imprévue, un résultat qui répondait déjà en grande partie à ses désirs. L'émir Abd-El-Kader, qui résidait alors à Brousse, ayant appris, par les instructions envoyées en cette ville à M. Rousseau, le prix que nous attachions à la possession de la Chèvre d'Angora, conçut la généreuse pensée d'en doter la France : 16 individus, parmi lesquels 11 femelles, furent acquis par les soins de l'illustre émir, et offerts en don à M. le maréchal Vaillant, qui voulut bien les destiner à la Société. L'arrivée de ce premier troupeau, réduit, par une mort, à 15 têtes, eut lieu en décembre 1854, à Marseille, où, six mois après, arrivait aussi le troupeau acheté par la Société[1].

Celui-ci se composait, au moment de son départ de Brousse, de 75 individus : au moment de son débarquement, le 1er juillet 1855, on en comptait 76 ; aucun individu n'était mort en route, et il en était né un. Sur ces 76 individus, 15 étaient mâles, 61 femelles. Parmi celles-ci, on comptait, conformément aux indications données à M. Rousseau, quelques Chèvres noires. Toutes les autres, et tous les mâles, étaient entièrement blancs.

Près de cent Boucs et Chèvres d'Angora se trouvèrent ainsi réunis sur notre sol, seize mois seulement après la création de la Société[2].

[1] Voyez le *Bulletin de la Société d'acclimatation*, t. II, p. 493.

[2] Vers la même époque, madame la princesse de Belgiojoso (qui a pu-

Ils furent aussitôt répartis entre les Alpes, le Jura, les Vosges, les montagnes de l'Algérie, et plus tard celles de l'Auvergne, et les essais d'acclimatation commencèrent.

Tous ne furent pas d'abord également heureux. Le troupeau n'eut pas seulement à lutter contre les dangers qui suivent tout passage brusque d'un climat à un autre : peu de temps après son arrivée, il se trouva aux prises avec une épizootie qui sévissait particulièrement sur l'espèce caprine. Dans le Cantal, un de nos petits troupeaux périt presque tout entier; sur huit individus, un seul survécut. Ailleurs, les pertes, sans être aussi considérables, ont encore été très-sensibles ; et dans une notice lue à la Société d'acclimatation [1], deux années environ après l'arrivée du troupeau, notre savant confrère M. de Quatrefages en donnait ainsi la situation, d'après l'inventaire de la Société : « Depuis la distribution (en juillet 1855), il nous est mort en tout 17 bêtes : mortalité effrayante si elle s'était montrée sous l'empire des conditions ordinaires ; » et si « ces pertes n'avaient été plus que compensées : déjà il nous est né 26 Chevreaux ou Chevrettes actuellement bien portants. En outre, un grand nombre de Chèvres sont près de mettre bas. »

« Ces enfants de notre sol, continuait M. de Quatrefages, auront-ils des descendants ? Nous pouvons hardiment affirmer que oui. Mais à la troisième, à la quatrième génération, ces Angoras indigènes auront-ils conservé cette laine soyeuse et brillante que nous voudrions voir se produire chez nous ? Là est la véritable question. A celle-là l'avenir seul peut répondre. Toutefois nous pouvons déjà

blié *Sur la Chèvre d'Angora* une note intéressante dans le *Bulletin de la Société d'acclimatation*, t. V, p. 89) avait aussi ramené en France, d'Angora, un couple dont elle a fait don à la ville de Toulouse.

[1] Dans la séance publique du 10 février 1857. Voyez le *Bulletin*, t. IV.

constater que les individus importés, ainsi que leurs enfants, ne présentent encore aucun symptôme de dégénérescence. Ayons donc bon espoir[1]. »

Plus de trois ans se sont écoulés depuis que M. de Quatrefages s'exprimait ainsi ; et sinon partout, du moins en plusieurs lieux, ses prévisions ont été pleinement justifiées. Sur quelques points des Vosges, quoique les Chèvres fussent bien soignées, ailleurs peut-être faute de soins suffisants, les essais n'ont pas été heureux, et la Société a dû reprendre ses animaux et les placer en d'autres localités ou en d'autres mains. Mais, en somme, les succès l'ont emporté de beaucoup sur les revers, et la Chèvre d'Angora peut être considérée comme définitivement acquise à la France.

Les deux régions où elle a le mieux réussi sont les Alpes du Dauphiné et le Cantal.

Dans les Alpes, sept individus du troupeau d'Abd-el-Kader, confiés à la Société régionale de Grenoble, et six acquis pour elle en Orient par M. Rousseau, ont reçu des soins bien dirigés, dont le mérite revient en grande partie au zélé secrétaire général de l'association, M. Bouteille. Aujourd'hui elle possède plusieurs petits troupeaux dans l'Isère, dans la Drôme, et un autre de 15 têtes en Provence. Il avait paru utile d'essayer concurremment la stabulation alternante ou continue, et la transhumance, qui, espère-t-on, ajoutera à la vigueur de la race sans diminuer la valeur de sa toison. Cette expérience, à laquelle la Société des Alpes attache

[1] « Et si l'ennemi se montre, ajoutait M. de Quatrefarges, si nous voyons l laine de nos Chèvres perdre quelque peu de ses qualités, combattons avec toutes les armes que la science moderne met à notre disposition. Ayons recours tantôt à la multiplication de la race pure, tantôt au croisement; varions le régime alimentaire et l'habitat; faisons passer nos bêtes de l'étable au grand air; utilisons jusqu'aux rigueurs de l'hiver et aux chaleurs de l'été, et certainement, plus heureux que Colbert, nous ne serons pas condamnés à attendre qu'un autre Daubenton vienne dans un siècle acclimater cette *Chèvre-mérinos*. »

une grande importance, a été commencée il y a deux ans : M. Bouteille n'a pu encore en faire connaître que les premiers résultats, qui ont été jugés satisfaisants[1].

Le troupeau du Cantal a été formé en 1858 de Boucs et de Chèvres venus de divers points de la France, et dont le nombre était de 51 : malheureusement plusieurs de ces animaux avaient souffert, et la proportion des Boucs était beaucoup trop considérable : il y en avait 20, dont une partie a été utilisée pour des croisements avec les Chèvres du pays. Aujourd'hui, quoiqu'on ait épuré le troupeau, et quoique la Chèvre d'Angora ne donne presque jamais qu'un petit à la fois, le dépôt de la Société ne réunit pas moins de 105 individus, parmi lesquels 30 mâles et 40 femelles de race parfaitement pure, et 33 Chèvres et 2 Boucs trois-quarts de sang et demi-sang.

Grâce aux bons soins qu'il a reçus sous l'habile direction de M. Richard du Cantal[2], le troupeau n'a pas moins gagné au point de vue de la santé et de la vigueur des individus dont il se compose qu'à celui du nombre ; et, de l'avis du juge le plus le plus compétent, M. Davin, les toisons n'ont nullement dégénéré. Les preuves de leur bonne qualité ont été récemment mises sous les yeux du public, dans la grande Exposition agricole du palais de l'Industrie : c'est avec les tontes du troupeau du Cantal qu'avaient été fabriquées ces étoffes légères et soyeuses et ces magnifiques *velours de soie*, non moins admirés, parmi les produits expo-

[1] Voyez les *Comptes rendus* de la *Société zoologique des Alpes*, 1859 et 1860.

[2] Continuée, en son absence, par mon fils, qui s'est plusieurs fois rendu sur les lieux, et a fait au Conseil, sur le troupeau, des rapports, dont un a été cité plus haut.

M. Frédéric Jacquemart, qui a eu une très-grande part dans les mesures prises pour l'acquisition du troupeau à Angora, en a pris aussi une très-grande à la direction des essais dont nous recueillons aujourd'hui le fruit.

sés par M. Davin, que ses tissus eux-mêmes de Mérinos-Mauchamp.

La Société d'acclimatation n'a pas seulement introduit la Chèvre d'Angora en France : elle a commencé à la répandre hors de nos frontières. En Wurtemberg, dans une des propriétés du roi, qui a désiré faire lui-même un essai d'acclimatation; en Sicile, où M. le baron Anca a offert ses services à la Société, sont de petits troupeaux dont chacun a pour origine trois individus envoyés par la Société, de 1856 à 1857[1]. En Algérie, où 15 individus ont été placés en août 1855, 13 d'entre eux[2], confiés à M. Fruitier, colon à Cheragas, se sont bientôt acclimatés et multipliés, quoique la localité choisie ne fût pas des plus favorables. D'après les rapports officiels adressés par MM. Hardy et Bernis à M. le maréchal Randon, gouverneur général, et communiqués par lui à la Société, le troupeau se composait de 21 individus au mois de mai 1856[3], et de 46 au mois de mai 1858[4], et le troupeau a continué à s'accroître dans des proportions qui ne nous sont d'ailleurs pas exactement connues.

Les mêmes rapports, qui font connaître le rapide accroissement du troupeau, constatent « qu'aucune dégéneres-

[1] Ceux qui furent offerts par la Société au roi de Wurtemberg avaient été élevés en Alsace, à Wesserling, par les soins de M. Sacc; ils étaient par conséquent, préparés à l'avance au climat de l'Allemagne. — Nous n'avons pas de renseignements précis sur les résultats obtenus en Wurtemberg; mais nous savons qu'ils ont été très-heureux.

Sur le petit troupeau sicilien de la Société, voyez une note de M. Anca, insérée dans le *Bulletin de la Société d'acclimatation*, t. VI, p. 401; 1869.

[2] Les deux autres seraient-ils morts en route? ou auraient-ils été placés ailleurs?

Des 15 individus envoyés en Algérie par la Société, 6 lui appartenaient, 9 étaient donnés par M. Sacc à la colonie.

[3] Second *Rapport* de M. Hardy sur la situation du troupeau, dans le *Bulletin de la Société d'acclimatation*, t. III, p. 211.

Un premier *Rapport* de M. Hardy est dans le même volume, p. 92.

[4] Troisième *Rapport*, celui-ci, par M. Bernis, *Ibid.*, t, V, p. 167, et *Comptes rendus de l'Académie des sciences*, t. XLVI, p. 1065.

cence n'a été encore observée [1] ». En Afrique, aussi bien qu'en Europe, le poil s'est maintenu jusqu'à présent « aussi blanc, aussi fin, aussi soyeux et aussi long qu'en Asie. »

En présence de ces faits, M. le Gouverneur général de l'Algérie croyait pouvoir dire, dès 1856 : « Je ne doute pas « qu'avant qu'il soit longtemps l'Algérie ne trouve là une « nouvelle source de riches produits et de plus grande pros- « périté [2]. »

Et M. le maréchal Vaillant, ministre de la guerre, n'hésitait pas à s'exprimer ainsi en 1858 : « Malgré le peu de « temps écoulé depuis son introduction, le troupeau d'An- « gora a déjà utilement marqué sa place dans la colonie, et « paraît appelé à y rendre d'importants services [3]. »

Nous en sommes là après cinq ans ; où en serons-nous après dix? Nous l'ignorons; mais du moins est-il vrai de dire que le plus difficile est fait; il n'y a plus ici qu'une question de temps ; et un peu plus tôt ou un peu plus tard, la Chèvre d'Angora prendra définitivement place dans notre agriculture et notre industrie textile, entre les mérinos que la France doit à Daubenton, l'Yak que vient de lui donner M. de Montigny, et l'Alpaca qui lui arrivera à son tour.

[1] Expressions de M. Bernis, *Troisième Rapport, Ibid.*
[2] *Bulletin de la Société d'acclimatation*, t. III, p. 209.
[3] *Ibid.*, t. V, p. 165.

CHAPITRE II

SUR QUELQUES MAMMIFÈRES SAUVAGES RÉCEMMENT INTRODUITS EN EUROPE, OU DONT L'INTRODUCTION SERAIT UTILE

SECTION I

Sur l'Hémione et les autres solipèdes sauvages; sur leurs croisements, et particulièrement sur l'hybride d'Hémione et d'Anesse.

§ 1.

« Les Hémiones, disait Sonnini[1] il y a un demi-siècle, « seraient *les meilleurs bidets* qu'on pût se procurer s'il était « possible de les apprivoiser. »

Sonnini, en parlant ainsi, exprimait moins une espérance et un vœu qu'un regret. Très-favorable d'ordinaire aux applications de la science et aux essais de domestication, Sonnini s'était laissé tromper ici par des contes de voyageur, et il croyait indomptables, non-seulement l'Hémione, mais, en général, les solipèdes sauvages. Leur « indocilité, dit Sonnini[2], égale la vitesse de leur course; » et cette assertion, répétée de livre en livre depuis soixante ans, a fini par acquérir, pour le vulgaire, force de chose jugée. Pour montrer avec quelle légèreté sont parfois émis et acceptés, contre la possibilité de l'acclimatation et de la domestica-

[1] Note ajoutée à l'*Histoire naturelle* de BUFFON, édition de SONNINI, t. XXIX, p. 374; 1800.
[2] *Ibid.*, p. 364.

tion, de prétendus *jugements* qui ne sont en réalité que d'absurdes *préjugés*, je citerai le fait qu'on a considéré comme la preuve principale de l'indocilité des Solipèdes : le voici tel que l'a rapporté Sonnini lui-même : « Sparrman, « raconte qu'un riche bourgeois des environs du Cap, ayant « élevé et apprivoisé quelques Zèbres, il les fit atteler à « sa chaise, *quoiqu'ils ne fussent accoutumés ni aux har-« nais ni au joug*. La fin de cette imprudence fut que les « Zèbres retournèrent à leur écurie, entraînant et la voiture « et leur maître avec une terrible furie. »

Des animaux attelés, sans avoir été dressés, et qui s'emportent; voilà à quoi se réduit cette preuve sans réplique d'une « indocilité égale à la vitesse, » c'est-à-dire extrême ! Avec de tels arguments il ne serait pas difficile de prouver que le Cheval est, lui aussi, un animal *indocile, indomptable*.

Sonnini eût dû cependant se tenir en garde contre une conclusion à l'avance démentie par les faits. Lui-même rappelle, d'après Levaillant, un fait tout contraire, l'exemple d'un Zèbre pris à la chasse et qu'il fut possible de monter sans l'avoir dressé[1]; et il n'ignorait pas qu'un Couagga attelé avec des Chevaux avait été vu au Cap par plusieurs voyageurs[2]. Et n'en était-ce pas assez pour qu'il fût presque autorisé à ajouter, à l'exemple du célèbre voyageur au Cap, Sparrman : « Il est cependant *indubitable* que les Couaggas et les Zèbres, *apprivoisés et rompus au travail*, seraient sous plusieurs rapports d'un grand service[3].

Entre Sonnini qui déclarait les Solipèdes *indociles et indomptables*, et Sparrman qui ne doutait pas de la possibi-

[1] Il est vrai que l'animal était accablé de fatigue, et fit néanmoins une vigoureuse résistance. Ce fait, en somme, n'est nullement significatif.

[2] Entre autres par Forster, que Sonnini cite d'après une communication manuscrite, et par Sparrman. (Voyez plus bas.)

[3] Sparrman, *Voyage au Cap de Bonne-Espérance*, t. I, p. 296.

lité de les *apprivoiser* et de les *rompre au travail*, les faits ont prononcé. Non-seulement des Zèbres, des Dauws et des Couaggas avaient déjà été dressés et attelés à diverses époques et en divers lieux, selon les voyageurs[1]; mais nous avons nous-mêmes fait dresser et atteler, à la Ménagerie du Muséum d'histoire naturelle, un Dauw, et plus tard, à Versailles, deux Hémiones : un d'eux, en 1849, a été conduit à grandes guides de cette ville aux portes de Paris : le trajet s'est fait en une heure vingt minutes.

La possibilité d'*apprivoiser*, de *dompter*, de *dresser* les Solipèdes sauvages est donc *indubitable* : peut-être Sparrman s'avançait-il un peu en employant ce mot dès 1787; mais, aujourd'hui, il est pleinement justifié.

La possibilité de les *acclimater* n'est pas plus contestable. En 1849, dans mon *Rapport général*, j'en pouvais déjà dire la preuve faite pour le Dauw, très-avancée pour l'Hémione; et bientôt, dans les notes ajoutées à l'édition de 1854, j'étais en mesure de la compléter pour cette seconde espèce. Aujourd'hui, la révoquer en doute serait aller contre l'évidence. Des trois individus ramenés au Muséum par M. Dussumier[2], et dont sont nés ou descendus tous les individus obtenus en Europe, un vit encore ; les deux autres ont été remplacés par un véritable troupeau d'individus français, la plupart à la première ou à la seconde généra-

[1] Voyez page 59.

Dès 1676, Dapper (*Afrique, Congo*) avait mentionné quatre *Azebros* qu'on attelait, en Portugal, au carrosse du Roi.

La femme du dernier gouverneur hollandais du Cap montait souvent un Zèbre. (Note communiquée par mon savant confrère M. Duperrey.) — Ce Zèbre a depuis appartenu à la Ménagerie du Muséum. On l'y montait aussi. (Voy. Cuvier, *Ménagerie du Muséum*, t. II, et Fréd. Cuvier, *Dictionn. des sciences naturelles*, t. VII, p. 475.

[2] Voyez Dussumier, *Note sur l'Hémione* dans le *Bulletin de la Société d'acclimatation*, t. II, p. 260. — Nous avons reçu, en 1835, une femelle; en 1838, une seconde femelle et un mâle, non adulte.

tion, quelques-uns à la troisième. Plusieurs de ces individus ont été élevés, même pendant deux hivers exceptionnellement rigoureux, dans des écuries non chauffées, et presque sans plus de précautions qu'on n'en eût pris pour des Poulains ordinaires. Notre race française, loin d'avoir dégénéré, a gagné en taille et en vigueur : l'étalon venu de l'Inde était loin de valoir ses fils et petits-fils. Enfin, et c'est là peut-être la preuve la plus décisive de l'acclimatation, la fécondité des femelles est devenue beaucoup plus grande : les saillies sont presque toutes fécondes; et tandis que dans les premières années, une partie des Poulains ne pouvait être élevée, malgré tous les soins dont nous les entourions, les pertes sont maintenant extrêmement rares, soit lors de la naissance, soit pendant l'élevage. En ce moment même, on peut voir dans les parcs de la Ménagerie trois femelles allaitant des jeunes, tous vigoureux : une de ces femelles est à son cinquième produit.

La série d'expériences que j'ai entreprise il y a vingt ans, et dont je communiquais les premiers résultats à l'Académie en 1847 [1], est donc arrivée à son terme.

La possibilité d'utiliser l'Hémione est prouvée; son acclimatation est complète, et il ne reste plus qu'à le multiplier et à le répandre, afin qu'il prenne utilement le rang qui lui appartient parmi nos animaux légers de trait et nos bêtes de selle et de course.

Mais ici commence une nouvelle série de travaux et d'efforts, auxquels la science n'a pu qu'ouvrir la voie! L'Hémione, à la Ménagerie du Muséum, chez M. de Pontalba, chez M. le docteur Le Prestre, et au Jardin zoologique du Bois de Boulogne, n'a été ou n'est guère encore qu'un objet de curiosité et d'expérience scientifique. Pour aller au delà, une

[1] *Comptes rendus des séances*, t. XXV, p. 529.

nouvelle importation est nécessaire. Le développement des solipèdes est lent, leur fécondité tardive, leur gestation longue. Notre troupeau, qu'améliorerait d'ailleurs l'introduction d'un sang nouveau, ne saurait de longtemps fournir à lui seul assez d'individus pour faire de l'Hémione une espèce véritablement utile [1].

C'est ce qu'on commence heureusement à comprendre. Soit dans le sein de la Société d'acclimatation, soit au dehors, on a formé à plusieurs reprises le projet de faire venir du Cutch de nouveaux individus. Puisse ce projet être mis à exécution! Et puissent nos expériences scientifiques être bientôt suivies d'une grande application pratique [2]!

§ 2.

Le Cheval et l'Ane ne sont pas seulement utiles par eux-mêmes; ils le sont aussi par leurs croisements, qui nous donnent le Mulet et le Bardot. L'Hémione, le Dauw et les autres espèces zébrées paraissent de même destinés à mettre à notre disposition des produits hybrides, susceptibles d'emplois très-variés.

Parmi ces hybrides, je citerai ceux du Couagga avec le Cheval, du Zèbre avec le Cheval et avec l'Ane (croisement fait à plusieurs reprises en France et en Angleterre), du

[1] Outre nos individus, il en existe deux au Jardin zoologique de Londres. Malheureusement la femelle paraît stérile. Avant qu'on eût reçu un mâle à Londres, cette femelle qui était venue directement de l'Indoustan, a été déposée deux ans dans notre Ménagerie pour être fécondée par un de nos étalons. Les saillies sont toujours restées sans résultat.

[2] On ne doit pas moins désirer l'exécution de projets analogues, formés en France et en Angleterre à l'égard des espèces zébrées, et particulièrement du Dauw, espèce au moins aussi précieuse que l'Hémione. Ni cette dernière espèce, la seule dont les circonstances m'ont permis de m'occuper d'une manière suivie, ni le Cheval sauvage lui-même ne valent le Dauw, sinon comme vélocité, du moins comme vigueur native.

Peut-être en est-il de même du Zèbre et du Couagga, mais ces espèces me sont moins bien connues que le Dauw.

Zèbre avec l'Hémione, du Dauw avec l'Ane et avec l'Hémione, de l'Hémione avec l'espèce que j'ai récemment décrite

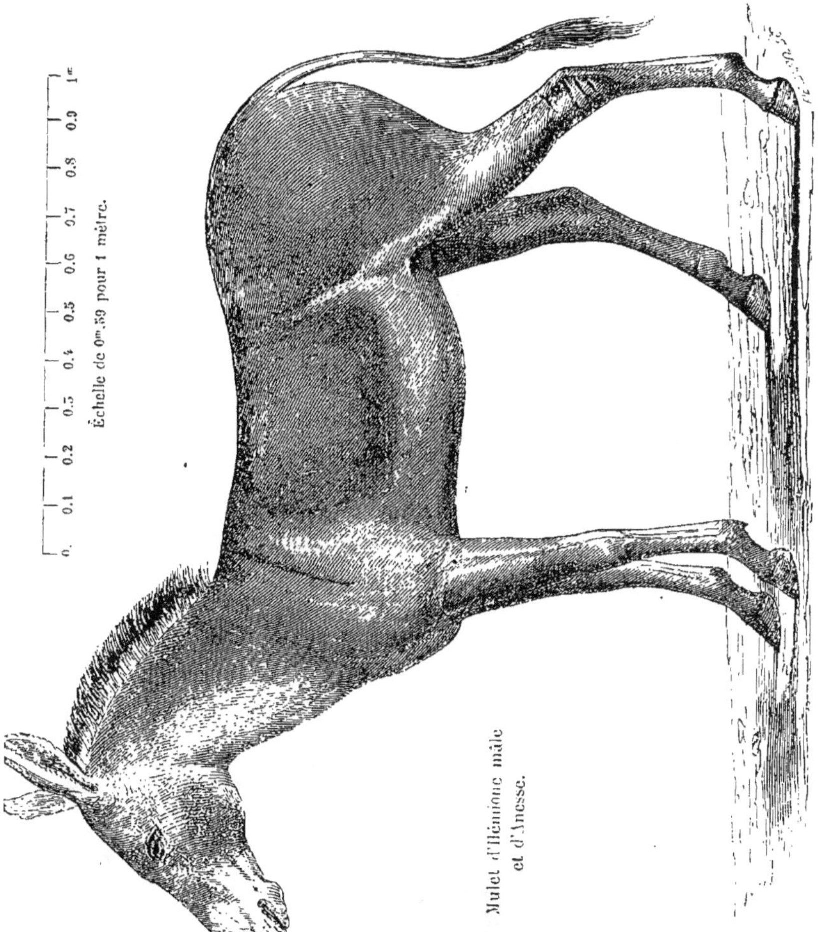

Mulet d'Hémione mâle et d'Anesse.

sous le nom d'Hémippe[1], et du Cheval avec l'hybride d'Ane et de Zèbre.

[1] *Comptes rendus de l'Académie des sciences*, t. XLI, p. 1214; 1855.

La plupart de ces hybrides n'intéressent guère, jusqu'à présent, que la zoologie et la physiologie, et il suffit ici de les mentionner[1].

Il n'en est pas de même du produit du croisement de l'Hémione et de l'Anesse[2]. La beauté, la vigueur d'un individu que j'ai obtenu en 1844, et qui, non-seulement vit encore[3], mais conserve, à seize ans, presque toute sa beauté, m'ont déterminé à renouveler plusieurs fois la même expérience, soit à la Ménagerie même, soit en dehors d'elle[4]. De ces saillies successivement faites depuis vingt ans, est résultée la naissance d'un assez grand nombre d'hybrides qui ont également mérité l'attention des naturalistes et celle des agriculteurs. Quelques-uns se sont trouvés plus voisins de l'Ane que de l'Hémione, ou exactement intermédiaires entre l'un et l'autre; mais, chez la plupart, c'est le type de l'Hémione qui a prédominé; les oreilles étant, il est vrai, plus longues que chez l'Hémione (moins que chez l'Ane); mais la croupe arrondie, la robe isabelline et d'autres caractères encore rappelant l'espèce paternelle; à ce point que des hybrides nés à la Ménagerie ont été plusieurs fois pris pour des Hémiones purs, et même présentés comme tels au public dans quelques jardins zoologiques. On a pu d'autant plus s'y tromper, que ces hybrides, sans être féconds comme

[1] J'ai donné ailleurs (*Histoire naturelle générale*, t. III, p. 175 et 176) la liste détaillée des hybrides alors connus des Solipèdes. A cette liste doit être ajouté un hybride d'Hémione (mâle) et d'Hémippe (femelle), tout récemment obtenu à la Ménagerie du Muséum. Malheureusement cet hybride est mort-né.

[2] Je n'ai pu pratiquer le croisement contraire, les Hémiones femelles devant être réservés pour la propagation de l'espèce pure.

[3] C'est celui dont la figure est page 365.

Voyez, sur cet hybride, le rapport de M. Richard (du Cantal), *Sur l'Hémione*, dans le *Bulletin de la Société d'acclimatation*, t. I, p 379.

[4] En dehors de la Ménagerie, un assez grand nombre de saillies ont été faites chez M. le baron de Pontalba, qui avait bien voulu recevoir en dépôt, durant trois années, un des étalons du Muséum.

des individus d'espèce pure, ne sont pas inféconds comme les Mulets ordinaires. Le premier mâle né à la Ménagerie du Muséum a sailli utilement plusieurs Anesses.

Comme ils ont en grande partie la conformation de l'Hémione, ces hybrides en ont aussi en grande partie les qualités. Ils sont vigoureux, très-rapides à la course, et nous avons cru être utiles en commençant à les répandre, en attendant les Hémiones purs, comme bêtes de trait et de selle. On en a dressé déjà un assez grand nombre[1]. Quatre, habitués à être attelés soit ensemble, soit séparément, se trouvaient à la dernière Exposition agricole, où ils ont fixé l'attention du public presque autant que les plus belles races chevalines[2].

On en voit aussi aux Jardins zoologiques de Marseille et de Lyon et au Jardin d'acclimatation du Bois de Boulogne, et dans tous ces établissements, on en tire un excellent parti[3].

Voilà donc des Mulets d'un genre nouveau : mulets de luxe, pouvons-nous les appeler aujourd'hui; mais sans doute destinés à se répandre de plus en plus, et à justifier ce que je croyais pouvoir dire dès 1847 :

L'Hémione nous sera un jour doublement utile, et par les races perfectionnées qu'on en obtiendra par la culture,

[1] Les premiers dressages ont été faits par MM. J. Michon, Lepelletier de Glatigny et Audy. Voyez, pour les deux premiers, le *Bulletin de la Société d'acclimatation*, t. V, p xci; et pour M. Audy, t. VII, p. 229.

[2] Ils avaient été exposés par M. Gérard. Ils sont aujourd'hui au Jardin zoologique de Lyon.

[3] Les deux individus qu'on voit au Jardin zoologique du Bois de Boulogne ont été donnés à l'établissement par MM. Audy et Debains.

La Ménagerie du Muséum a conservé un mâle (le premier-né) plus voisin de l'Hémione (celui dont nous donnons la figure), et une femelle plus rapprochée de l'Ane. Elle possède aussi un produit de son premier hybride mâle et d'une Anesse Elle doit sa femelle hybride à M. Petit de Leudeville, et ce dernier, hybride d'hybride. à M. Damoiseau.

et par les produits de ses croisements avec les autres solipèdes [1].

SECTION II

Sur quelques autres Pachydermes, et particulièrement sur les Tapirs d'Amérique [2].

§ 1.

J'ai mentionné dans la *Première partie*, en outre de l'Hémione et du Dauw, trois genres de Pachydermes, les Damans, les Rhinocéros et les Tapirs.

Je n'ajouterai rien à ce que j'ai dit des avantages que pourrait offrir l'acclimatation du Daman, soit à l'état sauvage, soit en domesticité.

Le Rhinocéros est employé, dit-on, dans l'Inde, aux travaux de l'agriculture. Rien n'est venu confirmer ce fait, rapporté avec doute par Jacquemont. J'ai déjà prémuni le lecteur contre les espérances qu'on aurait pu fonder sur ce prétendu fait [2]. Quant à la prétendue domestication du Rhinocéros en Afrique, et particulièrement en Abyssinie, comme animal auxiliaire, comme bête de somme, elle n'est pas seulement douteuse, mais paraît entièrement controuvée, ainsi que le remarquait Latreille dès 1800, dans ses *Additions à Buffon* [3]. Toutefois, il paraît que sur la côte

[1] Comme on l'a vu plus haut (p. 365 et 366, note 1), on a croisé l'Hémione, indépendamment de l'Ane, avec l'Hémippe (à la Ménagerie du Muséum) et avec le Zèbre et le Dauw (en Angleterre, dans le jardin zoologique de lord Derby). Un autre croisement, d'un bien plus grand intérêt, et qui sera sans doute un jour le plus important de tous, celui de l'Hémione et du Cheval, a été en vain essayé jusqu'à ce jour. Nos Hémiones mâles ont refusé les juments qui leur étaient présentées : M. de Pontalba n'a pas mieux réussi que nous.

Nous nous proposons d'affecter spécialement à la production du Mulet d'Hémione et de Jument un mâle élevé à part, et n'ayant jamais connu ni Hémione femelle ni Anesse.

[2] Voyez p. 49.

[3] Édition de Sonnini, t. XXVIII, p. 336.

occidentale du golfe Arabique, on élève parfois des Rhinocéros qu'on nourrit avec du lait et des pastèques, et qui suivent les troupeaux de vaches[1].

§ 2.

La question de l'acclimatation du Tapir en est toujours, pratiquement, au même point[2]. Malgré quelques envois successivement faits, aucune reproduction n'a été obtenue en Europe[3]; et il ne paraît pas même qu'on ait été plus heureux en Amériqne.

Mais j'ai reçu de MM. Vauvert de Méan, Hélène Fontanier, Linden et Victor Bataille, sur les Tapirs américains, quelques renseignements d'un grand intérêt au point de vue de l'acclimatation ; et je suis heureux de pouvoir les ajouter à ceux qui précèdent.

Ceux que je dois à M. Vauvert de Méan, chancelier du consulat de Sainte-Marthe, à la Nouvelle-Grenade, sont particulièrement relatifs à la température des localités où vit l'une des espèces américaines, le Pinchaque, décrit par M. Roulin. Je reproduis textuellement une partie de la note de M. Vauvert :

[1] Outre ces Pachydermes, le Pécari a été, soit en Amérique, soit en Europe, l'objet de diverses tentatives d'acclimatation, dont plusieurs ont réussi. C'est encore un animal qui pourra devenir européen. Si je n'ai pas insisté sur lui, c'est que j'ignore, jusqu'à présent, quels avantages il pourra nous offrir.

Il existe en ce moment à Berlin un assez grand nombre de Pécaris, nés pour la plupart dans le *Thiergarten*. J'ai dû la première connaissance de ce fait à une lettre de mon savant confrère et ami M. Sacc.

Le Muséum d'Histoire naturelle a souvent possédé et possède encore en ce moment des Pécaris à lèvres blanches et des Pécaris à collier. Cette seconde espèce s'est plusieurs fois reproduite à la Ménagerie.

[2] Voyez p. 66.

[3] Ces envois ne nous ont presque jamais procuré que des individus isolés Une seule fois, la Ménagerie du Muséum a réuni les deux sexes.

« Les endroits où j'ai plus particulièrement vu les Tapirs, dans les montagnes de Sainte-Marthe, sont par 2 à 3000 pieds d'élévation au-dessus du niveau de la mer. (Température de 60 à 75 degrés Fahrenheit.)

« J'ajouterai que le Tapir de Sainte-Marthe se baigne souvent dans les torrents de la montagne, lesquels viennent de la région des neiges; l'eau en est excessivement froide.

« Les Indiens prétendent les avoir vus à une bien plus grande hauteur, et ce qui me fait croire que cela pourrait être, ce sont les renseignements suivants que m'a donnés M. le docteur Noireau, qui habite le Guatémala.

« Suivant lui, on rencontre une grande quantité de Tapirs dans la Cordillère de San-Salvador (Guatémala); ils sont d'une couleur gris sombre; quelques-uns pèsent 200 à 250 livres.

« Ils sont assez communs dans l'Hacienda appelé Naranjo, où la température n'est pas de plus de 14 degrés centigrades. »

C'est aussi dans la Nouvelle-Grenade qu'a résidé M. Fontanier. Les observations qu'il a faites confirment celles de M. Vauvert de Méan, et il a bien voulu me donner de plus quelques renseignements qui ne laissent aucun doute sur l'excellente qualité de la chair du Tapir. On élève souvent dans le pays de jeunes sujets ; ils deviennent en peu de temps d'une extrême familiarité. Ces animaux sont presque toujours abattus aussitôt qu'ils ont pris tout leur accroissement, et avant qu'ils aient pu se reproduire. C'est ce qui explique comment, même en Amérique, les exemples de reproduction sont très-rares en captivité.

C'est à la fois sur les deux espèces américaines du genre Tapir qu'ont été faites les observations de M. Linden, alors voyageur du Muséum d'histoire naturelle de Paris, et présentement directeur des cultures botaniques au Jardin zoologique d'acclimatation. La note qu'a bien voulu me remettre ce savant voyageur est surtout très-digne d'attention en ce qui concerne le Tapir ordinaire d'Amérique. Elle prouve qu'il pourra, comme son congénère de la Nouvelle-Grenade, se plier facilement aux conditions de notre climat. Elle fait aussi connaître un fait nouveau et fort remarquable, au point de vue de la domestication du Tapir : son emploi comme bête de somme; et par là se trouve justifiée une prévision que j'avais cru pouvoir émettre dès 1838[1]. L'intérêt qu'offre à double titre la note, très-courte, de M. Linden, me détermine à l'insérer ici textuellement, quoiqu'elle ait paru dans le *Bulletin* de la Société d'acclimatation, à laquelle je m'étais empressé de la communiquer[2] :

« Le Tapir brésilien se rencontre assez fréquemment à l'état de domesticité, particulièrement dans quelques districts de Minas-Novas et de Goyaz, où il est employé comme bête de somme. Il porte des charges d'un poids supérieur à celles des Mules, poids qui est généralement calculé à dix arrobes portugaises. Il témoigne assez d'intelligence, et surtout beaucoup d'attachement aux personnes qui le soignent. J'en ai possédé un jeune qui me suivait dans mes courses avec la fidélité du Chien.

« Au Brésil, le Tapir habite de préférence les forêts de la terre chaude et les parties semi-tempérées, tandis que l'espèce colombienne ne descend que rarement dans les plaines. Cette dernière est surtout abondante dans les régions élevées de la Cordillère, et j'en ai trouvé des traces nombreuses jusque dans les Paramos, qui avoisinent les neiges éternelles, à une altitude supramarine de treize mille cinq cents pieds, où le thermomètre centigrade descend fréquemment à quatre et cinq degrés au-dessous de zéro. J'ai rencontré pour la première fois cette dernière espèce sur le sommet de la Silla de Caracas, et plus tard je l'ai retrouvée en abondance dans les forêts subalpines qui recouvrent les flancs du volcan de Tolima, dans le Quindiu. »

On trouve aussi dans le recueil de la Société d'acclima-

[1] Article *Domestication* de l'*Encyclopédie nouvelle*, t. IV, p. 379; reproduit, en 1841, dans mes *Essais de zoologie générale*, p. 310.

[2] Voyez le t. I, p. 31; 1854.

tation[1] une autre note intéressante, due à M. Victor Bataille, négociant et naturaliste à Cayenne. Nous en reproduisons aussi le passage principal.

« Des voyageurs disent qu'on se procure le Tapir par les Indiens, mais qu'on ne peut tirer que peu de parti de cet animal, parce que sa viande n'est pas de bonne qualité. Cette assertion serait de nature à détourner les voyageurs ou les personnes qui résident en Amérique, d'envoyer en Europe cet animal dont cependant l'introduction a été, à plusieurs reprises, indiquée comme utile. Je puis, par ma propre expérience, rassurer contre ces craintes. J'ai souvent mangé de la chair de cet animal. Sans être délicate et de première finesse, elle est bonne et n'a rien de désagréable au goût. Aussi a-t-elle pris, depuis 1848, une place assez importante dans l'alimentation de la colonie, particulièrement de la classe ouvrière. Il n'y a pas de semaine où l'on n'apporte (à Cayenne) deux ou trois Tapirs qui sont dépecés et vendus au détail comme la viande de boucherie. Le prix est de 1 fr. 40 cent. le kilog. Cette consommation offre un véritable avantage pour la colonie.

« Ces détails, que je compléterai ultérieurement, m'ont paru avoir quelque opportunité au moment où, par mes soins, un Tapir va arriver en France[2]. »

Par ces divers documents, il est prouvé que l'acclimatation du Tapir américain est tout à la fois beaucoup moins difficile et pourra être plus avantageuse encore que je ne l'avais supposé en 1849. Tout nous autorise à considérer ce Pachyderme comme destiné à prendre place parmi nos plus utiles animaux domestiques.

[1] T. IV, p. 1; 1857.

[2] M. Bataille a bien voulu envoyer et donner successivement à la Société plusieurs autres Tapirs. C'est à ses dons généreux que sont dus les deux beaux individus qu'on voit en ce moment au Jardin zoologique d'acclimatation.

Nous n'avons jamais vu vivantes les autres espèces de Tapirs.

SECTION III

Sur quelques Antilopes et particulièrement sur le Nilgau et le Canna.

§ 1.

L'ordre des ruminants, qui nous a enrichis de tant d'animaux domestiques, n'a pas épuisé ses dons. En attendant le plus précieux de tous, la Vigogne, qu'il serait si urgent d'enlever enfin à la vie sauvage, d'autres conquêtes ont été entreprises, et l'on peut même dire, de quelques-unes, qu'elles sont faites. Dans le groupe, déjà le plus riche en animaux domestiques, celui des ruminants à cornes creuses, une espèce du genre des Moutons, et assurément la plus belle de toutes, le Mouflon à manchettes, vit, se reproduit et s'élève sans la moindre difficulté dans plusieurs ménageries et jardins zoologiques, et particulièrement chez le prince Anatole de Demidoff[1]. Et parmi les ruminants à cornes pleines, non-seulement les Gazelles, mais aussi plusieurs grandes Antilopes commencent à se multiplier à leur tour sur plusieurs points de l'Europe. Tel est le Bubale, qui s'est reproduit, pour la première fois, en Europe, au Muséum d'histoire naturelle, presque au même moment chez M. le prince A. de Demidoff, et bientôt après dans les Jardins zoologiques de Marseille et de Gand. Tels sont aussi le Guib dont on a de même obtenu des produits en Angleterre et au Jardin zoologique de Marseille, et surtout deux espèces plus belles et plus grandes encore, le Nilgau et la gigantesque Antilope Canna, si connue sous le nom d'*Elan du Cap*.

[1] C'est à San-Donato qu'a été d'abord obtenue cette belle acclimatation, très-heureusement continuée au Muséum d'histoire naturelle. On en voit aussi, au Jardin zoologique d'acclimatation, une belle famille, pittoresquement placée sur des rochers que les Mouflons gravissent et du haut desquels ils sautent avec une étonnante agilité.

Ces deux derniers ont été déjà obtenus en assez grand nombre, pour qu'on puisse les croire définitivement acquis à l'Europe, et c'est pourquoi, au lieu de me borner comme pour les autres espèces, à de simples mentions[1], je crois devoir les faire figurer[2] et entrer sur eux dans quelques détails.

§ 2.

Le Nilgau, nommé *Antilope picta* par Pallas, en raison des *bracelets* blancs qu'il porte au-dessus des quatre sabots, pouvait sembler, en raison de son origine et de son poil ras et court[3], une des espèces les plus difficiles à acclimater dans l'Europe septentrionale et centrale : on ne saurait l'y faire vivre longtemps, encore moins l'y propager, disaient les auteurs; et Buffon lui-même était bien près de partager cette opinion[4]. Il s'est trouvé, au contraire, que cet habitant du Mogol s'est plié facilement aux conditions de nos climats : peu d'espèces se sont montrées aussi disposées à devenir européennes.

Lord Derby, ayant enrichi, il y a vingt ans environ, sa belle collection d'Antilopes, d'une famille de Nilgaus, on vit bientôt naître dans le parc de Knowsley des jeunes, qui furent élevés sans difficulté; et depuis, soit par leurs descendants, soit par de nouvelles importations de l'Inde en Europe, le Nilgau est presque devenu un animal com-

[1] Voyez p. 68 et suiv.

[2] Pour la figure du Nilgau, voyez ci-dessus, p. 70; et pour celle du Canna, ci-après, p. 379.

[3] Gris noirâtre ou ardoisé, chez le mâle; fauve grisâtre chez la femelle et le jeune. Le Nilgau est un des deux ou trois Mammifères chez lesquels s'observe, entre le mâle et la femelle, cette disparité de coloration, qui est si fréquente et si remarquable chez les oiseaux.

[4] *Histoire naturelle*, Supplém. VI, p. 102, 1782. — « Ce serait néanmoins, ajoute-t-il, une bonne acquisition à faire. »

mun. On en voit, en ce moment, des individus dans les Jardins zoologiques de Londres, d'Anvers, de Gand, de Bruxelles, d'Amsterdam, à la Ménagerie de Paris, au Jardin d'acclimatation du Bois de Boulogne, et dans quelques parcs ou jardins zoologiques particuliers, entre autres à San-Donato, chez le prince A. de Demidoff.

Dans tous ces jardins, le Nilgau a résisté, non-seulement aux intempéries de nos printemps et de nos automnes, mais, quoique Indien, aux rigueurs même de nos hivers. En divers lieux, dit M. Le Prestre[1], qui a longtemps possédé cette espèce[2], « plusieurs couples ont passé des hivers « à l'air libre, sans fatigue et sans maladie. Chez moi, « une jeune femelle de trois ans, exposée aux brouillards « de la rivière d'Orne, à un froid de plus de dix degrés, « est restée alerte, vigoureuse, sans la plus légère atteinte « à sa santé, et pour toute précaution on n'employait que « l'abri d'une cabane *ouverte la nuit* et une excellente « litière. » Nos observations et celles qu'on a faites en Angleterre, en Belgique, en Hollande, sont parfaitement d'accord avec celles de M. Le Prestre ; et il est incontestable que cette belle Antilope, comme il le dit, « s'habitue sans « difficulté au froid ou à l'humidité de nos climats. » Et non-seulement, ajoutons-nous, à l'humidité de l'air, mais à celle du sol ; elle recherche même les mares et les endroits fangeux, se plaisant tantôt à y piétiner, tantôt à s'y rouler.

C'est parce que le Nilgau s'accommode si bien des conditions de notre climat qu'on l'a vu se reproduire presque partout où l'on a pu réunir des couples bien portants. Un

[1] *Note sur l'Antilope Nilgau*, dans le *Bulletin de la Société zoologique d'acclimatation*, t. VI, p. 185; 1859.

[2] La belle famille qu'il a possédée, est aujourd'hui au Jardin zoologique du Bois de Boulogne, où déjà deux jeunes sont nés.

fait, très-remarquable eu égard à la grande taille de cette Antilope, et très-favorable à sa rapide multiplication, est la fréquence des gestations doubles. Les jeunes s'élèvent facilement, et leur développement est rapide.

Malheureusement, ces avantages sont en partie compensés par la facilité avec laquelle ces animaux, même très-apprivoisés, très-familiers, s'effrayent au moindre incident imprévu : par exemple, à l'apparition, fût-ce au loin, de Chiens, s'ils ne sont pas habitués à en voir, à l'audition d'un bruit inaccoutumé, ou même à la vue d'un mouvement brusque. On n'a eu que trop d'occasions d'être témoin des effets de la terreur aveugle dont ils sont alors saisis, et qui ne manque guère de leur devenir funeste. Se précipitant devant eux avec une indicible impétuosité, ils atteignent en quelques bonds leurs clôtures ; heureux encore s'ils les franchissent, au risque de retomber de l'autre côté, un membre fracturé ; le plus souvent, ils se heurtent contre elles, se brisent la tête ou les vertèbres cervicales, et tombent frappés d'une mort instantanée. Voilà ce qui est arrivé, deux fois, à la Ménagerie de Paris ; et ce qui a eu lieu de même, une ou plusieurs, presque sans exception, dans les divers établissements publics et parcs particuliers, où l'on élève des Nilgaus[1]. Il est des jardins où l'on n'ose plus laisser les Nilgaus sortir d'enclos tellement étroits que les animaux peuvent à peine y faire quelques pas ; il leur devient ainsi impossible de prendre leur élan : en cas d'alerte, on en serait quitte pour quelques contusions sans gravité. Mais, en emprisonnant ainsi le Nilgau, en le privant de l'exercice dont a besoin un animal si vigoureux et si actif, on risque de l'étioler, de le débiliter ; et si l'on ajoute beaucoup

[1] Voyez la Note de M. Le Prestre, *loc. cit.*, p. 189.

aux chances de la conservation de l'individu, on risque de faire dégénérer l'espèce. Le mieux nous a semblé de laisser le Nilgau dans des parcs suffisamment spacieux, en l'habituant de plus en plus aux mouvements et aux bruits extérieurs, et particulièrement à la vue et aux voix des autres animaux. Apprivoisé ainsi de génération en génération, il finira par devenir aussi familier que le sont devenus à la longue, dans nos demeures, d'autres espèces qui étaient aussi, à l'origine, éminemment craintives et farouches.

La mort accidentelle de plusieurs individus a permis de constater l'excellente qualité de la chair du Nilgau, déjà signalée par les voyageurs. On savait par eux qu'elle était réservée, au Mogol, pour la table de l'Empereur, et que le don d'un quartier de Nilgau était une des faveurs les plus enviées par les seigneurs de sa conr. La viande dn Nilgau est tout à fait digne de la réputation qu'on lui a faite, et c'est, dit M. le Prestre, « ce que nous avons pu, avec « quelques amis, constater les premiers en Europe. Comme « l'Empereur du Mogol, nous avons mangé du filet de Nil- « gau, du rôti de Nilgau, pris à même un jeune et bel ani- « mal, qui se tua chez moi le jour de son arrivée. Aucune « des autres parties, moins délicates, ne fut perdue, et « plus d'un habitant du village n'a pas encore perdu le « souvenir du repas exceptionnel qu'il fit ce jour-là. Les « morceaux les moins bons furent trouvés tendres et suc- « culents. Tous étaient contents, l'amphitryon excepté. »

Partout où l'on a goûté de la chair du Nilgau, même déjà avancé en âge, on a apprécié de même les qualités de sa chair ; et le Nilgau, qui n'est encore qu'une espèce d'ornement, semble appelé à prendre place parmi les animaux alimentaires, soit comme bête fine de boucherie, soit comme gibier, soit l'un et l'autre à la fois.

« Ce sera donc, » dit M. Le Prestre en terminant son intéressante notice, « une belle acquisition que l'acclimatation « du Nilgau, portée au point de le rendre vulgaire autant « que le Daim par exemple, et d'en faire une ressource ali- « mentaire[1]. »

Et ainsi se trouvera réalisé un vœu depuis longtemps émis par un illustre médecin et anatomiste, Guillaume Hunter, qui disait, dès 1791, dans un mémoire très-étendu sur le Nilgau[2] : « Il est fort à désirer que cet animal se propage en Angleterre de manière à devenir un de nos animaux les plus utiles ou au moins un de ceux qui parent le plus nos campagnes[3]. »

Lord Derby, en introduisant le Nilgau en Angleterre, a-t il su qu'il réalisait un vœu émis, dans le siècle précédent, par un de ses illustres compatriotes?

§ 3.

C'est encore le comte de Derby qui a commencé l'acclimatation en Europe du Canna, dans son parc de Knowsley, où se trouvait réunie, au moment de sa mort, la plus belle collection d'Antilopes qui ait jamais existé. Lord Derby s'était procuré, en 1842, au Cap de Bonne-Espérance, trois individus parmi lesquels ne se trouvait, malheureusement, qu'une seule femelle. Au printemps de 1851, lord Derby

[1] Le Nilgau, ajoute M. Le Prestre (p. 193), « donne un cuir d'une grande épaisseur et d'une résistance extrême. Il appartiendra plus tard aux gens compétents d'en établir les qualités supérieures et l'emploi. »

[2] Dans les *Philosophical Transactions*, t. LXI, p. 170; 1771. Ce mémoire a été traduit tout entier par Buffon dans son *Sixième Supplément*, p. 105.

[3] « Il y a tout lieu de croire, dit ensuite Hunter, qu'on en trouvera la chair excellente. » Cette prévision a été pleinement justifiée. Mais en sera-t-il jamais ainsi de cette autre conjecture de Hunter? « S'il peut être assez apprivoisé pour s'accoutumer au travail, il y a toute apparence que sa force et sa grande vitesse pourront être employées avantageusement. »

Échelle de 1 mètre.

L'Antilope Canna (*Antilope Oreas*, PALL).

réussit à obtenir deux autres femelles, et quelques mois plus tard, deux mâles.

C'est un des individus de lord Derby qui, cédé par lui à titre d'échange, a fait, de 1845 à 1849, un des ornements de la Ménagerie du Muséum [1], et c'est aussi du petit troupeau de Knowsley que sont sortis les individus, déjà nombreux, qui sont en Angleterre. Par acte testamentaire, lord Derby avait laissé à la Société zoologique de Londres le droit de choisir celle des espèces de sa collection dont la Société regarderait la possession comme la plus avantageuse. C'est sur le Canna que se porta le choix de la Société ; et elle n'a rien négligé pour assurer la conservation de cette belle Antilope, tout à la fois une des plus majestueuses, et, dans ses dimensions gigantesques (qui lui ont valu le nom d'*Élan du Cap*), une des plus élégantes qui soient connues.

Le nombre des Cannas que reçut le Jardin zoologique de Londres, était de cinq : 20 individus en sont nés de 1853 à 1858 ; 15 au Jardin zoologique, et 5 dans le parc de Hawkstone, près Shwresbury, où lord Hill avait installé, en 1856, un mâle et deux femelles, acquis au Jardin zoologique de Londres [2].

Après lord Derby, qui a introduit le Canna et obtenu les premières reproductions, l'acclimatation de ce bel animal sera donc due au Jardin zoologique de Londres, particulièrement à son habile directeur M. Mitchell [3], et à lord Hill. Plus récemment, lord Breadalbeare et M. Talton-Egerton, membre du parlement, ont aussi acquis, du Jardin zoolo-

[1] La Ménagerie possède depuis peu un couple de Cannas provenant du Jardin zoologique de Gand.

[2] Ils y étaient nés.

[3] Peu de temps avant sa mort, si déplorablement soudaine, M. MITCHELL avait rédigé, pour le *Bulletin de la Société d'acclimatation* (voyez t. VI, p. 16, janvier 1859), une intéressante notice sur l'acclimatation du Canna en Angleterre.

gique, des Cannas, qu'ils font élever avec soin dans leurs parcs; en sorte qu'il y a dès à présent quatre petits troupeaux en Angleterre. D'autres grands propriétaires se sont fait inscrire pour obtenir à leur tour les premiers produits disponibles. En outre, des familles de Cannas, issues aussi des Cannas de lord Derby, sont en Belgique, dans les Jardins zoologiques de Gand et d'Anvers, où déjà plusieurs reproductions ont eu lieu. Voilà donc établi sur plusieurs points de l'Europe une de ces grandes Antilopes des régions tempérées, et particulièrement du Cap, que j'appelais de mes vœux en 1849[1], sans espérer qu'ils fussent sitôt réalisés, et surtout qu'ils le fussent par la possession d'une si magnifique espèce.

La gestation du Canna, comme celle de tous les grands animaux, est longue; elle dure, comme celle de la Vache, neuf mois; et c'est un des motifs sur lesquels, en Angleterre comme en France, on a prétendu fonder une proposition qui ne mérite pas même d'être discutée, celle d'utiliser le Canna pour des croisements avec l'espèce bovine! On a heureusement à faire valoir, en faveur de l'acclimatation du Canna, des arguments plus sérieux : sa beauté, qui fera de l'*Élan du Cap* le premier des quadrupèdes d'ornement, laissant même tous les autres à grande distance; sa douceur, son « aptitude particulière à la domestication[2]; » et au-dessus de ces qualités, qui n'en feraient qu'une espèce d'ornement, l'excellence de sa viande. Les voyageurs avaient depuis longtemps signalé le Canna comme un très-bon animal alimentaire; il est non-seulement bon, mais excellent. La viande du Canna est « la meilleure entre toutes les espèces de cette famille, » dit M. Mitchell; et ce jugement, si favorable qu'il soit, a été pleinement confirmé par de nouveaux essais. Lord Hill ayant un mâle inutile à la reproduction de

[1] Voyez p. 71.
[2] MITCHELL, *loc. cit.*, p. 21

l'espèce, l'a fait abattre pour la boucherie, à titre d'expérience : un quartier a été envoyé à la Reine d'Angleterre, un à l'Empereur des Français, et un à la Société impériale d'acclimatation ; le reste a été employé à divers essais, qui ont fait reconnaître dans la chair du Canna « une viande ex« traordinairement succulente, d'un tissu fin, d'une saveur « très-délicate, et qui justifie les espérances que l'on avait « conçues de sa qualité supérieure [1]. »

Le Canna, introduit comme animal d'ornement, mérite donc d'être élevé au rang des animaux utiles ; et puisque son acclimatation ne rencontre aucune difficulté sérieuse, il y a lieu de penser qu'il passera un jour des demeures somptueuses dans les fermes, et des parcs dans les champs.

SECTION IV

Sur quelques Cavidés, et particulièrement sur le Mara.

§ 1.

Plus occupé de la science elle-même que de ses applications, Blainville se plaisait cependant à insister, dans ses cours, sur l'ordre des rongeurs, au point de vue des services que ces animaux peuvent rendre à l'homme. Tous, disait-il, sont de bonnes espèces alimentaires, sans excepter même le Rat et le Surmulot : nourris, comme ils le sont

[1] Note ajoutée à la Notice de M. Mitchell, *loc. cit.*, p. 21.

Voyez aussi un article sur les jardins zoologiques et sur quelques essais d'acclimatation faits en Angleterre, qui a paru en 1859 dans la *Revue d'Édimbourg*, et qui a été traduit, en 1860, dans la *Revue britannique*, par M. P. Pichot.

Nous voyons (p. 129) dans cet article rédigé en grande partie d'après des notes fournies par M. Mitchell, que « le professeur Owen fut le premier à exprimer publiquement son témoignage sur l'excellence de la chair d'Élan (Canna) par une lettre adressée au *Times* ; » et qu'un autre essai, non moins satisfaisant, eut lieu depuis dans un banquet public, présidé par le même illustre savant.

dans nos villes, d'immondices et de charognes, ils nous répugnent, et à juste titre : dans leur état de nature, nourris de végétaux, ils auraient, comme tous les autres, une chair saine et agréable au goût. D'où Blainville ne concluait pas qu'il fallût changer en animaux utiles ces fléaux de nos villes; comment y parvenir? Mais il pensait, et à bon droit, qu'on ne tire pas assez de parti d'un ordre qui pourrait être si utile.

On doit s'étonner surtout que dans un groupe d'animaux, si remarquable par la brièveté de sa gestation, sa fécondité, la précocité des jeunes, et par conséquent la rapidité de sa multiplication, si remarquable aussi, au moins pour la plupart de ses espèces, par l'existence d'habitudes sociales, on n'ait réduit à l'état domestique que deux animaux, dont un, encore, d'une minime utilité. Pourquoi la famille des Léporidés et celle des Cavidés resteraient-elles seules représentées dans nos demeures? Et quand le Lapin d'Europe est si utile, comment ne pas se demander si quelques Léporidés exotiques ne pourraient nous apporter, utilement aussi, en tribut, leurs fourrures, de qualité très-supérieure chez plusieurs, et leur chair qui, du moins, varierait notre alimentation? Et parmi les Cavidés, comment croire qu'on ait obtenu assez de cette grande famille américaine, en introduisant la dernière de ses espèces, le Cochon d'Inde?

Déjà quelques réponses ont été faites à ces questions, du moins pour les Cavidés. D'une part, M. Chenu, en France, M. Vekemans, en Belgique, ont fait sur les Agoutis des expériences qui semblent promettre à l'Europe la possession prochaine de ces animaux [1]; et de l'autre, j'ai émis depuis longtemps, sur les grands Cavidés aquatiques, le Cabiai et

[1] Voyez p. 52. — M. Chenu, surtout, a obtenu un plein succès; il a obtenu un très-grand nombre de jeunes.

les Pacas [1] des vues justifiées par l'observation, et que partagent aujourd'hui la plupart des zoologistes.

§ 2.

Parmi les espèces du même groupe, j'ai cru devoir plus récemment signaler la Viscache (*Callomys Viscacia*) et surtout le Mara (*Dolichotis patachonicus*).

La première sur laquelle Azara [2] avait déjà appelé l'attention, il y a plus d'un demi-siècle, n'est bien connue que depuis le voyage de M. d'Orbigny [3]. Ce rongeur, si intéressant par ses habitudes sociales, est répandu dans les pampas de Buenos-Ayres et jusqu'en Patagonie, où il vit par nombreuses colonies souterraines : dans quelques parties des pampas, les terriers des Viscaches, ou *Viscachères*, sont en si grand nombre qu'on ne peut faire un kilomètre sans en rencontrer. Les Viscaches se nourrissent indifféremment de végétaux de diverses familles, principalement de graminées et de légumineuses. Elles sont fécondes et se développent rapidement. Leur chair est « blanche et délicate, » selon les expressions de M. d'Orbigny, qui s'étonnait de la voir dédaignée en Amérique. Leurs peaux sont apportées en grand nombre à Buenos-Ayres, où on les emploie pour faire des casquettes et pour d'autres usages. La Viscache vivrait parfaitement sous notre climat. Peut-être y a-t-il lieu de tenter la facile introduction de ce rongeur, qui pourrait prendre place à côté du Lapin comme animal alimentaire.

Ce sont encore Azara et surtout M. d'Orbigny qui ont fait

[1] Voyez p. 64.

[2] *Quadrupèdes du Paraguay*, trad. de Moreau Saint-Méry, Paris, in-8, 1801, t. II, p. 41.

[3] Voyez la Notice *sur la Viscache*, que j'ai publiée en commun avec ce célèbre voyageur, dans les *Annales des sciences naturelles*, t. XXI, nov. 1830, et le *Voyage* de M. d'Orbigny, *Partie historique*, t. I, p. 449.

exactement connaître le Mara, le premier sous le nom de *Lièvre pampa* [1], le second sous celui de Mara [2].

Azara ne nous dit rien des qualités de chair de son *Lièvre,* parmi les faits qu'il a recueillis, le seul qui offre quelque intérêt au point de vue de l'acclimatation est l'emploi de la peau du Mara pour des tapis « très-estimés pour leur douceur et pour leur agréable coup d'œil. » M. d'Orbigny est beaucoup plus complet; et puisque je n'ai jamais eu occasion de voir le Mara vivant, je ne saurais mieux faire que de reproduire ici les paroles mêmes de ce savant voyageur.

Le passage qui suit est tiré, non du *Voyage* de M. d'Orbigny, où l'histoire du Mara est d'ailleurs faite plus complétement encore, mais d'un recueil manuscrit d'observations que ce célèbre voyageur avait bien voulu m'envoyer d'Amérique. Ce recueil a servi pour la rédaction du *Voyage,* mais il est resté inédit dans son ensemble. Le fragment que je vais transcrire montrera quel en est l'intérêt.

Mara de Patagonie. — « C'est le *Mara* des Indiens Araucanos des Pampas, le *Yamesquel* des Indiens Puelches et le *Yamaro* des Patagons.

« Nous retrouvons dans les Maras quelques traits de ressemblance avec les Lièvres d'Europe, quoiqu'ils aient les oreilles moins longues, le derrière plus carré, la queue formée seulement par un tubercule.

« Du côté du nord, on ne commence à rencontrer les Maras que de l'autre côté de l'*Arroyo-salado,* par 38° de latitude australe; on ne les trouve jamais dans les pampas proprement dites, et les terrains secs et élevés leur servent seuls de lieu d'habitation. Vers le sud, ils s'étendent jusqu'au 45e degré; leur centre d'habitation paraît être du 40° au 43e degré de latitude, sur tous les terrains compris entre les Cordillères et les côtes de la Patagonie.

« Comme nous l'avons dit, ils préfèrent les lieux élevés, secs,

[1] *Loc. cit.*, p. 51.
[2] *Loc. cit.*, t. I, p. 640, et surtout, t. II, p. 27 et suiv.

et couverts de buissons épineux, de la Patagonie, surtout dans les lieux où le sol est sablonneux. Jamais ils ne vivent près des marais;

Le Mara (*Dolicholis patachonicus*, Desmar.).

ils vivent même rarement aux bords du *Rio Negro*, encore n'est-ce pas pour y boire, mais pour y rencontrer de l'herbe plus abondante.

Ils se creusent des terriers, à une seule issue extérieure; ces terriers sont peu profonds, sans aucune division intérieure. C'est là qu'ils déposent leurs petits et se réfugient lorsqu'ils sont poursuivis. Ils sont communs partout, surtout dans les campagnes désertes du sud du *Rio Negro*, en Patagonie; aux environs des lieux habités par les Espagnols, ou près des campements des Indiens, ils sont rares. On voit généralement deux Maras ensemble, ou une réunion de couples qui, lorsqu'on les poursuit, se séparent; ceux de chaque paire partent ensemble. Souvent même, nous en vîmes 10, 12 et jusqu'à 20 réunis. Ils ne sont pas voyageurs et n'abandonnent jamais les environs du lieu où ils sont nés; ils reviennent toujours aux mêmes terriers. Jamais ils ne se mêlent avec les autres animaux, sans cependant montrer de l'aversion pour eux. Ce sont des animaux doux, paisibles, qui vivent toujours en bonne intelligence entre eux; et si cette paix est troublée, elle ne l'est que pour la possession des femelles. Les mâles qui ont perdu la moitié qu'ils s'étaient choisie pour toute leur vie sont très-craintifs, et fuient dès qu'ils aperçoivent quelqu'un et surtout des Chiens, animaux qui sont leurs plus cruels ennemis. Du reste, les Maras se servent avec avantage de leurs dents incisives pour mordre lorsqu'ils sont trop pressés. Souvent les Maras se couchent au soleil derrière un buisson; mais si quelque chose les épouvante, ils se lèvent et vont en sautant comme nos Lapins. S'ils se trouvent plus pressés, ils prennent leur galop, et les meilleurs chevaux peuvent seuls les atteindre alors. Leur marche se fait par sauts ou bonds des quatre pieds ensemble. Cette marche est souvent interrompue par la curiosité : ils s'arrêtent, et assis sur leur train de derrière, ils regardent derrière eux. Leur galop est celui de nos Lièvres de France, mais souvent ils font des crochets brusques que les Lièvres n'ont pas coutume de faire. Non-seulement ils ne nagent pas, mais même paraissent ne pas se lancer à l'eau, car on ne peut pas croire que ceux de ces animaux qui vivent à 25 lieues des endroits où ils trouveraient de l'eau viennent en chercher pour revenir ensuite dans leur domicile; il paraît que l'eau de la rosée du matin leur suffit pour vivre. Nous ne leur avons entendu qu'un seul cri; c'est une espèce de sifflement qu'ils font entendre lorsqu'on les prend. Ils se nourrissent de graminées, et principalement des jeunes pousses d'une espèce par touffes que les habitants nomment *Pasto duro* ou *Pasto de la Sierra*. C'est surtout le matin qu'ils mangent, et c'est l'instant aussi où ils se rassemblent en troupes. Nous ne savons pas quelle est l'époque de l'accouplement, ni le temps que les femelles portent. Il est seulement certain que les femelles mettent bas dans les mois d'octobre et de novembre. Leurs petits ne sont jamais plus nombreux que trois; le plus souvent il y en a deux seulement. Les petits restent quelque temps dans le terrier de la mère; mais, quinze jours après leur naissance, ils commencent à suivre leur mère, et cinq mois après, ils ont la taille des individus adultes. Il n'y a qu'une seule portée par année. La mère a le plus grand soin de ses petits.

« Ces animaux, avant que les Espagnols eussent introduit des bestiaux, servaient de nourriture aux Indiens Patagons et Puelches; ceux-ci se servaient de leur peau pour s'en faire des manteaux; ils les chassaient alors avec des Chiens, comme ils le font encore. Dans plusieurs disettes, les Patagons ne vécurent que de ces animaux, qu'ils chassaient avec des Chiens ou qu'ils poursuivaient à outrance avec des Chevaux, et nous-mêmes fûmes assez heureux d'en manger dans nos courses en Patagonie; leur chair est assez blanche, et serait délicieuse si elle était accommodée par nos cuisiniers. Pour les poursuivre avec des Chiens, il faut en mener trois ou quatre, surtout de l'espèce qui compose notre troisième race de Chiens d'Amérique. Ces Chiens se divisent, les uns pour poursuivre les Maras par derrière, tandis que les autres cherchent à leur couper le chemin; ils les fatiguent ainsi, et finissent par les attraper; le chasseur, qui les suit à cheval, les enlève promptement aux Chiens, qui les mettraient en pièces. Quelques habitants les prennent autrement, et un homme qui nous accompagnait toujours dans nos voyages en Patagonie nous en attrapa beaucoup de la même manière. Ils lancent le Mara et le poursuivent à cheval; pour cela, ils choisissent les meilleurs chevaux; ils suivent le Mara jusqu'à ce qu'il soit fatigué; alors ils le prennent vivant. Mais pour cela, il faut être habitué, car les Chevaux font les mêmes ricochets que les Maras, et toujours au grand galop, et celui qui n'y est pas habitué est certain de tomber de cheval. Les Indiens attrapent aussi les Maras avec des boules qu'ils leur lancent, et à coups de fusil. Il faut choisir un jour de grand vent, ce qui n'est que trop commun dans le pays, parce que alors les Maras se tapissent derrière les buissons, et on les approche facilement.

« Plusieurs fois on a élevé ces animaux l'état domestique ; ils deviennent très-doux, mais jamais ils n'ont reproduit. Nous en en avons possédé plusieurs vivants.

« Les Indiens, avec des peaux cousues ensemble, se font des manteaux qui servent aux habitants espagnols du pays, et des tapis qui sont assez estimés. »

Le Mara est le seul animal sur l'acclimatation duquel j'aie cru devoir insister sans pouvoir m'appuyer des résultats d'expériences, ou au moins d'études sur le vivant. Mais l'exception que je fais ici me semble pleinement justifiée par les faits que je viens d'exposer, d'après un naturaliste dont l'autorité ne sera contestée par personne. Quand on a lu le passage qui précède, et où M. d'Orbigny est parfaitement d'accord avec les autres voyageurs, comment ne pas répondre affirmativement à ces deux questions : l'acclimatation du Mara est-elle possible? serait-elle utile ?

Est-elle possible ? Non-seulement possible, mais facile. On peut presque dire qu'elle se trouve toute faite à l'avance : le Mara habite la Patagonie ; comment ne réussirait-il pas dans l'Europe centrale et même septentrionale ?

Offrirait-il des avantages ? Comparable, mais supérieur au Lapin, il pourrait être à la fois, comme lui, nourri dans nos demeures à l'état domestique, et acclimaté à l'état sauvage; en un mot, naturalisé. Sa taille, beaucoup plus considérable, jointe à la qualité de sa chair « blanche et très-bonne, » en ferait, comme animal domestique, le premier des quadrupèdes de basse-cour, si même il ne devait mériter déjà celui de bête de boucherie ; et nous aurions en lui, comme gibier, une espèce d'autant plus précieuse qu'elle ne ressemblerait par ses allures à aucune autre. Le Mara donnerait au chasseur, non pas seulement un gibier nouveau, mais une chasse nouvelle.

« La douceur et l'agréable coup d'œil » des tapis de Mara placent aussi cet animal au-dessus du Lapin, et notre pays, si pauvre en animal à pelleteries, compterait en lui une espèce industrielle de plus.

Nous espérons qu'il sera bientôt possible de se prononcer sur la justesse de ces prévisions. Plusieurs voyageurs, partant pour Buenos-Ayres et la Patagonie, ont bien voulu me demander des instructions ; je leur ai répondu à tous : « Procurez-nous, parmi les oiseaux, le Nandou, et, parmi les quadrupèdes, le Mara. »

Que ceux des membres de la Société d'acclimatation qui habitent la république Argentine, ou qui y ont des relations, veuillent bien aussi entendre ce double vœu !

CHAPITRE III

SUR QUELQUES OISEAUX SAUVAGES RÉCEMMENT INTRODUITS EN EUROPE, ET PARTICULIÈREMENT SUR LES OISEAUX DE BOUCHERIE ET LES NOUVEAUX GIBIERS

§ 1.

Parmi les espèces nouvellement introduites et soumises à des essais d'acclimatation, la classe des oiseaux en a fourni, à elle seule, plus que tout le reste du règne animal. Dans aucune classe aussi les succès n'ont été plus nombreux. Combien d'espèces, très-rares encore dans nos ménageries il y a vingt ans, ou même à peine représentées dans nos musées, sont aujourd'hui tellement répandues en France, en Angleterre, en Belgique, en Hollande, en Allemagne, qu'on serait en droit de les ranger déjà parmi les animaux domestiques européens!

Mais la véritable valeur des richesses acquises ne saurait être appréciée par le nombre des espèces que nous sommes parvenus à conquérir. Tandis que les mammifères que nous avons acquis ou que nous sommes en voie d'acquérir sont tous des animaux véritablement *utiles*, et que quelques-uns semblent même destinés à prendre rang parmi les plus utiles de tous, la plupart de nos nouveaux oiseaux domestiques, et aussi la plupart des espèces qui semblent bientôt devoir se placer à côté d'eux, sont simplement *accessoires*, c'est-à-dire de simple agrément. Tels sont, au moins quant à présent et sans doute pour longtemps encore, parmi les

La Bernache des Sandwich (*Bernicla Sandwicensis*, Vig.).

oiseaux qu'on peut déjà dire domestiques, le Cygne noir, les Bernaches ou Oies d'Égypte et des Sandwich, le Canard à éventail de la Chine, le Canard, non moins élégant, de la Caroline, diverses Tourterelles, et la Perruche ondulée, si intéressante par ses mœurs en même temps que si élégante; et, parmi les espèces qui semblent promises à une domestication très-prochaine, le Cygne à col noir, l'Oie de

La Perruche ondulée (*Conurus undulatus*; *Psittacus undulatus*, Sh.)

Magellan, le Céréopse, la Grue Montigny et quelques autres espèces de ce beau genre, le Talégalle, le Lophophore resplendissant, divers Euplocomes ou Houppifères, plusieurs

Faisans, les Gouras, diverses Colombes et Fringilles, la Perruche Edwards et la Callopsitte ou Nymphique[1].

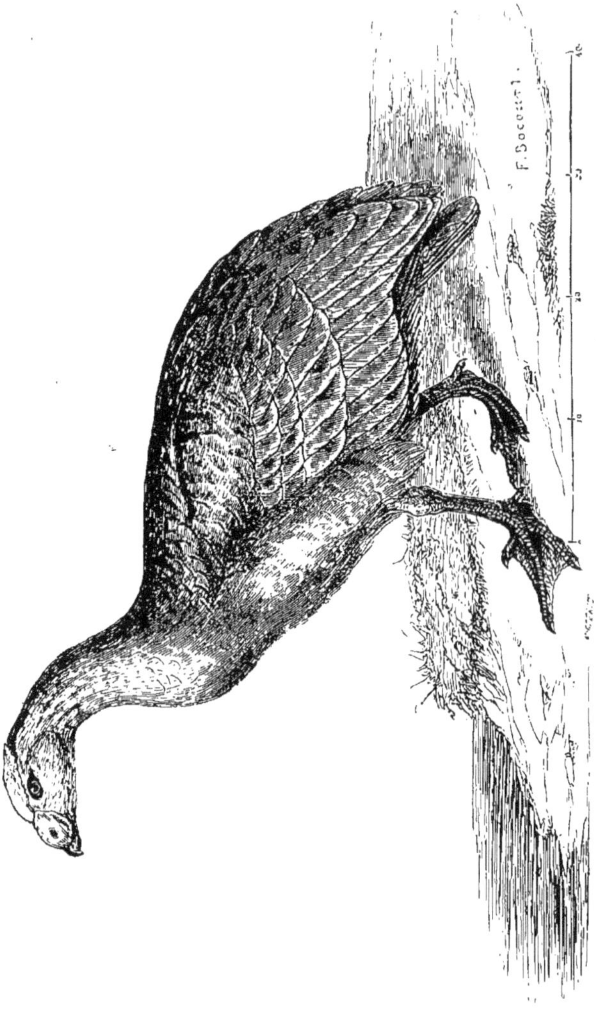

Le Céréopse (*Cereopsis Novæ Hollandiæ*, Lath.).

[1] Aux figures précédemment données de plusieurs de ces oiseaux, j'ajoute

Je suis loin de dédaigner la culture des oiseaux d'ornement, et je l'ai assez montré par la part que j'ai prise à la domestication et à la multiplication de quelques-uns de ces oiseaux, et particulièrement de l'Oie d'Égypte et du Canard de la Caroline. Mais je dois placer à un rang bien plus élevé les espèces qui seront véritablement utiles; celles surtout qui paraissent destinées à le devenir, non dans un avenir indéfini, comme quelques-unes de celles qui précèdent, mais très-prochainement. A leur tête se placent les espèces alimentaires, comme les nouveaux gibiers, et surtout comme les futurs *oiseaux de boucherie.*

Ces nouveaux gibiers sont la Perdrix Gambra et les Colins; ces futurs *oiseaux de boucherie* sont le Dromée, l'Autruche, et les autres grands oiseaux inailés ou rudipennes.

C'est seulement sur ces oiseaux utiles [1] que je reviendrai

ici celles de deux ces espèces qu'on peut déjà dire domestiques, l'Oie des Sandwich et la Perruche ondulée, et celle du singulier Céréopse de la Nouvelle-Hollande, espèce dont un couple vient d'être placé au Jardin zoologique du Bois de Boulogne.

Plus nouvellement encore des Lophophores resplendissants et des Faisans versicolores viennent de prendre place dans les volières du même établissement.

[1] Pour les divers oiseaux d'ornement dont je viens de rappeler les noms, voyez, dans la *Première partie*, p. 54 et 55, et p. 91 à 96, soit le texte primitif de mon *Rapport général*, soit les notes par lesquelles j'ai cherché à le mettre au courant de la science.

Depuis que cette partie de mon ouvrage a été composée, trois Gallinacés, qu'on avait point encore possédés en France s'y sont reproduits. L'administration du Jardin zoologique du Bois de Boulogne s'était procuré, outre les Faisans qu'on voit partout, et le Faisan de l'Himalaya qui commence à ne plus être rare, le Faisan Wallich (*Phasianus Wallichii*) et les Houppifères Cuvier et mélanote (*Huppifer* ou *Euplocomus Cuvieri*, Tem., et H. *melanotus*). Ces oiseaux, en attendant qu'ils pussent être placés dans le nouveau jardin, ont été déposés chez deux membres de la Société d'acclimatation, MM. J. Michon et Mitivié, qui avaient bien voulu en accepter le soin. M. Michon a obtenu la reproduction du Faisan Wallich, et M. Mitivié celle des deux Houppifères. Les jeunes de ces dernières espèces ont été très-heureusement élevés; ils sont maintenant dans la belle oisellerie du Jardin zoologique.

ici, et encore, sur ceux seulement qui, depuis la rédaction de mon *Rapport général*, ont donné lieu à des essais véritablement importants. Je n'ai rien à ajouter à ce que j'ai dit du Nandou, et encore moins aurais-je à revenir sur le Casoar à casque ; mais cet ouvrage resterait incomplet si je ne disais au moins quelques mots des succès nouvellement obtenus à l'égard de la Perdrix Gambra et des Colins, et si je ne faisais connaître avec détail les tentatives récemment faites en vue de deux résultats d'une très-grande importance, la domestication du Dromée et celle de l'Autruche.

§ 2.

Il serait impossible d'écrire l'histoire de l'introduction de la Perdrix Gambra et des Colins aussi exactement et avec autant de détails que celle des tentatives faites à l'égard des grands animaux. Ceux-ci, les oiseaux de boucherie, par exemple, ne sont guère que dans quelques grands établissements publics, chez le prince Demidoff et chez M. Le Prestre : quel amateur n'a pas aujourd'hui des Colins et surtout du Gambra?

Quant à ces derniers, comment s'en étonner? La rapidité de l'acclimatation et de la multiplication du Gambra peut s'expliquer par un seul mot : c'est l'Empereur lui-même qui a voulu faire de cet oiseau un gibier français. Et quant aux Colins, à ces gibiers aussi excellents que féconds, qui sont en même temps au nombre des oiseaux les plus élégants, comment ne pas s'empresser de leur faire place dans toutes les faisanderies? S'ils étaient aussi faciles à élever qu'ils sont féconds, ils ne seraient pas seulement peu rares, ils seraient dès à présent communs.

Sur ces nouveaux gibiers, laissons parler M. de Quatrefages, qui, non sans avoir dépouillé de nombreux documents pour rendre justice à chacun, a très-bien résumé ce qu'on sait des commencements de leur acclimatation[1].

« Nos expériences sur l'introduction de nouveaux gibiers ont pris dans quelques cas un développement exceptionnel, grâce à une volonté toute-puissante. M. le baron de Lage, officier de la vénerie impériale et notre confrère, avait essayé d'acclimater à Rambouillet la Perdrix Gambra, empruntée à l'Algérie et aux régions les plus méridionales de l'Europe. Un succès remarquable couronna cette tentative, faite d'abord en petit, et attira l'attention du premier veneur, M. le prince de la Moskowa, que nous comptons aussi dans nos rangs. Bientôt l'Empereur lui-même s'intéressa à ces essais, et voulut qu'ils fussent repris sur une échelle digne du chef de l'État. Par les ordres de Sa Majesté, en 1857, 3845 œufs de Perdrix Gambra furent mis en incubation à la faisanderie de Rambouillet, dirigée par M. de Violaine; 3500 œufs de la même espèce furent remis à notre zélé confrère, M. Fouquier de Mazières. Celui-ci enleva d'abord 125 œufs évidemment mauvais. Les 3375 restants furent partagés en deux moitiés : l'une fut placée à la faisanderie de Saint-Germain ; on distribua la seconde par petits lots aux gardes, aux employés, dans les postes isolés; 204 œufs furent même déposés en pleins fourrés, dans des nids de Perdrix grises et de Faisans. Cette incubation par supercherie réussit merveilleusement. Les nourrices sauvages élevèrent comme leurs enfants ces petits étrangers, dont elles se crurent les mères, et ceux-ci, placés dans des conditions en harmonie avec leurs habitudes de race, prospérèrent à ravir.

« Dès cette première année, les Gambras figurèrent pour un quart environ dans le nombre des Perdrix tuées aux chasses impériales. Au mois de mai 1858, plus de 300 pariades furent reconnues. Aujourd'hui l'acclimatation de cette belle et bonne espèce peut être regardée comme accomplie dans les forêts de la couronne. Le Gambra ne restera certainement pas renfermé dans ces limites. Il

[1] *Notice sur l'acclimatation de quelques espèces d'oiseaux*, lue en 1859 à la séance publique annuelle de la Société d'acclimatation. Voyez le *Bulletin*, t. VI, p. LXVII et suiv

gagnera de proche en proche comme a fait le Faisan ; et tôt ou tard nous le verrons, dans les étalages de gibier, faire concurrence au moins à la Perdrix rouge de nos départements méridionaux.

« Pour atteindre du premier coup un résultat aussi décisif, il n'a fallu rien moins que l'intervention du Souverain, qui, dès l'origine, se déclara le protecteur de notre Société. Plus lents et plus modestes, les succès obtenus par de simples particuliers n'en méritent pas moins votre attention. Je voudrais les raconter tous ; mais ici encore il faut choisir et me borner à quelques mots sur l'acclimatation des Colins.

« Vous connaissez ce joli groupe qui représente dans le nouveau monde les Perdrix de l'ancien continent. Deux espèces, toutes deux venues de l'Amérique septentrionale, se partagent surtout en ce moment l'attention des éducateurs : le Colin houi et le Colin huppé de Californie. Dès 1816, M. Florent Prévost avait tenté l'acclimatation du premier par le procédé à la fois le plus simple et le plus rationnel. A diverses reprises, il abandonna au milieu de grands parcs ou en plein champ quelques paires d'individus fraîchement arrivées de leur pays natal. En 1837, chez M. Alfred de Cossette, il réussit si bien, que, pendant plusieurs années, on a chassé le Colin, comme la Caille ou la Perdrix, sur quelques grands domaines de la Bretagne.

« A côté du Houi est venu se placer depuis peu le Colin huppé. Plus petit, mais beaucoup plus fécond, il a gagné d'emblée la faveur de nos oiseliers, grâce surtout à son caractère à la fois vif et confiant. Découvert par celui de nos navigateurs qu'on a pu appeler le Cook français, par La Pérouse, introduit en Europe par un de nos compatriotes, cet oiseau réunit tous les titres possibles à notre sympathie. C'est en 1852 que M. Deschamps embarqua six couples de ces Colins, achetés en Californie au prix de 200 francs la paire. Deux mâles, une femelle, périrent pendant la traversée. Mais dès 1853, des couvées parfaitement réussies venaient combler ce vide ; et l'heureux introducteur cédait une partie de ses produits à nos confrères MM. Pomme, de Rothschild et Saulnier. A leur tour, ceux-ci firent de nombreux élèves, et pourtant la faveur qui s'attacha tout d'abord à cette charmante espèce fut telle, que le prix d'une seule paire s'éleva jusqu'à 400 francs.

« Comme M. Florent Prévost, M. Deschamps a tenté l'acclimatation libre, et il a réussi comme notre confrère. Au printemps de

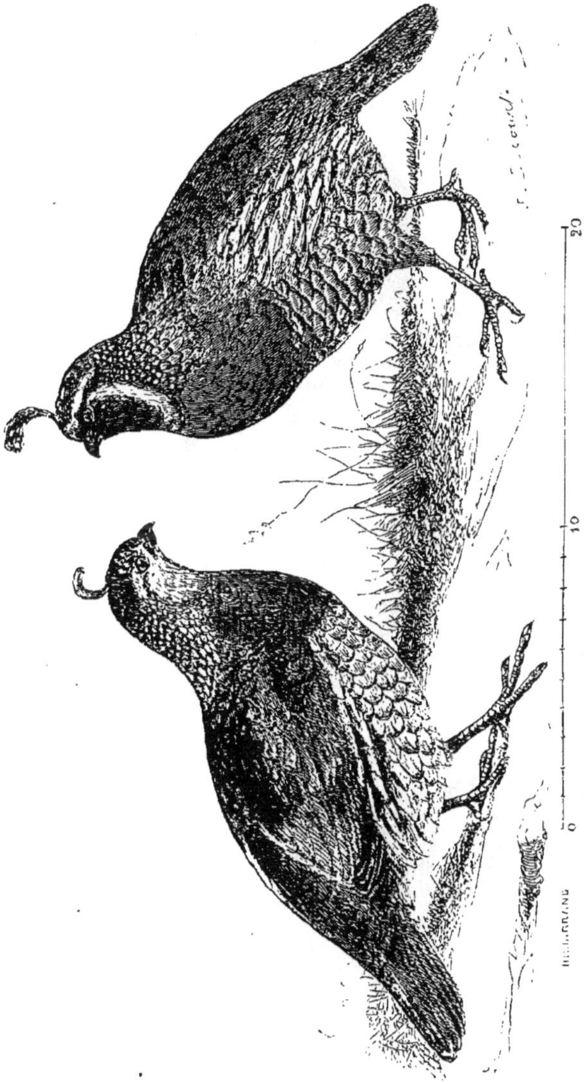

Femelle. Mâle.
Le Colin de la Californie (*Ortyx Californica; Perdix Californica*, LATH).

1857, deux paires furent lâchées par lui dans un terrain accidenté et boisé de la Haute-Vienne. Au mois de juillet 1858, il eut la

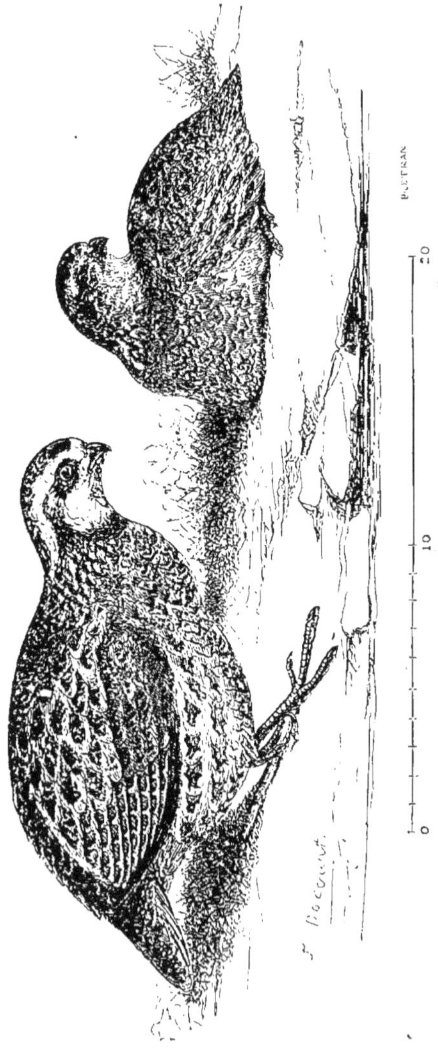

Le Colin de Virginie ou Boui (*Ortyx Virginiana*; *Perdix Virginiana*, Lath).

joie de retrouver en pleine santé et suivis d'une nombreuse famille, ces Colins livrés à eux-mêmes depuis dix-huit mois environ. De pareils faits n'ont pas besoin de commentaires. »

L'intéressante notice de M. de Quatrefages, lue dans une des séances annuelles de la Société d'acclimatation, a paru redoubler l'activité des efforts faits de toutes parts pour multiplier le Gambra, le Colin Houi et celui de la Californie, celui-ci surtout. Malgré le grand nombre d'individus déjà existant et se reproduisant sur notre sol, on n'a cessé d'en introduire d'autres, et de faire venir des œufs dont la plupart, envoyés avec soin, ont réussi. En même temps on a commencé à placer d'autres espèces, notamment le Zonécolin, à côté du Colin Houi et de l'élégant Colin de Californie; et du croisement de ces deux espèces, on a obtenu des hybrides qui, doués de fécondité, contribueront encore à varier les types en même temps qu'à multiplier les individus[1].

§ 3.

C'est surtout dans les champs et dans les bois, comme gibiers, que trouveront place les espèces qui précèdent; c'est, au contraire, dans nos fermes, à côté de nos bestiaux, que prendront rang quatre genres d'oiseaux, que leur grande taille, leur régime végétal, la bonne qualité de leur chair, et par suite, la nature des services qu'ils pourraient rendre, permettent de comparer aux animaux de boucherie. Ces oiseaux dont les énormes œufs, pondus en grand nombre, sont d'excellente qualité, et qui, en outre, portent des plumes susceptibles d'emplois divers, sont l'Autruche, les Nandous, le Casoar, les Dromées. Ces oiseaux inailés

[1] Sur ces Colins métis, et sur tous les *Ortyx*, voyez la Notice de M. Pierre Pichot, intitulée *Les Colins*; Paris, in-8; 1858. Notice extraite de la *Revue britannique*.

sont, en quelque sorte, de gigantesques gallinacés, modifiés pour la marche seule; plus exactement, ils sont parmi les rudipennes ce que sont les gallinacés parmi les alipennes : la classification parallélique des oiseaux donne, en effet, aux uns et aux autres, dans deux séries distinctes, des places exactement correspondantes.

La distribution géographique de ces quatre genres est remarquable. L'Europe exceptée, chaque partie du monde a le sien : le Casoar est asiatique; l'Autruche est africaine; les Nandous sont américains; les Dromées sont australiens.

Entre ces quatre genres, deux ont surtout fixé mon attention, et je les ai particulièrement désignés aux voyageurs, aux naturalistes et aux éleveurs, comme ceux qui doivent particulièrement donner lieu à des essais d'introduction et d'acclimatation[1]. L'Autruche et le Casoar sont propres à des contrées très-chaudes, et pour eux, il se présente à surmonter un obstacle de plus que pour les deux autres genres. Les Dromées et les Nandous vivent, au contraire, sous des climats peu chauds, ou même véritablement tempérés. Tels sont surtout les Dromées; et si le Nandou habite le Brésil et quelques autres parties chaudes de l'Amérique, la même espèce et une autre, *Rhea Darwinii*, s'étendent au sud jusque dans les parties tempérées et même froides, jusqu'en Patagonie.

La possibilité de faire vivre les Nandous et les Dromées sur notre sol n'est pas seulement indiquée par leur habitat géographique; elle est depuis longtemps constatée par l'expérience. Non seulement le Nandou a plusieurs fois résisté aux hivers de Paris, mais il s'est reproduit en Angleterre. Quant au Dromée, je suis en droit non-seulement d'affirmer sa rusticité, mais de lui attribuer un degré vraiment extraordinaire de résistance à l'action des intempéries. Un

[1] Voyez, p. 82.

de nos individus est resté *des années* sans rentrer dans sa loge; si bien que nous avons fini par en disposer pour un autre animal : il était le seul de nos animaux qui n'eût pas d'abri. Il couchait dehors indifféremment par tous les temps: je l'ai vu dormir presque enfoui sous la neige, et il ne s'en portait pas plus mal : son épaisse *toison de plumes* était pour lui un manteau imperméable à la pluie et impénétrable au froid.

Il était hors de doute qu'on obtiendrait la reproduction en Europe d'un oiseau aussi étonnamment rustique. Mais deux difficultés se présentent ici : on ne se procure pas aisément des Dromées, et la similitude des deux sexes expose à réunir, comme couple, deux individus de même sexe. C'est ainsi que M. Le Prestre obtenait chaque année des pontes abondantes; mais les œufs étaient toujours stériles, comme prouvent de nombreux essais d'incubation faits au Muséum d'histoire naturelle, sous la Dinde et dans l'appareil incubatoire de M. Vallée, à Châlons dans celui de M. Jacquesson, et à Caen chez M. Le Prestre lui-même.

Par suite de ces difficultés, tout en insistant en 1849 sur la possibilité d'acclimater le Dromée en Europe, je ne pouvais encore appuyer mon opinion d'aucun exemple de reproduction. Je suis plus heureux aujourd'hui, et ce n'est pas un exemple, c'est plusieurs, en France, en Angleterre, en Belgique, que je trouve aujourd'hui à citer. Le Dromée s'est reproduit à la Ménagerie du Muséum, par les soins de M. Florent Prévost, qui depuis ongtemps se livrait, et non sans de notables sacrifices, à des essais devenus en ses mains de véritables expériences scientifiques. A la même époque, en Angleterre, lord Derby obtenait aussi des Dromées dans son parc de Knowsley; et M. Vekemans en a eu aussi des jeunes au Jardin zoologique d'Anvers; ceux-ci, malheureusement, n'ont pu être élevés.

Ces jeunes, de même que ceux de lord Derby, provenaient d'œufs éclos dans un appareil à incubation. Au Muséum, au contraire, les œufs ont été couvés par les parents, ou mieux, *par le père*, dans les conditions naturelles, et avec des circonstances qui, très-bien étudiées par M. Prévost, donnent à cette reproduction, à part même sa nouveauté, un très-grand intérêt.

Mon savant aide et confrère a bien voulu rédiger, à ma demande, la relation de ses essais et de leur résultat; et, quoiqu'elle ait été insérée dans le *Bulletin de la Société d'acclimatation*[1], je ne saurais mieux faire que d'en reproduire ici les parties principales.

M. Florent Prévost commence par quelques remarques générales sur le Dromée ou Casoar australien, et continue ainsi :

« Sa chair, comparable pour le goût à celle du Bœuf, serait d'un avantage précieux comme viande de boucherie, puisque la cuisse seule du Dromée peut atteindre un poids de plus de 10 kilogrammes, et que chez les jeunes individus de quinze à dix-huit mois, arrivés alors à tout leur développement, cette viande, plus blanche et plus tendre, intermédiaire à celles du Coq d'Inde et du Porc, devient un mets très-estimé en Australie. Ses œufs, dont le volume équivaut à celui de douze œufs de Poule, sont très-délicats et d'un goût exquis. Sa peau, recouverte d'une abondante fourrure, sert à faire des tapis précieux, et ses plumes souples et élégantes sont employées pour la parure.

« Un peu moins grand que l'Autruche, le Casoar est comme elle une des cinq espèces d'oiseaux *aptères* existant encore aujourd'hui à la surface du globe, et destinés à disparaître bientôt. C'est peut-être celle qui en disparaîtra le plus prochainement, si, d'ici à peu de temps, la Société d'acclimatation ne lui accorde protection, en

[1] T. IV, 1857, p. 571; sous ce titre : *De l'acclimatation et de la reproduction du Casoar de la Nouvelle-Hollande.*

cherchant, par tous les moyens possibles, à la propager dans nos contrées.

« Le Casoar de la Nouvelle-Hollande, *Casuarius Novæ Hollandiæ* (Lath), le Dromée, *Dromaius australis* (Swain.), l'Émou Parembang, *Dromaius Novæ Hollandiæ*, etc., habite l'Australie. Autrefois très-abondant sur tout le littoral de cette vaste contrée et dans les îles désertes environnantes, cet oiseau, qui ne peut voler, et qui n'a d'autre moyen de défense que la rapidité de sa course, a été bientôt entièrement détruit dans plusieurs localités, particulièrement à la terre de Van-Diémen, dans la Nouvelle-Galles du Sud, et dans plusieurs îles. Il est cependant encore assez commun dans le nord du continent où il a été refoulé, et je pense qu'il est très-urgent de s'occuper, dès à présent, de la conservation de cette précieuse espèce.

« Une seconde espèce de Casoar, de petite taille, comparativement à celle que nous cherchons à propager, découverte dans l'île Decrès, en 1803, par les naturalistes du voyage aux terres australes, n'existe plus depuis longtemps, et n'est très-probablement représentée aujourd'hui que par deux individus rapportés vivants de cette expédition, figurés par Péron (Atlas du Voyage, pl. XXXVI), morts à la Ménagerie en 1822, qui font actuellement partie de la collection de zoologie du Muséum d'histoire naturelle.

« Bien avant la fondation de la Société d'acclimatation, je cherchais, par tous les moyens en mon pouvoir, à propager certaines espèces d'oiseaux utiles, entre autres le Casoar, que je crois avoir contribué à acclimater, et avoir fait reproduire pour la première fois en France, ainsi que je vais essayer de le montrer, en vous communiquant ce que j'ai dû tenter pour y parvenir.

« En novembre 1845, j'ai acheté à Londres, au prix de 875 fr., deux Casoars ou Dromées de la Nouvelle-Hollande, âgés de douze mois. Ce prix était assez élevé pour de jeunes oiseaux, mais ils étaient les seuls qui fussent à vendre à cette époque, et je craignais de ne plus rencontrer de longtemps l'occasion d'acquérir une espèce qui devenait de plus en plus rare.

« A leur arrivée, mes deux oiseaux furent logés dans une chambre au sixième étage de la maison que j'occupais alors, rue Saint-Hyacinthe, où ils restèrent près d'une annee.

« Ils furent ensuite établis dans un jardin que M. le docteur Pinel-Granchamps voulut bien mettre à ma disposition, et où ils sont restés près de dix-huit mois. Ce jardin devant être alors détruit pour le passage de la rue Soufflot, un autre de mes amis, M. Duflocq, qui possédait, rue Rochechouart, un vaste terrain, eut l'obligeance de les y recevoir. Ils séjournèrent dans ce terrain, ouvert au nord et situé sur un des points les plus élevés de Paris, depuis 1847 jusqu'au milieu de 1849, c'est-à-dire pendant deux hivers, exposés à la pluie, à la neige et au froid, sans avoir jamais paru en souffrir.

« Mes deux Casoars, alors adultes, étaient des femelles, et le Muséum d'histoire naturelle possédait, à cette époque, un mâle de la même espèce. M. Geoffroy Saint-Hilaire, sous la direction de qui je suis chargé de la Ménagerie de cet établissement, m'engagea à y faire transporter ces deux individus que j'avais, pendant quatre années, ainsi élevés et acclimatés dans l'espoir de les faire reproduire. Cet espoir a été complétement réalisé.

« Je joins ici les observations que ces circonstances m'ont mis à même de faire sur le mode de reproduction de ces singuliers oiseaux. Les deux femelles, élevées par moi, furent apportées à la Ménagerie vers le milieu de l'année 1849. Une d'elles commença à rechercher le mâle en janvier 1850.

« L'accouplement eut lieu les 19, 22 et 26 février ; un premier œuf fut pondu le 29, puis un tous les deux jours jusqu'au nombre total de douze. Cette première année, les œufs furent confiés à deux Poules d'Inde et ne donnèrent aucun résultat.

« En 1851, un nouvel accouplement eut lieu le 14 janvier, et fut répété les 16 et 20; il produisit dix œufs qui furent réunis, et à dater du 8 ou du 9 mars, incubés par le mâle, avec un soin et une persévérance remarquables jusqu'au 10 mai, jour de l'éclosion de trois petits Casoars très-vigoureux ; un quatrième n'ayant pu rompre sa coquille mourut dans l'œuf. Le mâle a parfaitement élevé les petits, et l'individu femelle qui existe encore à la Ménagerie du Muséum provient de cette incubation.

« L'année suivante, la ponte d'une seule femelle a produit seize œufs ; mais, soit qu'ils fussent mal fécondés, soit que le mâle, qui était boiteux et ne se couchait qu'avec peine, ait couvé irrégulière-

Échelle de $0^m.075$ pour 1 mètre.

0, 0.1 0.2 0.3 0.4 0.5 0.6 0.7 0.8 0.9 1 M.

Le Dromée, vulgairement Casoar australien (*Dromaius Novæ Hollandiæ; Casuarius Novæ Hollandiæ*, LATH.).

Adulte, et jeune en livrée.

ment, bien qu'il ait paru prendre le même soin que l'année précédente; soit que, malade ou fatigué, il n'ait pu développer une chaleur incubatrice suffisante, cette couvée ne réussit point : la plupart des œufs furent cassés par le mâle; un seul, éclos le 8 juin, donna naissance à un petit Casoar bien constitué.

« Tels ont été les résultats des expériences que j'ai tentées. Il me semble qu'il est permis d'en conclure que la reproduction du Casoar en domesticité, sous le climat moyen du nord de la France, doit être considérée comme un fait acquis. J'ajouterai qu'il n'a pas été obtenu sans quelque difficulté. Ces oiseaux sont tellement craintifs et inquiets, que, pour obtenir de bons résultats de leur incubation, il faudrait les placer dans un lieu tout à fait isolé et tranquille; tandis qu'à la Ménagerie du Jardin des plantes la présence d'un public nombreux les dérange presque continuellement.

« La reproduction du Casoar a aussi eu lieu en Angleterre en 1851, dans la magnifique propriété de lord Derby. Les œufs, mis en couve dans un appareil à incubation, ont donné naissance à six petits qui sont parvenus à l'état adulte. A la vente de la ménagerie de lord Derby, en 1851, ces jeunes Casoars ont été achetés par M. Vekemans, directeur du Jardin zoologique d'Anvers. Cet établissement possédait encore alors une paire de Casoars acquis en 1844, dont la femelle a pondu l'année suivante vingt-trois œufs. La ponte a commencé au mois de novembre. La même femelle a continué à pondre tous les ans à la même époque; mais à chaque ponte le nombre des œufs diminuait considérablement. Le mâle s'est toujours occupé du nid, mais n'a jamais voulu couver. Les petits, éclos dans un four à incubation, n'ont pas vécu.

« Le Casoar supporte parfaitement le froid de notre climat; il ne cherche pas à s'abriter, même dans les hivers les plus rudes. Il couche sur la neige, et même dessous, si, tombant pendant la nuit, elle le recouvre durant son sommeil; l'oiseau n'offre plus alors à la vue qu'un amas de neige sous lequel il est entièrement enseveli. J'ai plusieurs fois vu, sur le dos des Casoars, une couche de neige congelée séjourner plusieurs jours, sans qu'ils semblassent s'en apercevoir. Le mâle, à l'époque des amours, poursuit la femelle avec beaucoup d'ardeur et l'oblige à se coucher pour l'accouplement.

« La ponte est ordinairement de sept à huit œufs. C'est aussi le mâle qui se charge seul de la confection du nid et du soin de l'incubation. Il réunit les œufs à mesure qu'ils sont pondus, les recouvre avec du sable ou de la paille, et ne commence à couver que lorsque la ponte est entièrement terminée. Le temps de l'incubation est de soixante-deux jours. Pendant ce long temps, le mâle, dont la chaleur incubatrice s'élève de 38 à 45 degrés centigrades, ne prend aucune espèce de nourriture, et vit aux dépens de la graisse accumulée dans son abdomen, autour des viscères de la digestion. On savait déjà que les Autruches, pendant leur émigration au désert, qui dure tout le temps de la ponte et de l'incubation, ne mangent point. M. Gosse, qui a publié un travail très-intéressant sur leur utilité et leur acclimatation, a trouvé, chez des individus morts à la Ménagerie du Muséum, une masse de graisse enveloppant les viscères dont le poids s'élevait jusqu'à 24 kilog. 552 gr.

« Les jeunes Casoars, au sortir de l'œuf, peuvent, ainsi que les Poulets, courir et chercher leur nourriture. Ils sont très-vifs, ont un air intelligent, et suivent familièrement les personnes qui en prennent soin. Leur voix est un petit cri doux et plaintif. C'est encore le mâle qui les élève et les dirige avec autant de soin et d'attention que pourrait le faire la meilleure mère. La femelle ne s'occupe nullement de l'éducation des petits. »

Comme on le voit par la relation de M. Prévost, et comme le dit M. de Quatrefages qui en a fait une seconde, plus courte, mais non moins intéressante [1], cette « expé« rience importante se trouva interrompue, parce que le « mâle etait infirme et à bout de forces. Telle qu'elle est, « ses résultats parlent trop haut, pour qu'il soit nécessaire « d'en faire ressortir les conséquences. »

Espérons qu'elle pourra bientôt être reprise. Des Dromées sont à Paris, en ce moment même, dans deux établissements, le Muséum d'Histoire naturelle et le Jardin

[1] Notice déjà citée dans le *Bulletin*, t. VI, p. LXXII.

zoologique d'acclimatation; et dans l'un et l'autre, rien ne sera négligé pour obtenir de nouvelles reproductions.

§ 4.

Si j'ai pu me féliciter de voir mes espérances en partie justifiées pour le Dromée, j'ai vu avec plus de satisfaction encore les faits autoriser, à l'égard de l'Autruche, cette conclusion que je n'avais osé émettre : l'Autruche peut devenir, elle aussi, un oiseau domestique et européen. Et même, contre toute prévision, tandis que tout est à reprendre pour le Dromée, nous avons dès aujourd'hui, pour l'Autruche, des essais très-avancés et très-heureusement en voie de succès.

Deux membres de la Société d'acclimatation ont eu, à des titres divers, le mérite de provoquer ces essais : ces deux membres sont un savant médecin et physiologiste génevois, M. Gosse, et un honorable négociant de Paris, M. Chagot aîné. Le premier a appelé à plusieurs reprises l'attention de la Société sur les avantages qu'offrirait, particulièrement pour l'Afrique, la domestication de l'Autruche, et sur la possibilité d'obtenir cette domestication : un questionnaire, rédigé par notre savant confrère, a été distribué dans toute l'Afrique, par les soins de la Société, et lui a procuré de nombreux documents, qu'elle a fait insérer ou analyser dans son *Bulletin* [1]. En même temps, M. Chagot, voyant l'Autruche devenir rare, et voulant prévenir la destruction d'un oiseau dont les plumes forment une branche importante de

[1] Pour le *Questionnaire*, voyez le t. III, p. 290; 1856. — De nombreux documents sur l'Autruche se trouvent dans le même volume et dans les suivants.

Les articles de M. Gosse, complétés par plusieurs parties qui n'ont pas paru dans le *Bulletin*, ont été publiés à part, sous ce titre : *Des avantages que présenterait en Algérie la domestication de l'Autruche*. Paris, in-8°, 1857.

commerce, prenait la généreuse résolution de fonder un prix de *deux mille francs* pour la multiplication en domesticité de l'Autruche; et la Société d'acclimatation, qui déjà avait fondé un semblable prix pour le Dromée et le Nandou, était mise en possession de cette somme, destinée à récompenser la première domestication de l'Autruche « en France, en Algérie ou au Sénégal [1]. »

Rien ne paraît avoir été fait encore au Sénégal pour remplir le programme de M. Chagot. En France, quelques essais ont été entrepris à Marseille; espérons qu'ils réussiront mieux que ceux que nous avons faits à plusieurs reprises à Paris [2]. Quant à l'Algérie, le vœu de M. Chagot est presque entièrement rempli par les soins de M. Hardy, directeur de la Pépinière centrale, et il l'est de plus, en Europe même, à San-Donato, près de Florence.

Avant l'année 1857, M. Hardy avait déjà non-seulement obtenu des œufs, chose commune même en Europe, mais aussi vu des Autruches se creuser un nid; simple excavation que pratiquaient le mâle et la femelle, en enlevant des becquetées de terre et les rejetant à quelque distance. Après ces préliminaires, les œufs avaient été pondus; mais, au lieu de les déposer dans le nid, la mère les avait disséminés au hasard sur différents points du parc.

Au mois de janvier 1857, M. Hardy put croire un instant qu'il touchait au but. Une paire d'Autruches, qu'on avait placée dans un vaste enclos, déposa pour la première fois des œufs dans un nid, creusé par elle au milieu d'un massif boisé, et elle commença à les couver; mais elle les

[1] *Bulletin de la Société d'acclimatation*, t. V, p. XXVII et 45.
On trouve dans ce Recueil plusieurs communications de M. Chagot sur l'Autruche.

[2] A la Ménagerie du Muséum, nous avons eu très-souvent des œufs, et même en toute saison, sans excepter l'hiver; mais ces œufs étaient clairs.

abandonna bientôt, à la suite de pluies abondantes qui avaient inondé le nid.

Pour prévenir le retour d'un semblable accident, M. Hardy fit former un large monticule de sable à l'endroit où avait été le nid : il espérait une seconde ponte qui, en effet, eut lieu, vers le milieu de mai, dans un nouveau nid, creusé au sommet du monticule. « Dans les derniers jours de juin, dit « M. Hardy, les Autruches commencèrent à garder le nid « quelques heures par jour; puis, à partir du 2 juillet, elles « couvèrent plus régulièrement. Le 2 septembre on aper« çut un petit (ou plutôt, une petite femelle) qui se pro« menait. Le petit Autruchon s'éleva parfaitement, et au« jourd'hui, » écrivait M. Hardy le 18 juin 1858, « il est « aussi grand que ses parents. »

C'est le premier exemple authentique d'une Autruche née en captivité.

Après la naissance de la jeune Autruche, les parents ne tardèrent pas à délaisser les autres œufs dont trois renfermaient des fœtus déjà très-avancés en développement. Ce premier résultat n'était donc pas encore tout à fait satisfaisant. Mais, au commencement de 1858, le même couple recommença à pondre; et cette fois, les deux parents, le père plus que la mère à la fin de l'incubation, couvèrent assidûment les œufs qui étaient au nombre de douze, et firent éclore neuf petits. Sur les trois autres œufs, deux étaient mauvais; dans l'autre était un fœtus mort[1].

La même année, un autre couple couva chez M. Hardy, auquel l'expérience des années précédentes avait indiqué

[1] Tout ce qui précède est extrait de l'intéressante notice de M. Hardy *Sur l'incubation des Autruches à la Pépinière centrale*, insérée dans le *Bulletin de la Société d'acclimatation*, t. V, 1858, p. 306. Voyez aussi le t. IV, p. 524, et les *Comptes rendus de l'Académie des sciences*, t. XLVI, p. 1272.

les soins à prendre, et cette nouvelle incubation réussit également ; si bien qu'à la fin de 1858, M. Hardy avait des jeunes de deux origines. Aujourd'hui, il en possède non-seulement d'autres encore issus des mêmes Autruches, mais déjà six provenant de la femelle née chez lui en 1857 : l'éclosion de cette seconde génération a eu lieu le 21 mai 1860[1].

L'acclimatation de l'Autruche ne se poursuit pas moins heureusement dans le beau jardin zoologique de San-Donato. Par les soins de M. Desmeure, chargé par le prince Anatole de Demidoff de suivre ses essais d'acclimatation, deux reproductions ont eu lieu, l'une en 1859, l'autre cette année même; et le prince Demidoff s'est empressé d'envoyer à la Société d'acclimatation deux très-intéressants rapports dont l'un a été, et dont l'autre sera prochainement inséré dans le Recueil des travaux de cette Société[2]. « M. Desmeure, « dit notre éminent confrère, se préparait à expérimenter « au moyen de deux couveuses à température graduée, « lorsque le *Bulletin de la Société impériale d'acclimata-* « *tion* nous apporta l'intéressante Notice de M. Hardy. Ce « fut une lumière pour M. Desmeure, et je n'eus plus qu'à « le laisser agir. » Les précautions prises consistèrent à agrandir le parc, à établir au milieu un épais massif d'arbres verts, au centre duquel restait un espace libre, et d'accumuler sur cet espace quelques mètres de sable. Ces précautions, si bien prises qu'elles fussent, n'amenèrent

[1] Il y avait eu 15 œufs et 9 éclosions. Mais trois petits n'ont pu être élevés. L'accouplement avait eu lieu le 20 janvier.

J'extrais ces détails d'une lettre qu'a bien voulu m'écrire M. Hardy, en réponse à plusieurs questions que je lui avais adressées.

[2] Voyez, pour le premier, le n° de janvier 1860.

Le second de ces *Rapports* vient de me parvenir, et je l'ai présenté à l'Académie des sciences dans la séance du 27 août. Voyez les *Comptes rendus*, t. LI, p. 210.

d'abord aucun résultat; mais le Prince ayant reçu en 1859 une femelle plus jeune, on la vit bientôt, avec son mâle, creuser son nid; le 17 juin, treize œufs y étaient déposés, et le 17 août, « deux Autruches fort vives couraient à tra-« vers le parc en cherchant à becqueter le sable. » Ces deux petits ont été heureusement élevés.

C'est le même couple qui vient de se reproduire de nouveau, et, comme à Alger, la seconde éclosion a été beaucoup plus heureuse que la première : quatre jeunes Autruches sont nées le 25 juin, une le 24, et une le 26; celle-ci, plus délicate et plus faible, n'a pu être élevée. En outre des œufs qui ont donné ces six jeunes, huit restaient dans le nid; mais un orage des plus violents s'abattit sur San-Donato, et la foudre ayant éclaté deux fois, à 150 mètres du parc des Autruches, elles se décidèrent à abandonner leur nid, pour aller chercher, avec leurs petits, un refuge dans leur cabane couverte.

L'étude des Autruches, durant ces deux incubations, a donné lieu à des observations pleines d'intérêt. La première fois, la femelle avait laissé au mâle seul les soins de l'incubation; seulement elle venait quelquefois près des œufs lorsque le mâle allait manger, et elle les retournait avec précaution; puis elle se retirait. La seconde fois, la femelle a, au contraire, couvé les œufs alternativement avec le mâle, laissant toutefois à celui-ci la plus grande partie du travail. Il y eut même un moment, le 17 juin, où l'on vit le couple couver ensemble; c'était durant une bourrasque accompagnée de torrents de pluie, et un seul individu n'eût pu, à lui seul, préserver le nid.

On a aussi remarqué que, la seconde fois, les Autruches se sont montrées moins sauvages. Non-seulement M. Desmeure, bien connu de ses animaux, mais le prince Demidoff pouvaient pénétrer dans leur parc et s'approcher du nid : « Celui qui couvait, dit le Prince, ne donnait aucun « signe d'agitation, et l'autre s'approchait du nid avec « des intentions évidemment pacifiques. » Ce qui donne lieu « d'augurer que la domestication marchera de pair « avec la reproduction. »

Voici donc huit Autruches nées en Europe, deux en 1859, six en 1860; et presque toutes ont été élevées sans difficulté; les premières ont déjà la taille d'adultes, et il y a lieu de penser qu'elles donneront à leur tour des produits l'année prochaine[1].

Ce n'est donc pas seulement le Dromée, c'est aussi l'Autruche, qui pourra, au moins dans l'Europe méridionale, prendre place parmi les animaux domestiques; et, plus hardis dans leurs prévisions que les naturalistes, MM. Chagot et Gosse ont décidément eu raison contre eux. Rien ne s'oppose à ce que l'Autruche soit un jour élevée dans les fermes; le premier des oiseaux alimentaires, elle y serait aussi le premier des oiseaux industriels.

[1] Au moment de mettre sous presse, je reçois une lettre de l'honorable délégué de la Société d'acclimatation à Madrid, M. Graells. Cette lettre m'apprend que « l'Autruche d'Afrique s'est reproduite dans le parc de Sa Majesté, « au Buen-Retiro, l'été dernier. » M. Graells enverra prochainement à la Société d'acclimatation une relation détaillée.

Ainsi, après l'Algérie, l'Italie; après l'Italie, l'Espagne. A Marseille, l'habile directeur du Jardin zoologique, M. Suquet, ne néglige rien pour que la France méridionale ait aussi son tour.

CHAPITRE IV

SUR LA PISCICULTURE ET PARTICULIÈREMENT SUR QUELQUES POISSONS ALIMENTAIRES DONT L'INTRODUCTION POURRAIT ÊTRE UTILE

§ 1.

Au nombre des avantages qui recommandent l'introduction et l'acclimatation de plusieurs des espèces précédentes, se place au premier rang leur fécondité : c'est par dizaines que se comptent, pour divers mammifères, les produits qu'on peut en obtenir en une année, et il est des oiseaux qui donnent des centaines d'œufs. Cette fécondité est très-grande, relativement à la plupart des espèces des mêmes classes; mais que serait-elle, comparée à celle des poissons? La stérilité. Lund, Harmer, Leuwenhoeck, Petit, Rousseau, M. Valenciennes et plusieurs autres naturalistes ou physiologistes du dix-huitième siècle et du nôtre, ont, non pas compté, comment ici compter? mais calculé le nombre des œufs chez divers poissons; et ils en ont trouvé des centaines de mille chez le Brochet et la Tanche, plus d'un demi-million chez la Carpe et le Maquereau, six millions chez la Plie, sept millions six cent mille chez l'Esturgeon, neuf millions chez le Turbot, onze chez la Morue, et enfin, ce dernier résultat est dû à M. Valenciennes, treize millions chez le Muge à grosses lèvres [1] ! Ce serait à remplir les fleuves et les mers elles-mêmes, si l'immense majorité de ces innombrables œufs et des jeunes qui en sortent ne servait d'aliments aux autres poissons.

Une si prodigieuse fécondité eût dû, depuis longtemps, appeler l'attention, au point de vue de l'acclimatation, sur la classe des poissons, si riche en excellents animaux alimentaires. Quand un mammifère, quand un oiseau a été introduit et acclimaté, au prix de sacrifices dispendieux, un long temps s'écoule encore avant qu'on n'en recueille le fruit : la génération qui a semé ne récolte pas; pas même quelquefois celle qui la suit. L'introduction, l'acclimatation d'un poisson ont, de même, leurs très-graves difficultés, et aussi, au commencement, leurs lenteurs; mais, les animaux une fois habitués à leurs nouvelles conditions d'existence, la multiplication peut se faire avec une extrême rapidité, soit qu'on recoure aux procédés de la fécondation artificielle pour éviter la perte d'une partie du frai, soit même que, laissant la fécondation se faire naturellement, on se borne à protéger le frai et ensuite les jeunes, en les plaçant hors de l'atteinte des espèces voraces.

Si la pisciculture, cette « agriculture des eaux, » comme on l'a quelquefois appelée, s'est laissée devancer par plusieurs branches de la zootechnie, il est permis d'espérer qu'elle saura réparer le temps perdu et se remettre sur le pied d'égalité avec les autres ; et quant à l'acclimatation en particulier, il serait même fort possible qu'elle vînt un jour à les devancer, et à peupler nos viviers et nos rivières, si pauvres aujourd'hui, de poissons nouveaux plus nom-

[1] Chez un individu long de 0m,60. — Voyez Valenciennes et Frémy, *Recherches sur la composition des œufs*, second Mémoire, dans les *Comptes rendus de l'Académie des sciences*, t. XXXVIII, p. 524, 1857.

breux que les animaux domestiques de nos fermes et les gibiers de nos bois.

§ 2.

La pisciculture n'est pas un art entièrement nouveau, comme on l'a souvent dit, et comme pourrait le faire croire son nom, si récemment introduit dans notre langue, qu'il y a encore à peine droit de cité. Deux peuples, au moins, ont connu bien longtemps avant nous, non-seulement l'art d'exploiter, par des pêches habilement conduites, les eaux des rivières, des lacs et des mers, mais celui d'y favoriser la multiplication des poissons, dans l'intérêt de l'alimentation de l'homme. Les Chinois sont un de ces peuples très-anciennement pisciculteurs, et peut-être ont-ils, ici encore, devancé tous les autres : en Chine, où la nourriture manque souvent aux populations, et où les fleuves même sont habités, on ne pouvait manquer de recourir à cette réserve immense de nourriture qu'on avait autour de soi et sous les pieds même. C'est ce qu'on a fait, mais sans que nous puissions dire jusqu'à quel point : on manque malheureusement, les temps modernes exceptés, de documents précis sur la pisciculture chinoise.

On sait mieux que les Romains, vers la fin de la république et au temps de l'empire, exploitaient habilement les eaux, aussi bien que le sol, au profit du luxe de leurs tables. Les soins qu'ils donnaient à la culture des poissons finirent même par dégénérer, comme le dit si bien M. Drouyn de Lhuys, « en une extravagante sollicitude. Ils « en étaient venus à un tel point de folie qu'ils acceptaient « des surnoms empruntés aux poissons, et les portaient avec « autant d'orgueil que leurs aïeux ceux des provinces qu'ils « avaient conquises[1]. »

[1] « Les Licinius prirent le nom de *Murena* de leur passion pour les

On sait aussi qu'au moyen âge, et lors de la renaissance, le grand nombre et la prospérité toujours croissante des monastères avaient considérablement multiplié le nombre des étangs : chaque abbaye avait les siens, et il est très-présumable que l'art d'y entretenir et d'y propager les bonnes espèces ichthyologiques avait fait, dès lors, sur plusieurs points, de notables progrès. Nous n'en sommes même pas, sur ce point, réduits à des conjectures. Non-seulement on cite des monastères où la pisciculture était en usage dans la première moitié du dix-huitième siècle; mais, dès le quatorzième, dom Pinchon, moine de l'abbaye de Réome, la pratiquait habituellement, et non sans habileté et sans succès : ses procédés sont décrits dans un manuscrit daté de 1420, que possédait M. le baron de Montgaudry, petit-neveu de Buffon, et auteur d'une communication intéressante sur quelques points de l'histoire de la pisciculture, faite par lui à la Société d'acclimatation, presque au moment même ou elle venait de se constituer [1].

Parmi les procédés de la pisciculture, le plus remarquable de tous, la fécondation artificielle, que tant d'auteurs font dater de vingt ans environ, remonte elle-même à plus d'un siècle. Dès 1758, un officier westphalien, J. L. Jacobi, communiquait à Buffon un travail, connu par les extraits qu'en a donnés Lacépède dans la continua-

« Murènes; Sergius celui d'*Orata* de son amour pour les Dorades. » DROUYN DE LHUYS, *Sur les Jardins et Établissements zoologiques dans l'antiquité et au moyen âge*, notice lue à la Société d'acclimatation dans sa séance publique annuelle du 10 février 1860, et insérée dans le *Bulletin* de cette Société, t. VII, p. XXII.

[1] Voyez : *Observations sur la pisciculture*, dans le *Bulletin de la Société d'acclimatation*, t. I, p. 80. — Voyez aussi un article très-intéressant de M. J. HAIME, sur *la Pisciculture*, dans la *Revue des Deux-Mondes*, livraison du 1er juin 1854; article où sont exactement présentés l'histoire et l'état de la pisciculture au moment où écrivait l'auteur. Cet article est malheureusement un des derniers qui soient sortis de sa plume exacte et savante.

tion ichthyologique de l'*Histoire naturelle*[1], et d'où il résulte que Jacobi savait déjà, « tenant une femelle près de pondre dans une situation verticale et la tête en bas, » faire « couler les œufs entraînés par leur propre poids, » et au besoin provoquer « leur chute par un léger frottement qu'on fait éprouver au ventre de la femelle, en allant de la tête vers la queue. » De même, Jacobi prenait « la liqueur laiteuse du mâle » et en fécondait « les œufs mûrs, » même ceux « d'une femelle morte depuis plusieurs jours et déjà puante » et il avait ainsi « obtenu de jeunes Truites très-bien conformées. »

Ce sont ces mêmes expériences qui, communiquées par Jacobi au comte de Golstein, ont paru, sous le nom de celui-ci, dans le *Traité général des pêches*, de Duhamel[2], qui ne nomme même pas Jacobi. On a, de nos jours seulement, restitué[3] au véritable auteur le mérite d'une découverte qui

[1] Voyez *Discours sur la nature des Poissons*, dans l'*Histoire naturelle des Poissons*, t. I; Paris, in-4°, 1798, p. LXXXVIII à XCII; et Paris, in-12, 1798, p. CXXXII à CXXXVI.

[2] Part. III, p. 209; 1772. — La découverte de Jacobi avait cependant été publiée en Allemagne dix ans auparavant, dans le *Hannover Magazin*. Elle était, en outre, connue par une communication très-étendue, faite en 1764 par Gleditsch à l'Académie de Berlin. (Voyez l'*Histoire* de cette Académie, t. XX, pages 55 à 64.) Un extrait de la communication de Gleditsch avait été publié à Paris dans l'abrégé des Mémoires de l'Académie de Berlin qui fait partie de la *Collection académique* de Paul. Voyez la *Partie étrangère*, t. IX, Append., p. 42.

On n'en a pas moins continué jusqu'à nos jours à citer Golstein, et à laisser Jacobi dans l'ombre.

[3] Voyez Coste, *Instructions pratiques sur la pisciculture*, Paris, in-12, 1853. En tête de ce livre sont des notions historiques sur la découverte de la fécondation artificielle, et à la fin, p. 130 et suiv., la lettre adressée par Jacobi au *Hannover Magazin*.

Ce document et plusieurs autres ont été rappelés et discutés par M. Auguste Duméril, dans plusieurs leçons faites au Muséum d'Histoire naturelle en 1855 sur l'histoire de la pisciculture. Ces leçons, où le savant professeur a rendu très-consciencieusement justice à chacun, ont été publiées, par extraits étendus, dans le journal *La Science*, 1855, nos 89 à 103

était le fruit de près de vingt années d'essais et de travaux [1].

Est-ce d'après les indications de Jacobi, ou parce que les pêcheurs y seraient arrivés d'eux-mêmes, que nous les voyons, presqu'à la même époque, pratiquer la fécondation artificielle, encore inconnue des savants? Ou mieux, Jacobi aurait-il été mis sur la voie, par la connaissance de procédés de pêche déjà usités vers 1770, si ce n'est plus tôt, sur un si grand nombre de points, qu'on ne peut guère y voir, à cette époque, les résultats d'une invention toute récente? On serait porté à le penser, lorsqu'on voit Adanson décrire, dès 1772, de la manière la plus précise, les procédés de la fécondation artificielle, et les dire d'un usage *habituel*, tant pour le Saumon que pour la Truite, « sur les « bords du Weser, dans la Suisse, dans le palatinat du Rhin, « et dans la plupart des pays montueux ou élevés de l'Alle- « magne [2]. »

Les procédés de la fécondation artificielle n'ont jamais cessé, depuis le dix-huitième siècle, d'être en usage, mais sur un petit nombre de points, sur une très-petite échelle, et sans qu'on y donnât généralement attention. Ils étaient donc à peu près tombés en oubli ; et ils y seraient encore, sans la sagacité d'un pêcheur des Vosges, réinventeur, il y a vingt ans, d'un art qu'on pouvait dire perdu. Ce pêcheur est M. Rémy, bientôt secondé par un autre pêcheur, M. Géhin. A l'occasion d'un travail de M. de Quatrefages, qui venait de recommander la fécondation artificielle comme un excellent moyen de multiplier les poissons, l'Académie et le public apprirent, en 1849, que le vœu émis par le savant na-

[1] Des fécondations artificielles de Poissons avaient été pratiquées aussi au dix-huitième siècle par l'illustre Spallanzani, mais postérieurement aux expériences de Jacobi. Voyez une *Note sur l'Histoire de la pisciculture*, insérée par M. Reynoso dans le *Bulletin de la Société d'acclimatation*, t. III, p. 30.

[2] Adanson, *Cours d'Histoire naturelle fait en 1772*, publié en 1845 par M. Payer Voyez le t. II, p. 70.

turaliste se trouvait réalisé à l'avance, et depuis plusieurs années déjà, par deux pêcheurs, M. Rémy, secondé par M. Géhin. « Sans connaître ni les travaux antérieurs de « M. de Golstein (ceux de Jacobi), ni les principes émis par « M. de Quatrefages, deux habitants des Vosges, » écrivait M. le docteur Haxo [1], « sont parvenus à des résultats qui « permettent de considérer le problème comme entière- « ment résolu [2]. » A cette époque, en effet, MM. Rémy et Géhin possédaient, dans une pièce d'eau établie à cet effet, « une quantité de Truites, qu'ils n'estimaient pas à moins de « cinq à six cent mille, depuis l'âge d'un an jusqu'à trois ! » A part ce nombre, qui put sembler exagérer, les résultats obtenus par MM. Rémy et Géhin avaient été constatés avec soin par une commission de la Société d'émulation des Vosges, et avaient reçu de cette Société une première récompense, à laquelle se joignirent bientôt les encouragements de plusieurs autres sociétés scientifiques et du gouvernement lui-même.

Depuis ce moment, le nom de Rémy, malheureusement enlevé en 1855 par une mort prématurée [3], et celui de son collaborateur Géhin, sont dans toutes les bouches. Et ce n'est pas exagérer la valeur de leurs services que de les qualifier, dans la sphère de leurs modestes, mais féconds tra-

[1] Dans les *Comptes rendus de l'Académie des sciences*, t. XXVIII, p. 351; 1849.

[2] Il l'était aussi vers la même époque, et peut-être même quelques années plus tôt, de l'autre côté de la Manche, par M. Boccius, auteur d'un traité : *On the Production and Menagement of Fish by artificial Spawning*, etc. Londres, 1 vol. in-8°, 1848.

[3] Après tant de travaux, la mort de Rémy laissait sa famille sans ressources. La *Société impériale d'acclimatation* a aussitôt ouvert une souscription qui a permis de réaliser un capital assez important pour venir efficacement en aide à la famille du rénovateur de la fécondation artificielle. Le trésorier de la Société, M. Paul Blacque, a bien voulu se faire l'administrateur de ce petit capital. Voyez le *Rapport* de M. Haime, dans le *Bulletin*, t. II, page 104; 1853.

vaux, de véritables *bienfaiteurs* de leur pays; car ils ont eu, comme l'a dit M. Milne-Edwards[1], le mérite d'avoir créé en France une industrie nouvelle, grâce à leur rare sagacité et à leur incroyable persévérance[2].

A la même époque, et même un peu plus tôt, M. Coste avait commencé au Collége de France cette série considérable de travaux qui a eu tout à la fois pour effets d'enrichir la pisciculture d'un grand nombre de résultats nouveaux, d'en vulgariser les procédés, et de décider le gouvernement à prendre des mesures pour hâter les progrès de cet art nouveau. C'est sous l'influence ou par les soins de M. Coste qu'un établissement spécial de pisciculture a été créé à Huningue, et que diverses dispositions ont été prises sur nos côtes en faveur, non-seulement de la pisciculture proprement dite, mais aussi de l'ostréiculture et de la production des crustacés comestibles.

M. Millet, inspecteur des forêts, a pris de même une part importante aux travaux de pisciculture, dont nos eaux,

[1] *Rapport à M. le Ministre de l'agriculture*, inséré dans les *Annales des sciences naturelles*, Troisième série, t. XIV, p. 53; 1850.

[2] Voici, selon M. Géhin, le point de départ de leurs travaux. Je reproduis ici, dans leur simplicité, les termes eux-mêmes dont il s'est servi, en réponse à mes questions :

« On disait depuis des siècles de père en fils : Quand on touche une truite, elle perd ses œufs. Si l'on pouvait trouver le moyen de ne pas les laisser perdre ! »

Pour trouver ce moyen, les deux pêcheurs s'associèrent, dit M. Géhin. et firent « une observation qui dura quinze jours. » Alternativement, et en se relayant de cinq en cinq heures, ils suivirent, couchés sur le bord d'une petite rivière très-limpide, la Mosellote, le travail de la femelle, et ensuite celui du mâle. La première, près de pondre, « arrange des pierres de distance en distance, en descendant l'eau, qui l'aide à pousser ces pierres, quelquefois d'un demi-quart de livre; puis elle se frotte le ventre sur les pierres, « et fait sortir les œufs, qui sont alors entre les pierres. Le mâle fait de même « et jette sur les pierres. Les femelles recouvrent ensuite le tout. »

C'est ainsi, dit M. Géhin, que nous eûmes l'idée de frotter les ventres et de verser la laitance sur des œufs; mais « on nous croyait fous: on « *faisait dire des messes.* »

soit douces, soit salées, ont été depuis plusieurs années le théâtre. Ses conseils n'ont jamais manqué, non plus que ceux de M. Coste, aux pisciculteurs désireux de contribuer à leur tour aux progrès d'un art nouveau et important. Au nombre de ceux qui les ont le plus habilement mis à profit et ont aussi efficacement contribué aux progrès de la pisciculture, il suffira de citer ici M. le marquis de Vibraye, M. le baron de Tocqueville et M. le comte de Galbert[1].

Grâce à tous ces travaux, la France, qui était, au point de vue de la pisciculture, en arrière de l'Allemagne et de l'Angleterre, a, en peu d'années, repris les devants, tant le mouvement de progrès y a été rapide et général. Tout le monde fait aujourd'hui de la pisciculture; c'est un jeu pour ceux qui ne s'en occupent pas à titre de culture utile. Et non-seulement ainsi toutes les espérances qu'on pouvait concevoir ont été dépassées, mais quelques regrets, bien différents de ceux que nous émettions il y a quelques années[2], pourraient bien s'y mêler avant peu. Prenons garde qu'à cette longue inertie, dont nous nous plaignions, ne succède la précipitation extrême du mouvement. Le but est maintenant nettement marqué par la science : ne négligeons rien pour l'atteindre ; mais souvenons-nous que le dépasser serait encore un moyen de le manquer.

§ 3.

Les résultats des travaux que je viens de rappeler ont eu bien plutôt la multiplication des espèces indigènes que l'introduction et l'acclimatation d'espèces exotiques; c'est par là qu'il fallait commencer. Et pour l'acclimatation

[1] Pour leurs travaux et ceux de M. Millet, et pour un grand nombre d'autres, voyez le *Recueil* de la *Société d'acclimatation*, dont chaque volume renferme plusieurs rapports, mémoires ou notices sur la pisciculture.

[2] Voyez p. 84.

elle-même, on a procédé, il le fallait encore, du petit au grand, en faisant passer, avant les tentatives d'acclimatation d'une partie du monde à une autre, l'introduction d'une région européenne dans une autre, ou même simplement le passage d'une rivière à une autre rivière ou à un étang dans le même pays. C'est ainsi que MM. Rémy et Géhin, et d'autres pisciculteurs, soit des Vosges, soit d'autres localités, ont fait passer les Truites des eaux courantes dans les étangs, où leur chair acquiert d'autres qualités, et où leurs caractères spécifiques, fait très-remarquable pour la zoologie théorique aussi bien que pour l'acclimatation, ne tardent pas eux-mêmes à se modifier : « Les Truites d'étang, » dit un savant médecin des Vosges, M. le docteur Turck, dans une lettre qu'il a bien voulu m'adresser, « ont la tête longue et sont effilées [1]. »

D'autres tentatives, qui se rattachent plus directement à notre sujet, sont dues à mes savants collègues, MM. Coste et Valenciennes, et à M. Millet, dont j'ai déjà cité les nombreux et importants travaux. « N'est-il pas possible, disait Daubenton en 1792 [2], de naturaliser en France l'Umble ou l'Ombre Chevalier, qui n'a été jusqu'à présent que dans le lac de Genève, et d'autres encore? »

C'est à M. Coste et à M. Millet qu'on doit d'avoir réalisé ce vœu de Daubenton. Grâce à ces habiles pisciculteurs, nous avons aujourd'hui dans nos eaux l'Ombre Chevalier et d'autres salmonidés, issus d'œufs pris dans le lac de Genève ou sur d'autres points de l'Europe ; par exemple, dans le

[1] M. Turck a bien voulu m'envoyer plusieurs Truites d'étangs et plusieurs de rivière. J'ai pu ainsi constater par moi-même les différences qu'il m'avait signalées.—M. Turck a, en outre, observé que les Truites varient notablement d'un cours d'eau à l'autre. « Les Truites de Plombières, dit-il, sont fort bonnes, mais elles sont plus brunes que celles de la Moselle, et jamais saumonées comme ces dernières. »

[2] Voyez la *Quatrième partie* de cet ouvrage.

Rhin et dans le Danube. D'une autre part, des poissons ont été directement introduits, par M. Valenciennes, des eaux de la Sprée dans les nôtres, notamment la *Perca lucioperca* et le *Cyprinus jeses* de Bloch, la Lotte allemande, et le grand Silure d'Europe, *Silurus glanis;* parmi les Silures était un individu de 1^{m},20 de long et du poids de 10 kilog. [1]. Une partie de ces poissons a péri depuis, mais d'autres ont survécu ; et le succès même de leur transport était déjà pour la science un fait digne d'intérêt, et pour les acclimatations futures un motif d'encouragement.

Après ces tentatives d'acclimatation *intra-européennes* viendraient celles qui ont été récemment faites pour transporter des poissons, par mer, de l'Europe dans d'autres parties du monde, et réciproquement. Ces tentatives sont encore en petit nombre, et on ne peut voir en elles que de premiers essais qu'il faudra continuer ou reprendre.

Une partie de ces essais a eu lieu en Angleterre. Un comité, institué en vue d'introduire en Australie les principaux animaux utiles d'Europe, a expédié à plusieurs reprises et vient encore tout récemment d'expédier divers poissons à Sidney et sur d'autres points de la colonie. On assure que quelques-uns de ces essais ont été heureux, mais aucun renseignement précis ne me permet encore de l'affirmer.

En France, on s'est occupé du transport en Algérie de plusieurs poissons, destinés à être acclimatés dans les eaux douces de notre colonie, très-pauvres en bonnes espèces de cette classe [2]. Ces tentatives ont été faites par les soins ou à l'instigation de la Société d'acclimatation, qui s'était empressée de répondre à un désir exprimé par un de ses plus

[1] *Comptes rendus de l'Académie des sciences*, t. XXXII, p. 820, 1851.

[2] Voyez les *Remarques* de M. Gervais sur les Poissons *fluviatiles de l'Algérie*, dans les *Annales des sciences naturelles*, 3me série, t. XIX, p. 5; 1853.

illustres membres, M. le maréchal Vaillant. A l'inverse, un autre membre de la même Société, un des plus respectables colons de l'île Maurice, et de ceux qui contribuent le plus à entretenir le mouvement de la science dans cette ancienne colonie française, M. Liénard, a entrepris d'enrichir nos eaux de poissons pris dans le sud de l'Afrique. Aucune de ses tentatives, plusieurs fois renouvelées à grands frais, n'a réussi. Mais M. Liénard ne se décourage pas; il est disposé à recommencer, et, moyennant de nouvelles précautions prises, il espère parvenir enfin à un succès qu'il savait à l'avance très-difficile à obtenir, mais qui n'est nullement impossible. Le Cyprin doré, le *poisson rouge*, aujourd'hui si commun en France, n'y est pas venu de moins loin; c'est de la Chine qu'il a été introduit chez nous; et il l'a été aussi au cap de Bonne-Espérance et sur plusieurs autres points du globe. La Carpe, déjà à demi cosmopolite, a été, de nos jours même, heureusement introduite en divers lieux, notamment à la Martinique. Et l'espèce elle-même dont M. Liénard a particulièrement à cœur d'enrichir nos eaux, le Gourami, a été déjà, comme on le verra bientôt, transporté à une si grande distance de son pays natal, qu'on peut la citer comme un troisième exemple de la possibilité de transports très-lointains par la voie de mer.

Si peu avancés que nous soyons encore ici, les ichthyologistes feront donc une chose utile en s'occupant de désigner dès à présent les espèces que leurs qualités, soit alimentaires, soit industrielles, ou même l'éclat de leurs couleurs ou leur élégance, désigneraient aux futurs essais d'acclimatation et de domestication. Je ne crois pas encore possible, dans l'état présent de la science, de dresser des *listes ichthyologiques* comparables à mes *listes mammalogiques* et *ornithologiques;* car, pour celles-ci, j'avais pu m'aider des résultats d'un grand nombre d'essais plus ou moins heureux; et pour les poissons, à peine en a-t-on fait quelques-uns. Mais on peut du moins inscrire, sous toute réserve, quelques noms à la suite de ceux des espèces dont l'introduction a déjà été faite ou essayée par MM. Coste, Millet et Valenciennes.

Parmi les poissons qui semblent devoir être désignés, j'indiquerai, ne fût-ce que comme exemples, deux espèces, l'une africaine, l'autre asiatique, qui seraient assurément de précieuses acquisitions pour nos eaux douces. On ne saurait trop appeler sur elles l'attention des voyageurs, ou des personnes résidant à l'étranger, qui se trouveraient en mesure de faire, dans des conditions favorables, des essais d'introduction. Dussent-elles ne pas réussir, de telles tentatives honoreraient encore les noms de leurs auteurs.

§ 4.

Un de ces poissons, dont j'ai cru devoir déjà, à deux reprises[1], indiquer l'acclimatation comme utile, est le grand Barbeau du Nil, *Cyprinus Binny*, de Forskael, qui, en le faisant connaître, disait déjà de lui : « Il est extrêmement commun dans le Nil, et très-bon à manger; » *Niloticus, vulgatissimus, sapidus*[2]. Mon père a retrouvé depuis, soit dans le bas, soit dans le haut Nil, ce poisson désigné par les Arabes sous le nom de *Binny* ou *Benny*, et qui est célèbre par l'excellence de sa chair. Pour en exprimer l'exquise délicatesse, on se sert en Égypte de cette phrase devenue proverbiale : *Si tu connais meilleur que moi, ne me mange pas*. Ce qui prouve peut-être encore mieux que ce proverbe combien le Binny est estimé en Égypte, c'est

[1] Dans mon premier travail général sur l'acclimatation, *Encyclopédie nouv.*, t. IV, p. 580. 1838; et dans mes *Essais de zoologie générale*, 1841, p. 315.

[2] FORSKAEL, *Descriptiones animalium*, etc., in-4°, *Hauniæ*, 1775, p. 71.

qu'il y a, principalement à Syout et à Kené, des hommes qui n'ont point d'autre état que celui de pêcheurs de Binnys. Mon père a fait connaître leurs ingénieux procédés dans un recueil d'observations écrit sur les lieux mêmes, et d'après lequel j'ai rédigé, en 1827, dans le grand ouvrage sur l'Égypte, l'article consacré au Binny, déjà figuré par mon père dans l'atlas du même ouvrage, sous le nom de Cyprin Binny, *Cyprinus lepidotus.* Le Binny est, en effet, d'après les déterminations faites par mon père, le fameux *Lepidotus* des anciens, le seul poisson qui, suivant Strabon, partageât avec l'*Oxyrhynchus* les honneurs d'un culte étendu à toute l'Égypte.

Le Binny a communément un demi-mètre de long, et il n'est pas rare de rencontrer des individus de plus d'un mètre. Remarquable entre tous les poissons du Nil, comme il est dit déjà dans un passage du faux Orphée, par la grandeur et l'éclat argentin de ses écailles (caractère d'où lui venait le nom de *Lepidotus*), le Binny deviendrait bientôt, selon toute apparence, si nous parvenions à l'obtenir, un des poissons d'eau douce les plus recherchés sur nos tables, dont il serait un des ornements.

Il y a, dans d'autres pays, des poissons non moins estimés pour leur chair. Si j'ai choisi, pour le mentionner de préférence, le Binny, qui n'a encore été l'objet d'aucune tentative d'acclimatation, ce n'est pas seulement en raison du prix que j'attacherais particulièrement à l'introduction d'un poisson dont les bonnes qualités alimentaires ont été surtout signalées par mon père, c'est aussi parce que cette introduction me semble une de celles qu'il est le plus facile d'essayer. Grâce au perfectionnement de la navigation, le Nil n'est plus qu'à quelques jours du Rhône et de nos vastes étangs du Midi ; et, sur les bords du Nil, la Société d'acclimatation compte un grand nombre de membres, parmi lesquels S. A. le vice-roi d'Égypte et les princes de sa famille. A Alexandrie, un Comité d'acclimatation a

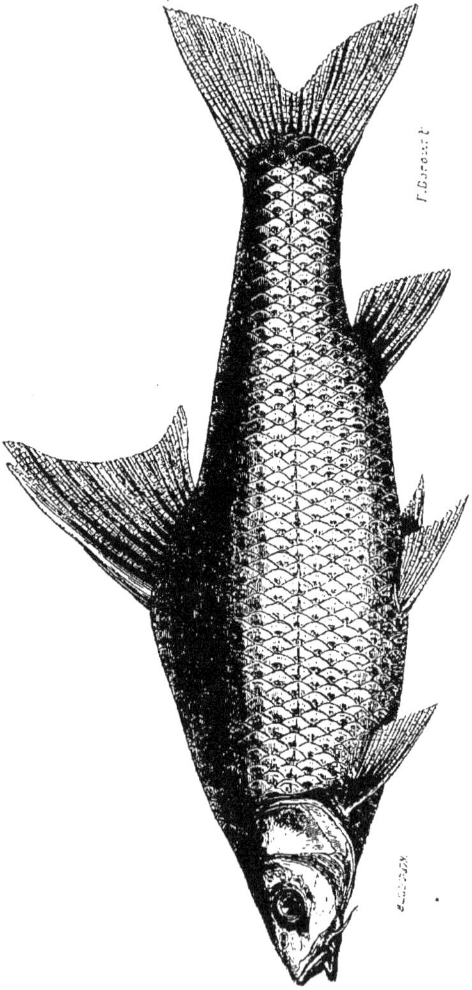

Le Barbeau Binny (*Barbus Binny; Cyprinus Binny*, Forsk).

même été constitué par les soins de S. E. Kœnig-bey. Ce Comité se montrera sans nul doute très-disposé à faire à la

Société mère, et à renouveler au besoin, à plusieurs reprises, l'envoi d'un poisson qu'on se procure en Égypte aussi facilement qu'on obtient ici son congénère, le Barbeau.

§ 5.

La seconde des espèces sur laquelle je crois devoir appeler l'attention des voyageurs est l'*Osphromenus olfax*, de Commerson [1], si connu sous le nom de *Gourami* ou *Gorami*, espèce des rivières de l'Asie orientale, particulièrement de la Chine : *devectus e Sina*, dit le célèbre voyageur qui a le premier bien étudié le Gourami.

Ce poisson, du singulier groupe des acanthoptérygiens à pharyngiens labyrinthiformes, est encore supérieur, comme taille, et peut-être comme qualité, au précédent. Il dépasse souvent un mètre de long; il atteindrait même jusqu'à deux mètres, selon Lacépède; et « comme sa hauteur », ainsi que le fait remarquer ce célèbre ichthyologiste, « est très-grande à proportion de ses autres dimensions, il « fournit un aliment copieux. » M. l'amiral Dupetit-Thouars a vu des individus de dix kilogrammes, et il y en a qui pèsent davantage. Quant aux qualités alimentaires du Gourami, il n'y a qu'une opinion. Lacépède nous le représente comme « remarquable par la bonté de sa chair, autant que « par sa forme et par sa grandeur; » et Cuvier « le dit déli- « cieux et plus savoureux encore que le Turbot [2]. » Quant à Commerson, qui en parle, non d'après le témoignage d'autrui, mais d'après sa propre appréciation, il ne s'en tient

[1] Manuscrits faisant partie de la riche bibliothèque du Muséum d'Histoire naturelle; Lacépède, qui les cite (*Histoire naturelle des Poissons*, in-4°, t. III, p. 117, a écrit, et beaucoup d'auteurs ont écrit d'après lui, *Osphronemus* au lieu d'*Osphromenus*. Cuvier a déjà rectifié cette erreur, *Histoire naturelle des poissons*; éd. in-8°; t. VII, p. 377.

[2] *Loc. cit.*, p. 578; et *Règne animal*, 2e édit., t. II, p. 228.

pas là : « Je n'ai jamais mangé, dit-il, de poisson plus exquis que le Gourami; » *Nihil inter pisces, tam marinos quam fluviatiles, exquisitius unquam degustavi.* « La chair en est « très-excellente et le goût très-délicat, » dit aussi, en parlant par expérience, un auteur récent, M. Reisser, qui n'oublie pas d'ajouter : « C'est une nourriture *saine* en même temps qu'abondante[1]. »

La pensée de répandre hors de son pays un aussi excellent poisson ne pouvait manquer de se produire. On a déjà vu qu'il a été, dès le dix-huitième siècle, transporté à Maurice : outre les individus venus de Chine, selon Commerson, d'autres auraient été exportés de Batavia par Charpentier de Cossigny, selon le témoignage qu'il se rend à lui-même[2]. A Maurice, le Gourami avait d'abord été élevé dans des viviers; mais il s'était bientôt répandu dans les rivières. En se multipliant dans celles-ci, il n'a rien perdu de sa qualité.

Une fois acclimaté à Maurice, alors l'île de France, on a cherché à introduire le Gourami dans les eaux douces de nos autres colonies, soit d'Afrique, comme Bourbon, soit d'Asie, comme Pondichéry, soit même dans celles d'Amérique; entreprise d'une bien plus grande difficulté, dont l'honneur revient à l'amiral de Mackau, alors commandant de la flûte le *Golo*, et au capitaine Philibert. Le premier amena, en 1819, à la Martinique, 19 Gouramis qui venaient de Bourbon; et le second, se rendant quelques années plus tard à Cayenne, en apporta 77, reste de 100 qu'il avait pris à Maurice : plusieurs furent, il est vrai, réembarqués, mais la plupart restèrent à Cayenne. « Ils s'y multiplieront probablement, » disait Cuvier en 1831.

En mentionnant la tentative du capitaine Philibert, Cu-

[1] *Historique du Jardin des Plantes de Saint-Pierre Martinique*, in-8° Fort-Royal, 1846, p. 120.

[2] *Voyage au Bengale*, t. I, p. 181.

vier s'est tu, comme tous les autres ichthyologistes, sur celle de l'amiral de Mackau ; c'est à M. Reisser que nous en avons dû la connaissance[1]. Malheureusement, nous avons aussi appris par M. Reisser qu'il ne restait plus, en 1844, que 7 des 19 Gouramis de M. de Mackau, et de 6 autres provenant du voyage de M. Philibert, qu'on y avait envoyés en 1825[2].

La pensée d'importer le Gourami en Europe a été émise à plusieurs reprises. « Il serait bien à désirer, disait Lacépède dès 1802[3], que quelque ami des sciences naturelles, jaloux de favoriser l'accroissement des objets véritablement utiles, se donnât *le peu de soins nécessaires* pour le faire arriver en vie en France, l'y acclimater dans nos viviers, et procurer ainsi à notre patrie une nourriture peu chère, exquise, salubre et très-abondante. »

Lacépède se trompait en supposant que *peu de soins* devaient suffire pour réaliser l'acclimatation du Gourami dans nos eaux. Mais son vœu ne méritait pas moins d'être entendu, et le Gourami valait bien qu'on fît, pour nous le procurer, des tentatives même incertaines, même dispendieuses. Ainsi en ont jugé Péron et Lesueur, qui, dès le commencement de notre siècle, avaient essayé de ramener ce poisson de l'île Maurice en France : malheureusement leurs Gouramis, qui étaient en grand nombre et jusque-là bien portants, périrent tous ensemble par la maladresse d'un matelot[4]. Ainsi en a jugé, plus récemment, le ca-

[1] *Loc. cit.*
Le même bâtiment, le *Golo*, qui apportait les Gouramis, amenait aussi des Serpentaires : malheureusement on n'avait pu se procurer qu'une paire de ces oiseaux.

[2] Nous regrettons d'avoir à le dire : les Gouramis n'avaient pas toujours reçu les soins nécessaires, et on avait même eu le tort de consommer, dans des repas de luxe, une partie de ces précieux poissons.

[3] *Loc. cit.*, p. 118.

[4] Voyez M. Girard, *F. Péron, sa vie et ses travaux.* Paris, in-8°, 1857 p. 156.

pitaine Philibert : la perte de 23 individus sur 100 entre

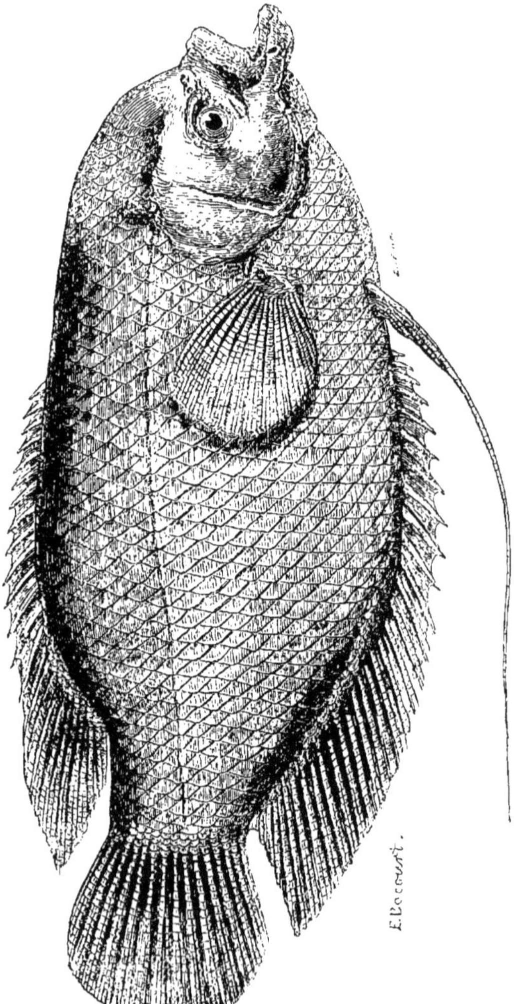

Le Gourami (*Osphromenus olfax*, Comm.)

Maurice et Cayenne l'avait assez averti de la difficulté d'amener le Gourami jusqu'en France; il n'en a pas moins essayé de le faire, et, s'il n'y a pas réussi, s'il a eu le regret de voir le dernier de ses précieux poissons mourir en vue de nos côtes, il lui reste l'honneur d'avoir donné un utile exemple, généreusement suivi de nos jours par M. Liénard. J'ai déjà signalé la louable persévérance de cet honorable colon de Maurice, toujours Français de cœur, par les soins duquel se fait, peut-être en ce moment même, une nouvelle tentative dans des conditions plus propres à en assurer le succès[1].

Tandis que M. Liénard essaye de faire le Gourami européen, le Comité anglais d'acclimatation s'efforce de le faire australien[2]. En ce moment même a lieu, vers Sidney, un transport dont le mode a été réglé après une étude minutieuse de tous les éléments dont il peut être nécessaire de tenir compte en de telles entreprises.

Le Gourami serait-il destiné à devenir, comme la Carpe, comme le *poisson rouge*, commun aux cinq parties du monde?

[1] Voyez page 427.
Outre ces essais qui pourront un jour porter leur fruit, on doit à M. Liénard l'envoi en France, pour les collections du Muséum, de magnifiques individus adultes. C'est un d'eux que j'ai fait figurer.

Je dois faire remarquer que cet individu ne ressemble pas entièrement aux Gouramis jusqu'à présent figurés. Il s'écarte du type spécifique par quelques modifications individuelles, notamment dans la forme de la tête.

[2] Et particulièrement un de ses membres les plus dévoués, les plus amis du progrès, M. E. Wilson.

CHAPITRE V

SUR QUELQUES INSECTES PRODUCTEURS DE SOIE

§ 1.

S'il avait existé un peuple civilisé chez lequel on se fût, durant des siècles, contenté d'un seul animal alimentaire ; si, à la proposition faite d'introduire de nouvelles espèces propres à donner d'autres qualités de viande, ses économistes eussent longtemps fait cette réponse : A quoi bon? nous ne manquons pas de viande ; nous avons le Bœuf; pourquoi le Mouton, ou le Porc, ou la volaille? Et si même, des voyageurs amenant avec eux, à force de persévérance et de sacrifices, de nouvelles espèces, les savants eux-mêmes les eussent repoussés et condamnés, que penserait-on aujourd'hui de ce peuple, de ces économistes et de ces savants?

Ce qu'on en penserait et ce qu'on en dirait aujourd'hui, je crains bien qu'on ne le pense un jour de notre pays et de notre époque elle-même :

Nomine mutato narratur fabula de te.

Ce que je viens de supposer pour la proposition d'introduire de nouvelles espèces alimentaires de quadrupèdes et d'oiseaux, est ce qui a eu lieu, au sein même du corps le plus éminent et le plus ami du progrès, lorsqu'on a proposé d'introduire de nouveaux insectes industriels. A quoi bon, disait-on? n'avons-nous pas un insecte qui nous donne d'excellente soie? pourquoi de nouveaux insectes sérigènes? Et on ne s'en tint pas à émettre des doutes : un zélé voyageur en ayant jugé autrement que les naturalistes, et non-seulement ayant proposé à son tour d'enrichir notre industrie du *Bombyx mylitta* ou *paphia*, mais ayant fait les plus grands efforts pour l'introduire lui-même de l'Inde, il recueillit pour prix de ses sacrifices, il y a trente ans, au lieu des félicitations et des encouragements auxquels il avait droit de s'attendre, une sorte de blâme public; et le premier entomologiste de notre époque s'en fit l'organe au sein même de l'Académie des sciences!

« Assurément, disais-je à cette occasion en 1849[1], ce Bombyce, dont la soie est recueillie et employée dans l'Inde de temps immémorial, et que l'on cultive maintenant dans quelques provinces[2] ne saurait remplacer le *B. mori;* mais rien ne prouve qu'il ne puisse prendre place à côté de lui, et avoir dans notre industrie son utilité spéciale. L'expérience méritait du moins d'être entreprise et suivie. Et je ne puis taire le regret que le mémoire de M. Lamare-Picquot, et les efforts faits par ce zélé naturaliste pour acclimater chez nous ce succédané du Ver à soie, aient été peu favorablement accueillis par le premier de nos corps savants.[3] »

[1] *Rapport général;* 1re édit., p. 13, note.

[2] De même, ajoutais-je, que « le *Bombyx cynthia*, plus anciennement et plus complétement domestique. »

[3] Je dois ajouter ici, à l'honneur de M. Lamare-Picquot, qu'il ne s'est pas laissé décourager par l'accueil fait à ses utiles tentatives. Il est revenu sur la question à plusieurs reprises, et notamment, en 1853, dans un Mémoire lu à

Voilà où en était la science à une époque encore si rapprochée de nous ; et peut-être ai-je encore paru téméraire en m'élevant en 1849 contre le jugement de Latreille. Mais, aujourd'hui, qui ne le ferait avec moi? Et qui n'apprécie les efforts de M. Lamare-Picquot? Si bien qu'en revenant aujourd'hui sur sa tentative de 1831, j'ai moins à cœur de rendre à ce vénérable voyageur une justice dont il n'a plus besoin, que de constater le profond et heureux changement qui s'est fait, depuis cette époque, dans les idées des entomologistes et des sériciculteurs. A peine quelques-uns des premiers songeaient-ils à rendre leur science utile et pratique : tous reconnaissent aujourd'hui qu'elle doit l'être, et plusieurs s'occupent assidûment de la rendre telle. Et parmi les sériciculteurs, on ne voulait pas même du *Bombyx mylitta* et des autres espèces dont la soie est utilisée dans l'industrie de divers peuples, et même dans la nôtre ; aujourd'hui, c'est à qui accroîtra la liste des insectes sérigènes dont l'acclimatation pourrait être tentée avec avantage pour notre industrie et notre économie domestique[1].

l'Académie des sciences, et inséré dans les *Annales de la Colonisation algérienne*, avril 1854.

[1] Les nouveaux Vers à soie sont même loin d'être les seuls insectes dont l'acclimatation préoccupe aujourd'hui les zoologistes. Nous le montrerons par trois exemples.

Parmi les hyménoptères, l'Abeille ligurienne a été heureusement introduite dans plusieurs parties de l'Europe, notamment en Allemagne, par M. Dzierzon, qui l'a croisée avec l'Abeille ordinaire, et a été conduit, par l'observation des produits, à une découverte scientifiquement très-importante, en même temps qu'à des résultats pratiquement utiles.

M. A. Poey a appelé l'attention sur un genre voisin des Abeilles, mais sans aiguillon, les Trigones, dont l'acclimatation dans l'Algérie, et même aussi dans la France méridionale, offrirait, selon lui, de grands avantages. Outre un miel très-estimé, ces insectes, ou du moins une espèce de Cuba, *Trigona fulvipes*, Guér., donnent une cire et des résines qui peuvent être utilement employées par l'industrie. Leur cire noire a déjà été mise en usage pour la confection d'encre et de crayons lithographiques.

Enfin, pour prendre aussi un exemple dans un autre groupe, Mgr. Perny a

§ 2.

Au nombre, ou plutôt à la tête des entomologistes et des sériciculteurs qui se sont utilement occupés de ces questions, on doit placer M. Blanchard, M. le docteur Chavannes, M. Hardy, et surtout M. Guérin-Méneville.

Les travaux de M. Blanchard ont droit, de ma part, à une mention toute spéciale ; car ce savant naturaliste les a entrepris en 1849, au moment où venait de paraître mon *Rapport général*, et en vue de le compléter pour la partie entomologique. Les premiers résultats de ses études furent consignés dans un mémoire présenté à l'Académie des sciences sous ce titre, alors très-nouveau : *De l'acclimatation de divers Bombyx qui fournissent de la soie*[1]. M. Blanchard signalait aux sériciculteurs divers *Bombyx*, ou plutôt divers *Attacus* de l'Inde, de la Chine, de la Nouvelle-Hollande et de l'Amérique septentrionale, dont les soies lui paraissaient susceptibles d'usages divers dans notre industrie. Il insistait surtout sur les espèces de cette dernière région, et rappelait que deux d'entre elles, les *Bombyx polyphemus* et *B. cecropia*, avaient déjà vécu et s'étaient reproduites en France[2]. Leur soie, ou du moins celle du *B. cecropia*, est moins belle que celle du *B. mori ;*

recueilli plusieurs faits intéressants relatifs à l'insecte à cire des Chinois, le *Coccus ceriferus*, Fabr., (genre *Ericerus*, Guér., mémoire encore inédit); et en attendant qu'il puisse procurer cet insecte à la *Société d'acclimatation*, il l'a déjà mise en possession de l'arbre qui le nourrit.

On trouvera dans plusieurs volumes du *Bulletin de la Société d'acclimatation* des documents sur ces diverses espèces, et sur d'autres encore.

[1] Un extrait de ce mémoire a été inséré dans les *Comptes rendus de l'Académie des sciences*, décembre 1849, t. XXIX, p. 670.

[2] Pour le *Bombyx cecropia*, voyez Audouin, même Recueil, 1840, t. XI, p. 96, et surtout Lucas. *Annales de la Société entomologique*, t. III, séances de juillet, août et septembre 1845.

mais ils rachètent ces désavantages par des avantages d'un autre genre : « Les chenilles de ces lépidoptères, dit M. Blanchard, se nourrissent de plantes très-semblables à celles de notre pays, et vivent parfaitement sur les espèces qui croissent en France. Aussi les chenilles du *Cecropia* se nourrissent volontiers des feuilles du mûrier sauvage, de l'aubépine, de l'orme, etc. Les chenilles du *Polyphemus* vivent particulièrement sur les chênes, et mangent aussi les feuilles du peuplier : c'est-à-dire que ces animaux peuvent être élevés dans notre pays *sans qu'on soit obligé de leur consacrer aucune culture.* Dans le voisinage des bois, on leur trouverait sans frais une nourriture abondante. Les aubépines qui servent de clôture seraient également utilisées pour la nourriture de ces *Bombyx.* Les gens les plus pauvres de nos campagnes, auxquels il serait impossible de se procurer des feuilles de mûrier, trouveraient autour d'eux la nourriture de leurs nouveaux Vers à soie, et ils obtiendraient ainsi un produit d'une assez grande valeur. Les femmes, les enfants, toutes les personnes incapables de se livrer à un labeur pénible, suffiraient pour s'occuper un peu chaque jour, pendant quelques semaines seulement, des soins à donner à ces chenilles. »

Ces vues étaient de celles que la Société d'acclimatation devait s'empresser d'accueillir : aussi M. Blanchard les ayant reproduites devant elle[1], la Société, dès l'année même de sa création, résolut de faire immédiatement une tentative pour les réaliser, et elle y parvint bientôt, grâce à la bienveillante intervention de M. Drouyn de Lhuys, ministre des affaires étrangères, et de M. Roger, consul de France à la Nouvelle-Orléans. La Société se trouva même en possession, à la fois, de cocons vivants de trois espèces, *Bombyx poly-*

[1] Voyez le *Bulletin de la Société d'acclimatation*, t. I, p. 415; 1854.

phemus, *B. cecropia* et *B. luna*. Malheureusement, malgré les soins qui leur furent donnés sous la direction de M. Blanchard, et malgré un commencement de succès qui avait donné les meilleures espérances, les essais ne réussirent point; et leur seul résultat utile fut de nous faire obtenir des connaissances qui pourront être utilisées pour d'autres éducations, et même l'ont déjà été en partie; car une de ces espèces américaines, le *B. cecropia*, a déjà été réintroduite, et cette fois avec succès. On en a, en Allemagne, près de trois cents individus vivants [1].

La question n'a pas été moins bien posée par M. Chavannes; et ici, après les études théoriques, est venu bientôt le succès pratique. En recherchant, en 1855, quelles espèces il serait convenable d'introduire en France [2], M. Chavannes avait été conduit à placer au premier rang le *B. mylitta*, cette même espèce que M. Lamare-Picquot avait essayé d'introduire un quart de siècle auparavant. Dès l'année suivante, M. Chavannes recevait de la Société d'acclimatation 40 œufs, dont il obtenait à peu près autant de chenilles : trente-deux d'entre elles furent menées à bien, et filèrent. Depuis, il n'a plus cessé de posséder le *B. mylitta*, grâce à ses éducations successives, et aussi, à de nouveaux envois faits à la Société d'acclimatation par le même membre auquel elle avait dû la première possession de ce Ver, M. Perrottet, directeur du Jardin botanique de Pondichéry [3].

J'ai déjà eu occasion, en traitant de l'acclimatation des Oiseaux, de signaler l'importance d'un des résultats obtenus par M. Hardy. Sans parler ici des végétaux, objets des

[1] La Société d'acclimatation le possède aussi. Voyez page 444, note 3.

[2] C'est l'objet spécial d'un travail de M. Chavannes, inséré dans le *Bulletin de la Société d'acclimatation*, t. II, p. 364; voyez aussi p. 133.

[3] Pour les derniers résultats publiés par M. Chavannes (ceux des éducations de 1859), voyez le *Bulletin*, t. VII, avril 1860, p. 140.

M. Chavannes a obtenu de ces éducations 60 bons cocons. — Voy. p. 449.

études habituelles de l'habile directeur de la Pépinière centrale d'Alger, M. Hardy n'a pas moins bien réussi à l'égard des Vers à soie qu'à l'égard de l'Autruche. A côté de la culture du Ver à soie du mûrier, il a donné place, en Algérie, et déjà sur une très-grande échelle, à celle du Ver du ricin. A la fin de 1857, MM. Sacc et Henri Schlumberger, ayant commencé à s'occuper de l'application industrielle de la soie de ce Ver, M. Hardy a pu envoyer à M. le Ministre de la guerre, pour être mis à la disposition de ces habiles industriels, 127 000 cocons, pesant 28 kilogrammes[1]. M. Hardy a aussi fait des essais sur plusieurs autres nouveaux Vers à soie, notamment comme M. Chavannes, sur le *B. mylitta*, qu'il a fait reproduire, mais sans obtenir un succès définitif, malgré l'habileté de ses soins et le climat favorable sous lequel il opérait.

Les travaux de M. Guérin Méneville sont plus nombreux et plus importants encore que tous les précédents. S'attachant également aux applications diverses de l'entomologie à l'agriculture, mon savant confrère s'est occupé, avec une très-grande et très-louable persévérance, souvent récompensée par le succès, d'une part, de la destruction des insectes nuisibles, de l'autre, et plus encore, de l'introduction, de l'acclimatation, de la culture et de la multiplication des insectes utiles. On lira avec intérêt, dans l'*Encyclopédie moderne*, le résumé de la question telle que M. Guérin-Méneville la voyait en 1847[2]; et depuis, soit par de nom-

[1] *Lettre* de M. Hardy à M. le maréchal Vaillant, insérée dans les *Comptes rendus de l'Académie des sciences*, t. XLV, p. 759; et *Bulletin de la Société d'acclimatation*, t. IV, p. 534.

[2] Deux ans, par conséquent, avant mon *Rapport général*, et avant les travaux qu'a provoqués sa publication. En publiant, en 1838 et 1841, mon premier travail d'ensemble sur la domestication, je m'étais borné à signaler brièvement « quelques insectes fileurs, notamment plusieurs Bombyces dont les produits, pour être inférieurs en qualité à la soie (du Ver du mûrier), n'en seraient pas moins susceptibles d'un emploi utile. »

breuses publications, soit dans des cours spéciaux, il l'a utilement reprise presque d'année en année. Les espèces sur lesquelles M. Guérin-Méneville a successivement porté son attention et ses études sont nombreuses : les unes, appelées par lui à vivre dans notre pays, où elles se nourriraient, soit de végétaux qu'il serait facile d'y multiplier, soit même de plantes qui y sont, dès à présent, très-communes ; les autres, difficiles à introduire dans la France septentrionale et centrale, mais qui pourraient être élevées dans le midi de l'Europe et en Algérie. Au mérite d'avoir exposé théoriquement des vues éminemment utiles, M. Guérin-Méneville a ajouté celui de les justifier pratiquement par une longue série d'essais qui ont porté sur presque toutes les espèces successivement importées en Europe : quelques-uns ont eu lieu sur une grande échelle, et si heureusement, que le succès définitif en semble assuré. Les travaux de M. Guérin-Méneville, principal promoteur et propagateur des introductions séricicoles en France et même en Europe, étaient depuis longtemps d'un très-grand intérêt scientifique ; ils semblent sur le point d'acquérir une grande valeur industrielle [1].

[1] M. Guérin-Méneville, en s'occupant avec tant de suite et de succès de l'introduction de nouvelles espèces sérigènes, a fait beaucoup aussi pour le perfectionnement des races que nous possédons déjà. Depuis quinze ans déjà, il en poursuit l'étude pratique, et il a obtenu des résultats d'une importance incontestable. Il s'est surtout attaché, avec le concours de M. Eugène Robert, de Sainte-Tulle, au perfectionnement d'une race de Vers à soie originaire d'Italie, dont la constitution est très-robuste, mais qui donnait des cocons très-petits. Cette race, améliorée par elle-même, a été épurée chaque année. Ses cocons ont été grossis et enrichis par un choix judicieux de reproducteurs. M. Guérin-Méneville a fait de cette race perfectionnée le sujet de plusieurs mémoires, parmi lesquels j'en citerai un, présenté à l'Académie des sciences il y a six ans (séance du 17 avril 1854). Il résulte de ce mémoire, dit M. Guérin, que la race de Sainte-Tulle continue à donner des rendements supérieurs en soie. Ainsi, quand il faut plus de 16 kilogrammes de cocons ordinaires pour faire 1 kilogramme de soie, il n'en faut que 10 et demi de ceux de Sainte-Tulle. Quand la matière soyeuse qui compose les cocons ordi-

En résumé, dans aucune branche de la science et de l'art de l'acclimatation le progrès ne s'était fait plus longtemps attendre que dans la branche entomologique : nulle part il n'est devenu plus rapide. Nous en étions encore, il y a six ans, à émettre le vœu qu'on passât, ici aussi, « des études théoriques aux essais pratiques[1]. » Grâce surtout à l'impulsion donnée par la création de la Société d'acclimatation, non-seulement ces essais ont aussitôt commencé, mais ils ont été si rapidement couronnés de succès, que six nouveaux Vers à soie sont aujourd'hui en Europe. La Société d'acclimatation de Berlin en possède trois, parmi lesquels le *Bombyx cecropia* et le *B. ceanothi*[2], et celle de Paris trois aussi[3], dont deux peuvent être dits définitivement acquis à l'Europe! L'un d'eux en est même déjà sorti, et est devenu presque cosmopolite[4].

§ 3.

Les Vers du chêne, de la Chine, sont les premiers dont la Société d'acclimatation se soit occupée. Deux mois s'étaient

naires contient jusqu'à 79 pour 100 de frisons, celle des cocons de cette race améliorée n'en contient que 25 pour 100. »

[1] Édition précédente du présent ouvrage, p. 159.

[2] Je ne sais pas exactement quelle est la troisième espèce. — Sur ces Vers à soie, voyez le journal de cette Société, *Zeitchrift für Acclimatisation*, publié par M. E. Kaufmann, 1858 et 1859.

Je me borne à mentionner ces espèces que la Société d'acclimatation de Berlin n'a point encore cru pouvoir envoyer à celle de Paris.

[3] Et même, pourrais-je dire quatre ; car, outre les espèces de l'Inde, de la Chine et du Japon, que cultivent, pour la Société, plusieurs de ses membres, elle vient de recevoir, par les soins de MM. Lavallée, des cocons vivants du *Bombyx cecropia*, des États-Unis.

[4] Comme complément de cet historique, et pour un grand nombre d'autres travaux utiles que j'ai le regret de ne pouvoir rappeler ici, on consultera avec beaucoup d'intérêt et de fruit les excellents *Rapports* annuels de M. Auguste Duméril sur les progrès de l'acclimatation, et particulièrement ceux qu'il a lus aux deux dernières séances publiques de la Société; voyez le t. VI, 1859, p. 25 à 30 (travaux faits en 1858), et le t. VII, 1860 (travaux faits en 1859).

Bombyx du chêne de la Chine. — 2/3 de grandeur naturelle.

à peine écoulés depuis sa fondation, qu'elle avait étudié les questions relatives à l'importation de ces Vers, rédigé des instructions détaillées[1], destinées principalement aux missionnaires, et voté les fonds nécessaires pour faire venir, par leur entremise, un grand nombre de cocons vivants. Ces instructions, ces mesures, ont procuré à la Société, non-seulement de très-utiles renseignements, mais un grand nombre de cocons. M. de Montigny, consul général de France en Chine, et Mgr. Perny, provicaire apostolique du Kouy-tchéou, qui en avaient déjà envoyé quelques années auparavant, ont surtout répondu avec un grand empressement au vœu de la Société.

Malheureusement une partie des cocons avaient donné en route leurs papillons, qui avaient péri étouffés; les autres avaient souffert. Peu d'éclosions eurent lieu à Paris, et l'essai ne réussit pas[2]. Pour le reprendre en de meilleures conditions et en mettant à profit l'expérience acquise, de nouvelles études ont été faites et de nouvelles instructions ont été rédigées. La Société a même poussé le soin jusqu'à faire construire à Paris[3], sur deux principes différents, des appareils de transport, propres à prévenir, pendant le voyage, les inconvénients de la chaleur et de l'air confiné. Ces appareils sont en Chine depuis un an déjà, et, sans les graves événements politiques dont ce pays a été et est encore le théâtre, ils nous seraient déjà revenus.

Le Ver à soie du chêne, ou plutôt des chênes de la Chine,

[1] Ces instructions ont été rédigées par M. Tastet. Voyez le *Bulletin de la Société d'acclimatation*, t. I, p. 90 et suiv. — Voyez aussi, p. 119, un rapport supplémentaire de M. Frédéric Jacquemart.

[2] Aux cocons M. de Montigny avait joint une caisse de glands des deux chênes sur lesquels vivent plus particulièrement les Vers de la Chine. Plusieurs de ces glands ont levé, et la Société a de jeunes chênes d'une bonne venue.

[3] Par les soins et sur les indications de MM. F. Jacquemart et O. Reveil. Voyez leur *Rapport*, rédigé par ce dernier, *Ibid.*, t. VI, p. 257; 1859.

espèce que M. Guérin-Méneville a nommée *Bombyx Pernyi*, n'est pas le seul, avec le Ver du mûrier, dont on estime et dont on recueille la soie en Orient. Tandis que les Chinois s'habillent de l'excellente soie du *B. Pernyi*, soie peu brillante, mais d'une extrême solidité, le *B. mylitta*, donne une autre soie plus brillante qu'on emploie dans l'Inde à de nombreux usages, et qui vient, sous le nom de *Tussah*[1], dans notre commerce.

C'est celui-ci, comme on l'a vu[2], que M. Chavannes place à tous égards en première ligne. « Sa soie, très-belle,

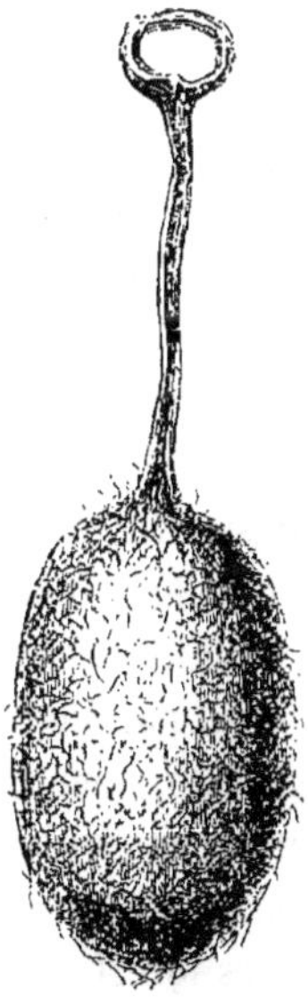

Cocon du *Bombyx Mylitta*. — 2/3 de grandeur naturelle.

très-résistante, est, dit M. Chavannes, « la seule qui soit « exportée des Indes en Europe en masses considérables ;

[1] *Tussah* ou *Tusseh* est le nom de ce Ver à soie au Bengale.
[2] P. 441.

« elle obtiendra une toute autre valeur lorsqu'elle sera « dévidée d'après des procédés différents. Et la quantité de « la soie contenue dans son cocon, surtout dans celui de la « femelle, est considérable : 600 cocons produiraient un « kilogramme de soie, tandis qu'il faut pour la même quan- « tité 6 000 *Bombyx mori*. En d'autres termes, le *Mylitta* « donne dix fois plus de soie; sa Chenille consomme sans « doute plus de nourriture, mais non dix fois plus. »

On peut affirmer aujourd'hui que l'acclimatation de ce précieux insecte n'est pas impossible. Si l'on n'a pu parvenir encore à faire reproduire le *B. mylitta* d'une manière très-régulière et très-continue, on a du moins constaté qu'il résiste bien à notre climat : M. Chavannes, en Suisse, l'a élevé en plein air. Quant à l'alimentation de ce Ver, aucune difficulté. Le *B. mylitta* vit dans son pays natal sur divers jujubiers; mais il s'accommode tout aussi bien, et même encore mieux, pourrait-on dire, d'après les résultats de quelques expériences, des feuilles des chênes de notre pays[1]; d'où le nom de *Ver à soie du chêne, de l'Inde*, sous lequel on a parfois désigné le Ver à soie des jujubiers. Le *Mylitta* mange aussi le néflier commun, et, sans le moindre inconvénient pour la qualité de ses cocons, l'alisier et le cognassier. Mais, n'en fût-il pas ainsi, il suffit que le *Mylitta* puisse réussir sur le chêne, pour qu'il y ait lieu de faire de l'acclimatation de cet insecte l'objet d'études et de recherches suivies. C'est pour son bois et son écorce qu'on cultive le premier de nos arbres forestiers : l'emploi de ses feuilles serait une plus-value presque gratuitement obtenue.

On ne saurait donc trop savoir gré à M. Lamare-Picquot et à d'autres voyageurs d'avoir appelé l'attention sur le

[1] A Alger, on a vu le *Mylitta*, placé entre les *Zizyphus*, sur lesquels on le trouve en Asie, et des chênes, préférer ceux-ci.

B. mylitta, à M. Perrottet de l'avoir envoyé à plusieurs reprises à la Société d'acclimatation, en même temps qu'il en faisait dans l'Inde l'objet d'une très-instructive étude[1] ; à MM. Guérin-Méneville, Hardy et Chavannes, d'avoir commencé à en réaliser l'acclimatation, et surtout à ce dernier, de la poursuivre, d'année en année, avec autant de persévérance que d'habileté.

Mais le *B. mylitta* ne doit pas nous faire perdre de vue les avantages qu'offre, à un autre point de vue, le Ver à soie des chênes de Chine, le *B. Pernyi*. Le *Mylitta* habite le Bengale, le Bahar, l'Assam et les Moluques : le *B. Pernyi* se trouve dans le centre et le nord de la Chine ; il s'étend jusqu'en Mantchourie. Le premier réussira-t-il dans le nord de l'Europe? on peut l'espérer. Mais comment douter de la possibilité d'élever facilement le second? Il vit dans des contrées, les unes aussi tempérées que la France, les autres plus froides, et même beaucoup plus froides. Sa conquête faite, ce serait, disons mieux (car, si le succès peut se faire attendre, il ne saurait être douteux), ce sera la sériciculture introduite par toute la France, et jusque dans le nord de l'Europe. Ajoutons que cette extension de la culture séricicole semble devoir enrichir le Nord sans appauvrir le Midi : la soie du Ver du mûrier restera toujours la soie par excellence, la soie de luxe : Lyon, Nîmes et Saint-Étienne devront toujours prendre où ils la prennent aujourd'hui la matière première de leurs admirables industries. La soie du Ver du chêne sera seulement, à côté d'elle, ou mieux, au-dessous d'elle, ce qu'elle est en Chine, la soie du peuple.

[1] Voyez sa *Note sur une éducation de Vers à soie faite à Pondichéry*, dans le *Bulletin de la Société d'acclimatation*, t. V, p. 485; 1858.

M. Perrottet a obtenu dans l'Inde, comme M. Chavannes en Suisse, la fécondation de femelles, attachées entre les deux paires d'ailes, par des mâles libres.

§ 4.

Si l'introduction du *B. Pernyi*, plusieurs fois essayée, n'est encore que préparée, si l'éducation du *B. mylitta* offre encore des difficultés, tellement qu'on peut craindre d'avoir à en recommencer la conquête, c'est avec certitude que nous pouvons dire définitivement acquises à l'Europe deux autres espèces asiatiques, très-précieuses aussi à divers titres. Pour qu'on cessât de les posséder en Europe, il faudrait qu'on renonçât à leur culture; encore n'est-il pas bien certain que l'une d'elles ne nous restât à l'état sauvage.

Ces deux espèces sont encore un Ver de l'Inde et un de l'extrême Orient; le premier, le Ver à soie du ricin, le second, le Ver du vernis du Japon, ou mieux, car c'est à tort qu'on donne ce nom à l'arbre dont nous le nourrissons, le Ver de l'ailante. Ils sont peu différents l'un de l'autre [1], et tellement, qu'on les a parfois confondus. Lorsque le premier nous est venu de l'Inde, les entomologistes avaient cru reconnaître en lui le *Bombyx cynthia*, Dr. [2]; mais le second leur a paru ensuite être le véritable *B. cynthia*; détermination qui me paraît, comme la première, mal justifiée [3]. Aussi laisserai-je de côté le nom de *B. cynthia*, tour à tour appliqué à deux espèces voisines, mais distinctes, auxquelles il me suffira d'appliquer, dans cet ouvrage, les noms si

[1] Aussi se croisent-ils très-facilement. Leurs métis sont féconds. Voyez sur eux Guérin-Méneville, dans les *Comptes rendus de l'Académie des sciences*, t. XLVII, p. 541, 1858; et t. XLVIII, p. 742, 1859; et *Revue de zoologie*, ann. 1858, p. 399 et 488, et ann. 1859, p. 185.
On peut aussi consulter mon *Histoire naturelle générale*, t. III, p. 206.

[2] M. Boisduval a le premier relevé cette erreur.

[3] Ainsi que je l'ai déjà fait remarquer, *Hist. nat. génér.*, t. III, p. 38, en me fondant sur la comparaison de la chenille, telle que je l'ai vue, avec les descriptions des auteurs qui ont fait connaître le vrai *Bombyx cynthia*.

connus, et exempts de toute équivoque, de Ver à soie du ricin et de Ver à soie de l'ailante[1].

Les soies de ces Vers, aussi bien que celles des précédents, sont moins fines et moins brillantes que la soie du Ver du mûrier, et leur dévidage présente de graves difficultés. Mais elles sont très-résistantes ; et de très-bonnes étoffes, qu'on peut dire aussi très-belles, ont déjà été fabriquées avec des cocons français des deux espèces. La soie de l'ailante, qui est naturellement très-claire, offre l'avantage de pouvoir se charger par la teinture des couleurs les plus délicates et les plus fraîches. Celle du ricin, outre ses usages pour les vêtements, a paru susceptible d'emplois particuliers dans la marine et à la guerre, notamment pour les sachets à munitions d'artillerie : opinion émise par le juge le plus compétent dont nous puissions invoquer l'autorité, M. le maréchal Vaillant[2].

Ni l'un ni l'autre de ces Vers n'a été primitivement introduit en Europe par la Société d'acclimatation ; mais, par les soins de cette Société et de ses membres, et surtout, pour le Ver de l'ailante, par ceux de M. Guérin-Méneville, ces deux insectes ont été acclimatés, multipliés, et répandus, non par milliers seulement, mais par centaines de mille. C'est à un missionnaire italien, le P. Annibale Fantoni, que revient le mérite d'avoir introduit l'espèce japonaise et chinoise : aussi a-t-elle d'abord été cultivée en Italie ; et c'est de MM. Griseri et Comba que l'a reçue d'abord M. Guérin-Méneville. C'est à M. le professeur Baruffi et au même M. Griseri que nous devons aussi l'espèce indienne ;

[1] Pour la synonymie zoologique de ces espèces, voyez le *Bulletin de la Société entomologique*, 1857 et années suivantes.

[2] *Comptes rendus de l'Académie des sciences*, t. XLV, p. 761 ; 1857.

Sur l'emploi industriel des soies de ces deux Vers, voyez, dans le même recueil, plusieurs rapports et notes de MM. Hardy, Guérin-Méneville, Sacc, et de plusieurs autres sériciculteurs ou industriels.

feu M. Piddington l'avait envoyée de Calcutta en Égypte et à Malte, où une première éducation européenne avait été faite par les soins du Gouverneur, sir William Reid. En raison du mouvement rapide de la vie dans cette espèce, et de la multiplicité des générations qui s'y succèdent sans interruption durant toute l'année[1], on avait cru devoir, pour amener le Ver du ricin en Occident, le faire passer par une suite d'acclimatations locales; et il était venu, comme par étapes, de l'intérieur de l'Inde à Calcutta, de Calcutta en Égypte, de l'Égypte à Malte, de Malte à Turin, et de Turin, d'une part à Alger, de l'autre à Paris, d'où, comme on le verra bientôt, la Société d'acclimatation l'a presque partout répandu.

C'est en 1858 seulement que M. Guérin-Méneville a reçu et commencé à cultiver le Ver de l'ailante : les premiers Papillons et les premiers œufs obtenus en France ont été présentés par lui à l'Académie des sciences, au mois de juillet 1858[2]; dès la même année, une seconde génération automnale, grâce au concours offert de toute part à M. Guérin-Méneville, avait rendu le nouveau Ver, non-seulement peu rare, mais commun. En 1859, c'est par milliers qu'on a pu l'élever. Au moment où j'écris, le nombre des individus vivants s'élève à plusieurs centaines de milliers, et plus d'un million d'œufs est déjà pondu[3]. Et non-seulement on élève ce

[1] Le Papillon ne reste qu'une vingtaine de jours dans le cocon, et l'éclosion des œufs suit de très-près la ponte. Le cycle entier, ponte, développement de l'œuf, vie de la chenille, cocon, état parfait et reproduction, dure, selon les saisons et les circonstances, de cinq semaines à trois mois.

[2] Voyez les *Comptes rendus de l'Académie des sciences*, t. XLVII, p. 22 et 288.

[3] Les personnes au concours desquelles M. Guérin a dû les moyens de réaliser si promptement ses vues sont en trop grand nombre pour que je puisse ici les citer. M. Guérin-Méneville a pris le soin d'en rappeler lui-même les noms dans le *Bulletin de la Société d'acclimatation*. (Voyez particulièrement t. VII, janvier 1860, p. 7.) Je ne saurais toutefois taire ni celui de

Ver par chambrées, mais on le nourrit aussi à l'air libre, sur les arbres ; méthode recommandée par M. Guérin comme tout à la fois propre à éviter les épizooties, et comme permettant de substituer, aux dépenses d'une éducation par chambrées, les frais minimes d'une surveillance si facile, qu'elle peut être confiée à un enfant.

C'est pour mettre sous les yeux de tous les avantages et les résultats de ce mode d'éducation que M. Guérin-Méneville a institué, au Bois de Boulogne, une expérience qui s'achève en ce moment même[1] : des centaines de Vers vivent librement, depuis un mois, sur un taillis d'ailantes, quelques-uns sur de grands arbres, et aucun d'eux n'en a souffert. L'expérience est d'autant plus décisive, que des trente jours qui viennent de s'écouler, il n'en est pas un seul où il n'ait plu, parfois très-abondamment, et où le vent n'ait soufflé avec violence ; la température a souvent été très-basse. Après les intempéries d'un mois aussi exceptionnel, les chenilles sont aussi belles et aussi vigoureuses qu'elles peuvent l'être dans leur pays natal.

madame Drouyn de Lhuys, qui a fait, la première, une grande éducation, menée à bien malgré les difficultés d'une saison exceptionnelle; ni celui de M. le comte de Lamote-Baracé, qui a consacré en 1859 et 1860 plusieurs hectares à des essais en grand d'éducation en plein air.

L'Empereur, informé des succès qu'avaient obtenus ces premiers essais, a ordonné qu'ils fussent repris sur une grande échelle, dans son domaine de Lamotte-Beuvron.

Sur le Ver à soie de l'ailante, voyez un rapport tout récent de M. Guérin-Méneville à l'Empereur, inséré dans le *Moniteur universel* du 19 novembre 1860, et dont je ne puis qu'ajouter la mention, en corrigeant les épreuves de cet article. — Le *Rapport* de M. Guérin vient d'être réimprimé, avec des additions. Paris, in-8, 1860. — Le même savant vient aussi de publier un opuscule intitulé : *Éducation des Vers à soie de l'ailante et du ricin*, Paris, in-12, 1860. On consultera avec fruit ce travail, qui résume bien l'état des connaissances acquises sur ces deux Vers.

[1] A la fin du mois d'août. L'expérience a été spécialement dirigée par madame Guérin-Méneville, qui, depuis plusieurs années, seconde habilement M. Guérin dans ses travaux séricicoles.

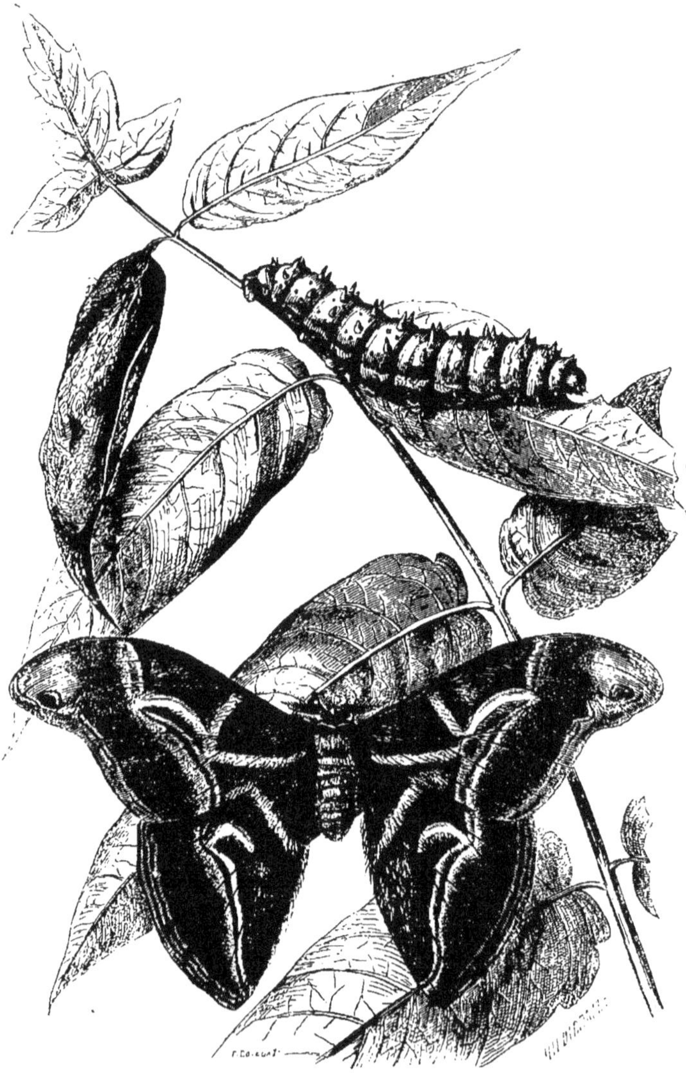

Ver à soie de l'ailante. — Chenille, papillon et cocon.
3/4 de grandeur naturelle.

L'acclimatation et la multiplication du Ver du ricin n'ont pas été moins heureusement poursuivies, à partir de 1855, soit à Alger, par les soins de M. Hardy [1], soit à Paris, par ceux de plusieurs membres de la Société d'acclimatation, et de M. Vallée, employé au Muséum d'histoire naturelle, auquel la Société avait confié le soin de son principal dépôt. Aussi habile que dévoué, M. Vallée a si rapidement multiplié cet insecte, que la Société put, dès 1856, en distribuer des cocons ou des graines à tous ses membres et à tous les sériciculteurs connus, et, dès l'année suivante, au public [2]. En octobre 1857, chargé par la Société d'un rapport sur l'état de la culture du Ver du ricin [3], je constatai que *vingt-cinq mille œufs* au moins avaient été depuis un mois envoyés en France et hors de France par les soins de M. Vallée, et il restait deux mille cocons et à peu près au-

[1] On a vu plus haut (p. 442) quel développement M. Hardy avait donné dès 1857 à ses cultures.

[2] Des avis insérés dans le *Moniteur*, et reproduits dans les autres journaux, portent annuellement ces distributions à la connaissance du public.

[3] Voyez le *Bulletin de la Société d'acclimatation*, t. IV, p. 526.

Le plus grand service rendu par M. Vallée à la culture du Ver à soie du ricin n'est pas, si rapide qu'elle ait été, la multiplication de cet insecte. On doit à M. Vallée d'avoir reconnu dans le Chardon à foulon un très-bon succédant du ricin pour la nourriture de ces Vers. Le ricin étant annuel dans nos climats, et les générations, chez le Ver à soie de ricin, se succédant sans interruption, hiver comme été, ce Ver semblait ne pouvoir être acclimaté que dans les parties les plus méridionales de l'Europe, en Algérie, et dans les autres pays chauds où le ricin devient ligneux et reste toujours vert. M. Vallée a donc fait faire à la question de l'acclimatation de ce Ver en Europe un pas important, en constatant qu'il vit *tout aussi bien* sur le Chardon à foulon, cultivé chez nous en toute saison. Voyez à ce sujet une note de M. Vallée dans le *Bulletin de la Société d'acclimatation*, t. V, p. 211; 1858.

Avant les observations de M. Vallée, on avait indiqué, en Italie, comme propres à nourrir aussi le Ver à soie du ricin, les feuilles de laitue, de saule, et surtout de chicorée sauvage. Pour cette dernière plante, voyez une note très-intéressante de M. Montagne, dans le *Bulletin*, t. I, p. 503.

M. Vallée a pris aussi une grande part à la multiplication du Ver de l'ailante, et a fait, comme M. Guérin, de nombreux et heureux essais d'hybridation entre les deux espèces.

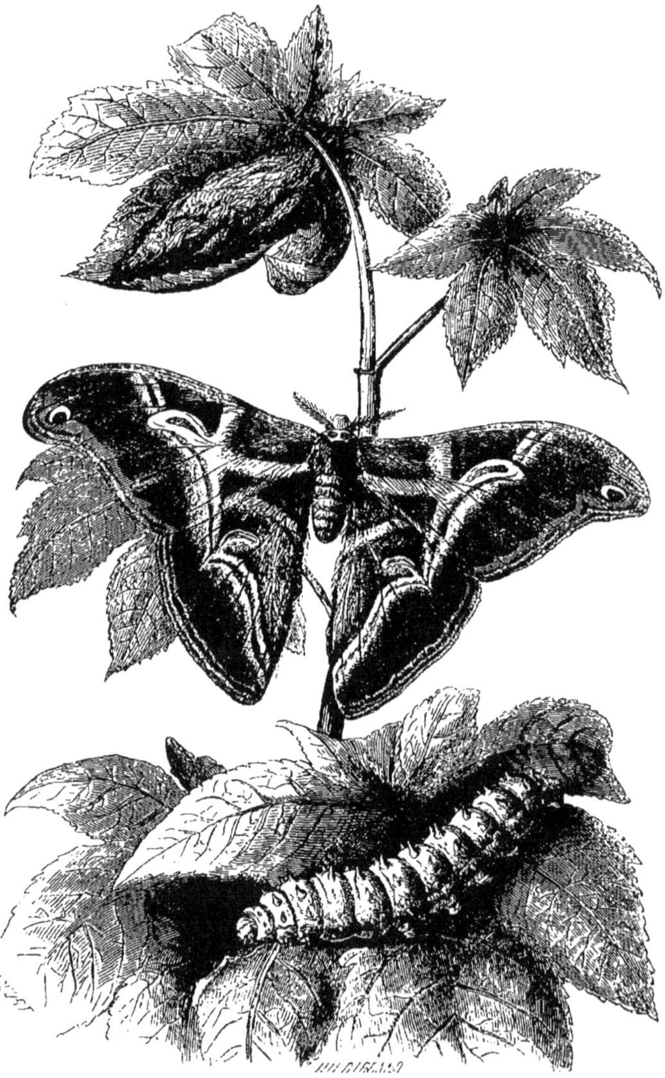

Ver à soie du ricin. — Chenille, papillon et cocon,
3/4 de grandeur naturelle.

tant de chenilles; au total, *quatre mille insectes*, qui, tous, sous peu de semaines, allaient se reproduire à leur tour.

Des distributions faites sur une si large échelle ne pouvaient manquer de porter leurs fruits. Non-seulement on a pu établir de nouveaux centres d'éducation sur une multitude de points de l'Europe méridionale, centrale, et même aussi septentrionale; mais la Société d'acclimatation a fait parvenir le Ver du ricin bien au delà des limites de l'Europe; elle a eu la satisfaction de rendre ce Ver, par delà la Méditerranée, à l'Égypte, par laquelle il avait autrefois passé pour venir en Europe, et de le donner, par delà l'Atlantique, à une partie du monde qui ne l'avait jamais possédé, l'Amérique[1]. La Société avait envoyé, à plusieurs reprises, des cocons sur divers points de ce continent : un de ses envois, transmis par M. Le Long, avec toutes les précautions convenables, à M. Brunet, professeur d'histoire naturelle à Fernambouc, a pleinement réussi. Cinq générations de Vers avaient déjà été obtenues en 1857; et, de ces cinq générations, deux, fait singulier et très-caractéristique de la rusticité de ces insectes, avaient été en partie élevées *à cheval*, pendant des voyages à grande distance qu'avait dû faire M. Brunet, et durant lesquels il n'avait pas voulu confier ses élèves à des mains étrangères[2].

Voici donc une espèce animale qui, sortie de l'Inde depuis quelques années à peine, est devenue, presque au

[1] Pour montrer l'intérêt que ces introductions offrent pour l'Égypte, l'Amérique méridionale et les autres pays chauds, il suffit de rappeler que le ricin y devient non-seulement un végétal ligneux et vivace, mais un arbre. Déjà en Algérie, où abonde le *Ricinus tunicensis*, Desfont., il n'est pas rare de le voir atteindre à une hauteur de 8 mètres; et, dans divers pays, les ricins sont plus grands encore, par exemple, hauts de 10 mètres. Voyez, sur les ricins, une intéressante *Note sur la culture du ricin*, publiée par M. Pépin dans le *Bulletin de la Société d'acclimatation*, t. I, p. 505; 1854.

[2] J'ai déjà signalé ces faits dans le *Rapport* cité plus haut, p. 533.

même moment, européenne et africaine, et, trois ans après, américaine. La nature l'avait faite exclusivement asiatique ; la culture l'a faite cosmopolite. Une acclimatation, pour ainsi dire universelle, si rapidement accomplie, en attendant qu'elle porte industriellement tous les fruits qu'on doit en attendre, est déjà un résultat scientifique dont personne ne contestera la valeur ; et j'aime à terminer cette Troisième partie par ce remarquable exemple de ce que peuvent *la nature pour l'homme et l'homme sur la nature.*

QUATRIÈME PARTIE

NOTIONS HISTORIQUES SUR L'ACCLIMATATION, LA DOMESTICATION ET LA CULTURE DES ANIMAUX

CHAPITRE PREMIER

DE LA CULTURE ET DE L'ÉDUCATION DES ANIMAUX CHEZ QUELQUES PEUPLES DE L'ASIE ET DE L'EUROPE, ET PARTICULIÈREMENT CHEZ LES ANCIENS ROMAINS

§ 1.

Si loin que nous remontions dans la nuit des temps, nous voyons l'homme occupé du soin des animaux, et déjà maître de plusieurs d'entre eux. Les temps anté-historiques restent même encore, et nous pouvons ajouter, ils resteront toujours la plus grande époque de la culture des animaux. On leur doit, comme nous l'avons établi plus haut [1], quatorze de nos animaux domestiques, et, parmi eux, tous les plus importants; tous ceux qu'on peut dire de première nécessité.

En cherchant plus haut à déterminer les origines des

[1] *Deuxième partie*, p. 258.

animaux domestiques, nous avons cru pouvoir attribuer, en grande partie, à l'influence des religions de l'Orient, les grands travaux de domestication accomplis dans ces temps reculés. Au milieu de leur profonde diversité, ces religions s'accordaient en un point : elles érigeaient toutes en devoir le soin des animaux. Celles de l'Asie, au delà comme en deçà de l'Indus, en prescrivaient la *culture ;* celle de l'Égypte, plus que la culture, le *culte*. Et de là, pour la domestication des animaux, les trois centres à la détermination desquels nous avons pu remonter : l'Asie orientale, l'Asie centrale, le nord-est de l'Afrique[1].

Ce sont des animaux essentiellement utiles qui sont sortis de ces trois centres : on doit, au contraire, aux Grecs, comme nous l'avons vu aussi[2], ce qu'on peut appeler les premières domestications de luxe. Ce n'était pas assez pour ce peuple artiste d'avoir l'utile ; il lui fallait le beau ; et c'est pourquoi, à côté du bétail et des oiseaux de basse-cour, il mit le Faisan, le Paon et la Pintade.

Tels sont les animaux que les Romains reçurent des peuples qui les avaient devancés dans les voies de la civilisation, et nous avons déjà vu qu'ils n'y ont ajouté que trois espèces, le Lapin, le Furet et le Canard. Mais, à d'autres égards, et en dehors de la domestication, la culture et l'éducation des animaux ont été portés si loin chez les Romains, qu'aucun autre peuple, même parmi les modernes, ne les a égalés. Arrêtons-nous donc quelques instants sur des faits qui sont pour nous des exemples, aussi instructifs que curieux, de ce que peut l'homme sur les animaux.

§ 2.

Partagés durant quelques siècles, ceux de leur vraie

[1] Voyez la *Deuxième partie*, pages 256 et suivantes.
[2] *Ibid.*, p. 251.

grandeur, entre les travaux de la guerre et ceux de l'agriculture, les Romains n'ont d'abord donné leurs soins qu'à un petit nombre d'espèces agricoles, et au Cheval, leur compagnon de guerre. Mais bientôt, après l'utile, vint le luxe ; et, à la fin de la république et sous l'empire, le luxe de la décadence et de la corruption. Les animaux dont les Romains s'occupèrent alors avec prédilection, ne reculant pour leur transport et leur conquête ni devant les plus laborieux efforts ni devant les plus extrêmes dépenses, ne furent plus les espèces qui pouvaient enrichir l'agriculture, encore moins l'industrie ; mais celles qui devaient ajouter aux plaisirs publics dans les jeux du cirque, ou donner de nouveaux mets aux tables des riches. *Epulas et circenses !* tel fut le double but de cette culture, de ces éducations dont les historiens nous ont transmis les principaux résultats.

Ces résultats sont tels, qu'ils nous étonnent encore après tout ce qu'on a obtenu de nos jours. Mais il fallait au *peuple roi* des spectacles toujours nouveaux. Dans les derniers siècles de la république, les consuls et les édiles avaient souvent donné au public l'affreux plaisir de voir massacrer devant lui des animaux rares. On augmenta successivement le nombre des victimes, et l'on arriva à en faire abattre une multitude dans les mêmes jeux : quatre cent six Panthères et six cents Lions furent tués à l'inauguration du théâtre de Pompée, en 55 [1] !

Quand on en fut là, il fallut, pour plaire au peuple, lui procurer des spectacles d'un autre genre : c'est alors qu'on lui fit voir des animaux dressés.

[1] Parmi les six cents Lions qui furent tués dans cet horrible massacre, on omptait 315 mâles adultes.

Dans les mêmes jeux, 20 éléphants furent combattus et tués avec des circonstances affreuses, et qui finirent par éveiller la pitié du public.

Curius Dentatus avait le premier montré au peuple et fait massacrer devant

Montaigne, dans son curieux chapitre sur les *Coches*[1], a cité quelques-uns des attelages qui parurent successivement à Rome, aux grands applaudissements du public. « Marc-Antoine, dit-il, feut le premier qui se feit mener à Rome par des Lions attelez à un coche. Héliogabalus en feit depuis autant, se disant Cybèle, la mère des dieux, et aussi par des Tigres, contrefaisant le dieu Bacchus : il attela aussi parfois deux Cerfs à son coche ; et une aultre fois, quatre Chiens... L'empereur Firmus feit mener son coche à des Austruches de merveilleuse grandeur, de manière qu'il semblait plus voler que rouler. »

De tels attelages ne sont pas sans exemple chez les modernes : j'ai vu, et tout Paris a pu voir, un *dompteur* (car ce mot est aujourd'hui devenu le nom d'une profession) traîné, sur un théâtre, par deux Lions. Mais verrons-nous jamais ce qui, à plusieurs reprises, fut montré aux Romains ? des Éléphants funambules ! Faits merveilleux et pourtant mis hors de doute par un grand nombre de témoignages qu'ont recueillis divers auteurs modernes, notamment Cuvier et M. Pouchet.

« Germanicus, dit M. Pouchet dans un savant et très-intéressant travail sur ces animaux[2], montra des Éléphants qui dansaient grossièrement. Les Romains ne s'en tinrent pas là ; leur passion pour les funambules leur fit essayer de faire partager ces jeux à ces pesants mammifères ; et un sentiment d'admiration générale eut lieu, quand, aux jeux que Néron institua en l'honneur d'Agrippine, on vit des Éléphants danser sur la corde roide. Ce fait est attesté par Dion Cassius, Pline, Suétone et Marc-Aurèle. »

lui des Éléphants. Ceux-ci, au nombre de quatre, étaient des trophées de la victoire de Curius sur Pyrrhus.

[1] *Essais*, liv. III, chap. VI.

[2] *Zoologie classique*, t. I, p. 146

« L'art d'apprivoiser les animaux, dit de même Cuvier [1], était aussi perfectionné que celui de les prendre. Dans le triomphe de Germanicus, on vit des Éléphants qui avaient été dressés à danser sur la corde. » Et plus tard, sous Galba, un de ces animaux « monta sur une corde tendue, et chargé d'un chevalier romain, jusqu'au sommet du théâtre. »

Cuvier ajoute que ces éléphants, si bien dressés, étaient nés en captivité ; ce qu'il conclut d'un passage d'Élien, qui est en effet fort explicite sur la reproduction de cette espèce à Rome même [2]. Il faudrait toutefois une autre autorité que celle d'Élien pour mettre hors de contestation un fait aussi contraire à ce qu'ont observé les modernes, non-seulement en Europe, mais dans l'Inde.

Parallèlement à cet art merveilleux de dresser les animaux, s'était développé chez les Romains celui de les multiplier et de les engraisser pour leurs tables. Ils élevaient un grand nombre d'oiseaux que nous n'élevons plus :

« *Clausæ pascuntur Anates, Querquedulæ, Boschides, Phalerides, similesque volucres quæ stagna et paludes rimantur*, » dit Columelle, dans son traité *De re rustica* [3].

On engraissait le Lièvre, le Loir, le Paon, la Grue, et l'on nourrissait, dans de vastes parcs, des Sangliers, des Cerfs, des Chevreuils, que l'on habituait à venir au son de la trompette. On engraissait les jeunes.

On engraissait même des Hélices, d'après M. Dureau de la Malle, qui a réuni, dans son *Économie politique des Romains*, un grand nombre de faits analogues.

[1] *Histoire des sciences naturelles*, t. I, p. 234 et 235.
Cuvier donne dans le passage auquel je renvoie de nombreux détails sur les jeux du cirque, et sur les animaux qui y parurent successivement.
[2] Voyez le Liv. II, chap. II.
[3] Liv. VIII. XV. Voyez aussi VARRON. *De re rustica*, liv. III.

Les Romains connaissaient aussi l'art d'obtenir des *foies gras* d'Oies. Ce vers de Martial[1] :

Aspice quam tumeat magno jecur Ansere majus!

suffirait pour nous l'apprendre, et nous avons des témoignages encore plus explicites. Pline[2] a pris le soin de transmettre à la postérité les noms des inventeurs de cet art gastronomique : un d'eux était un personnage consulaire!

La pisciculture avait été elle-même non-seulement pratiquée par les Romains, mais portée, sous plus d'un point de vue, à un degré que nous sommes loin d'avoir atteint aujourd'hui. On avait transporté un Scare de la Mer grecque dans la Mer de Toscane, et on l'y avait naturalisé. On avait des viviers, non-seulement d'eau douce, mais aussi d'eau de mer. Un auteur rapporte que pour en établir un, Lucullus fit trancher une montagne ; d'où il fut appelé par Pompée *Xerxes togatus*. Et dans ces viviers, on produisait une prodigieuse quantité de poissons, des espèces les plus variées[3].

La pisciculture, qu'on peut dire, chez nous, la branche la plus nouvelle de la zoologie pratique, était donc déjà chez les Romains un art très-avancé; et sur quelques points, nous n'en sommes pas encore où ils en étaient il y a vingt siècles[4].

[1] *Epigrammata*, Liv. XIII, 58.

[2] Liv. XIV, xx.

[3] On sait les folies, malheureusement aussi les crimes, des amateurs de Murènes.

[4] Outre l'*Économie politique des Romains*, voyez, sur ce sujet, un article inséré par M. Dureau de la Malle dans les *Comptes rendus de l'Académie des sciences*, t. XXXIV, p. 163.

Selon M. Dureau de la Malle, dans ce même article des *Comptes rendus*, la fécondation artificielle des poissons aurait été elle-même en usage chez les Romains, et l'on aurait ainsi obtenu des hybrides icthyologiques. L'art, si nouveau chez nous, des fécondations et des hybridations artificielles aurait même été dès lors étendu à quelques mollusques.

L'autorité de M. Dureau de la Malle a fait accepter et reproduire ces asser-

Ne nous arrêtons donc pas. L'histoire elle-même du passé nous montre ouvertes encore devant nous les voies où l'on marchait déjà il y a deux mille ans.

Dans combien d'autres, ignorées des anciens, nous ont introduits les travaux modernes, en attendant celles, ignorées de nous, où pourront s'avancer nos successeurs[1] !

§ 3.

Pour suivre les progrès de la culture et de l'acclimatation des animaux chez tous les peuples, depuis l'antiquité jusqu'aux temps modernes, il faudrait entrer dans des développements historiques que ne comporte pas l'étendue de cet ouvrage[2]. Je ne saurais toutefois renoncer à donner ici au moins quelques indications générales, et surtout à rappeler l'importance des progrès dus dès le moyen âge aux Arabes, et plus tard aux Espagnols et aux Anglais.

Les premiers, comme ils ont propagé, partout où ils se sont établis, leur religion, leurs mœurs et l'usage de leur langue, ont presque partout introduit les principaux animaux domestiques. A ce point de vue, du moins, leurs

tions par plusieurs auteurs, et par moi-même dans la précédente édition de cet ouvrage. On sait aujourd'hui qu'elles ne sont pas fondées. M. Dureau de la Malle avait mal compris Varron, ou plutôt il l'avait cité ici de mémoire, comme il résulte d'une intéressante note de M. J. Haime, insérée dans le *Bulletin de la Société d'acclimatation*, t. II, p. 246.

Pour plus de développements, voyez (outre M. Dureau de la Malle et les autres auteurs cités) J. Haime, article *Sur la pisciculture*, inséré dans la *Revue des Deux-Mondes*, livr. du 1er juin 1854.

Voyez aussi la très-remarquable notice de M. Drouyn de Lhuys, *Sur les jardins et établissements scientifiques dans l'antiquité*, lue à la dernière séance publique de la *Société d'acclimatation*, et insérée dans son *Bulletin*, t. VII, p. xv.

[1] J'ai laissé cet article, sauf quelques changements sans importance, tel qu'il a paru en 1854, dans le *Bulletin de la Société d'acclimatation*.

[2] Ils feraient d'ailleurs double emploi avec les détails historiques précédemment donnés sur toutes les acclimatations importantes.

conquêtes ont servi la civilisation. Quel est le peuple, soumis par les Arabes, auquel ils n'aient pas donné le Dromadaire? En Espagne même, tant qu'a duré la domination des Arabes, le Dromadaire a été la première des bêtes de somme, et les Arabes ne se sont pas seulement fait suivre de cet animal, originaire de leur pays : le Chameau à deux bosses, le Zébu, le Buffle, une fois en leur possession, ont été aussi répandus dans plusieurs pays. Il en est de même du Ver à soie; les Arabes l'ont cultivé de très-bonne heure en Espagne et sur la côte d'Afrique. Enfin, avec ces animaux, ils ont introduit, chez les mêmes peuples ou chez d'autres, des races, nouvelles pour ces peuples, des espèces qu'ils possédaient déjà, mais moins perfectionnées, comme le Cheval et le Mouton.

On ne saurait donc pas plus écrire, sans rendre hommage au génie arabe, l'histoire de l'acclimatation, que celle de l'histoire naturelle théorique de la médecine et des mathématiques [1].

Est-ce par tradition des Arabes, dont le sang généreux coule encore dans les veines de ce peuple, que les Espagnols ont marché dans les mêmes voies? Ou est-ce simplement parce qu'ils y étaient appelés par les avantages d'un climat, si exceptionnellement favorable? Sur ses plateaux et ses sierras, l'Espagne a tous les climats de l'Europe; sous le beau ciel, sous le soleil ardent de l'Andalousie, elle est déjà l'Afrique. Et les deux mers, qui baignent ses côtes, lui ouvrent la route, l'une de l'Orient, l'autre de cet autre monde découvert pour elle par Colomb. Aussi l'histoire

[1] Cet esprit de progrès si favorable à l'acclimatation qui a longtemps animé les Arabes se perpétue même encore dans les représentants actuels les plus éminents de ce peuple. Les Vice-rois et les princes de l'Égypte, S. A. Abdul-Halim surtout, ont prêté un concours aussi empressé que puissant aux travaux récents sur l'acclimatation, et l'émir Abd-el-Kader a une très-grande part dans l'introduction de la Chèvre d'Angora en France. Voyez p. 354.

seule des acclimatations, plus ou moins heureusement essayées en Espagne, exigerait-elle de longs détails. Dans l'antiquité, c'est à elle que l'Europe avait dû la domestication du Lapin, qui avait amené à sa suite celle du Furet. Au moyen âge, et plusieurs siècles avant nous, elle a cultivé le Ver à soie. Dans les temps modernes, après la découverte de l'Amérique, elle a entrepris et en grande partie accompli la plus grande œuvre d'acclimatation dont le monde ait été le théâtre depuis les temps historiques : introduisant dans le nouveau continent le Cheval, l'Ane, le Bœuf, le Mouton, la Chèvre, le Porc, la Poule et le Pigeon, elle a essayé de donner en échange à l'Europe les animaux de l'Amérique; et non-seulement le Dindon, le Canard musqué et le Cobaye, qui, en effet, sont bientôt devenus Européens; mais aussi, bien plus précieux et malheureusement plus difficiles à obtenir, le Lama et l'Alpaca, et même avec eux la Vigogne. On a vu qu'un nouvel essai vient encore d'avoir lieu par les ordres et les soins du Roi, et que, très-heureusement commencé, il donne l'espoir de voir enfin réalisé un progrès depuis si longtemps désiré. En attendant, l'Espagne avait déjà réussi à placer à côté de ses innombrables Mérinos, la Chèvre d'Angora : à ces deux belles espèces lainières, elle vient d'ajouter encore la précieuse race ovine de Mauchamp. Elle s'occupe aussi en ce moment de rétablir, ou mieux de recréer, en le développant, et en le consacrant à l'acclimatation des animaux aussi bien qu'à la culture des plantes, le jardin, jadis si prospère, de l'Orotava, aux Canaries. La Reine, qui avait déjà pris plusieurs mesures très-favorables à l'acclimatation et à la multiplication des animaux utiles, a accueilli avec faveur les plans que lui a présentés M. le marquis de Corvera, ministre du progrès en Espagne, pour la réorganisation de ce jardin. Un tel établissement, consacré à l'acclimatation, sous le beau ciel des Canaries, pourra devenir éminemment utile, non-seulement à l'Espagne, mais à l'Europe entière [1].

En Angleterre, la culture des animaux a eu un double but : d'abord, et essentiellement, l'amélioration des races indigènes, non-seulement par la méthode sélective, mais aussi, et essentiellement, par l'introduction de races étrangères, employées ensuite à d'utiles croisements : il suffira de citer le Cheval arabe et le Mérinos. Après ces grandes importations, qui ont tant contribué à créer la richesse et presque la suprématie agricole de l'Angleterre, sont venues, dans le dix-huitième siècle, d'autres introductions qui, d'un ordre très-secondaire, étaient cependant loin d'être sans valeur. Que sont les progrès qui intéressent les plaisirs de quelques-uns, auprès de ceux qui tendent au bien-être de tous? Bien peu sans doute. Sachons gré cependant au célèbre fondateur du musée britannique, Hans Sloane, au duc de Northumberland et à quelques autres membres de l'aristocratie britannique, d'avoir donné à l'Europe les beaux Faisans de la Chine qu'on admire aujourd'hui dans toutes les faisanderies. De l'introduction de ces oiseaux de luxe date, sans nul doute, le mouvement qui, en Angleterre, a fait faire par la *gentry* tant d'entreprises dispendieuses qu'aucun particulier et qu'aucun gouvernement n'eût voulu faire en d'autres pays. Au dix-huitième siècle, les lords faisaient construire des volières; dans le nôtre, ce sont des parcs entiers qu'ils affectent à la culture des animaux, sans excepter les plus grands. Et ce mouvement, qui avait commencé par donner aux oiselleries quelques hôtes de luxe, n'est pas loin de faire du Nilgau et

[1] Déjà le jardin de l'Orotava, dont la réorganisation est due à l'initiative de M. de Corvera, est porté au budget de l'État.

On s'occupe même aussi en Espagne de la création d'un autre Jardin d'acclimatation sur la côte occidentale d'Afrique.

du Canna lui-même de nouveaux habitants de nos fermes.

Pourquoi notre pays, après avoir laissé l'Espagne et l'Angleterre prendre les devants sur lui, a-t-il tout à coup repris, de nos jours, la place qui lui appartient dans toutes les grandes applications des sciences, comme dans les sciences elles-mêmes? Et pourquoi n'est-ce ni en Espagne, ni même en Angleterre, mais sur notre sol qu'on a vu s'élever successivement, à côté de la *première Ménagerie d'observation* zoologique, la *première Société d'acclimatation*, centre et mère de toutes les autres, et le *premier Jardin zoologique qui ait été consacré à l'acclimatation* des espèces animales utiles?

Je ne crois pas me tromper en répondant : Parce que notre pays a donné à la science, au milieu du dix-huitième siècle, l'*Histoire naturelle*, et au commencement du nôtre, l'*Anatomie comparée*, la *Zoologie philosophique* et la *Philosophie anatomique*.

Un si grand mouvement imprimé à la science théorique devait avoir pour conséquence, dans l'époque suivante, un semblable mouvement dans les applications de la science. Nos maîtres avaient donné l'impulsion; nous y avons obéi.

CHAPITRE II

VUES ÉMISES PAR DIVERS AUTEURS DU DIX-HUITIÈME SIÈCLE ET DU COMMENCEMENT DU DIX-NEUVIÈME SUR L'ACCLIMATATION ET LA DOMESTICATION DES ANIMAUX UTILES

Tant que les questions relatives à l'acclimatation et à la domestication des animaux utiles restaient généralement négligées, tant que les naturalistes eux-mêmes en détournaient pour la plupart leur attention, il était inévitable qu'on laissât dans un oubli profond les efforts faits à diverses époques par quelques esprits d'élite pour signaler l'importance des applications pratiques de la zoologie.

Par une raison contraire, nous croyons devoir aujourd'hui, tout en nous préoccupant surtout de l'avenir et du progrès, revenir, au nom de la justice, sur le passé, rappeler avec un sentiment de gratitude ces efforts si longtemps méconnus, et écrire, à son tour, l'histoire de la science pratique de l'acclimatation et de la domestication des animaux utiles, comme on a écrit, à mesure qu'elles se sont développées, celle de toutes les autres branches du savoir humain.

C'est pour accomplir, autant qu'il est en nous, cette œuvre de justice scientifique, que nous avons recherché, dans les livres des auteurs qui nous ont précédé, les vues émises par eux, et qui leur donnent droit au titre de précurseurs de tous ceux qui s'occupent aujourd'hui, théoriquement et pratiquement, de la culture des animaux utiles [1].

On va voir de quelle main ferme les questions que nous avons cherché à résoudre avaient été posées dès le dix-huitième siècle.

SECTION I

Vues émises par les auteurs du dix-huitième siècle.

§ 1. — BUFFON.

A la tête des naturalistes dont j'ai à signaler ici les efforts, se place Buffon. C'est lui qui a rappelé les modernes à l'œuvre négligée de la domestication des animaux ; c'est de lui qu'est venue l'impulsion. Nous ne faisons, après un siècle, que réaliser ses vues.

Il les a exprimées sous deux formes et de deux manières.

Tantôt, au moment où il fait l'histoire d'une espèce appelée à nous devenir utile comme auxiliaire, alimentaire ou industrielle, Buffon en recommande la domestication, insistant sur les biens qu'elle peut un jour nous procurer. Ces biens, dit-il à plusieurs reprises, sont les *vrais biens*, les *vraies richesses*, et nous ne devons rien épargner pour nous en rendre maîtres. C'est ainsi qu'il dit du Lama et de ses congénères :

« J'imagine que ces animaux seraient une excellente acquisition pour l'Europe, spécialement pour les Alpes et pour les Pyrénées,

[1] Ce travail a été composé en 1854, peu de temps après la création de la *Société d'acclimatation*, et inséré dans le recueil de cette Société, t, I, p. 285 et 389.

et produiraient *plus de biens réels que tout le métal du Nouveau monde*[1]. »

Il s'exprime ailleurs en ces termes au sujet du Chameau :

« En réunissant sous un seul point de vue toutes les qualités de cet animal et tous les avantages que l'on en tire, on ne pourra s'empêcher de le reconnaître pour la plus utile et la plus précieuse de toutes les créatures subordonnées à l'homme; *l'or et la soie ne sont pas les vraies richesses de l'Orient;* c'est le Chameau qui est le *trésor de l'Asie*[2]. »

Ailleurs, c'est la question tout entière que Buffon aborde dans sa haute généralité, signalant à l'homme ce qu'il appelle si justement des *espèces de réserve*.

Le passage que je vais reproduire, et que l'on a trop longtemps laissé dans l'oubli, fait partie de l'article sur le Renne. Buffon insiste sur les services que rend aux Lapons cet animal, qui est à la fois *leur Cheval*, *leur Bœuf* et *leur Brebis*, et, passant de cet exemple particulier à de hautes vues générales, il ajoute :

« Nous devons sentir, par cet exemple, jusqu'où s'étend pour nous la libéralité de la nature : nous n'usons pas, à beaucoup près, de toutes les richesses qu'elle nous offre; le fond en est bien plus immense que nous ne l'imaginons; elle nous a donné le Cheval, le Bœuf, la Brebis, tous nos autres animaux domestiques, pour nous servir, nous nourrir, nous vêtir; et elle a encore des espèces de réserve qui pourraient suppléer à leur défaut, et qu'il ne tiendrait

[1] *Histoire naturelle*, t. XIII, p. 31, 1765.

J'ai rappelé plus haut (p. 34 et suiv.) les efforts de Buffon et des abbés Beliardy et Bexon, pour obtenir le transport en Europe d'un troupeau de Lamas, d'Alpacas et de Vigognes.

[2] *Hist. nat.*, t. XI, p. 239, 1754.

On a vu (p. 24) que le Chameau ne semble pas destiné à devenir aussi un des *trésors de l'Europe*. Il peut nous rendre de très-grands services, mais seulement dans certaines localités et pour certains usages spéciaux.

qu'à nous d'assujettir et de faire servir à nos besoins. L'homme ne sait pas assez ce que peut la nature ni ce qu'il peut sur elle; au lieu de la rechercher dans ce qu'il ne connaît pas, il aime mieux en abuser dans tout ce qu'il connaît. »

Ce beau passage est de 1764[1].

Comment de si hautes pensées, si admirablement exprimées, n'auraient-elles pas trouvé des échos dans le dix-huitième siècle?

Après Buffon viennent, en France, Bernardin de Saint-Pierre, Lacépède, et surtout Daubenton; en Belgique, Nélis; et, quoique tous ne le disent pas expressément, comment douter que ces auteurs s'inspirent du maître dont ils sont ici les continuateurs? Ce sont ses généreuses pensées qu'ils reproduisent tous, parfois en partie dans les mêmes termes, et que l'un d'eux, celui qui tenait de plus près à Buffon, développe, féconde et applique.

§ 2. — NÉLIS.

C'est Nélis qui, dans l'ordre des dates, vient le premier après Buffon; car le travail qui lui donne droit à être cité ici remonte à l'année 1777[2]. Il porte un titre alors bien nouveau :

« *Mémoires sur la possibilité et les avantages de naturaliser dans nos provinces (la Belgique, le Luxembourg) différentes espèces d'animaux étrangers.* »

On voit que l'auteur posait la question dans sa généralité, et faisait plus encore : il se proposait de la traiter dans une suite de mémoires ; en d'autres termes, de faire, il y a

[1] *Hist. nat.*, t. XII, p. 95.

[2] Voyez les Mémoires de l'ancienne *Académie impériale et royale de Bruxelles*, t. I, 1re édit., 1777; 2e édit., 1780.

près de quatre-vingts ans, ce que j'ai récemment essayé, et non sans encourir alors même, de la part de plus d'un naturaliste, le blâme qui accueille toute entreprise nouvelle.

Pour poursuivre, dès 1780, une œuvre qu'on a jugée prématurée, téméraire au milieu du dix-neuvième siècle, il eût fallu à Nélis, même écrivant sous l'inspiration de Buffon, une force de pensée, une énergie de volonté qui lui ont fait défaut. Aussi s'est-il arrêté dès les premiers pas, et de la série de mémoires qu'il projetait et annonçait, nous n'avons que celui par lequel elle s'ouvrait; mémoire d'ailleurs remarquable, et qui mérite, à plusieurs égards, de fixer l'attention et de rester dans la science.

Comme Bernardin de Saint-Pierre dans le fragment qui va suivre, Nélis pense aux montagnes de son pays; il veut placer des animaux nouveaux, des Vigognes, dans les parties hautes du duché de Luxembourg; et sa conviction, qu'il essaye de justifier par des faits et des inductions, est également ferme sur la possibilité et sur l'utilité de cette acclimatation.

« On aura fait, dit-il, un plus beau présent à notre province que si celle de Lyon lui communiquait ses soies, ou le Pérou même ses mines... Les objections qu'on pourra me faire, on les a faites probablement, il y a deux mille ans, contre un animal aussi commun aujourd'hui qu'il est utile, contre l'Ane. Car il est sûr que l'Ane, originaire des pays chauds, ne se trouvait du temps d'Aristote dans aucune partie des Gaules, et il n'y a pas si longtemps qu'il se trouve en Suède. On nous a amené des Anes, et les objections ont cessé; et on a trouvé des Anes indistinctement partout. Le Buffle, autre animal originaire des pays les plus chauds, n'a été transporté et naturalisé en Italie que vers le septième siècle. Il n'était connu ni des Grecs ni des Romains... La plupart de nos animaux d'Europe transportés en Amérique, s'y sont multipliés prodigieusement; nos Chevaux, nos Vaches, nos Taureaux, nos Brebis, nos Cochons, en un mot presque toutes les espèces de l'ancien continent étaient inconnues au nouveau. Et nous croirions que rien de ce qui était particulier à l'Amérique ne pourra réussir chez nous! »

L'auteur rappelle ensuite les services immenses qu'ont rendus l'introduction en Angleterre des Moutons d'Espagne, et plus anciennement, en Espagne, celle des Moutons du Nord de l'Afrique; et il se résume ainsi :

« La grandeur de l'objet et des espérances mérite bien qu'on hasarde quelque chose, si toutefois on peut dire que ce serait hasarder. »

§ 3. — BERNARDIN DE SAINT-PIERRE.

Je ne trouve encore chez Bernardin de Saint-Pierre que des vœux exprimés. Mais le souvenir mérite d'en être recueilli : on aime à voir l'auteur des *Études de la nature* s'associer le premier en France aux vues de l'auteur de l'*Histoire naturelle*.

C'est vers nos hautes montagnes que Bernardin de Saint-Pierre porte d'abord sa pensée :

« Ne pourrait-on pas accroître la famille de nos animaux domestiques en peuplant le voisinage des glaciers des hautes montagnes du Dauphiné et de l'Auvergne avec des troupeaux de Rennes, si utiles dans le nord de l'Europe; avec des Lamas du Pérou, qui se plaisent au pied des neiges des Andes, et que la nature a revêtus *de la plus belle des laines?* »

Ce passage fait partie du premier volume des *Études de la nature*, et par conséquent il a été écrit vers 1780.

Douze ans environ plus tard, dans son *Mémoire sur la nécessité de joindre une ménagerie au Jardin des Plantes* [1],

[1] Adressé en 1792 à la Convention, et imprimé, à cette époque, en un petit volume in-12.

Bernardin de Saint-Pierre était alors intendant général du Jardin des Plantes.

Saint-Pierre est revenu sur le même sujet, mais en le considérant cette fois dans son ensemble. Plusieurs parties de ce *Mémoire*, aussi remarquable que peu connu, pourraient trouver ici leur place : je citerai du moins un passage où l'auteur, après l'énumération de plusieurs des végétaux utiles importés des régions étrangères, s'exprime ainsi [1] :

« Les mêmes contrées qui nous ont donné tant d'arbres, qui enrichissent nos métairies et décorent nos jardins, nourrissent des quadrupèdes et des oiseaux dont nous pouvons peupler nos basses-cours et nos bosquets. Le règne animal renferme encore plus de familles que le règne végétal, et, si nous avons naturalisé plus de végétaux que d'animaux, c'est que l'éducation des premiers est bien plus aisée que celle des seconds. On ne transporte pas d'un bout du monde à l'autre des quadrupèdes comme des plantes, ni des œufs comme des graines. Ces voyages, ces nourritures, ces premières éducations qui demandent tant d'expérience, sont au-dessus des moyens et du savoir de la plupart des hommes... Une ménagerie n'est donc pas moins intéressante qu'un jardin pour l'économie rurale.

« Ces deux établissements réunis se prêteront mutuellemen leurs lumières. On y étudiera les rapports des animaux avec les plantes qui leur sont compatriotes : ce n'est que par cette double harmonie qu'on peut les naturaliser... »

L'auteur parle ensuite du parti qu'on pourrait tirer des serres où l'on cultive les plantes des pays chauds, pour l'élève de divers animaux des mêmes contrées, et il ajoute :

« Plusieurs espèces de Vers à soie de la Chine fileraient leurs cocons dorés sur son Mûrier, et la Cochenille du Mexique couvrirait de sa postérité pourprée les feuilles du Nopal. C'est par des moyens semblables que déjà des curieux sont venus à bout de multiplier des Ouistitis, des Bengalis, des Perroquets... Peut-être un jour les îles des Antilles recevront le Nopal chargé de Cochenilles,

[1] P. 22 et 23.

du même établissement pour lequel je sollicite une ménagerie, comme elles ont reçu de son jardin l'arbre du café. »

On sait qu'en effet les Antilles ont dû le Caféier au Jardin des Plantes de Paris, et aux soins, au dévouement du capitaine de Clieu[1]; souvenir justement évoqué par Bernardin de Saint-Pierre, et qui prouve que non-seulement le Jardin des Plantes, mais tout établissement de culture et d'acclimatation, peut étendre au loin sa bienfaisante action. Utile d'abord et par-dessus tout au pays où il est établi, il le devient aussi, dans une multitude de cas, aux régions elles-mêmes les plus éloignées ; sorte d'entrepôt des productions de toutes les parties du globe, destiné à les relier par des échanges où elles s'enrichissent réciproquement.

§ 4. — LACÉPÈDE.

C'est aux régions élevées de notre sol qu'avaient surtout pensé Nélis et Bernardin de Saint-Pierre; c'est de nos rivières, de nos lacs, que s'occupe d'abord Lacépède. Il veut peupler nos eaux d'hôtes nouveaux, et ce côté de la question appartenait naturellement à l'auteur de l'*Histoire des Poissons*. Aussi l'a-t-il abordé de bonne heure et à plusieurs reprises dans divers passages de ce livre; passages que lui-même résume, pour ainsi dire à l'avance, dans son *Discours préliminaire*, où il dit, en recommandant l'extension de l'art si important de la pêche[2] :

[1] Le caféier fut transporté, vers 1720, des serres du Jardin des Plantes à la Martinique, par le capitaine de Clieu. Ce généreux officier obtint pour la colonie, disent les uns, trois caféiers; un seul, disent d'autres auteurs. Ce qu'il y a de certain, c'est qu'il n'en arriva qu'un seul, sauvé par de Clieu, qui, pour lui, s'était imposé les plus dures privations. La traversée avait été très-longue; on manquait d'eau, et chacun ne recevait plus qu'une ration insuffisante. De Clieu souffrit souvent de la soif, mais le Caféier fut toujours arrosé. Telle est l'origine des magnifiques plantations des Antilles.

[2] A la fin du *Discours préliminaire sur la nature des Poissons*.

« Quelle nombreuse population ne serait pas entretenue par l'immense récolte que nous pouvons demander tous les ans aux mers, aux fleuves, aux rivières, aux lacs, aux viviers, aux plus petits ruisseaux ! *Les eaux peuvent nourrir bien plus d'hommes que la terre.* »

Le passage suivant, écrit quelques années plus tard, est un autre résumé des mêmes vues[1] :

« La classe nombreuse des Poissons peut donner lieu à des observations de la plus grande importance pour diverses branches de l'économie publique. »

Lacépède ne s'en est pas tenu là. Comme Saint-Pierre, il ne tarde pas à élargir son horizon, à porter ses vues sur l'ensemble du règne animal, disons mieux, sur tous les règnes à la fois; car il appelle à la fois les naturalistes à l'exploitation, au profit de l'humanité, de toutes les richesses encore négligées de la nature.

Les fragments trop oubliés qu'on va lire font partie du *Discours de clôture* du cours de zoologie, fait par Lacépède en l'an VIII au Muséum d'histoire naturelle ; discours qui nous a été heureusement conservé dans son entier, à la suite des leçons de Daubenton, à l'École normale [2].

Ce *Discours* a ce titre très-significatif :

« *Sur les avantages que les naturalistes peuvent procurer au corps social dans l'état actuel de la civilisation et des connaissances humaines...* » ;

Titre après lequel vient ce début :

« Essayons de contempler les productions de la nature d'un point de vue très-élevé. Plaçons-nous assez haut pour que, reconnaissant le passé, distinguant le présent et entrevoyant l'avenir, nous puissions réunir tous les faisceaux de lumière qui parviennent

[1] Voyez le *Recueil des séances des Écoles normales*, nouvelle édition in-8°, 1800, t. VIII, p. 318.

[2] Même *Recueil* et même volume, p. 281.

jusqu'à nous, et les faire converger sur un objet sacré, sur la félicité publique. »

L'auteur entre ensuite dans des considérations historiques sur les sciences naturelles, qui le conduisent à cette conclusion et à ces développements [1] :

« Jamais plus de lumière n'a éclairé les amis des sciences naturelles; jamais plus de gloire n'a rayonné sur la tête de ceux qui les ont fait fleurir; jamais, par conséquent, de plus grandes obligations n'ont été imposées à ceux qui les cultivent... Ce devoir si impérieux, et cependant si doux, est de *diriger toutes les forces de la science vers l'accroissement du bonheur public.*

« Voyons donc ce que peut cette science pour la prospérité du corps social.

« Maintenant où les voyages sont si faciles, où l'art de la navigation est si perfectionné, où les rivalités des peuples, les jalousies du commerce, les fureurs même de la guerre n'élèvent plus d'obstacles au-devant des hommes éclairés qui cherchent de nouvelles sources d'instruction...; où l'on transporte au delà des mers les végétaux les plus délicats sans leur ôter la vie..., où l'on sait, avec de l'adresse et du temps, dompter les animaux les plus impatients du temps et du joug, par l'abondance de l'aliment, la convenance de la température et les commodités de l'habitation ; comment ne pas espérer de découvrir une plante qui, de même que le Café, le Tabac, le Thé, le Sucre, les épiceries, transportée avec soin et cultivée avec art dans les pays analogues à ses propriétés, et dans lesquels cependant la nature ne l'avait pas semée ou assez multipliée, affranchisse les nations d'une dépendance ruineuse...; ou un animal qui, de même que la Vigogne du Chili ou la Chèvre de l'Asie Mineure, puisse fournir aux ateliers qui tissent nos vêtements, un poil doux, soyeux, très-brillant et salubre?...

« Que ceux que les peuples ont chargés du soin de gérer leurs affaires pensent quelquefois que le Cerisier, apporté en Italie par Lucullus, et la mémoire de son bienfait, y dureront peut-être plus que le souvenir de ses victoires.

[1] P. 289 et suiv.

« On ne se contentera pas d'acclimater dans sa patrie les espèces choisies d'animaux et de plantes; on usera de toutes les ressources merveilleuses de l'art vétérinaire ou de la culture des végétaux pour en perfectionner les races, pour en améliorer les variétés. »

Je citerai aussi, malgré son étendue, un autre passage plus remarquable encore de ce *Discours*, qui depuis plus d'un demi-siècle reste oublié, complètement oublié; la plupart des naturalistes n'en connaissent pas même le titre. L'illustre professeur reprend ainsi un peu plus bas [1] :

« Ces animaux, choisis avec convenance, fourniront à ceux qui, dans de grandes manufactures ou dans des ateliers séparés, font fleurir les arts mécaniques, des poils plus déliés, des soies plus belles, des laines plus fines, des fourrures plus touffues, des duvets plus doux, des plumes plus éclatantes, des aigrettes plus élancées, des écailles plus transparentes... Des aliments aussi agréables que sains, perdant de leur cherté en devenant moins rares, couvriront la table du pauvre aussi bien que celle du riche. Pendant que la Chèvre de Cashmir et la Vigogne, ainsi que l'Alpaca des Cordilières, adopteront pour leur seconde terre natale les vallées de nos antiques Pyrénées; pendant que l'Eider au duvet soyeux, plusieurs Grèbes et plusieurs Hérons, oublieront sur les bords de notre Océan les rivages boréaux ou les plages éloignées qui leur servent d'asile, les Cabiais, les Agoutis et quelques Lièvres ou Lapins étrangers peupleront nos garennes : plusieurs Cochons d'Afrique viendront s'allier avec les nôtres et en augmenter les qualités. Ces Bœufs des environs du cap de Bonne-Espérance ou des vastes contrées de l'Amérique septentrionale, dont les voyageurs ont tant vanté la grandeur, la force et la bonté de la chair, se mêleront, dans nos pâturages, à nos Bœufs européens. Nos bosquets et nos collines répéteront le chant de plusieurs espèces de Bruants, d'Alouettes, de Becs-Fins, de Motacilles, qu'il aura été si facile d'y naturaliser. Nos terres marécageuses ou fréquemment inondées, ou arrosées par des étangs, des lacs, des canaux et des rivières, nourriront des Râles, des Bécasses, des Courlis, des Hydrogallines, des Vanneaux,

[1] P. 294.

des Pluviers, différents de ceux qui y pondent maintenant et dont ils partageront la demeure. La grande Outarde ne sera plus si rare dans nos champs. Nos parcs, nos jardins, nos basses-cours, auront reçu de l'Orient et de l'Occident des espèces fécondes de Pigeon, de Tétras, de Perdrix, de Tinamou, de Tridactyle, de Paon, de Faisan, de Hocco, de Gouan [1]. La Tortue franche, multipliée sur les rives maritimes de la France et de l'Europe méridionale, y présentera aux voyageurs une nourriture salubre et délicate. Les eaux qui coulent dans les lits de nos rivières, celles qui s'échappent dans nos ruisseaux ou qui se précipitent dans nos torrents, celles encore qui demeurent immobiles dans nos lacs, dans nos mares et jusque dans les bassins de nos fontaines, ne montreront plus leur dépopulation actuelle, n'offriront plus de tristes solitudes, mais paraîtront animées, comme celles de l'industrieuse Chine, par des myriades d'individus, d'espèces de Poissons propres à nourrir l'homme et les animaux qui lui sont utiles, ou à fertiliser les champs ingrats, en donnant, comme plusieurs Centronotes et plusieurs Gastérostées, un engrais abondant à l'agriculture...

« Quel est l'art, quelle est la science auxquels les progrès de l'histoire naturelle ne donneront pas une nouvelle vie [2]?... *La science de la nature doit changer la face du globe* [3]. »

Il est d'autres parties de ce même *Discours* que j'aimerais à reproduire aussi ; mais il suffit, au point de vue où je dois me tenir ici, d'avoir fait connaître, par quelques citations, l'ensemble des idées de Lacépède. C'est assez pour que ce naturaliste, trop loué pendant sa vie, trop sévèrement jugé après sa mort, comme je le disais il y a quelques années [4], reprenne la place à laquelle il a droit dans l'histoire de l'acclimatation. Sans doute, il n'y a chez lui encore, comme chez Bernardin de Saint-Pierre, que des vœux, que

[1] Le Gouan ou Guan est une espèce du genre Pénélope.
[2] P. 296.
[3] P. 300.
[4] *Histoire naturelle générale*, dans le résumé historique qui est placé en tête de cet ouvrage.

des aspirations vers un but qu'il pressent plutôt qu'il ne le voit : mais ces vœux sont si bien formulés, ils sont exprimés si éloquemment dans quelques passages, et dans d'autres avec tant d'élévation d'esprit et de cœur, avec un sentiment si juste de la mission et des devoirs du naturaliste, que nulle part peut-être Lacépède n'est plus digne du titre d'élève de Buffon et de continuateur, désigné par l'auteur lui-même, de la grande *Histoire naturelle* [1].

§ 5 — DAUBENTON.

Il n'y a dans l'histoire de l'acclimatation qu'un seul nom qui puisse se placer à côté de celui de Buffon : c'est le nom de son collaborateur et ami, Daubenton. Ce que Buffon a le premier compris et proclamé, Daubenton l'a le premier démontré. Le premier, il a passé de la parole à l'action, et nous lui devons les seules grandes applications de la zoologie à l'agriculture qui aient été faites en France dans le dix-huitième siècle : l'amélioration de nos races ovines, par une suite d'expériences dignes de servir de modèles à tous les essais de ce genre, et l'acclimatation des Moutons à laine fine d'Espagne, inutilement tentée avant Daubenton. Double succès dont l'histoire a été trop bien préparée par M. Richard (du Cantal) pour que je l'entreprenne ici ; c'est à mon

[1] A la suite du *Discours de clôture* du cours de l'an VIII, on trouve, dans le même Recueil, celui du cours de l'an IX (p. 319), et un article *Sur les Ménageries* (p. 303), où se trouvent aussi quelques vues analogues à celles que je viens de rappeler.

Voyez aussi le *Discours de clôture du cours de l'an VI*, imprimé à par (avec un autre *Discours*), Paris, in-4°, 1798. On y lit, entre autres passages p. 56 :

« Quel est le climat où, transportant, multipliant, perfectionnant les espèces ou les races, et donnant à l'agriculture des secours plus puissants, au commerce des productions plus nombreuses et plus belles, aux nations populeuses des moyens de subsistance plus agréables, plus salubres, plus abondants, vous ne puissiez bien mériter de vos semblables? »

savant confrère et ami qu'il appartient d'achever ce qu'il a si bien commencé [1].

Un esprit aussi sagace que celui de Daubenton ne pouvait manquer de passer de l'étude expérimentale des races ovines à l'ensemble des questions relatives à l'acclimatation. Il l'a fait, et très-heureusement aussi. C'est lui qui, le premier, a dressé la liste des espèces de diverses classes dont notre sol ou nos eaux pourraient encore s'enrichir. On trouve cette liste dans la première leçon du *Cours d'histoire naturelle* à l'École normale; mais il y avait plusieurs années déjà que Daubenton l'avait dressée, et déjà Bernardin de Saint-Pierre l'avait publiée, en 1792 [2], dans les notes de son Mémoire plus haut cité sur un projet de ménagerie au Muséum d'histoire naturelle.

Cette liste a, historiquement, trop d'intérêt pour que je n'en donne pas ici du moins une idée, en reproduisant les principaux passages de la leçon de Daubenton [3] :

« L'objet de la science de l'économie vétérinaire est d'exposer les moyens de maintenir les animaux domestiques dans les bonnes qualités qu'ils ont acquises par nos soins, et de faire des tentatives pour rendre ces animaux encore plus utiles qu'ils ne l'ont été jusqu'à présent. Il faut tâcher de soumettre à l'état de domesticité des espèces d'animaux sauvages dont nous puissions tirer des services et de l'utilité.

Il y a beaucoup d'animaux des pays étrangers qui pourraient être d'une grande utilité en France, si l'on parvenait à les y natu-

[1] Voyez son *Rapport* à l'Assemblée constituante *sur la production des Chevaux au point de vue de l'armée*, in-4°, 1849; Annexes, p 85.

Ce travail, qu'il resterait seulement à étendre et à compléter, place sous leur véritable jour les expériences de Daubenton, si admirablement conduites, et par suite si heureuses dans leurs résultats. L'auteur nous montre dans Daubenton un des plus parfaits modèles que puissent suivre les savants qui s'occupent d'acclimatation et en général de zootechnie.

[2] La liste de Daubenton est donc antérieure de plusieurs années au Discours de Lacépède, dont on a lu plus haut quelques fragments.

[3] Recueil déjà cité des *Séances des Écoles normales*, t. I, p. 108.

raliser... Nous pourrions dompter le Zèbre comme l'Onagre et le Cheval sauvage, et nous aurions une nouvelle bête de somme et de trait, plus forte que l'Ane, et plus belle toute nue que le Cheval le plus magnifiquement harnaché... Si l'on naturalisait le Tapir en France, nous aurions non-seulement une nouvelle viande de boucherie, mais encore un nouvel objet de commerce... Il y a beaucoup d'autres animaux en Amérique dont la chair est très-bonne à manger et très-saine : le Pécari est une espèce de Cochon ; le Cariacou ne diffère pas beaucoup du Chevreuil; le Paca est un des meilleurs gibiers de l'Amérique. On a comparé l'Agouti à notre Lièvre et l'Akouchi à notre Lapin. Il y a des Tatous dont la chair est blanche et aussi bonne que celle du Cochon de lait. Tous ces animaux mériteraient que l'on fît des tentatives pour les avoir en France et pour les réduire à l'état de domesticité.

« Les recherches à faire pour l'économie vétérinaire ne se bornent pas aux animaux quadrupèdes; elles doivent s'étendre aux Oiseaux et aux autres classes d'animaux... Nous pourrions introduire dans nos basses-cours l'Outarde et la Canepetière. L'Outarde se trouve dans le Poitou et la Champagne; sa chair est excellente. La Canepetière passe dans la Beauce, le Maine et la Normandie ; sa chair est noire, d'un goût exquis et meilleure que celle du petit Coq de bruyère. On dit aussi que ses œufs sont très-bons pour la cuisine. Le Rouge [1] et le Pilet, le Faisan de montagne et surtout le Coq de bruyère feraient de très-bonnes volailles. »

Daubenton indique encore, parmi les oiseaux, le Tadorne, le Marail, le Hocco, le Camoucle [2], l'Eider et l'Agami, au sujet duquel il s'exprime ainsi :

« L'Agami est le plus intéressant de tous les Oiseaux, par les éloges que l'on en fait : on le compare au Chien pour l'intelligence et la fidélité; on lui donne une troupe de volailles et même un troupeau de Moutons à conduire, et il se fait obéir, quoiqu'il ne soit guère plus gros qu'une poule. L'Agami est aussi curieux qu'utile; il mérite de trouver place dans toutes les basses-cours. »

[1] Ancien nom du Souchet.
[2] Ancien nom du Kamichi.

Daubenton passe ensuite aux Poissons ; car il veut enrichir nos eaux aussi bien que notre sol :

« Pourquoi y a-t-il des Poissons particuliers à certaines mers et à quelques lacs?... N'est-il pas possible de naturaliser en France, dans des eaux courantes, l'Umble ou l'Ombre chevalier, qui n'a été jusqu'à présent que dans le lac de Genève, et le Lavaret, qui n'est que dans le lac du Bourget et d'Aigue-Belette, en Savoie?

« J'ai insisté sur le rétablissement de l'art vétérinaire en entier pour faire voir que les rapports qu'il aurait avec l'histoire naturelle seraient plus utiles que ne l'est à présent sa relation avec la médecine... Les animaux sauvages, farouches ou étrangers, dont on espérerait tirer du profit ou de l'agrément, seraient indiqués et remis aux vétérinaires pour les dompter, les apprivoiser et les dresser aux usages auxquels on voudrait les accoutumer. »

§ 6.

Conserver, acquérir, voilà donc la double mission que Daubenton assignait à l'art vétérinaire : malheureusement bien peu le comprennent ainsi aujourd'hui ! Et c'est pour parvenir à la réalisation de ses vues que Daubenton avait proposé d'annexer une ménagerie à l'École vétérinaire d'Alfort, comme Bernardin de Saint-Pierre, vers la même époque, voulait en établir une à Paris.

Ce sont, comme personne ne l'ignore, les vues de Saint-Pierre qui ont été réalisées, mais non par ses soins. Il avait quitté depuis quelques mois la direction, ou, comme on disait alors, l'*intendance* du Jardin des Plantes, lorsque fut créée la première ménagerie qui ait existé, non pour le luxe ou l'amusement des princes, mais pour les études de tous, pour la science. La création de la ménagerie du Muséum d'histoire naturelle fut due, en 1793, à une détermination hardie de mon père.

On a souvent rappelé cette origine, et toutes les difficultés dont elle fut entourée, et j'en ai fait à mon tour, il y a quelques années [1], une histoire détaillée que je ne saurais reproduire ici. J'y ajouterai toutefois un rapprochement qui se présente de lui-même, après ce que je viens de dire de Bernardin de Saint-Pierre et de Daubenton. Privés l'un et l'autre de l'honneur de créer cette ménagerie qu'ils avaient tant appelée de leurs vœux, ils furent, l'un et l'autre aussi, par un concours singulier de circonstances, les introducteurs, dans le grand établissement illustré par Buffon, du jeune naturaliste qui allait y réaliser ce même progrès. C'est le 4 novembre 1793 que la ménagerie fut créée par mon père, alors âgé de vingt et un ans; huit mois auparavant, il avait dû son entrée au Jardin des Plantes à une décision prise, sur la demande de son maître Daubenton, par l'intendant général du Jardin royal. L'intendant était alors Bernardin de Saint-Pierre.

Ainsi se rattache, du moins par des liens indirects, à ces deux hommes illustres, cette création destinée à exercer une si grande influence sur l'histoire naturelle théorique et appliquée. L'observation des animaux à l'état de vie, bien plus, l'expérimentation, devenues enfin possibles, les idées de Buffon, de Daubenton, de Bernardin de Saint-Pierre, de Lacépède, passaient, comme l'a si bien dit M. Richard , *dans le domaine des faits;* et la conquête, sur la nature, de nouvelles forces, de nouvelles richesses industrielles, de nouvelles ressources alimentaires, objet de tant de vœux éclairés dans le dix-huitième siècle, pouvait être désormais entreprise aux lumières de la science.

[1] *Vie, Travaux et Doctrine scientifique d'Étienne Geoffroy Saint-Hilaire*, Paris, 1847, p. 48 et suiv.

[2] *Rapport à la Société zoologique d'acclimatation*, dans le 1er numéro du *Bulletin* de cette Société, p. 4.

SECTION II

Vues émises par les auteurs du commencement du dix-neuvième siècle.

§ 1.

Dans une histoire des vues émises sur la domestication et la culture des animaux utiles, il est peu de naturalistes éminents du dix-neuvième siècle dont les noms ne pussent être placés à la suite de ceux de Buffon, de Bernardin de Saint-Pierre, de Lacépède, de Nélis, de Daubenton. Comment les nobles et éloquentes paroles des premiers n'eussent-elles pas été entendues de leurs successeurs? Comment l'exemple de Daubenton eût-il été perdu pour eux? Aussi est-il facile de voir, en suivant le mouvement de la science, que peu à peu, dans notre siècle, la question avance, et que bientôt elle sera mûre.

Il faut cependant le dire : les hommes qui, au commencement du dix-neuvième siècle, marchent du pas le plus ferme à la suite de Buffon et de Daubenton, ne sont pas ici ceux qui semblaient le mieux appelés à défendre, à développer, à réaliser leurs vues ; ce ne sont pas les naturalistes. Je suis loin de méconnaître la valeur de diverses indications données par Péron et Lesueur sur plusieurs mammifères qu'ils venaient d'observer en Australie [1]; par Cuvier, qui, s'inspirant ici de ces célèbres voyageurs, nous montre,

[1] Voyez l'*Éloge de Péron*, Paris, in-12, 1857, par M. GIRARD, professeur de sciences physiques au collége Rollin; éloge couronné par la Société d'émulation de l'Allier. L'auteur a mis en lumière plusieurs passages jusqu'alors trop négligés, où Péron insiste sur les avantages que pourront offrir à l'Europe plusieurs des animaux observés durant l'expédition aux terres australes.

à plusieurs reprises, dans le Phascolome et les Kangurous, de futurs « gibiers aussi utiles que le Lapin[1]; » par mon père, qui, au retour de l'expédition d'Égypte, insiste sur l'acclimatation de l'Oie armée[2]; par Bory de Saint-Vincent, qui, quelques années plus tard, veut enrichir l'Europe du Lama et de l'Alpaca[3]; par d'autres encore, frappés à leur tour des avantages que pourraient offrir d'autres espèces. Je reconnais aussi, et j'ai déjà signalé à plusieurs reprises l'intérêt qui s'attache au Mémoire si justement estimé de Frédéric Cuvier *Sur la domesticité des mammifères*[4]. Mais enfin, il faut le dire, car telle est la vérité : il est, au commencement de notre siècle, trois hommes qui ont compris peut-être mieux encore, et qui, assurément, ont mieux exprimé l'importance future des applications de la zoologie; et ces hommes, les seuls qui dans cette époque et sur ces questions puissent être comparés à Buffon, à Daubenton, à Lacépède, pour la fermeté de leurs vues, pour l'énergie de leurs convictions, pour leur désir ardent du progrès pratique, ne sont pas des naturalistes. Un d'eux, le premier par ordre de dates, est un ingénieur dont le nom est aujourd'hui presque oublié, Rauch; les deux autres sont des hommes célèbres à plusieurs titres : l'administrateur, l'agronome, le poëte, François de Neufchâteau ;

[1] *Éloge de Banks*, prononcé devant l'Institut le 9 avril 1821. Voyez le *Recueil des éloges historiques* de Cuvier, t. III, p. 49.

Cuvier a dit aussi, dans son célèbre *Rapport sur les progrès des sciences naturelles*, 1810, p. 294 : « Cette période a fait connaître de nouvelles es- « pèces de gibier que l'on pourrait répandre dans nos bois, comme le Phas- « colome de la Nouvelle-Hollande. etc. »

[2] Ou Oie d'Égypte. Voyez la *Ménagerie du Muséum national d'histoire naturelle*.

[3] J'ai mentionné plus haut (p. 36, note 1, et 486) les vues de Bory sur le Lama et l'Alpaca, et l'offre qu'il fit en 1815 au gouvernement français d'importer un troupeau de ces animaux.

[4] Dans les *Mémoires du Muséum d'histoire naturelle*, t. XIII, 1826. Je reviendrai plus bas sur ce travail.

le publiciste, l'agronome, et surtout le philanthrope Lasteyrie du Saillant.

Quelques citations empruntées à ces trois auteurs, puis à Frédéric Cuvier, m'ont paru former la suite nécessaire de celles qui précèdent, afin de compléter ce rapide tableau des efforts qui ont ouvert la voie aux naturalistes de la seconde partie du dix-neuvième siècle, et préparé le mouvement actuel des esprits vers l'acclimatation.

§ 2. — RAUCH.

Les naturalistes ont laissé Rauch dans un oubli aussi complet qu'injuste Je ne crois pas que, depuis un demi-siècle, ils l'aient cité une seule fois! C'est une raison de plus pour que je m'attache aujourd'hui à remettre ses vues en lumière et son nom en honneur. Heureusement, en science, il n'y a jamais prescription. Si tard que ce soit, la vérité, la justice, conservent ou peuvent reprendre leurs droits [1].

Rauch, ingénieur des ponts et chaussées à la fin du dix-huitième siècle et au commencement du nôtre, a écrit, comme il le dit lui-même, sur « les corrélations existant entre les montagnes, les forêts et les météores, » et sur « la

[1] Je n'ai trouvé le nom de Rauch dans aucune biographie; mais notre savant confrère, M. Jomard, que le corps des ponts et chaussées a eu l'honneur de compter parmi ses membres, m'a donné sur Rauch quelques renseignements biographiques que je crois devoir consigner ici :

Rauch, né en 1764, a été nommé en 1794 ingénieur des ponts et chaussées, en résidence à Dieuze (Meurthe). Il était, en 1806, ingénieur ordinaire dans le département du Bas-Rhin. En 1810, il a été attaché aux travaux du canal des Landes. Mis en réserve, puis en retraite, il a successivement habité Dieuze jusqu'en 1828, et Paris depuis 1829. Il y est mort en 1837, ne laissant, comme ingénieur, aucun travail important.

J'ai reçu tout récemment sur Rauch, de M. Vallée, inspecteur général des ponts et chaussées, des renseignements qui concordent avec ceux que je devais à M. Jomard.

régénération des sources et la repopulation des ruisseaux et des fleuves. » L'ouvrage où il a exposé ses vues, parfois en les poussant jusqu'à l'extrême, et avec un enthousiasme qui a nui à leur expression, a été publié en 1802 sous ce titre : *Harmonie hydro-végétale et météorologique*, et forme deux volumes. Une seconde édition a paru en 1818 sous ce titre : *Régénération de la nature végétale*, et forme aussi deux volumes. Dans cet ouvrage, après avoir traité du *reboisement* et de la plantation des grandes routes et de ce qu'il appelle les *chemins champêtres*, Rauch s'occupe des moyens d'utiliser nos *cinq cent mille lieues* de ruisseaux, des ressources que peuvent offrir nos étangs, et de la *restauration et repopulation* de nos *douze mille lieues* de rivières et de fleuves.

Voici quelques passages propres à donner une idée de l'ensemble des vues de l'auteur :

« Tandis que les arbres relèvent la majesté des eaux et donnent aux fleuves cette gravité imposante qui leur appartient, les nôtres, au contraire, qui, dans leur origine, étaient ceints de belles forêts depuis leur naissance jusqu'à leur chute dans les mers, coulent aujourd'hui obscurément à travers nos riches campagnes, sans être décorés de ces brillantes colonnades qui en relèveraient la dignité. A l'abandon qui caractérise ces étonnantes merveilles, on ne semble voir en elles que l'eau qui coule !... Jamais on n'a songé aux plaisirs du nautonier et du voyageur, encore moins aux poissons[1]... »

« On ne saurait trop appeler l'attention sur l'avantage qu'il y aurait à s'occuper en France de la multiplication des poissons, branche d'économie publique beaucoup trop négligée, malgré les expériences de nos voisins et les succès qu'ils ont obtenus. C'est une mine encore vierge offerte à l'industrie nationale. Deux procédés, d'une exécution facile, peuvent également conduire à ce résultat : le premier consiste à faire passer des lacs dans les rivières

[1] Édition de 1802, t. II, p. 133, et 134.

et des rivières dans les lacs les poissons qui ne se trouvent que dans les uns ou dans les autres; le second, à introduire dans les eaux douces, par une violence insensible et au moyen d'étangs artificiels, des poissons nés dans les eaux salées[1]. »

L'auteur cite ici, à l'appui de ses vues (que je ne saurais toutes partager) divers faits relatifs à l'Éperlan, à la Perche, à la Carpe, au Gourami, qu'il dit transporté par Poivre de l'Inde à l'Ile de France, au petit Cyprin doré ou *Poisson rouge* de la Chine, si commun aujourd'hui par toute l'Europe; puis il continue ainsi :

« Ce qu'on n'a pas hésité de faire pour un poisson inutile, qui n'a de prix que dans la richesse de sa robe éclatante..., qui nous empêche de l'entreprendre pour des poissons utiles à l'homme, qui récompenseraient nos peines et nos sacrifices?

« Nos fleuves ne contiennent qu'une vingtaine d'espèces indigènes et quelques poissons anadromes (ou remontant). Les petites rivières possèdent beaucoup moins d'espèces encore; la plupart même sont bornées à la Tanche, à la Truite, à l'Anguille et à de moindres poissons de peu de valeur. Quel avantage n'y aurait-il pas à introduire dans ces rivières une foule de Poissons étrangers[2]?...

« Ouvrons donc avec les autres contrées un échange philosophique et libéral, celui des meilleurs poissons de la France contre ceux dont nous recherchons la possession[3].

Ce qu'on a fait pour la surface de la terre, en y réunissant sur différents points des végétaux de toutes les parties du globe, étonnés d'y vivre ensemble, qu'on le fasse aussi pour l'intérieur et la population des eaux! Une gloire nouvelle et modeste en sera la récompense, et la philanthropie s'en applaudira[4]. »

Il n'est pas nécessaire de prolonger ces citations pour faire voir avec quel soin Rauch traite la question, alors si

[1] Édition de 1802, t. II, p. 142.
[2] P. 144 et 145.
[3] P. 147.
[4] P. 149.

neuve, du repeuplement de nos rivières. Mais je n'aurais pas donné une idée complète de l'*Harmonie hydro-végétale*, si je ne montrais l'auteur passant bientôt de nos eaux à notre sol, et abordant la question de l'acclimatation dans son vaste ensemble.

Qu'on me permette donc de citer encore deux passages du livre de Rauch :

« Nous avons, dans le temps de nos conquêtes, délégué des hommes éclairés pour recueillir non-seulement les chefs-d'œuvre des arts et des sciences de nos voisins, mais même jusqu'aux plantes et aux animaux rares qu'ils possédaient, et qui aujourd'hui enrichissent nos plus beaux établissements. Le gouvernement offre des prix dignes de la grandeur de l'objet à ceux qui perfectionnent nos machines manufacturières : ne serait-il pas pour le moins aussi intéressant, dans un temps où nous possédons un grand nombre d'hommes précieux qui s'entretiennent sans cesse avec la nature, d'en former une commission spéciale qui eût la mission et les moyens de voyager, d'observer et d'enrichir sans interruption nos eaux de peuplades nouvelles?... Ces travaux, d'une importance si majeure, dont le succès serait certain, qui créeraient une des plus riches veines alimentaires à la nation, seraient certainement dignes des plus éclatants encouragements[1]. »

« Sur à peu près trois cents espèces de quadrupèdes et plus de quatre cents oiseaux qui peuplent la surface de la terre, l'homme n'en a jusqu'à présent choisi que dix-neuf ou vingt; ne pourrait-il pas encore s'enrichir de quelques espèces dignes de s'associer à son sort pour le rendre plus heureux?... Combien la Vigogne, si précieuse par sa belle toison, n'embellirait-elle pas les flancs de nos hautes montagnes? Pourquoi ne possédons-nous pas encore l'Eider, qui donne le duvet délicat que nous appelons l'édredon? Le Pécari..., le Hocco..., qui s'apprivoiseraient facilement, ainsi que l'Outarde, et fourniraient abondamment une chair savoureuse et excellente, manquent encore à nos basses-cours... Soyons plus confiants dans notre intelligence, et nous soumet-

[1] Édition de 1802, t. II, p. 161 et 162

trons, par la force de notre génie, tous les biens répandus dans la création[1]. »

C'est à l'occasion des poissons que Rauch a écrit le passage par lequel je terminerai ces citations ; mais ce passage est d'une application générale, et qui peut même être étendue bien au delà de notre sujet :

« S'il y a des hommes tièdes ou timides qui redoutent toujours les efforts généreux qui peuvent étendre le cercle de nos productions alimentaires ; des indifférents, froids ou insensibles, qui, malgré les frappants exemples que l'on vient de citer, aient encore le courage de mettre en doute la possibilité de faire des conquêtes, on pourrait leur présenter encore la libérale docilité avec laquelle la bonne nature s'est prêtée aux riches métamorphoses, aux voyages heureux et de long cours des plus grands comme des plus petits individus du règne végétal... Leur nouvelle patrie les a adoptés.

« Tous nos fruits d'espaliers, et les plus beaux de nos vergers, nous ont été apportés de pays étrangers et souvent fort éloignés, par des hommes bons citoyens qui, *la patrie dans le cœur, ont su vaincre les obstacles du climat, comme ceux de l'incrédulité*, pour enrichir leur pays[2]. »

§ 3. — FRANÇOIS DE NEUFCHATEAU.

Ce sont les mêmes vues qu'exprimait deux ans plus tard François de Neufchâteau[3]. Comme Rauch, et mieux que la plupart des naturalistes de son époque, François avait nettement compris tous les avantages qui résulteraient pour le

[1] Édition de 1802, t. II, p. 162 à 164.

[2] P. 153 à 155.

[3] Dans les notes du *Théâtre d'agriculture* d'OLIVIER DE SERRES, édition in-4° de 1804, t. I, p. 656. Son travail intitulé : *De la Zoologie rurale*, se divise en plusieurs chapitres, dont le premier a pour objet l'introduction de divers animaux dans notre économie rurale ; le second, l'amélioration et la conservation des espèces connues ; le troisième, leur perfectionnement.

pays de la naturalisation et de la domestication de nouvelles espèces utiles. S'il n'a écrit sur cette question que quelques pages, s'il a eu peu d'occasions de s'en occuper pratiquement durant ses deux ministères, il l'a du moins conçue et posée avec une remarquable fermeté : il l'a vue dans toute sa grandeur ; il l'a mise à sa place. Mieux que personne, il a signalé une des causes principales qui, jusqu'à ce jour, ont rendu les grandes tentatives si rares et fait échouer le petit nombre de celles qui ont été faites. Cette cause, c'est, selon cet ancien ministre, l'instabilité de l'administration ; par suite, la continuelle mobilité des intentions, des idées, des systèmes ; instabilité déplorable surtout dans les œuvres où, comme ici, le succès ne peut être obtenu qu'à la longue et à force de soins persévérants. Quel autre qu'un ancien ministre, et un ministre aussi éminent, eût touché d'une main si ferme et si juste un mal si grave et si inévitable [1] ? Quel autre eût eu le droit d'écrire et l'autorité nécessaire pour faire accepter ces paroles, qu'il applique à la naturalisation de la Vigogne, mais qui ne seraient pas moins vraies de toute autre acclimatation difficile et dispendieuse :

« La plus grande difficulté serait d'avoir un certain nombre de ces animaux, jeunes, sains, vigoureux, et en état de donner de la race; mais quand il est question d'objets d'une aussi grande conséquence, quand il ne s'agit de rien moins que d'ouvrir à nos agriculteurs une mine de richesses nouvelles et aussi précieuses, est-il donc des obstacles qui doivent arrêter?

« Que l'on eût proposé une prime éclatante à ceux qui auraient importé en France les espèces d'animaux ou de végétaux dont l'acquisition paraissait aussi importante; qu'on eût fait un sacrifice

[1] D'où la nécessité, par là même indiquée, de recourir à l'association des efforts individuels. C'est le sentiment de cette nécessité qui a fait concevoir la première pensée de la Société d'acclimatation. Voyez p. 507.

proportionné à l'objet, aux risques et aux frais, et l'on eût été sûr de l'obtenir en peu d'années; mais il fallait ici deux choses qui ont été longtemps, chez nous, aussi rares que les Vigognes : 1° un gouvernement qui entendît les vrais intérêts du pays; 2° que ce gouvernement eût un esprit de suite. On trouve assez de gens qui ont d'excellentes intentions, des idées et du zèle; mais la constance manque, mais le théâtre et les acteurs changent à chaque scène; tout est mobile et fugitif[1]. »

L'auteur, qui, parmi « les animaux qu'on pourrait introduire dans notre économie rurale, » a successivement mentionné les Chameaux, la Vigogne, les Chèvres de Cachemire et du Thibet, termine ainsi son remarquable article :

« Ce n'est pas seulement en fait d'animaux quadrupèdes qu'on peut augmenter nos ressources; elles peuvent s'accroître dans toutes les divisions de la zoologie.

« Les poissons, par exemple, n'ont pas encore été assez étudiés quant au moyen facile d'importer les bonnes espèces d'une rivière dans une autre, des lacs dans les étangs, de la mer même dans les fleuves. Il n'y pas deux siècles que la Carpe a été portée en Danemark. Le digne successeur de l'immortel Buffon, l'éloquent Lacépède, a insisté avec raison sur la nécessité de ces colonies aquatiques. Comment se fait-il donc qu'on n'ait pas encore ajouté à la ménagerie de notre Muséum d'histoire naturelle des piscines immenses pour essayer ce genre d'amélioration qui donnerait des résultats si neufs et si utiles? Mais ces sortes d'expériences ne sauraient être faites avec mesquinerie; on les manquera tout à fait si on ne les fait pas en grand; on travaille toujours sur une trop petite échelle. Les nations modernes ne savent trouver de l'argent que quand il en faut pour s'entre-détruire. Quant aux arts et à la paix, s'ils obtiennent des sacrifices, les sacrifices sont si faibles qu'on doit leur appliquer le fameux vers d'Horace :

Curtæ nescio quid semper abest.

Voilà ce qu'écrivait, il y a un demi-siècle, un ministre

[1] *Loc., cit.*, p. 658.

justement honoré : paroles qu'il sera encore longtemps bon de méditer. Puisse venir le moment où elles n'auront plus qu'un intérêt historique !

§ 4. — LASTEYRIE.

Le travail de Lasteyrie a suivi à une année seulement de distance celui de François de Neufchâteau : n'avait-il pas été même composé le premier? Nous le trouvons en effet dans le supplément au *Cours d'agriculture* de Rozier, où il est réuni, sous un titre commun[1], avec plusieurs fragments relatifs à des questions d'un ordre très-différent. La note relative à l'acclimatation et à la domestication est en tête de ce petit ensemble, ou plutôt de ces mélanges qui, bien que publiés en même temps, ont pu être composés à des époques très-différentes.

Animaux à naturaliser en France, tel est le titre par lequel l'auteur indique très-nettement le but vers lequel il va tendre ; et qui est double : Étude des animaux « qui n'ont pas encore été amenés à l'état de domesticité » ; et des animaux « qui, vivant dans cet état ailleurs, méritent d'être naturalisés par nous ».

L'auteur commence par quelques remarques générales sur « la marche que les hommes ont suivie dans la natura- « lisation des animaux », et sur celle qui, selon lui, « nous « reste à suivre » pour obtenir des résultats dont il conçoit et indique également bien et la difficulté présente et les avantages futurs.

« Si les conquêtes que nous avons faites sur la nature sont grandes, celles qui nous restent à faire peuvent les égaler ou même les surpasser.

« Ces sortes d'acquisitions, ainsi que le prouve l'expérience, se

[1] *Mémoires sur différents points d'économie rurale.*

font toujours lentement. L'homme qui jouit se contente de ses jouissances présentes; il cherche rarement à les porter au delà de ses habitudes ou des objets qui frappent immédiatement ses sens.

« Les souverains et les riches particuliers se couvraient avec orgueil, dans le douzième siècle, de vêtements qui seraient aujourd'hui dédaignés par les citoyens des classes inférieures. Si un homme éclairé eût proposé à cette époque de naturaliser les races de Moutons à laine fine, ou le Ver à soie, on eût regardé cette idée comme chimérique ou absurde. Aujourd'hui de telles propositions sont écoutées, et il est heureusement peu de personnes qui n'en sentent l'importance. Cependant l'apathie où nous retiennent nos anciennes habitudes empêche ou du moins retarde l'exécution de ces projets vivifiants. L'homme riche, occupé de ses jouissances, ne sent pas qu'il peut facilement en augmenter le nombre; celui qui possède une fortune médiocre, satisfait de son sort, ne cherche pas à le rendre meilleur. C'est ainsi qu'on reste indifférent sur des améliorations avantageuses à tous, même à la classe indigente, mais qui heureusement profite toujours de la prospérité des autres classes... »

« Tous les animaux domestiques asservis à l'homme ont vécu primitivement dans une entière indépendance. L'Asie paraît être la région d'où l'homme et les animaux ont tiré leur origine... Lorsque l'homme dompta et apprivoisa ces animaux, ils n'étaient pas moins féroces ou moins sauvages que les individus qui vivent encore sous l'empire de la nature. La nécessité et l'industrie sont parvenues cependant à assouplir leur caractère, à les plier aux besoins de l'homme. Il a fallu sans doute un grand nombre de siècles, des hasards heureux et surtout des besoins pressants, pour faire ces importantes acquisitions; mais on a cessé de pousser plus loin les recherches et les tentatives, depuis que l'homme s'est trouvé suffisamment secouru par tant d'animaux propres à le nourrir, à le vêtir et à le seconder dans ses travaux et ses entreprises. Telle est la cause qui nous prive depuis longtemps de la jouissance de plusieurs animaux sauvages, qui ne sont ni plus féroces, ni moins utiles que les espèces réduites à l'état de domesticité. »

L'auteur expose ensuite les moyens qu'il croit propres à

augmenter le nombre de nos animaux domestiques. Si plusieurs des vues pratiques qu'il émet ici ne peuvent être acceptées par la science actuelle, il est quelques points sur lesquels elle gagnerait, même aujourd'hui, à suivre les conseils du savant agronome.

Le travail de Lasteyrie se termine par la liste des animaux dont il y aurait lieu de tenter l'acclimatation. Ce sont, selon lui, parmi les espèces domestiques, quelques Oies, divers Moutons et Chèvres, le Buffle, le Cochon de Siam ou de Tonquin, le Zébu (sous le nom de Bison), l'Yak (sous le nom de *Sarluc* ou *Bœuf grogneur*), le Lama et l'Alpaca qu'il nomme Apalca, mais dont il n'a pas moins une idée très-exacte; fait remarquable dans un livre de cette époque.

Voici maintenant sa liste d'animaux sauvages à acclimater et domestiquer :

« La VIGOGNE. Elle n'a jamais été amenée à l'état de domesticité... La laine précieuse de cet animal alimente, dans plusieurs provinces (d'Amérique) des manufactures de draps et de bonneterie. On en fabrique des mouchoirs, des gants, des bas, des chapeaux, des tapis, etc... La Vigogne donne du lait; sa chair a de la saveur, et sa peau, préparée, s'emploie à divers usages. On connaît les draps faits avec sa laine; ils surpassent en beauté et en prix les autres espèces de draperies[1]... Les hautes montagnes doivent être choisies de préférence pour cette naturalisation. *Nous invitons fortement les citoyens qui ont des propriétés sur les montagnes à faire des tentatives dont le succès est presque certain.*

« Le NIL-GAUT, connu aussi sous le nom de *Bœuf gris* du Mongol. Il est doux, leste à la course, et assez fort pour être utilement employé à divers travaux.

« Le CHEVAL SAUVAGE, que les Mongols nomment Dshiggnetey (l'Hémione). Il est très-effilé et fort léger.

[1] Ici viennent des détails sur deux Vigognes amenées en Europe, l'une en Espagne, l'autre en France.

« Les Tongouses mangent la chair du Dshiggnetey et la préfèrent à celle de tout autre gibier.

« L'ONAGRE, le ZÈBRE, animal qui est leste et vite à la course; le COUAGGA, plus fort et robuste que l'Ane[1].

« L'OUTARDE. Il est étonnant qu'on n'ait pas encore tenté en France de s'approprier un oiseau aussi beau et aussi utile.

« Le TADORNE ou CANARD-RENARD. Il a un duvet presque aussi fin que celui de l'Eider, et se l'arrache également pour faire son nid.

« La SARCELLE COMMUNE paraît avoir été amenée à l'état de domesticité pour le luxe des tables.

« Le Hocco approche de la grosseur du Dindon. Il a la chair blanche et bonne à manger. Il s'apprivoise aisément.

« Il est aussi à désirer qu'on veuille bien s'occuper des moyens de transporter en Europe le grand *Faisan-argus*, qui est le plus grand et le plus beau des oiseaux de cette famille; le *Pigeon couronné* de Ceylan, le beau *Pigeon de Nicobar* et un grand nombre d'autres Pigeons, dont on voit seulement en Europe quelques individus languissants dans des volières. »

Il est à peine besoin d'ajouter que plusieurs des vœux émis par l'auteur sont réalisés ou en voie de réalisation. Sur presque tous les autres points, nous ne pouvons que joindre les nôtres aux siens.

§ 5. — FRÉDÉRIC CUVIER.

Des auteurs que je viens de citer, au seul naturaliste qui, dans la première partie du dix-neuvième siècle, ait abordé l'ensemble de la question de l'acclimatation des animaux utiles; de Rauch, de François de Neufchâteau, de Lasteyrie, à Frédéric Cuvier, il y a presque un quart de siècle; et encore après tout ce temps écoulé, le progrès est-il peu sensible, si même il y a progrès. J'ai à peine besoin de dire qu'il y a plus de savoir zoologique chez

[1] L'auteur prévoit le parti qu'on pourra tirer des croisements entre Solipèdes.

Frédéric Cuvier : on trouve chez lui plus de précision, plus d'exactitude, mais aussi moins d'élévation dans les vues, moins de conviction, et, par suite, moins de désir et d'espoir de réaliser les progrès que lui-même indique, en dressant à son tour la liste des Mammifères, dont il conçoit la domestication comme possible et utile.

Voici cette liste, qu'il sera intéressant de comparer à celle qu'avait donnée Daubenton plus de trente ans auparavant[1] :

Carnassiers. — « Les Phoques. On peut s'étonner, dit l'auteur, que les peuples pêcheurs ne les aient pas dressés à la pêche, comme les peuples chasseurs ont dressé le chien à la chasse[2]. »

Pachydermes. — « Presque tous ceux qui ne sont pas encore domestiques seront propres à le devenir; et l'on doit surtout regretter que le Tapir soit encore à l'état sauvage... Toutes les espèces de solipèdes ne deviendraient pas moins domestiques que le Cheval ou l'Ane, et l'éducation du Zèbre, du Couagga, du Dauw, de l'*Hemionus*, serait une industrie utile à la société et profitable à ceux qui s'en occuperaient. »

Ruminants. — « La plupart des espèces de cette nombreuse famille seraient de nature à devenir domestiques. Il en est une surtout, et peut-être même deux, qui le sont à demi, et qu'on doit regretter de ne point voir au nombre des nôtres, car elles auraient deux qualités bien précieuses : elles nous serviraient de bêtes de somme, et nous fourniraient des toisons d'une grande finesse : c'est l'Alpaca et la Vigogne[3]. »

[1] Voyez p. 481 et 482.

[2] Nul doute que les Phoques ne soient très-facilement éducables. Mais l'éducabilité des animaux est loin d'être la seule condition de leur domestication, et cette prévision de Frédéric Cuvier me paraît, pour ne pas dire plus, singulièrement téméraire.

[3] F. Cuvier, *Essai sur la domesticité des mammifères*, dans les *Mémoires du Muséum d'histoire naturelle*, t. XIII, p. 55, 1826. — Cette liste ne comprend, comme on le voit, aucune espèce ni d'oiseaux, ni de poissons, ni d'insectes; ces classes étaient en dehors du cadre du travail de Frédéric Cuvier. On remarquera que l'auteur ne fait figurer non plus dans sa liste aucun mammifère de l'ordre des Rongeurs ni de la sous-classe des

Telle est, selon Frédéric Cuvier, la liste des Mammifères qui pourraient devenir domestiques, « si, dit l'auteur, nous « éprouvions la nécessité d'augmenter le nombre de ceux « que nous possédons déjà. » Doute doublement regrettable chez un zoologiste aussi distingué, et qui explique comment Frédéric Cuvier, longtemps chargé de la direction de la ménagerie du Muséum d'histoire naturelle, n'a pas fait marcher de front les expériences pratiques que lui rendait faciles une position si favorable, avec les observations de mœurs et les travaux descriptifs auxquels il a honorablement attaché son nom. Plus convaincu, il eût peut-être dès lors entrepris et poursuivi parallèlement, pour le règne animal, cette même œuvre de progrès et de bien public que notre illustre Thouin accomplissait à la même époque, et dans le même établissement, pour l'autre règne organique; Thouin, heureusement pour lui et pour le pays, aussi ferme et aussi convaincu que les zoologistes se montraient timides et hésitants; Thouin, qui, en digne élève de Buffon, nous a laissé ces belles paroles, dont j'aime à faire la conclusion de ce travail :

« C'est surtout aux Phéniciens, aux Égyptiens, aux « Perses, aux Grecs, aux Romains, aux Carthaginois, que « nous devons ces avantages moins éclatants, mais plus « solides et plus réels que leurs conquêtes. Ils ont transmis « à nos ancêtres ces biens faciles à conserver, et toujours « à portée de l'homme; *augmentons leur héritage, et, à « leur exemple, préparons à nos neveux une nouvelle source « de richesses*[1]. »

animaux à bourse. Cette liste est donc beaucoup plus incomplète, non-seulement que les listes nouvelles publiées par moi-même en 1838, par M. Berthelot en 1844, par M. Joly en 1849, et, depuis, par plusieurs autres auteurs; mais même que l'ancienne liste de Daubenton, dressée vers 1790.

[1] A. Thouin, *Cours de culture et de naturalisation des végétaux*, publié par M. Oscar Leclerc, 1827, p. 19.

CHAPITRE III

NOTIONS SUR LES ÉTABLISSEMENTS AFFECTÉS A L'ACCLIMATATION ET A LA DOMESTICATION DES ANIMAUX UTILES

§ 1

A plusieurs époques et dans plusieurs pays, des souverains avaient pris plaisir à réunir autour de leurs palais des animaux rares, à placer à côté de leurs serres ce qu'on a appelé, depuis le dix-septième siècle, des *ménageries*. De même que les serres royales et princières, ces ménageries de luxe ont souvent été utiles à la science : celles de Louis XIV, et plus tard, de Louis XV et de Louis XVI, à Versailles, les plus riches de toutes, nous ont valu les *Descriptions anatomiques* de Perrault et les *Descriptions zoologiques et anatomiques* de Daubenton. Ces titres expriment bien dans quel cercle se renfermait l'utilité scientifique des ménageries royales : les zoologistes pouvaient visiter et observer les animaux pendant leur vie ; les anatomistes, les disséquer après leur mort; mais ni les physiologistes, ni les zoologistes voués à la recherche des applications utiles, n'avaient le pouvoir d'instituer des expériences. La science était admise, accueillie dans ces établissements royaux; elle n'y régnait pas.

La première idée d'une *ménagerie scientifique*, d'un établissement où la science, non plus tolérée par le souverain, mais souveraine elle-même, pût expérimenter en même temps qu'observer, appartient au chancelier Bacon, et elle est développée dans la *Nova Atlantis*. On sait le cadre ingénieux de ce livre, si plein de pensées neuves et de prévisions, j'allais dire de prophéties, les unes déjà accomplies, d'autres près de s'accomplir. Réalisant par la pensée, dans une ville et chez un peuple, les vœux qu'il forme pour toutes les villes et tous les peuples, Bacon se plaît à réunir à Bensalem, capitale imaginaire de la Nouvelle-Atlantide, toutes les institutions, tous les établissements qu'il juge propres à assurer, à tous les points de vue, le progrès social. Au nombre de ces établissements, Bacon n'oublie de placer ni des serres et des jardins d'expérience, ni des viviers et des parcs d'animaux, pour l'étude « de l'essence, du pouvoir et de la persistance de la vie. » Voici comment un des sages de la Nouvelle Atlantide explique la pensée et le but de cette ménagerie de Bensalem, qu'encore aujourd'hui on peut appeler idéale, car notre siècle lui-même est loin d'avoir réalisé tout entier le rêve de Bacon :

« Nous avons ici des viviers et des ménageries où sont toutes sortes d'animaux rares et nouveaux, *mais afin de nous en servir à des expériences sur le vivant* et à des dissections après leur mort... Par notre art, nous les rendons plus grands et plus gros qu'ils ne le sont dans la nature, ou bien nous les rapetissons; tantôt nous augmentons leur fécondité, tantôt nous les rendons stériles; nous les modifions aussi quant à la couleur, à la forme et au caractère. Nous obtenons, par des croisements et des fécondations entre animaux d'espèces différentes, des races nouvelles qui ne sont nullement stériles, comme le suppose l'opinion commune. Nous ne procédons pas d'ailleurs au hasard dans ces expériences; nous savons fort bien de quelle manière on peut faire naître tel animal donné...

« Nous avons des bassins particuliers où nous faisons sur ces poissons des essais analogues. Nous avons également des locaux appropriés pour la multiplication d'espèces de vers et de mouches qui vous sont inconnues, *et qui peuvent être aussi utiles que les Vers à soie et les Abeilles*[1]. »

Dans la pensée de Bacon, la ménagerie de Bensalem est, comme on le voit, complète ; elle satisfait à tous les besoins des sciences zoologiques ; tous les genres de recherche y ont leur place marquée. Outre la ménagerie proprement dite, c'est-à-dire la *ménagerie zoologique* dont les ménageries royales avaient dû lui donner la pensée, Bacon entrevoit déjà, et le *haras d'acclimatation* que j'ai en vain appelé de mes vœux jusqu'en 1848, et la *ménagerie physiologique* telle que l'a conçue et créée M. Flourens en 1841. La ménagerie idéale de Bensalem est même bien supérieure à celle-ci ; car Bacon, que rien ne limitait dans sa belle utopie, comprend dans sa ménagerie les animaux de toutes les classes, comme il embrasse, dans ses vergers et jardins, l'ensemble du règne végétal.

§ 2.

Pour passer du roman philosophique à la réalité, de la première ménagerie scientifique, supposée à Bensalem, à la première qui ait existé, celle de Paris, il faut franchir un intervalle de cent ans. Il semble que la création de cette ménagerie eût dû être, dès le milieu du dix-huitième siècle, l'œuvre de l'auteur de l'*Histoire naturelle;* ce monument

[1] Je cite ici cet admirable passage, en partie d'après le texte (beaucoup plus étendu dans l'original), en partie d'après un résumé que j'ai fait moi-même, en 1829, pour un article sur les *Ménageries*, qui est le point de départ de mes travaux sur l'acclimatation.

Cet article a été composé pour la *première* édition de l'*Encyclopédie moderne*. C'est sans ma participation qu'on a reproduit dans toutes les éditions suivantes un article depuis longtemps dépassé par le mouvement de la science.

eût été bien plus grand encore, et surtout plus heureusement achevé dans ses détails, si Buffon, qui a tant ajouté à la splendeur du Jardin des plantes, l'eût complété par l'annexion d'une ménagerie. Mais d'autres soins occupaient Buffon, et il a laissé à Daubenton, Thouin, Lacépède, Lamarck et aux autres *Officiers* du Jardin des plantes le mérite d'avoir les premiers, en 1790, compris et indiqué la nécessité de cette annexion. Et ces illustres savants, à leur tour, ont laissé à Bernardin de Saint-Pierre, dernier *Intendant général* de l'établissement, l'honneur d'avoir, en 1792, éloquemment démontré la nécessité de ce progrès, et à mon père, celui de l'avoir, en 1793, accompli par la création de la Ménagerie. J'ai déjà dit[1] comment ce complément nécessaire du Muséum d'histoire naturelle lui fut tout à coup donné par une détermination soudaine et hardie de mon père, à la faveur même de circonstances qui, aux yeux d'un plus timide ou d'un moins dévoué, eussent dû faire ajourner indéfiniment une difficile et dispendieuse création.

Dans une ménagerie voulue par Daubenton, Lacépède, Thouin et Bernardin de Saint-Pierre et créée par mon père, il était impossible qu'on ne songeât pas à l'acclimatation et à la domestication des animaux utiles. Un des motifs qu'on avait fait valoir pour la création d'une ménagerie, c'est qu'elle devait être pour les animaux « ce qu'est un jardin pour l'*économie rurale*[2] ; » et quand elle fut établie, comme complément du Muséum d'histoire naturelle, on dut s'y proposer pour but, comme dans l'ensemble de ce grand établissement, l'avancement « de l'agriculture, du commerce et des beaux-arts[3] », en même temps que de la science pure. On a pu voir à plusieurs reprises, dans le

[1] Voyez p. 483 et 484.

[2] BERNARDIN DE SAINT-PIERRE, *Mémoire sur la nécessité de joindre une ménagerie au Jardin des plantes*, Paris, in-12, 1792, p. 23.

[3] Décret de la Convention du 10 juin 1793, art. II.

cours de cet ouvrage, que la direction de la Ménagerie n'a failli ni à l'un ni à l'autre de ces doubles devoirs, qui eussent encore été les siens quand ils n'auraient pas été expressément écrits dans le décret organique du Muséum.

L'acclimatation et la domestication ne doivent pas moins aux jardins zoologiques qui, à l'imitation de notre ménagerie, ont été successivement créés, depuis trente ans, en Angleterre et sur divers points du continent. Le premier de tous, celui de Londres, a même eu pour point de départ un projet d'association pour l'introduction et l'acclimatation des animaux étrangers; et ce projet, pour n'avoir pas été réalisé, n'en reste pas moins un titre pour un homme que recommandent de nombreux services rendus à son pays et à la science, sir Stamford Raffles. Avec le Jardin zoologique de Londres, longtemps et heureusement dirigé par M. Mitchell, celui d'Anvers, grâce à l'habile et zélé M. Vekemans, puis ceux d'Amsterdam, de Gand et de Marseille, et deux beaux établissements particuliers, créés près de Florence par M. le prince de Demidoff, et près de Caen, par M. le docteur Le Prestre, sont ceux où l'introduction et l'acclimatation des animaux utiles ou d'ornement ont été l'objet des soins les plus suivis. Aussi les succès qu'on y a obtenus, et que j'ai successivement rappelés dans le cours de cet ouvrage, sont-ils très-nombreux et d'un très-grand intérêt, quelques-uns même très-importants.

Ce sont ces succès, obtenus dans les ménageries et les jardins zoologiques, qui ont rendu possible la création d'établissements spécialement destinés à les compléter et à les étendre. Qui, jusqu'à ces derniers temps, s'intéressait aux progrès de l'acclimatation? A part quelques esprits avancés, on n'eût même pas cru le succès possible. Quand j'émis, en 1838[1],

[1] *Encyclopédie nouvelle*, article *Domestication*, p. 380.

et renouvelai en 1841[1] la pensée d'un établissement spécial affecté à l'acclimatation, on ne vit dans ce projet prématurément produit qu'une petite utopie qui n'avait pas, comme la grande de Bacon, l'excuse d'être ingénieuse et philosophique. « L'heure n'était pas venue. » Mais elle allait venir, et bientôt : en 1849, un *haras d'acclimatation* était institué à Versailles par le ministre éclairé qui dirigeait alors l'agriculture, M. Lanjuinais[2]. Et peu d'années après, l'association des efforts particuliers venait en aide ou se substituait à l'action du gouvernement pour la création, des *Sociétés* et des *Jardins zoologiques d'acclimatation.*

§ 3.

La pensée qui a donné naissance à ces deux ordres nouveaux d'établissements est celle-ci :

Les progrès de l'acclimatation et de la domestication des animaux utiles, comme de toutes les applications des sciences, résultent nécessairement de deux ordres de travaux : des études, des *recherches théoriques*, et des *essais pratiques*. A quoi bon les unes, si elles ne devaient aboutir aux autres? A quoi bon la pensée, si elle ne devait être suivie de l'acte ? Et, d'une autre part, comment entreprendre des essais difficiles et dispendieux, sans s'y être préparé par des études théoriques? Comment obtenir pratiquement le succès, sans s'être rendu compte des obstacles qu'il peut rencontrer, et des circonstances à la faveur desquelles il peut être obtenu et ensuite maintenu?

De là l'utilité de deux genres d'établissements affectés aux progrès de l'acclimatation et de la domestication des animaux utiles ; l'un qui, par des études théoriques

[1] *Essais de zoologie générale*. p. 317.
[2] Voyez p. 108.

éclairées déjà de premiers essais, prépare et commence le succès; l'autre qui, spécialement pratique, le poursuive et l'achève. C'est à ces deux genres nouveaux d'établissements qu'on donne depuis quelques années les noms de *Société d'acclimatation et de Jardin zoologique d'acclimatation.*

La Société d'acclimatation, par là même, devait logiquement précéder le Jardin; et d'ailleurs, elle seule était d'abord possible. On réunit moins difficilement pour une entreprise nouvelle des hommes que des capitaux. Et c'est pourquoi, tandis que le premier *Jardin zoologique d'acclimatation* n'a pas encore ouvert ses portes au public [1], il y a plus de six ans déjà que s'est constituée la première *Société d'acclimatation.*

Le programme que cette Société adoptait dès lors, et qui est encore le sien aujourd'hui, est le suivant [2] :

« Nous voulons fonder une association, jusqu'à ce jour sans exemple, d'agriculteurs, de naturalistes, de propriétaires, d'hommes éclairés, *non-seulement en France, mais dans tous les pays civilisés*, pour poursuivre tous ensemble une œuvre qui, en effet, exige le concours de tous, comme elle doit tourner à l'avantage de tous. Il ne s'agit de rien moins que de peupler nos champs, nos forêts, nos rivières, d'hôtes nouveaux; d'augmenter le nombre de nos animaux domestiques, cette richesse première du cultivateur; d'accroître et de varier les ressources alimentaires, si insuffisantes, dont nous disposons aujourd'hui; de créer d'autres produits éco-

[1] Ce chapitre a été écrit au mois d'août 1860. Le *Jardin d'acclimatation* a depuis été ouvert (9 octobre).

[2] Extrait de l'allocution du Président provisoire de la Société impériale d'acclimatation dans la réunion préparatoire du 20 janvier. Voyez le *Bulletin* de la Société, t. I, p. VII et XIV.

On ne saurait parler de l'origine de la Société impériale d'acclimatation sans rappeler plusieurs noms qu'elle-même a pris soin de placer à la première page de son recueil, comme ceux de ses premiers fondateurs : M. le comte D'ÉPRÉMESNIL, élu à l'origine et, depuis, réélu chaque année secrétaire général de la Société; son honorable et savant vice-président M. RICHARD, et MM. DELON, POMME, SAULNIER et de SINÉTY, auxquels se sont joints presque aussitôt M. DROUYN DE LHUYS et M. FRÉDÉRIC JACQUEMART, auteurs, pour une si grande part, des rapides progrès de la Société.

nomiques ou industriels, et, par là même, de doter notre agriculture, si longtemps languissante, notre industrie, notre commerce, et la société tout entière, de biens jusqu'à présent inconnus ou négligés, non moins précieux un jour que ceux dont les générations antérieures nous ont légué le bienfait [1]....

« Pour demander et pour réaliser ces progrès, quelques voix isolées se sont déjà fait entendre, quelques efforts ont eu lieu; mais ces voix isolées n'ont pas eu assez de retentissement et de puissance; ces efforts, pas assez de suite; et il n'en reste que le souvenir. Nous serons plus heureux; car, par notre institution même, nous aurons ce qui a manqué jusqu'à ce jour : *l'esprit d'initiative, l'effort individuel, l'action passagère de chacun, unis à l'action collective et durable de tous.* Hommes d'étude, de professions, de situations, de devoirs divers, nous nous complétons par cette diversité même ; si bien qu'où l'on ne verrait peut-être que l'association de quelques amis du bien public, il faut voir aussi celle de ressources *scientifiques, pratiques, matérielles*, que nulle part encore on n'avait songé à réaliser. Voilà où est notre force. Que peut chacun de nous? Presque rien. Tous ensemble nous pouvons, et nous ferons. »

Ce programme, il y a sept ans, avait paru téméraire; quelques-uns l'avaient jugé impossible à remplir. Nous croyons pouvoir dire que le temps a donné raison aux confiants contre les timides. Ce que devait être la Société, non-seulement il est aujourd'hui certain qu'elle le sera, mais elle l'est. Sur quelques points, elle a fait plus que ce qui était prévu à l'origine; sur aucun, elle n'a fait moins. Elle devait être la réunion d'hommes éclairés de toutes les professions; ne pas se renfermer dans les frontières de notre pays; créer, par la puissance de l'association, de grandes ressources, non-seulement scientifiques, mais aussi matérielles, et les faire tourner au profit de l'agriculture, de l'industrie et du commerce. De ces quatre termes principaux de son programme, elle n'a

[1] J'entrais ici dans quelques développements qu'il serait inutile de reproduire.

pas tardé à réaliser les deux premiers, et bien plus complétement que n'eussent oser l'espérer, à l'origine, les plus confiants, les plus présomptueux même : l'adhésion des hommes les plus éclairés de toutes les classes et de tous les pays en ont fait, en deux ans, une des plus vastes associations de notre pays, et bientôt, plus encore : une institution cosmopolite, internationale. Vingt-deux souverains, inscrits en tête d'une liste de deux mille cinq cents membres, accordent aujourd'hui à la Société, de la France au Brésil, l'appui de leur autorité royale ou même de leur collaboration personnelle, en même temps que, sur divers points du globe, de nombreuses associations, filles de la nôtre, en secondent et en étendent l'action, et l'assurent en la localisant.

C'est la variété de ces éléments et la multiplicité des lieux où s'exerce l'action de la Société, qui lui ont permis d'éclairer tour à tour des questions, tantôt zoologiques, tantôt botaniques; tantôt purement scientifiques, tantôt agricoles, industrielles, commerciales, quelquefois médicales; tantôt, intéressant particulièrement la France, tantôt, et très-souvent, relatives à d'autres pays. Et c'est la puissance de son organisation et l'étendue des ressources dont elle dispose, qui lui a permis d'entreprendre sans témérité et de mener à bien des entreprises qui, jusqu'alors, n'avaient été qu'à la portée des gouvernements : comme le transport de troupeaux de Chèvres d'Angora, d'Alpacas, de Dromadaires même, d'Asie et d'Amérique en France, et d'Afrique en Amérique.

Chaque pays aura bientôt, comme le nôtre, sa Société ou ses Sociétés d'acclimatation. Il appartenait à nos grandes villes de France de suivre les premières l'exemple de Paris. Dès 1854, la *Société régionale d'acclimatation des Alpes* naissait à Grenoble; dès 1855, la *Société régionale d'accli-*

matation du Nord-Est était créée à Nancy; et toutes deux établissaient bientôt de belles oiselleries, et prenaient des dispositions pour l'élevage, plus difficile et plus dispendieux, de divers quadrupèdes[1].

D'autres associations analogues, les unes faisant partie intégrante de la Société impériale d'acclimatation, les autres, ses affiliées, ont été de même créées à Bordeaux, à Poitiers, à Digne, à Montauban, et en dernier lieu, à Nice, le lendemain même de son annexion à la France.

Dans nos colonies, non-seulement Alger, mais Cayenne, la Réunion, la Martinique et la Guadeloupe, ont aussi des *Comités coloniaux* d'acclimatation, organisés par les soins du ministère de la marine, les autres par les ordres de S. A. I. le prince Napoléon, au moment où les colonies furent placées sous la haute direction de ce prince éclairé. Ces établissements ont été expressément institués pour correspondre avec la Société centrale, à laquelle plusieurs d'entre eux se sont déjà rendus très-utiles. D'autres, qui le seront à leur tour, ont été institués dans le même but, par les soins de M. de Montigny, en Égypte et au Japon.

Les premières villes qui, à l'étranger, ont possédé des Sociétés d'acclimatation, aussitôt affiliées à la Société française, sont Berlin et Moscou : des comités, dépendant de la Société de Moscou, ont été, un peu plus tard, établis à Pétersbourg, à Orel, à Charkow et à Woroneje. Une société d'acclimatation a été, plus récemment, instituée à Roveredo, dans le Tyrol : d'autres sont présentement en voie de formation[1].

[1] La ville de Lyon, qui ne possède encore ni Société ni Comité d'acclimatation, n'en a pas moins établi, sur la rive gauche du Rhône, un vaste et magnifique jardin, peuplé d'un grand nombre d'animaux utiles et d'ornement.

[2] Une Société d'acclimatation vient d'être fondée à Londres. Nous avons reçu tout récemment (novembre 1860) le programme de cette nouvelle association, qui compte déjà dans son sein plusieurs membres illustres ou émi-

§ 4.

La Société impériale d'acclimatation n'avait jamais séparé les essais pratiques des études théoriques ; et ses essais, faits à l'origine dans les propriétés de plusieurs de ses membres, avaient même bientôt pris de l'importance, tant par le nombre et l'intérêt des animaux sur lesquels elle opérait, que par les résultats obtenus. Mais, avec elle-même, devaient grandir ses moyens d'action ; et, sans renoncer à un mode qui lui avait réussi, sans cesser de faire expérimenter en petit par ses membres, la Société crut devoir commencer, en 1858, à expérimenter en grand par elle-même. La création d'établissements spéciaux « pour le dé« veloppement pratique de la Société » était dès l'origine dans ses statuts. Cette promesse de ses fondateurs est aujourd'hui doublement réalisée. Un haras d'acclimatation, créé et entretenu par la Société, existe depuis deux ans dans le Cantal ; et vingt hectares du Bois de Boulogne, libéralement concédés à cet effet par le gouvernement et la ville de Paris, viennent d'être convertis en un vaste établissement zoologique. Paris avait dû, à mon père, en 1793, la première *Ménagerie zoologique;* il a possédé en 1854 la première *Société d'acclimatation;* il a, en 1860, le premier *Jardin zoologique d'acclimatation.*

J'ai donné plus haut le programme, rédigé en 1854, de la future Société d'acclimatation ; je donnerai de même celui, rédigé en 1858, du futur Jardin zoologique. Il suffira de les rapprocher pour reconnaître, dans l'un, le développement, le complément de l'autre ; la même œuvre à un

nents, et semble appelée à un grand avenir. Nous avons vu avec une grande satisfaction que la Société d'acclimatation de Londres se propose exactement le même but que la nôtre ; les principales dispositions de nos statuts sont littéralement passées dans les siens.

autre point de vue; et pour ainsi dire, comme on l'a vu plus haut, après les prémisses théoriques, la conséquence pratique[1] :

« Aux termes des statuts de la Société d'acclimatation, comme à ceux de l'arrêté qui la met en possession des terrains concédés par la ville de Paris, et du décret impérial qui a autorisé cette importante concession[2], le Jardin du Bois de Boulogne est destiné à « *appliquer et propager les vues de la Société impériale zoolo-* « *gique d'acclimatation avec le concours et sous la direction de* « *cette Société*, et, par conséquent, à *acclimater*, *multiplier et ré-* « *pandre dans le public*, toutes les espèces animales et végétales « qui sont ou qui seraient par la suite nouvellement introduites en « France, et paraîtraient dignes d'intérêt *par leur utilité ou par* « *leur agrément.* »

On ne saurait mieux définir en peu de mots le nouveau Jardin.

La Société d'acclimatation ne peut créer qu'un établissement d'utilité publique comme elle-même : c'est là le premier élément de notre programme. Le second résulte de la situation du Jardin zoologique au sein même du Bois de Boulogne : il devra être digne, par sa tenue, par son élégance, de tout ce qui l'entourera ; digne aussi de cette élite de la population parisienne, ou, pour mieux dire, européenne, qui fait du Bois de Boulogne son lieu quotidien de distraction et de délassement. Tel sera le double caractère du nouvel établissement. C'est parce qu'il sera éminemment utile que S. M. l'Empereur a voulu inscrire son nom en tête de la liste des souscripteurs, et que la ville de Paris n'a pas hésité à nous concéder pour établir le Jardin des terrains d'une si grande valeur;

[1] Ce qui suit est extrait d'un rapport que j'ai eu l'honneur de faire à la Société impériale d'acclimatation, le 4 juin 1858, au nom d'une commission composée de MM. le prince Marc de Beauvau, Drouyn de Lhuys, le comte d'Épréмesnil, Frédéric Jacquemart, Antoine Passy et Richard (du Cantal). Ce travail, qui a été inséré dans le *Bulletin* de la Société, t. V, p. 235, était destiné à compléter, par le programme zoologique du jardin projeté, un rapport très-remarquable de M. Jacquemart sur le plan général et l'organisation financière de l'établissement, fait le 7 mai à la même Société. Voyez le *Bulletin*, *ibid.*, p. 153.

[2] Alors de 15 hectares et demi.

Une seconde concession a porté depuis le Jardin à près de 20 hectares.

et c'est parce que l'utile y revêtira partout une forme agréable qu'il partagera avec les autres parties du Bois de Boulogne la faveur du public.

Notre établissement aura en même temps un troisième caractère : il sera nouveau. Nous n'avons pas à créer un second Jardin des Plantes, une seconde *Ménagerie*. C'est un tout autre établissement et essentiellement différent, malgré quelques points de rencontre sur ce qu'on peut appeler leur frontière commune ; c'est un Jardin zoologique d'un ordre nouveau, que nous avons à créer au Bois de Boulogne : le Jardin zoologique d'application ; la réunion des espèces animales qui peuvent donner avec avantage leur force, leur chair, leur laine, leurs produits de tout genre, à l'agriculture, à l'industrie, au commerce ; ou encore, utilité secondaire, mais très-digne aussi qu'on s'y attache, qui peuvent servir à nos délassements, à nos plaisirs, comme animaux d'ornement, de chasse ou d'agrément à quelque titre que ce soit. Voilà les animaux qui devront peupler le nouveau Jardin, et s'y mêler aux espèces végétales les plus dignes de culture aux mêmes points de vue : *utiles et bienfaisantes*, ou *belles et d'ornement* : propres à enrichir nos champs, nos forêts, nos vergers, ou à parer nos jardins et nos parcs.

Nous n'aurons donc à construire, ni ces édifices aux épaisses murailles, comparables à des forteresses, qui sont indispensables pour loger les grands quadrupèdes, ni des galeries pour les singes et les animaux féroces, ni des volières d'oiseaux de proie, ni des cages à serpents, ni des bassins pour les amphibies. Mais nous devrons disposer, en les faisant alterner avec des massifs de verdure et des plates-bandes, des enclos et des herbages pour les quadrupèdes herbivores, et établir, à mesure que les besoins se produiront et selon les données propres à chaque espèce, des étables, des écuries, des loges, où ne seront négligés aucuns des perfectionnements nouveaux. Dans ces étables, dans ces enclos, assez spacieux pour contenir des familles et au besoin de petits troupeaux, nous devrons placer, à côté de quelques beaux représentants d'étalons de choix de nos meilleures races domestiques, les espèces et races étrangères que la Société a reconnues ou reconnaîtra dignes d'être introduites, étudiées et acclimatées pour leur utilité ou comme objets d'ornement ; les unes déjà signalées au zèle de nos nombreux confrères étrangers ; d'autres, comme l'Yak, les Chèvres d'Angora et de Nubie, le Mouton de Caramanie, divers Cerfs étrangers, le Lama, le grand Kangurou, possédées dès à présent par la Société. Les bonnes races de Chiens, de Porcs, de Lapins et d'autres rongeurs, viendront aussi successivement prendre place dans un chenil, une porcherie, une basse-cour, que la Société pourrait de même peupler déjà en partie. Une oisellerie, dont le plan est conçu de manière à permettre une extension graduelle selon les besoins, recevra d'une part les races gallines et autres volailles; de l'autre, les oiseaux terrestres ou aquatiques, d'ornement, de luxe, de chasse, qu'il paraîtra utile de multiplier, soit dans le Jardin même, soit dans divers dépôts, et de répandre au moyen de ventes courantes et annuelles. A côté de ces espèces, on poursuivra l'acclimatation, déjà si bien étudiée, de ces grands oiseaux, le Nandou et le Dromée ou Casoar de l'Australie, qui pourront devenir un jour, par rapport au Dindon, ce que celui-ci est devenu, au seizième siècle, par rapport à la Poule. Dans une petite magnanerie, on cultivera, comparativement avec le Ver à soie du mûrier, celui du Chêne, dont la Société est sur le point de se rendre maîtresse, celui du Ricin qu'elle a acclimaté, non-seulement en France, mais déjà, en trois années, dans trois parties du monde, et d'autres Vers à soie. Cette magnanerie, une petite salle pour d'autres insectes industriels tels que la Cochenille du Mexique et le curieux Insecte à cire des Chinois, dont Mgr Perny a si bien préparé l'introduction en Europe, et un rucher qui mettra en regard les principaux modèles de ruches et les principales races d'Abeilles, seront pour les petites espèces terrestres ce que les parties précédentes de l'établissement seront pour les grandes. Les animaux aquatiques, alimentaires, médicinaux ou utiles à d'autres titres, auront de même leur place, d'une part, dans des bassins et appareils de pisciculture et d'hirudiculture, où chacun pourra étudier les procédés de deux arts encore trop peu répandus; de l'autre, dans un *aquarium*, où, comme à Londres, on observera, à travers des parois transparentes, les mouvements et la vie de quelques-uns de ces êtres qu'on n'avait guère vus jusqu'à présent que dans les armoires de nos musées.

« Telles sont les principales espèces animales que nous associerons, dans notre Jardin zoologique, aux plus utiles et aux plus belles des espèces végétales récemment introduites, et parmi lesquelles il suffira de citer comme exemples, tous choisis parmi les plantes que la Société possède, et étudie ou répand, le Sorgho à sucre, l'Igname, le Pois oléagineux, le Loza, les Arbres à vernis, à suif et à cire, l'Ortie blanche, les Chênes de Mantchourie, les Riz de Chine et du Japon, divers végétaux alimentaires de l'Afrique et de l'Océanie, et n'oublions pas cette dernière venue, la Pomme de terre sauvage de la Sierra Nevada : cultures utiles qu'entoureront et pareront les plantes d'ornement les plus nouvellement acquises à l'horticulture. »

Le Jardin zoologique d'acclimatation est aujourd'hui terminé[1] : quand ce livre paraîtra, il aura, depuis quelques semaines déjà, ouvert ses portes au public. Après avoir indiqué ce que nous avons voulu, il serait donc inutile de dire ce que nous avons fait : chacun pourra juger par lui-même jusqu'à quel point le programme a été réalisé. Si quelques lacunes existent encore, qu'on veuille bien se souvenir de l'extrême difficulté d'une telle œuvre, et comprendre qu'elle est de celles qui ne se complètent qu'à la longue[2].

[1] La direction des travaux selon le programme de la Société fut d'abord confiée, sous la surveillance d'un Comité choisi parmi ses membres, à l'habile directeur du Jardin zoologique de Londres, M. Mitchell, qui était venu offrir ses services pour l'établissement du nouveau Jardin. Une mort déplorable et soudaine ayant enlevé M. Mitchell après quelques mois (le 1er novembre 1859), le Comité s'est chargé lui-même de la direction des travaux. Ce Comité se composait de M. Fr. Jacquemart, auteur du rapport plus haut cité, des autres membres de la Commission d'organisation (voyez p. 513, note 1), et de MM. André, Debains, Pomme, Ruffier, le comte de Sinéty et Albert Geoffroy-Saint-Hilaire, secrétaire du Comité. MM. Debains, Jacquemart et Pomme, et le secrétaire du Comité, ont bien voulu se charger plus particulièrement des plans et des travaux. Ceux-ci avaient été confiés, sous la haute direction de M. Alphan, à M. Davioud, architecte de la ville de Paris, et, pour le dessin du jardin, à M. Barillet-Deschamps.

[2] Pour plus de détails sur le Jardin zoologique d'acclimatation, voyez le Compte rendu de l'inauguration de cet établissement dans le *Bulletin de la Société d'acclimatation*, t. VII, p. 519 et suiv. (octobre 1860), et surtout un

§ 5.

Le mouvement qui entraîne aujourd'hui vers l'acclimatation et la multiplication des animaux utiles est aujourd'hui si rapide, que la création elle-même du Jardin d'acclimatation n'en est déjà plus le dernier résultat. Ce Jardin n'est pas encore ouvert, et déjà l'on s'occupe de l'imiter sur divers points de l'Europe, et même hors de l'Europe. Peut-être devrons-nous prochainement à l'Institut égyptien, nouvellement créé à Alexandrie, un établissement qui serait, pour les animaux et les plantes à introduire dans les pays chauds, ce que sont, pour les animaux de montagne, le haras d'acclimatation du Cantal, et, pour toutes les autres espèces aptes à vivre dans le Nord, le Jardin zoologique d'acclimatation du Bois de Boulogne. Deux projets analogues à celui qu'on a formé en Égypte sont étudiés en Espagne pour deux des colonies de ce beau royaume, animé de nouveau de cet esprit de progrès et d'entreprise qui ont marqué les grandes époques de son histoire.

En même temps, à Paris même, s'élabore un autre projet, plus qu'un projet; car l'exécution est décidée, et le lieu choisi. La loi, votée le 7 juillet dernier, qui fait passer de l'État à la Ville de Paris la propriété du bois de Vincennes, y réserve de vastes terrains pour les « affecter à une succursale du Jardin des plantes [1]; » cette succursale que le créateur de la Ménagerie avait demandée à plusieurs reprises [2], et que lui-même, puis son successeur

Rapport très-étendu, rédigé, au nom du Conseil d'administration, par M. Fr. Jacquemart, et qui a paru dans le même recueil, *ibid.*, p. 290 à 299, et plus complétement, à part, Paris, in-4°, mai 1860.

[1] *Moniteur universel*, du 29 juillet 1860.

[2] Voyez la *Première partie*, p. 107.

actuel, avaient été, à deux reprises, sur le point d'obtenir, mais non sur une aussi grande échelle, et dans un lieu aussi favorable que celui qui vient d'être choisi, à la demande de M. le Ministre de l'instruction publique, par l'Empereur lui-même.

Nous disons une succursale, une annexe, et non un autre établissement : celui-ci n'aurait pas sa raison d'être. Au Muséum, la science est prise dans son ensemble ; au Jardin zoologique, elle est spécialisée dans ses applications. Il n'y a rien, et il ne peut rien y avoir au delà. Que serait donc un établissement distinct à la fois du Muséum et du Jardin zoologique ? Un double emploi de l'un ou de l'autre ; par conséquent, un luxe inutile, peut-être nuisible à tous deux.

Mais chacun d'eux peut avoir à s'étendre, au dehors d'une enceinte devenue trop étroite ; la métropole peut avoir à établir des colonies, en vue de besoins spéciaux ; et c'est ce qui a lieu, depuis longtemps déjà, pour la Ménagerie. Ses besoins actuels sont, d'une part, de se dégager, de se *désencombrer* ; de l'autre, de placer ses animaux reproducteurs dans des conditions plus favorables à leur fécondité, à l'élevage des jeunes, et à la conservation des types dans toute leur pureté, ou même à leur perfectionnement.

Tel est le double but qu'appelé à préparer les bases de l'établissement complémentaire créé par la loi du 7 juillet, j'ai cru devoir proposer de lui assigner[1] ; et c'est pourquoi cette liste, déjà si longue, des établissements utiles à l'accli-

[1] J'avais exposé, au mois de mai dernier, dans un travail adressé à M. le Ministre de l'instruction publique, les faits qui me semblaient démontrer la nécessité d'une succursale du Muséum, et particulièrement de sa Ménagerie, en attendant l'extension, plus nécessaire encore, de l'établissement lui-même. Mon travail, que M. le Ministre avait bien voulu approuver, vient d'être publié sous ce titre : *Note sur la Ménagerie, et sur l'utilité d'une succursale ou annexe aux environs de Paris*. Paris, in-4°, septembre 1860.

matation, cette liste qui s'ouvre, en 1793, par la Ménagerie du Muséum, devait avoir aujourd'hui pour dernier terme la succursale de cette même Ménagerie.

J'ai la confiance que les deux nouveaux établissements, celui qui s'achève en ce moment et celui dont l'exécution vient d'être décidée, sauront, émules et auxiliaires l'un de l'autre, se rendre également utiles à la science. Et je m'estime heureux d'avoir pu, grâce à un concours favorable de circonstances, prendre part tour à tour à chacune de ces deux créations, selon les doubles devoirs qui m'étaient imposés comme président de la Société d'acclimatation, et, avant tout, comme fils et successeur actuel du fondateur de la Ménagerie.

Puissent mes lecteurs juger que j'ai aussi satisfait à ces doubles devoirs par la publication de ce livre! Puisse-t-il répondre aux vues de la Société d'acclimatation, à laquelle il est dédié, et justifier l'épigraphe que j'ai empruntée aux ouvrages vénérés de mon père : Utilitati!

FIN DE LA QUATRIÈME ET DERNIÈRE PARTIE.

TABLE ALPHABÉTIQUE

DES ANIMAUX MENTIONNÉS DANS CET OUVRAGE

MAMMIFÈRES (Pages 15, 16-37, 52, 53, 63-89, 165, 275-390).

Addax, 71.
Agoutis, 52, 53, 64, 72, 383, 480, 484.
Agouti des Patagons, voy. *Mara*.
Akouchi, 484.
Alpaca. Services qu'il rend ; utilité de son acclimatation, et tentatives faites pour l'obtenir, 26-36, et 317-347. — Mentions diverses, 7, 13, 18, 86, 91, 166, 175, 177, 219, 274, 275, 276, 467, 472, 480, 488, 498. — *Figure*, 325.
Alpalama, 91.
Alpavigogne, 90-91, 176.
Ancon, 228.
Ane. Son origine; ancienneté de sa domestication, 208. — Mentions diverses, 15, 133, 138, 166, 219, 250, 261, 270, 467, 474. — *Figure antique*, 209.
Antilopes, 52, 53, 68-71, 72, 159 et 373-382.
Arni, 18, 19, 166, 177, 220, 276.
Aurochs, 206, 257.
Barbet, 232, 235.
Basset, 232, 234, 236, 237.
Bichon, 232, 236, 237.
Bison, 57, 478, 498.
Bœuf. Ancienneté de sa domestication; son origine asiatique, 200-207. — Modifications produites par la domesticité, 227-229. — Mentions diverses, 15, 45, 115, 126, 130, 135, 160, 166, 214, 219, 249, 257, 258, 260, 270, 272, 467. — *Figure antique*, 204.
Bœuf à bosse, voy. *Zébu*.
Bœuf musqué, voy. *Ovibos*.
Bouquetins, 45, 199, 200, 257.
Braque, 232.
Bubale, 53, 71, 373.
Buffle. Son origine; époque de sa domestication, 183. — Son utilité et sa distribution géographique, 20-22. — Mentions diverses, 6, 13, 18, 166, 183, 205, 206, 219, 466, 498. — *Figure*, 21.
Buffle du Cap, 478.
Buffle à queue de cheval, voy. *Yak*.
Cabiai, 52, 53, 72, 73, 75, 383, 480. — *Figure*, 73.
Campagnol, 119.

Canna. Avantages qu'il peut offrir; son introduction en Europe, 378-382. — Mentions diverses, 53, 71, 72, 220, 373, 468. — *Figure*, 379.
Cariacou, 484.
Cerfs, 8, 43, 44, 47, 71. 159. 221, 461. 463.
Chacals, 47, 213, 216 217, 218, 264.
Chameau proprement dit, ou à deux bosses. Son utilité, 22-26. — Son origine; ancienneté de sa domestication, 198, 199. — Sa distribution géographique actuelle. 301-308. — Mentions diverses, 18, 166. 219. 250, 258. 261. 275. 296, 298, 466, 472. 495.
Chameau à une bosse. voy. *Dromadaire*.
Chat domestique. Son origine; ancienneté de sa domestication, 211. 212, 219.— Modifications produites par la domesticité, 224-226. — Mentions diverses, 165, 223, 249, 257, 258. 259, 264.
Chat sauvage d'Europe, 211. 212. 226. 257.
Chat ganté, 211, 212, 226.
Cheval domestique. Son origine: ancienneté de sa domestication, 208. — Modifications produites par la domesticité, 227, 228. — Nécessité d'en restituer la viande à l'alimentation publique, 126-138. — Mentions diverses, 15. 126, 159, 160. 165, 219, 222, 249, 258. 261. 268, 270, 466, 467, 468.
Cheval sauvage. Chassé comme gibier dans un grand nombre de pays, 132. — Mentions diverses, 45, 207.
Chèvre. Son origine; ancienneté de sa domestication, 199, 200. Modifications produites par la domesticité, 227-229. — Mentions diverses, 15, 27, 135, 160. 166, 201, 222, 249, 257, 258, 261, 272, 467.
Chèvre d'Angora. Utilité qu'on en peut retirer; son introduction récente en France, 348-359 — Introductions faites antérieurement en Europe. 350. — Mentions diverses, 275. 276, 466. 479. — *Figure*, 351.
Chèvre de Cachemire, 479, 480. 495.
Chevreuil. 44. 463.
Chien. Ancienneté de sa domestication; son origine; opinions diverses. 212-216. — Modifications produites par la domesticité, 231-237. — Il est le plus cosmopolite des animaux, 250. — Mentions diverses. 26. 159. 160, 165, 177, 200. 210. 219, 224, 229, 245. 253, 254, 257, 258. 260, 264. 268. 270. 462. — *Figures antiques*, 214, 215.
Chien crabier. 217.
Chinchilla. 42.
Cobaie. Son origine. 174. 175. — Mentions diverses. 5. 15, 27. 64, 102, 165, 219. 261, 383, 467.
Cochon. Son origine; ancienneté de sa domestication, 210. — Modifications produites par la domesticité, 227-231. — Mentions diverses, 15. 115. 130. 135. 165, 201, 219. 249. 253. 257, 261, 270, 272. 467.
Cochon d'Inde, voy. *Cobaie*.
Couagga, 53, 361, 364. 499, 500.
Daim, 44, 57, 363.
Damans, 41, 370.
Danois, 232, 233.
Dauw. Services qu'il peut rendre, 59-61, 364. — Mentions diverses, 52, 53, 365, 500. — *Figure*, 60.
Dogue, 232, 236. 237.
Dromadaire. Son utilité, 22-26, et 296-300. — Ancienneté de sa domestication; son origine, 198, 199, 269. — Sa distribution géographique actuelle, 301-309. — Son introduction récente au Brésil, 309-316. — Mentions diverses, 18, 166. 219. 265, 270, 275, 276, 466, 485. — *Figure*, 25.
Dziggetai, voy. *Hémione*.
Dzo, 279, 293.
Égagre. 200.

Élan du Cap, voy. *Canna*.
Éléphant, 461, 462, 463.
Épagneul, 232, 236, 237.
Euchore, 71.
Fouine, 152.
Furet. Époque de sa domestication, 184, 185. — Mentions diverses, 102, 159, 165, 182, 219, 222, 460, 467.
Gayal, 18, 19, 166, 177, 220, 276.
Gazelles, 52, 53, 68-71, 373.
Gerboïde, 86.
Guanaco, 175, 329, 343, 344.
Guévei, 71.
Guib, 71, 373.
Hamar, 133.
Hémione. Services qu'il peut rendre; son acclimatation à la Ménagerie du Muséum, 61-63, et 360-368. — Ses croisements, 364-368. — Mentions diverses, 8, 50, 52, 53, 57, 133, 220, 274, 498, 500. — *Figures*, 62 et (mulet d'Hémione) 365.
Hémippe, 365, 366.
Hérisson, 125.
Isatis, 47.
Kangurous, 7, 40, 42, 52, 53, 66, 72, 73, 74-76, 488. — *Figure*, 74.
Kangurou laineux, voy. *Gerboïde*.
Lama. Services qu'il rend; utilité de son acclimatation, et tentatives faites pour l'obtenir, 26-36, 317-347 et 488. — Mentions diverses, 7, 8, 13, 18, 91, 166, 175, 177, 219, 275, 276, 467, 471, 472, 498. — *Figure*, 37.
Lapins, 480.
Lapin domestique. Son origine; époque de sa domestication, 183, 184. — Mentions diverses, 15, 41, 102, 159, 165, 182, 219, 255, 383, 460, 467.
Lévrier, 214, 217, 218, 232, 233, 259. — *Figure antique*, 215.
Lièvres, 463, 480.
Lion, 159, 461, 462.
Loir, 463.
Loup, 212, 213, 216, 257.
Mangouste, 185.
Mara. Ses mœurs à l'état sauvage; avantages que pourrait offrir sa domestication, 384-390. — Mentions diverses, 65, 66. — *Figure*, 386.
Mâtin, 232.
Méhari, 298.
Mérinos, 467, 470, 473, 482.
Mérinos Mauchamp, 467.
Morvan, 228.
Mouflons, 45, 199, 257.
Mouflon à manchettes, 52, 71, 373.
Mouton. Son origine; ancienneté de sa domestication, 199, 200. — Modifications produites par la domesticité, 227-229. — Mentions diverses, 15, 27, 49, 115, 130, 135, 159, 160, 166, 198, 201, 219, 249, 253, 257, 258, 261, 268, 270, 272, 466.
Mulot, 119.
Nilgau. Avantages qu'il peut offrir; son introduction en Europe, 373-378. — Mentions diverses, 53, 71, 220, 468, 498. — *Figure*, 70.
Onagre, 483, 499.
Ouistiti, 476.
Ours, 47.
Ovibos, 51.
Paca, 52, 53, 64, 72, 484. — *Figure*, 65.
Panthère, 159, 462.
Pécaris, 369, 484, 492.
Phalangers, 42.
Phascolome, 7, 40, 42, 52, 53, 66, 72, 486. — *Figure*, 65.
Phoques, 49, 500.
Pinchaque, voy. *Tapirs*.
Putois, 184, 185.
Rat, 382.
Renards, 47, 213.
Renne, 6, 13, 18, 19, 47, 166, 178, 179, 219, 261, 472, 473.
Rhinocéros, 49, 368, 369.
Roquet, 233.
Sangliers, 210, 230, 257, 46, 480.
Surmulot, 382.
Tapirs. Services qu'ils peuvent rendre, 66-69 et 368-372. — Mentions diverses, 50, 72, 484, 500. — *Figure*, 67.

Tatous, 484.
Taupe, 125.
Tigres, 159.
Vigogne. Services qu'elle pourrait rendre; vœux émis pour son introduction, 86. 89, 342, 474, 479, 480, 492, 498. — Mentions diverses, 7, 52, 53, 91, 175, 344, 373, 472, 479, 495. — *Figure*, 89.
Viscache, 386.
Wombat, voy. *Phascolome*.
Yak. Avantages qu'il peut offrir, particulièrement dans les hautes montagnes, 277-296. — Son introduction en France, 278-283. — Son acclimatation sur divers points de la France, et particulièrement à la Ménagerie du Muséum, 282-291. — Mentions diverses, 18, 19, 166, 177, 206, 275, 276, 498. — *Figure*, 283. — Métis d'Yak et de Vache, 289, 291, 293. — *Figure de ce métis*, 290.
Zèbre, 53, 57, 59, 133, 361, 362, 364, 365, 483, 499, 500.
Zébu. Ancienneté de sa domestication, 200-205. — Modifications produites par la domesticité, 227-229. — Mentions diverses, 18, 19, 20, 166, 202, 203. — *Figures antiques*, 219, 258, 276, 466, 498.

OISEAUX (Pages 14, 54, 55, 58, 76-96, 120, 166, 391-415).

Accenteur mouchet, 123.
Agamis. Services qu'ils peuvent rendre, 57-59. — Mentions diverses, 54, 55, 484. — *Figure*, 58.
Alouettes, 480.
Aras, 93.
Argus, 499.
Autruche. Sa reproduction en Algérie et en Europe, 410-415. — Mentions diverses, 55, 82, 395, 401, 402.
Autruche d'Amérique, voy. *Nandou*.
Bécasses, 481.
Bec-d'argent, 93.
Becs-fins, 120, 121, 480.
Bengalis, 93, 476.
Bergeronnette, 120.
Bernache, 54, 55, 76, 79, 91.
Bernache armée ou Oie d'Egypte. Son acclimatation en France, 79, 81, 220, 488. — Mentions diverses, 8, 54, 55, 76, 91, 392, 395. — *Figure*, 80.
Bernache des Sandwich, 54, 55, 76, 79, 81, 91, 220, 595. — *Figure*, 392.
Bruant commandeur, 93.
Bruants, 478.
Callopsitte ou Nymphique, 54, 394.
Canard de Barbarie, voy. *Canard musqué*.
Canard de la Caroline, 54, 55, 77, 94-96, 220, 392, 395. — *Figure*, 95.
Canard commun. Époque et lieu de sa domestication, 185, 186. — Modifications produites par la domesticité. 238. — Mentions diverses, 41, 159, 167, 182, 188, 219, 250, 255, 261, 460.
Canard à éventail de la Chine, 54, 55, 77, 94-96, 220, 392. — *Figure*, 95.
Canard mandarin, voy. *Canard à éventail*.
Canard musqué. Son origine; époque de sa domestication, 173. — Mentions diverses, 5, 91, 102, 167, 220, 467.
Canard pilet, 96, 484.
Canard rouge, voy. *Souchet*.
Canard siffleur, 96.
Canard tadorne, 499.
Capucin, 93.
Cardinal, 93.
Casoar à casque, 7, 55, 83, 401, 402.
Casoar de la Nouvelle-Hollande, voy. *Dromée*.

Céréopse, 54, 55, 76, 79, 91, 393, 395. — *Figure*, 394.
Chouettes, 120.
Colins, 41, 54, 395, 396-402. — *Figures* (Colin de Californie), 399, et (Colin Houï), 400.
Colombes, 54, 55, 93, 220, 392, 481, 499.
Comba-Sou, 93.
Coq de Bruyère, voy. *Tétras*.
Corbeaux, 125.
Coucoupé, 93
Courlis, 481.
Cygne blanc domestique. Doutes sur le lieu et l'époque de sa domestication, 180-182. — Mentions diverses, 167, 178, 219, 257.
Cygne blanc sauvage, 181. 257.
Cygne à col noir, 54, 96, 393.
Cygne noir, 54, 96. 220.
Dindon. Époque de sa domestication, 173. — Mentions diverses, 5, 7, 15, 102, 167, 221, 261, 467.
Domino, 93.
Dromée. Avantages qu'offrirait sa domestication; sa reproduction en France, 401-410. — Mentions diverses, 54, 55, 81, 83, 395, 401, 402. — *Figure*, 407.
Effraie, 120.
Eider, 480, 484, 492.
Engoulevent, 120.
Euplocomes, 54, 393, 395.
Faisans, 54, 261, 394, 395, 468, 481.
Faisan argenté. Époque de sa domestication, 172. — Mentions diverses, 15, 167, 220.
Faisan à collier. Époque de sa domestication. 172. — Mentions diverses, 15, 167, 220.
Faisan commun. Son origine; époque de sa domestication, 189. — Mentions diverses, 15, 47, 167, 182, 219, 222, 252, 58.
Faisan doré. Époque de sa domestication, 172. — Mentions diverses, 15, 167, 220.
Faisan de montagne, voy. *Tétras*.
Faisan versicolore, 395.
Fauvettes, 120, 121.
Foudi. 93.
Fringilles, 54, 55, 93, 394.
Goura, 54, 55, 91, 92, 93, 394. — *Figure*, 92
Grèbes, 480.
Grive, 180.
Gros-bec fascié, 93.
Grues, 94, 463.
Grue de Montigny, 393.
Hérons, 480.
Hirondelles, 120, 121.
Hoccos, 7, 54, 55, 76, 77, 91, 274. 481, 484, 492, 499. — *Figure*, 78.
Houï. voy. *Colins*.
Houppifères, voy. *Euplocomes*.
Ignicolore, 93.
Kamichi, 482.
Lophophore resplendissant, 54, 55, 91, 92, 393, 395.
Lophyres, 55, 93, 499.
Maïan, 93.
Marail, 54, 55, 76, 77, 91, 484. — *Figure*, 78.
Mariposa, 93.
Martin, 43.
Moineaux, voy. *Fringilles*.
Moineau commun, 125, 152.
Nandou, 7, 54, 55, 81, 83-85, 396, 401, 402. — *Figure*, 85.
Napaul, 54, 55, 91, 92.
Nymphique, voy. *Callopsitte*.
Oies, 186.
Oie du Canada. Époque de sa domestication, 172. — Mentions diverses, 7, 167, 220.
Oie commune. Époque et lieu de sa domestication, 187-189. — Mentions diverses, 150, 167, 182, 250, 463.
Oie à cravate, voy. *Oie du Canada*.
Oie cygnoïde. Son origine, 174. — Mentions diverses, 167, 220.
Oie d'Égypte, voy. *Bernache armée*.
Oie de Guinée, voy. *Oie cygnoïde*.
Oie de Magellan, 393.
Oie des Sandwich, voy. *Bernache des Sandwich*.
Ortolan, 180.
Outardes, 484, 492.
Padda, 93,

Paons, 481.
Paon domestique. Époque et lieu de sa domestication, 187. — Mentions diverses, 47, 91, 167, 219, 222, 252, 261, 460, 465.
Paroare, 95.
Pauxi, 77.
Pénélopes, 481.
Perdrix, 481.
Perdrix gambra. Son introduction dans le nord de la France, 396-398. — Mentions diverses, 54, 395, 401.
Perroquets, 476.
Perruches, 54, 95.
Perruche Edwards, 54, 94, 394.
Perruche ondulée, 54, 94, 220, 392, 395. — *Figure*, 393.
Pigeon. Ancienneté de sa domestication, 197, 198. Modifications produites par la domesticité, 236, 237. — Mentions diverses, 15, 150, 165, 182, 194, 219, 222, 238, 250, 270, 467.
Pintade à joues bleues, 186, 187, 220, 460.
Pintade ordinaire. Son origine; époque et lieu de sa domestication, 186, 187. — Mentions diverses, 47, 91, 102, 167, 182, 222, 252, 261.
Pluviers, 481.
Poule. Son origine; ancienneté de sa domestication, 195, 197. — Modifications produites par la domesticité, 237, 238. — Mentions diverses, 150, 167, 182, 188, 194, 214, 219, 222, 237, 249, 250, 260, 261, 270, 467.
Poules sauvages, 195.
Râles, 481.
Rossignol, 120.
Rouge, voy. *Souchet*.
Rouge-gorge, 120, 121.
Sarcelle, 499.
Sarcelle de la Chine, voy. *Canard à éventail*.
Scops, 120.
Serin des Canaries. Époque de sa domestication, 173, 174. — Mentions diverses, 94, 166, 220.
Serpentaire, 43, 433.
Souchet, 482.
Talégalle, 76, 393.
Tétras, 481, 484.
Tinamous, 481.
Tourterelle à collier. Son origine, 180. — Mentions diverses, 15, 167, 178, 219, 222, 257.
Tourterelle sauvage, 180, 257.
Turnix, 481.
Traquets, 120.
Vanneaux, 481.
Zonécolin, 401.

REPTILES. — AMPHIBIENS.

Chélonée franche, 41, 481.
Grenouille comestible, 41.

POISSONS (Pages 14, 167, 416-433).

Anguille, 489.
Binny. Avantages que pourrait offrir son acclimatation, 429-431. — *Figure*, 430.
Brochet, 416.
Carpe, 84, 167, 178, 179, 239, 249, 415, 427, 491, 495.
Centronotes, 481.
Cyprin doré, 168, 178, 179, 239, 417, 491.
Dorade, 419.
Dorade de la Chine, voy. *Cyprin doré*.
Esturgeon, 416.
Gastérostées, 481.

Gourami. Son introduction en Afrique et en Amérique, 432, 433. — Avantages que pourrait offrir son introduction en France, 431-435. — Mentions diverses, 84, 427, 491. — *Figure*, 434.
Lavaret, 484.
Lotte, 426.
Maquereau, 416.
Morue, 416.
Muge, 417.
Murène, 418.
Ombre chevalier, 425, 484.
Osphromène, voy. *Gourami*.
Oxyrhynque, 429.
Perches, 427.
Poisson rouge, voy. *Cyprin doré*.
Saumon, 421.
Scare, 463.
Silures, 426.
Tanche, 416, 491.
Turbot, 416.
Truites, 14, 419, 421, 423, 425, 491.

INSECTES (Pages 14, 165, 436-456).

Abeilles, 189-194.
Abeille à bandes, 168, 189-194, 219. — *Figure*, 193.
Abeille ligurienne, 168, 182, 189-194, 219, 438. — *Figure*, 193.
Abeille ordinaire. Ancienneté de sa domestication; son expansion dans un grand nombre de pays, 189-194. — Mentions diverses, 168, 219.
Bombyces. Nouvelles espèces dont l'introduction a déjà été proposée, essayée ou obtenue, 436-456, 474.
Bombyce Mylitte, 437, 441, 442, 446-448. — *Figure* du Cocon, 447.
Calosome sycophante, 43.
Cochenille du Nopal, 168, 176, 219, 474.
Insecte à cire, 439.
Mouche, 15
Trigones, 438.
Ver à soie de l'ailante. Son introduction en Europe. Avantages qu'on est fondé à en attendre, 450-453. — Mentions diverses, 168, 178, 220. — *Figures*, 454.
Ver à soie du chêne, 112, 168, 221, 445-449. — *Figure*, 445.
Ver à soie ordinaire ou du mûrier. Ancienneté de sa domestication, 194-195. — Mentions diverses, 11, 159, 182, 194, 219, 239, 249, 270, 443, 466, 467.
Ver à soie du ricin. Son introduction en France et en divers pays; avantages qu'on est fondé à en attendre, 448, 450, 454-458. — Mentions diverses, 168, 178, 220. — *Figures*, 456.

ANNELIDES. — MOLLUSQUES.

Sangsues, 56, 221.
Hélices, 463.

FIN DE LA TABLE ALPHABÉTIQUE.

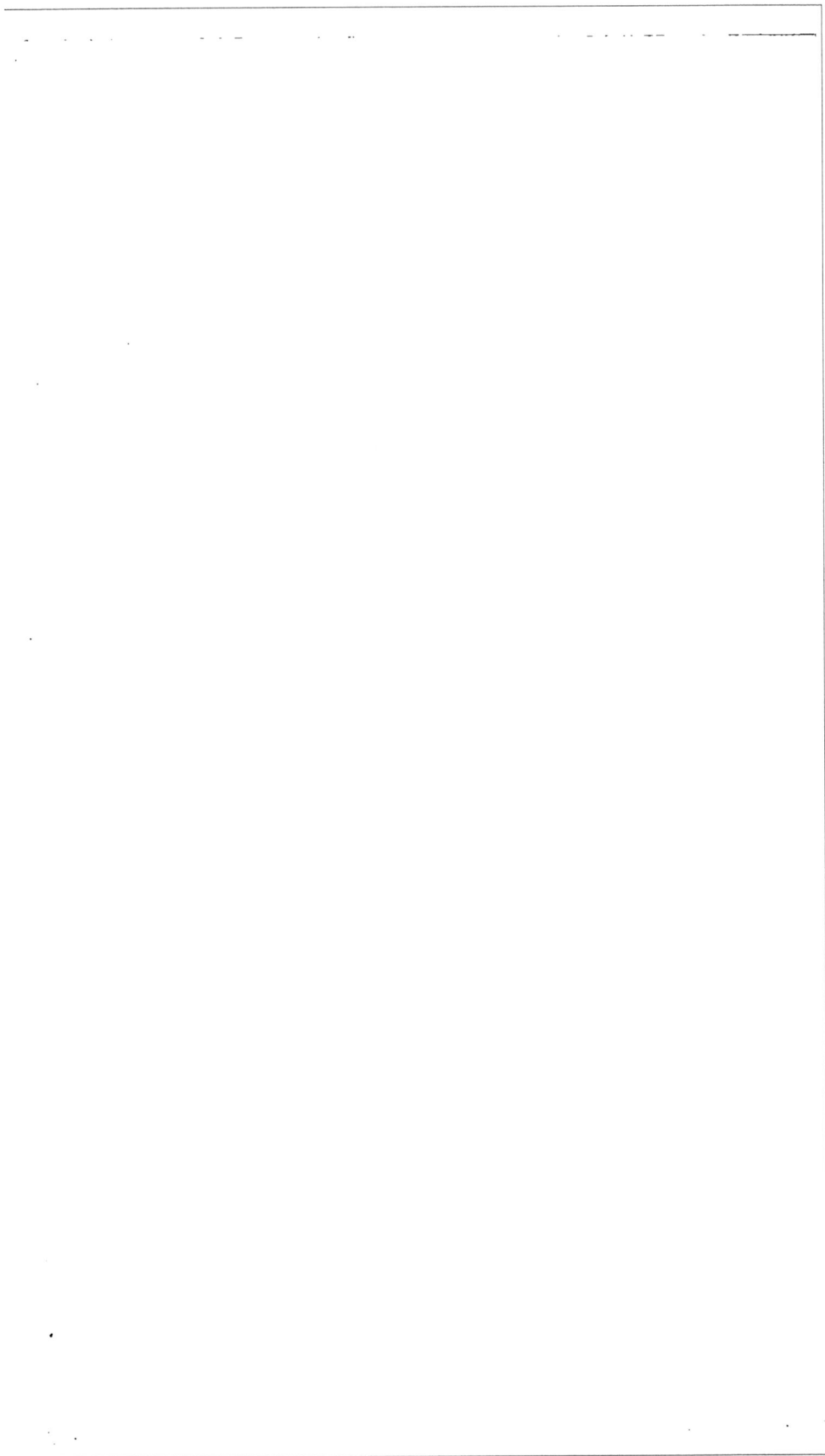

TABLE DES MATIÈRES

Préface de l'édition précédente VII
Avertissement sur cette nouvelle édition XIII

PREMIÈRE PARTIE

Exposé général des principales questions relatives à l'acclimatation, à la naturalisation et à la domestication des animaux utiles.

Rapport a M. le ministre de l'agriculture et du commerce, préambule . . 1
Introduction. — État présent des questions relatives a l'acclimatation et a la domestication des animaux utiles 5
Chap. Ier. — De l'importation d'espèces domestiques étrangères 13
Section I. — *Considérations préliminaires, et tableau des animaux déjà domestiqués* 13
Section II. — *Le Renne, les Chameaux et les Bœufs étrangers* . . 18
Le Renne 18
Le Gayal et l'Arni 19
Le Zébu et l'Yak 19
Le Buffle 20
Les Chameaux (le Chameau à deux bosses, et le Chameau à une bosse ou Dromadaire) 22
Section III. — Le *Lama et l'Alpaca* 26
Chap. II. — De l'importation d'espèces sauvages étrangères 38
Le Phascolome, les Kangurous 40
Le Daman, etc 41
Le Kangurou walleby 42

Le Chinchilla, le Phalanger fuligineux. 42
Cerfs indiens. 43

CHAP. III. — DE L'IMPORTATION ET DE LA DOMESTICATION D'ESPÈCES SAUVAGES ÉTRANGÈRES. 45

SECT. I. — *Considérations générales*. 45

Tableaux des mammifères et des oiseaux sauvages qu'il y aurait lieu de domestiquer et d'acclimater en France. 52

SECT. II. — *Animaux auxiliaires*. 57

L'Agami. 57
Les Zèbres, et particulièrement le Dauw. 59
L'Hémione ou Dziggetai. 61

SECT. III. — *Animaux alimentaires*. 63

1° Mammifères ayant des analogues parmi les animaux déjà domestiqués. 63
Le Paca et l'Agouti. 64
Le Phascolome et les petits Kangurous. 66
Les Tapirs. 66
Les Antilopes et Gazelles. 68
2° Mammifères sans analogues parmi les animaux déjà domestiqués. 72
Le Cabiai. 73
Les grands Kangurous. 75
3° Oiseaux ayant des analogues parmi les animaux déjà domestiqués. 76
Les Hoccos et le Marail. 76
Le Céréopse, l'Oie des Sandwich et la Bernache. 79
L'Oie d'Égypte ou Bernache armée. 79
4° Oiseaux sans analogues parmi les animaux déjà domestiqués. 81
L'Autruche. 82
Le Dromée ou Casoar australien. 83
Le Nandou. 83

SECT. IV. — *Animaux industriels*. 86

La Vigogne. 86
L'Alpavigogne. 91

SECT. V. — *Animaux accessoires*. 91

Le Napaul et le Lophophore. 92
Le Goura. 92
Les Colombes et les Fringilles. 93
Le Canard de la Caroline et le Canard à éventail de la Chine. . . 94

CHAP. IV. — MESURES PROPRES A RÉALISER L'ACCLIMATATION ET LA DOMESTICATION DES ESPÈCES UTILES. 97

SECT. I. — *Projet d'établissement d'un haras d'acclimatation dans le Midi*. 97

SECT. II. — *Projet d'établissement d'un haras d'acclimatation aux environs de Paris*. 102

DEUXIÈME PARTIE

Notions complémentaires théoriques et pratiques sur l'acclimatation, la naturalisation et la domestication des animaux utiles ou d'agrément.

CHAP. Ier. — CONSIDÉRATIONS GÉNÉRALES SUR LES APPLICATIONS DES SCIENCES NATURELLES ET PARTICULIÈREMENT DE LA ZOOLOGIE. 109
SECT. I. — *De l'importance des applications de la zoologie, et de leur insuffisance actuelle.* 109
SECT. II. — *De la conservation des espèces utiles, et particulièrement de la nécessité de mesures protectrices des animaux insectivores.* 118
SECT. III. — *De l'emploi utile des animaux et de leurs produits, et particulièrement de l'usage alimentaire de la viande de Cheval.* 126
SECT. IV. — *De l'acquisition de nouvelles espèces utiles.* 139
CHAP. II. — DE L'ACCLIMATATION, DE LA NATURALISATION ET DE LA DOMESTICATION DES ANIMAUX. 140
SECT. I. — *De l'acclimatation des animaux, et de celle des plantes.* 142
— II. — *De la naturalisation des animaux, et de celle des plantes.* 148
— III. — *De la domestication des animaux.* 151
— IV. — *Résumé.* 157
CHAP. III. — REMARQUES GÉNÉRALES SUR LES ANIMAUX DOMESTIQUES, ET LISTE DE CES ANIMAUX. 161
Liste des Mammifères 165
Liste des Oiseaux. 166
Liste des Poissons. 167
Liste des Insectes. 168
CHAP. IV. — DES ORIGINES ZOOLOGIQUES ET GÉOGRAPHIQUES DES ANIMAUX DOMESTIQUES ; DES MODIFICATIONS QU'ILS ONT SUBIES, ET DE LEUR DISTRIBUTION GÉOGRAPHIQUE ACTUELLE. 169
SECT. I. — *Origines zoologiques et géographiques des animaux domestiques.* 169
L'Oie du Canada, et les Faisans doré, argenté et à collier. . . . 172
Le Serin des Canaries, le Dindon et le Canard musqué. 172
L'Oie cygnoïde. 174
Le Cochon d'Inde. 174
Le Lama et l'Alpaca. 175
La Cochenille. 176
L'Yak, le Gayal et l'Arni. 177
Les Vers à soie de l'ailante et du ricin. 178
Le Renne. 178
La Carpe. 179
Le Cyprin doré. 179
La Tourterelle à collier. 181

Le Cygne. 181
Le Buffle. 183
Le Lapin. 183
Le Furet. 184
Le Canard commun.. 185
La Pintade. 186
Le Paon. 187
L'Oie ordinaire. 187
Le Faisan commun. 189
Les Abeilles. 189
Le Ver à soie du mûrier. 194
La Poule. 195
Le Pigeon. 197
Les Chameaux.. 198
La Chèvre et le Mouton. 199
Le Bœuf et le Zébu. 200
Le Cheval et l'Ane. 208
Le Cochon 210
Le Chat. 211
Le Chien. 215
Résumé.. 218

SECT. II. — *Variations subies par les animaux sous l'influence de la domesticité.* 221

CHAP. V. — APPLICATIONS PRINCIPALES DES RÉSULTATS DE L'ÉTUDE DES ANIMAUX DOMESTIQUES AUX QUESTIONS RELATIVES A L'ACCLIMATATION D'ESPÈCES ENCORE ÉTRANGÈRES, ET A LA DOMESTICATION D'ESPÈCES ENCORE SAUVAGES. 240

SECT. I. — *Introduction. Notions sur la théorie de la variabilité limitée du type.* 240

SECT. II. — *Résumé des faits relatifs aux animaux domestiques, et applications principales.* 246

CHAP. VI. — DE QUELQUES OBJECTIONS FAITES OU REPRODUITES CONTRE L'INTRODUCTION DE NOUVELLES ESPÈCES DOMESTIQUES. 267

TROISIÈME PARTIE

Notions complémentaires sur plusieurs espèces animales récemment introduites, ou dont l'introduction serait utile, soit en France, soit en d'autres pays.

CHAP. Ier. — SUR QUELQUES MAMMIFÈRES DOMESTIQUES ÉTRANGERS, RÉCEMMENT INTRODUITS EN EUROPE, EN AMÉRIQUE ET EN AUSTRALIE. 276

SECT. I. — *Sur l'Yak, ou Bœuf à queue de Cheval* (Bos grunniens), *et particulièrement sur le troupeau amené en France en* 1854 *par M. de Montigny.* 277

SECT. II. — *Sur les Chameaux, et particulièrement sur les Dromadaires transportés au Brésil, en* 1859, *par les soins de la So-*

ciété impériale d'acclimatation. 296
SECT. III. — *Sur le Lama et l'Alpaca, et particulièrement sur les tentatives récemment faites pour acclimater ces animaux.* 317
SECT. IV. — *Sur la Chèvre d'Angora, et particulièrement sur son introduction en France, par la Société impériale d'acclimatation.* 348

CHAP. II. — SUR QUELQUES MAMMIFÈRES SAUVAGES RÉCEMMENT INTRODUITS EN EUROPE, OU DONT L'INTRODUCTION SERAIT UTILE. 360
SECT. I. — *Sur l'Hémione et les autres Solipèdes sauvages; sur leurs croisements, et particulièrement sur l'hybride d'Hémione et d'Anesse.* 360
SECT. II. — *Sur quelques autres Pachydermes, et particulièrement sur les Tapirs d'Amérique.* 368
SECT. III. — *Sur quelques Antilopes, et particulièrement sur le Nilgau et le Canna.* 373
Le Nilgau. 374
Le Canna. 378
SECT. IV. — *Sur quelques Cavidés, et particulièrement sur le Mara.* 382

CHAP. III. — SUR QUELQUES OISEAUX SAUVAGES RÉCEMMENT INTRODUITS EN EUROPE, ET PARTICULIÈREMENT SUR LES OISEAUX DE BOUCHERIE ET LES NOUVEAUX GIBIERS. 390
Oiseaux d'ornement. 392
La Perdrix Gambra et les Colins. 397
Le Dromée et les autres oiseaux rudipennes. 401
L'Autruche. 410

CHAP. IV. — SUR LA PISCICULTURE, ET PARTICULIÈREMENT SUR QUELQUES POISSONS ALIMENTAIRES DONT L'INTRODUCTION POURRAIT ÊTRE UTILE. . . 416
Le Barbeau du Nil ou Binny. 428
Le Gourami. 431

CHAP. V. — SUR QUELQUES INSECTES PRODUCTEURS DE SOIE. 437
Le Ver à soie du chêne, de la Chine. 444
Le Ver à soie du jujubier, de l'Inde (*B. mylitta*.). 448
Le Ver à soie de l'ailante. 450
Le Ver à soie du ricin. 455

QUATRIÈME PARTIE

Notions historiques sur l'acclimatation, la domestication et la culture des animaux.

CHAP. Ier. — DE LA CULTURE ET DE L'ÉDUCATION DES ANIMAUX CHEZ QUELQUES PEUPLES DE L'ASIE ET DE L'EUROPE, ET PARTICULIÈREMENT CHEZ LES ANCIENS ROMAINS. 459
Antiquité. Les Romains. 460

Moyen âge. Les Arabes. 465
Temps modernes. Les Espagnols. 466
— — Les Anglais. 468

CHAP. II. — VUES ÉMISES PAR DIVERS AUTEURS DU DIX-HUITIÈME SIÈCLE ET DU COMMENCEMENT DU DIX-NEUVIÈME, SUR L'ACCLIMATATION ET LA DOMESTICATION DES ANIMAUX UTILES. 470

SECT. I. — *Vues émises par les auteurs du dix-huitième siècle.* . . 471
Vues de Buffon. 471
— Nélis. 473
— Bernardin de Saint-Pierre.. 475
— Lacépède. 477
— Daubenton. 478

SECT. II. — *Vues émises par les auteurs du commencement du dix-neuvième siècle.* 487
Vues de plusieurs naturalistes du dix-neuvième siècle. 487
— Rauch. 489
— François de Neufchateau 493
— Lasteyrie. 496
— Frédéric Cuvier. 499

CHAP. III. — NOTIONS SUR LES ÉTABLISSEMENTS AFFECTÉS A L'ACCLIMATATION ET A LA DOMESTICATION DES ANIMAUX UTILES. 502
La ménagerie (idéale) de Bensalem 503
La ménagerie du Muséum d'histoire naturelle. 504
La Société impériale d'acclimatation.. 507
Autres Sociétés d'acclimatation. 510
Le Jardin zoologique d'acclimatation du bois de Boulogne. . . 512
La succursale du Jardin des Plantes au bois de Vincennes.. . . 517

TABLE ALPHABÉTIQUE DES ANIMAUX MENTIONNÉS DANS CET OUVRAGE. . . 521

FIN DE LA TABLE DES MATIÈRES.

ERRATA

PAGES.	LIGNES.	MOTS A RETRANCHER.	MOTS A SUBSTITUER OU A AJOUTER.
54	26	»	(Après Edwards, le) Nymphique ou.
214	12	A remarqué.	Remarque.
216	11	*Caligata.*	***Maniculata.***
289	33	»	(Après Mars) 1860.

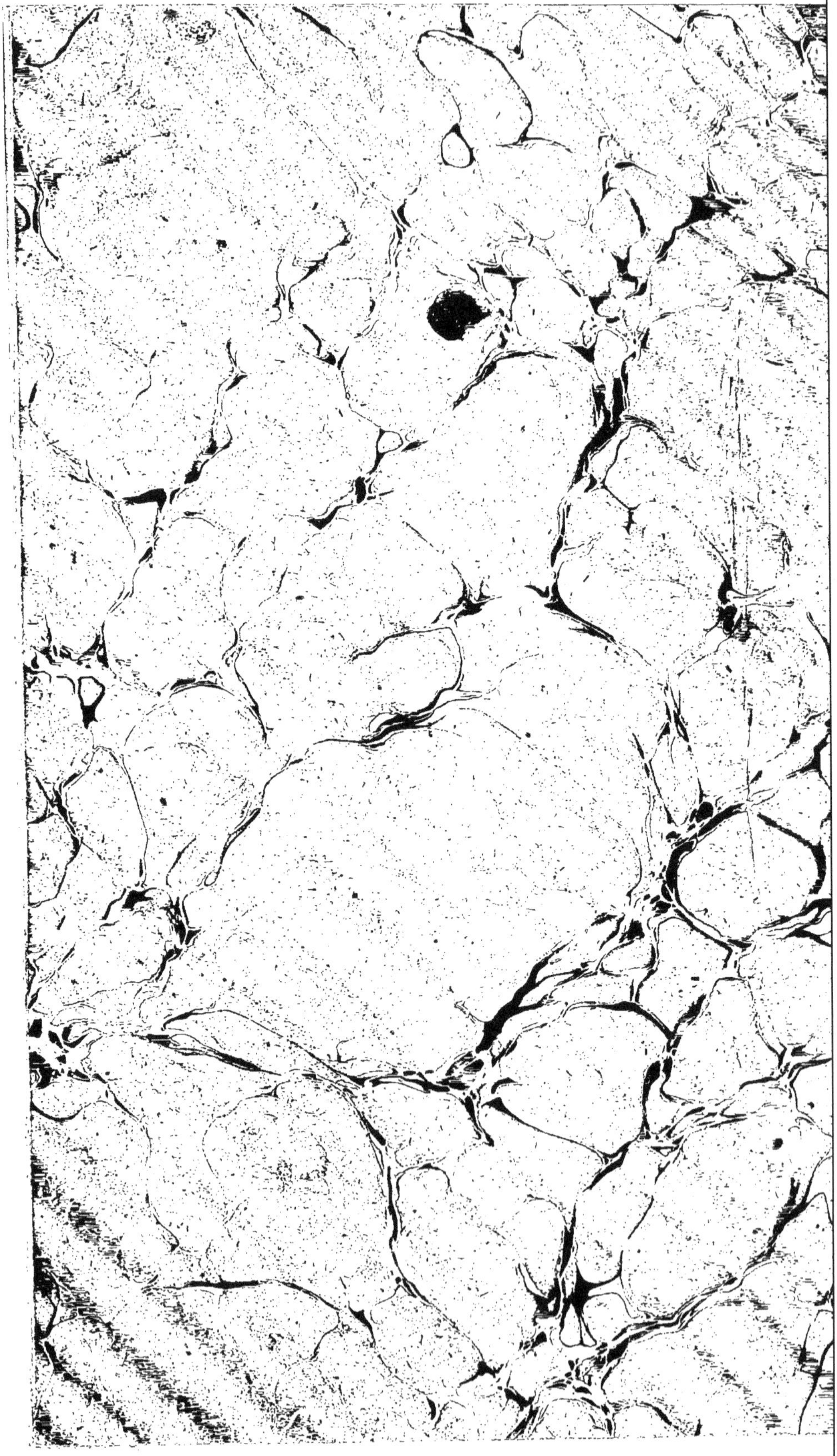

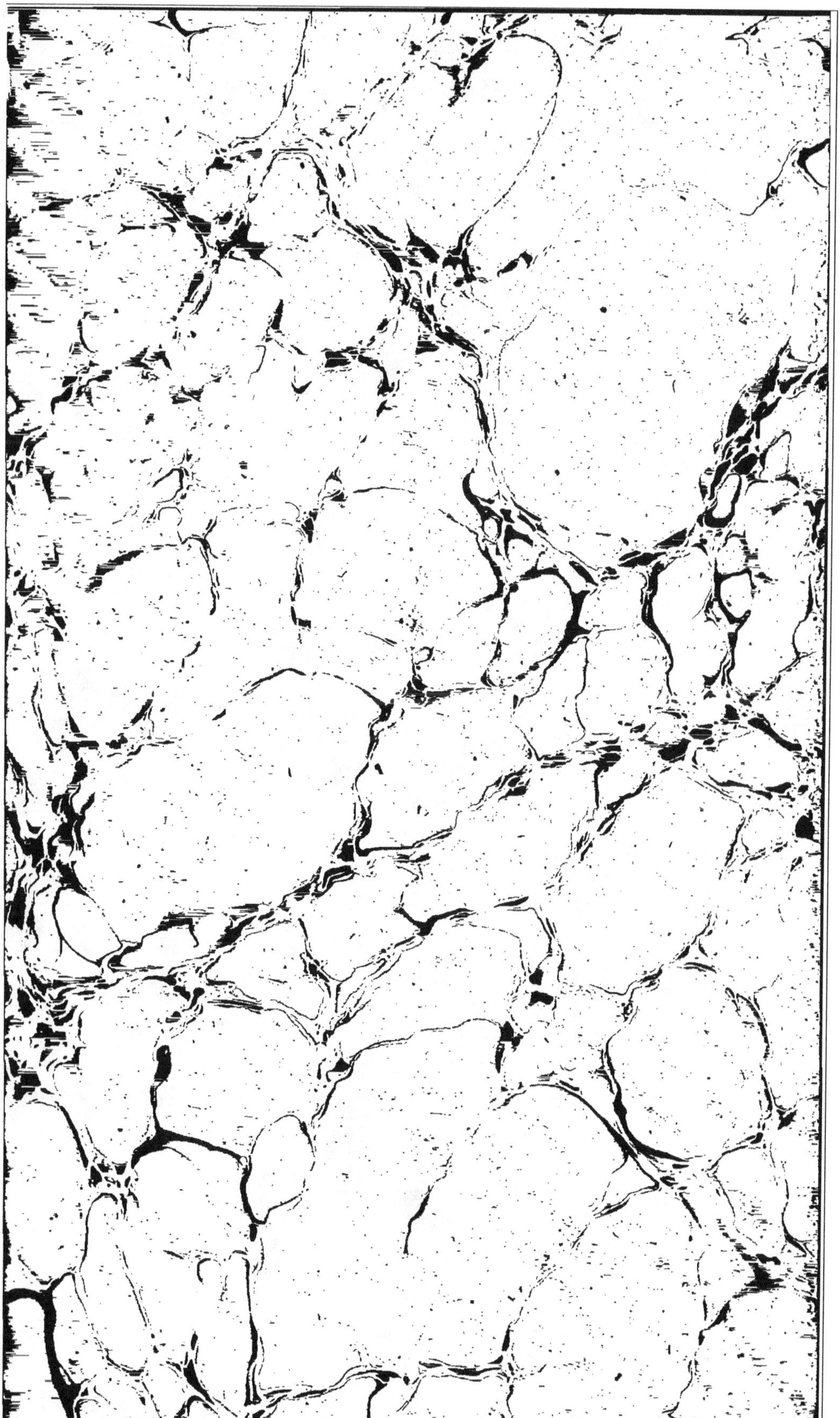

www.ingramcontent.com/pod-product-compliance
Lightning Source LLC
Chambersburg PA
CBHW031349210326
41599CB00019B/2705